"十二五"普通高等教育本科国家级规划教材

中国石油和化学工业优秀教材·一等奖

现代化工导论

第四版

王成扬　张毅民　唐韶坤　主编

李淑芬　主审

化学工业出版社

·北京·

内 容 简 介

《现代化工导论》主要是为理工科院校化工类及其相关专业的学生学习和了解现代化工概貌及其工程与技术基础知识编写的入门教材。全书共13章，包括化工概述与发展史、无机化工、石油炼制与石油化工、高分子化工、天然气化工与煤化工、化学工程与工艺的科学基础、精细化工、生物化工、环境化工、化工安全工程基础、绿色化学与化工、高新技术与现代化工和新时代化工人才需求与培养。书中对化工各领域的基础知识、典型生产过程及发展的方向等作了介绍；同时结合新时代化工面临的挑战阐述了绿色化学与化工在全球的兴起，以及传统化工向绿色化、精细化、高科技化转变的发展趋势。

《现代化工导论》可作为化工及相关专业（如化工、炼油、制药、能源、材料、轻工、环境化工、生物化工等）大学一年级必修课程教材，也可作为化工及相关企业在职人员教育的培训用书。同时还可作为非化工专业人员了解现代化工概貌的参考书。

图书在版编目（CIP）数据

现代化工导论/王成扬，张毅民，唐韶坤主编.
—4版.—北京：化学工业出版社，2021.7（2024.9重印）
"十二五"普通高等教育本科国家级规划教材
ISBN 978-7-122-38972-5

Ⅰ.①现… Ⅱ.①王…②张…③唐… Ⅲ.①化学工业-高等学校-教材 Ⅳ.①TQ

中国版本图书馆CIP数据核字（2021）第071279号

责任编辑：徐雅妮　孙凤英　　　　　　装帧设计：关　飞
责任校对：宋　玮

出版发行：化学工业出版社（北京市东城区青年湖南街13号　邮政编码100011）
印　　刷：北京云浩印刷有限责任公司
装　　订：三河市振勇印装有限公司
787mm×1092mm　1/16　印张15¾　字数404千字　2024年9月北京第4版第5次印刷

购书咨询：010-64518888　　　　　　　售后服务：010-64518899
网　　址：http://www.cip.com.cn
凡购买本书，如有缺损质量问题，本社销售中心负责调换。

定　　价：49.00元　　　　　　　　　　　　　　　　　　　　　版权所有　违者必究

前　言

《现代化工导论》第一版于 2004 年由化学工业出版社出版，此后该教材被国内多所院校选作化工和制药类专业本科生教材。为进一步满足国家新时期创新发展中化工人才培养的需要，配合工程学科高等教育的"新工科"改革，促进教学水平的持续提高，编者决定在 2015 年出版的第三版基础上对全书再次进行修订，出版《现代化工导论》第四版。

此次修订在第三版各章内容的基础上，更新了化学工业发展中的相关数据，扩展了新的化工技术和新时代化工发展理念，增加了"科学殿堂"和"科技强国"等版块。例如，第 1 章化工概述与发展史中补充了进入 21 世纪近二十年来中国与世界化学工业的新发展；第 3 章石油炼制与石油化工中补充了世界石油化工生产技术向大型化和综合化发展的实例；第 8 章生物化工中新增了合成生物技术；第 10 章化工安全工程基础中补充了国内近年来发生的典型化工安全事故案例；第 11 章绿色化学与化工中增加了绿色化工在节能、环保、石油化工、煤化工等传统化学工业中的应用实例；第 12 章高新技术与现代化工中补充了有关新能源材料、新型建筑材料、生态环境材料、3D 打印技术与材料等内容；第 13 章将标题改为"新时代化工人才需求与培养"，在教育观念转变方面更加突出了立德树人、通专融合、理论结合实践、因材施教和个性化培养等教育思想，进一步强调了在新时代化工人才培养和教育中，培养学生终身学习能力、培养学生自信自强守正创新精神、提高学生综合素质和创新能力的重要性。

本书第四版仍由天津大学化工导论课程组集体编写，由王成扬、张毅民、唐韶坤主编，李淑芬主审。参加此次修订的教师有唐韶坤（第 1、8、11、12 章）、王成扬（第 2 章）、李国柱（第 3 章）、刘国柱（第 4、7 章）、王莅（第 5、6 章）、张毅民（第 9、10 章）、夏淑倩（第 13 章）。

此次修订是在本书第一至三版基础上完成的，在此谨向为前三版教材编写做出贡献的马沛生、王宁惠、阮湘泉、王保国、郑嘉明老师表示感谢；本书还得到化学工业出版社、天津大学化工学院的支持和帮助，在此表示衷心的感谢。本书出版以来承蒙各院校与有关部门的支持和褒奖，获得了中国石油和化学工业优秀教材一等奖，并获选"十二五"普通高等教育本科国家级规划教材，我们对此深表感谢。

由于本书内容涉及诸多学科，加之编者的知识和编写水平所限，虽经几次修订书中仍会存在不妥之处，敬请专家和读者指正。

扫码查看本书
第一至三版前言

编者
2024 年 3 月于天津大学

目 录

第1章 化工概述与发展史 /1

1.1 化工的含义 …………………… 1
1.2 化学工业 ……………………… 1
    1.2.1 分类方法 ………………… 1
    1.2.2 化工原料 ………………… 2
    1.2.3 化工的特点 ……………… 2
1.3 化工学科体系 ………………… 3
    1.3.1 化学与化工 ……………… 3
    1.3.2 化工学科的划分 ………… 4
    1.3.3 化学工程与化学工艺 …… 4
1.4 化工在国民经济中的地位 …… 5
    1.4.1 化工与农业 ……………… 5
    1.4.2 化工与医药 ……………… 6
    1.4.3 化工与能源 ……………… 7
    1.4.4 化工与人类生活 ………… 10
    1.4.5 化工与国防 ……………… 11
1.5 化学工业发展史 ……………… 12
    1.5.1 世界化学工业发展史 …… 12
    1.5.2 中国化学工业发展史 …… 16

第2章 无机化工 /19

2.1 无机化工的特点 ……………… 19
2.2 无机化工原料 ………………… 20
2.3 无机化工产品 ………………… 20
    2.3.1 硫酸、硝酸和盐酸 ……… 20
    2.3.2 纯碱与烧碱 ……………… 21
    2.3.3 氨与尿素 ………………… 21
    2.3.4 无机盐工业 ……………… 22
    2.3.5 无机非金属材料 ………… 22
    2.3.6 稀土材料 ………………… 23
    2.3.7 工业气体 ………………… 24
2.4 典型无机产品的生产工艺 …… 24
    2.4.1 接触法生产硫酸工艺 …… 24
    2.4.2 纯碱生产工艺 …………… 25
    2.4.3 氨的合成 ………………… 26
    2.4.4 溶胶-凝胶法制备多孔陶瓷膜 … 28
2.5 无机化工的发展 ……………… 29

第3章 石油炼制与石油化工 /31

3.1 石油与石油炼制 ……………… 31
    3.1.1 石油 ……………………… 31
    3.1.2 油品的分类与利用 ……… 32
    3.1.3 石油炼制 ………………… 32
3.2 石油烃类裂解制烯烃 ………… 35
    3.2.1 烃类裂解过程的一次反应 … 35
    3.2.2 烃类裂解过程的二次反应 … 36
    3.2.3 裂解方法和裂解炉 ……… 37
    3.2.4 裂解产物的急冷操作 …… 38
    3.2.5 裂解气的净化与分离 …… 38
3.3 芳烃的生产 …………………… 39
    3.3.1 重整芳烃 ………………… 39
    3.3.2 乙烯装置副产芳烃 ……… 40
    3.3.3 芳烃转化 ………………… 41
3.4 石油化工系列产品 …………… 42
    3.4.1 烯烃的系列产品和用途 … 42
    3.4.2 芳烃的主要产品和用途 … 45
3.5 典型产品的生产工艺 ………… 45
    3.5.1 乙烯制环氧乙烷和乙二醇 … 45
    3.5.2 由乙烯生产二氯乙烷和氯乙烯 … 47

3.5.3　由乙烯生产乙苯和苯乙烯……… 48
　　3.5.4　丙烯合成丙烯腈 ……………… 49
　　3.5.5　异丙苯法合成苯酚和丙酮 ……… 50
　　3.5.6　对二甲苯氧化生产对苯二甲酸 … 51
3.6　石油化工发展展望…………………… 51
　　3.6.1　大型化、综合化 ……………… 51
　　3.6.2　原料的重质化、石油的深加工 … 52
　　3.6.3　采用节约原料、能源的生产
　　　　　工艺 ………………………………… 52
　　3.6.4　采用对环境友好的石油化工
　　　　　技术 ………………………………… 53

第4章　高分子化工　/ 54

4.1　高分子的基本概念 …………………… 54
4.2　通用高分子材料 ……………………… 55
　　4.2.1　塑料 ……………………………… 55
　　4.2.2　合成橡胶 ………………………… 56
　　4.2.3　合成纤维 ………………………… 57
4.3　合成聚合物的原料 …………………… 59
　　4.3.1　合成聚合物的原料 ……………… 59
　　4.3.2　聚合物单体 ……………………… 59
　　4.3.3　引发剂和催化剂 ………………… 60
4.4　聚合生产过程 ………………………… 60
　　4.4.1　聚合物生产的特点 ……………… 60
　　4.4.2　聚合反应与设备 ………………… 61
　　4.4.3　聚合产物的分离与后处理 ……… 62
4.5　高分子材料典型生产工艺 …………… 63
　　4.5.1　聚乙烯 …………………………… 63
　　4.5.2　聚丁二烯橡胶 …………………… 65
　　4.5.3　聚酰胺纤维 ……………………… 65
4.6　功能高分子材料 ……………………… 66
　　4.6.1　分离性功能高分子材料 ………… 67
　　4.6.2　导电性功能高分子材料 ………… 67
　　4.6.3　高分子液晶 ……………………… 68
　　4.6.4　医药用功能高分子材料 ………… 68
　　4.6.5　其他功能高分子材料 …………… 69
4.7　高分子化工的发展前景 ……………… 70
　　4.7.1　通用高分子生产品种 …………… 70
　　4.7.2　工程塑料和特种橡胶 …………… 70
　　4.7.3　功能高分子材料的发展方向 …… 71
　　4.7.4　精细化工高分子材料 …………… 71

第5章　天然气化工与煤化工　/ 72

5.1　天然气与煤 …………………………… 72
　　5.1.1　天然气资源与组成 ……………… 72
　　5.1.2　煤资源与组成 …………………… 74
　　5.1.3　天然气与煤的能源利用 ………… 75
5.2　天然气化工 …………………………… 76
　　5.2.1　概述 ……………………………… 76
　　5.2.2　甲烷经合成气的化学转化与系列
　　　　　产品 ……………………………… 77
　　5.2.3　甲烷的直接化学转化 …………… 79
5.3　煤化工 ………………………………… 80
　　5.3.1　煤的干馏 ………………………… 81
　　5.3.2　煤的气化 ………………………… 83
　　5.3.3　由煤生产电石 …………………… 83
5.4　煤化工的发展方向 …………………… 84
　　5.4.1　煤的拔头工艺生产液体燃料 …… 85
　　5.4.2　煤的液化 ………………………… 85
　　5.4.3　煤制氢 …………………………… 85
　　5.4.4　合成气用于合成液体燃料和发电
　　　　　的联合工艺 ……………………… 85
5.5　温室气体的化学利用 ………………… 86
　　5.5.1　CO_2的收集和储存 …………… 86
　　5.5.2　CO_2的化学利用 ……………… 87

第6章　化学工程与工艺的科学基础　/ 90

6.1　化学工程的产生与发展 ……………… 90
　　6.1.1　化学工程的产生 ………………… 90
　　6.1.2　化工学科体系的形成 …………… 91
6.2　化工单元操作原理及设备 …………… 91
　　6.2.1　单元操作的概念 ………………… 91
　　6.2.2　典型化工单元操作的原理及
　　　　　设备 ……………………………… 92
6.3　化学反应工程 ………………………… 99

6.3.1 化学反应工程的任务和内容 99
6.3.2 化学反应的操作方式 99
6.3.3 反应器的型式 99
6.3.4 研究化学反应工程的基本方法 101
6.4 化工过程控制与智能化工 101
6.4.1 化工过程控制原理 101
6.4.2 智能化工 103
6.5 化工技术与经济 103
6.5.1 技术经济的评价原则 103
6.5.2 经济效益分析 103

第7章 精细化工 / 105

7.1 精细化工的发展与经济地位 105
7.1.1 精细化工的发展 105
7.1.2 精细化工在国民经济中的作用 106
7.2 精细化工品的分类、特点及原料 106
7.2.1 精细化工的定义、分类 106
7.2.2 精细化工的特点 107
7.2.3 精细化工的原料 107
7.3 传统精细化工 108
7.3.1 染料 108
7.3.2 涂料 112
7.3.3 香料及香精 116
7.3.4 胶黏剂 119
7.3.5 农药 122
7.4 新型精细化工 124
7.4.1 电子化学品 124
7.4.2 纳米材料 127
7.4.3 智能材料 129
7.4.4 储氢合金 129

第8章 生物化工 / 130

8.1 生物化工的特点与发展状况 130
8.1.1 生物化工的特点 130
8.1.2 生物化工的发展 131
8.2 生物化工的主要应用领域 132
8.2.1 现代生物制药 132
8.2.2 农业生物技术与生物农药 133
8.2.3 精细化工中的生物技术 134
8.2.4 生物石油化工 136
8.3 生物化工品的生产工艺技术 137
8.3.1 原材料的选择与预处理 137
8.3.2 工业用微生物的培养 138
8.3.3 生物催化剂 139
8.3.4 生化反应器 139
8.3.5 生物化工产品的分离与提纯 140
8.4 典型生物化工品的生产工艺举例 142
8.4.1 有机化工品——丙烯酰胺 142
8.4.2 食品添加剂——柠檬酸 143
8.4.3 生物农药——苏云金杆菌 144
8.4.4 抗肿瘤药——天冬酰胺酶 145
8.5 生物化工的发展趋势 145
8.5.1 高技术的生物医学与医药 145
8.5.2 农业生物技术 146
8.5.3 洁净新能源 146
8.5.4 可再生资源的生物加工技术与环境 146
8.5.5 合成生物技术 147

第9章 环境化工 / 148

9.1 概述 148
9.1.1 环境与健康 148
9.1.2 环境与化学 148
9.1.3 环境工程与环境化学工程 149
9.1.4 环境工程和环境化学工程的研究内容 150
9.2 大气污染的防治 151
9.2.1 大气的污染 151
9.2.2 烟尘治理技术 152
9.2.3 有害气体的治理技术 153
9.2.4 $PM_{2.5}$ 控制技术 154
9.3 水污染的防治 156

  9.3.1 水体污染与污染物 ………… 156
  9.3.2 水体污染治理技术 ………… 158
 9.4 固体废物的处理 ………………… 159
  9.4.1 固体废物的来源 ……………… 160
  9.4.2 固体废物的一般处置方法 …… 160
  9.4.3 固体废物的处理与利用 ……… 161
  9.4.4 城市垃圾的回收与利用 ……… 162
 9.5 清洁生产 ………………………… 163
  9.5.1 清洁生产的提出背景 ………… 163

  9.5.2 清洁生产的定义及内容 ……… 164
  9.5.3 清洁生产的发展概况 ………… 164
  9.5.4 发展清洁生产的意义 ………… 167
  9.5.5 清洁生产的基本理论基础 …… 168
  9.5.6 清洁生产原则 ………………… 168
  9.5.7 清洁生产的主要内容 ………… 168
  9.5.8 清洁生产的评价方法 ………… 169
  9.5.9 生命周期评估 ………………… 170
  9.5.10 污染预防经济学 …………… 171

第10章　化工安全工程基础　/ 174

 10.1 危险化学品和化学工业危险性 … 174
  10.1.1 危险化学品 ………………… 174
  10.1.2 化学物质危险性 …………… 175
  10.1.3 化学物质爆炸性 …………… 175
  10.1.4 化学工业危险因素 ………… 177
 10.2 化工安全操作的技术措施 ……… 179
  10.2.1 爆炸性物质的储存和销毁 … 179
  10.2.2 火灾爆炸危险与防火防爆

   措施 ………………………… 180
  10.2.3 防火防爆措施 ……………… 182
  10.2.4 防止职业毒害的技术措施 … 184
 10.3 火灾爆炸危险指数评价方法 …… 185
  10.3.1 物质系数 …………………… 186
  10.3.2 单元工艺危险系数 ………… 187
  10.3.3 安全设施补偿系数 ………… 188
  10.3.4 单元危险与损失评价 ……… 191

第11章　绿色化学与化工　/ 194

 11.1 传统化工面临的挑战 …………… 194
  11.1.1 化工资源与能源的危机 …… 194
  11.1.2 传统化工对生态环境的污染 … 195
  11.1.3 科技发展的基本思考——可
   持续发展 …………………… 195
 11.2 绿色化学的兴起与发展 ………… 197
  11.2.1 环境保护治理的三个发展
   阶段 ………………………… 197
  11.2.2 绿色化学的12条基本原则的
   提出 ………………………… 197
  11.2.3 绿色化学化工的推动与发展 … 198
 11.3 绿色化学与化工的研究内容 …… 200
  11.3.1 绿色化学与化工的定义 …… 200
  11.3.2 绿色化学与化工的核心——
   原子经济性反应 …………… 200

  11.3.3 使用无毒无害原料及可再生
   资源 ………………………… 202
  11.3.4 采用无毒无害催化剂 ……… 204
  11.3.5 采用无毒无害溶剂/助剂 …… 205
  11.3.6 环境无害的绿色化学产品 … 207
 11.4 低碳循环经济下的绿色化学与
  化工 ……………………………… 209
  11.4.1 低碳循环经济 ……………… 209
  11.4.2 绿色化学与化工在发展低碳循环
   经济中的作用 ……………… 210
  11.4.3 低碳循环经济理念中的"5R"
   概念 ………………………… 211
  11.4.4 生态工业园的建立与发展 … 211
  11.4.5 低碳循环经济下的绿色化学与
   化工展望 …………………… 212

第12章　高新技术与现代化工　/ 214

 12.1 信息、微电子技术与化工 ……… 214
  12.1.1 信息存储材料 ……………… 214
  12.1.2 信息显示技术 ……………… 215

  12.1.3 微电子材料和器件 ………… 215
  12.1.4 电子化学品 ………………… 215
 12.2 自动化技术与化工 ……………… 216

- 12.3 新材料技术与化工 ………… 216
  - 12.3.1 高分子材料 ………… 217
  - 12.3.2 金属材料与无机非金属材料 … 217
  - 12.3.3 纳米材料 ………… 218
  - 12.3.4 先进复合材料 ………… 219
- 12.4 新能源技术与化工 ………… 219
  - 12.4.1 生物质能 ………… 220
  - 12.4.2 氢能 ………… 222
  - 12.4.3 燃料电池 ………… 223
  - 12.4.4 太阳能电池 ………… 223
  - 12.4.5 海水盐差发电 ………… 224
- 12.5 国防及空间技术与化工 ………… 224
  - 12.5.1 航天航空功能材料 ………… 224
  - 12.5.2 航天航空上所用的推进剂 …… 225
- 12.6 海洋开发技术与化工 ………… 225
  - 12.6.1 海洋生物资源的开发利用 …… 225
  - 12.6.2 海水淡化 ………… 226
  - 12.6.3 海洋油气资源的勘探与开发利用 ………… 226
  - 12.6.4 海洋化学资源的提取和应用 … 227
- 12.7 21世纪化工展望 ………… 227
  - 12.7.1 资源利用多元化 ………… 227
  - 12.7.2 产品结构精细化 ………… 228
  - 12.7.3 技术结构现代化 ………… 229
  - 12.7.4 经营管理全球化 ………… 229
  - 12.7.5 发展方向绿色化 ………… 230

第13章 新时代化工人才需求与培养 / 231

- 13.1 中国化工高等教育 ………… 231
- 13.2 新时代中国化工高等教育面临的变革 ………… 232
  - 13.2.1 化学工业发展需要知识面宽、综合素质高的创新型人才 ………… 232
  - 13.2.2 改变理念，通专融合，五育并举 ………… 232
  - 13.2.3 更新教学内容、改革育人方式，与时俱进，与世界接轨 ……… 233
- 13.3 面对中国化工高等教育改革实践，提升综合能力 ………… 234
  - 13.3.1 建立完善的知识体系，注重学科交叉和学科前沿的学习 …… 234
  - 13.3.2 结合多种方式，培养家国情怀和全球视野 ………… 235
  - 13.3.3 适应新的培养模式，参与协同育人平台，培养实践和创新创业能力 ………… 235
  - 13.3.4 使用现代化信息手段，虚实结合学习，提高学习效率 …… 236
- 13.4 化工专业学生的未来与发展 …… 236
  - 13.4.1 攻读双学位、辅修专业，成长为化工专业复合型人才 ………… 236
  - 13.4.2 通过研究生教育，成长为研究型创新人才 ………… 237
  - 13.4.3 化工类专业毕业生就业领域宽广 ………… 238

结束语——希望 / 239

参 考 文 献 / 240

第1章 化工概述与发展史

1.1 化工的含义

在现代汉语中,化学工业、化学工程和化学工艺的总称或其单一部分都可简称为化工,这是中国人所创造的词。随着科学和国民经济的发展,"化工"的范围也在不断扩大,例如自动化技术、过程控制及优化、环境问题、经济问题、生产安全,只要涉及上述化学工业、化学工程和化学工艺的,也可列入"化工"的范畴中,并形成新的名词,例如化工自动化、化工过程模拟、环境化工、化工技术经济、化工安全等。由于化工在汉语中常常是多义的,化工可以分别指化学工业、化学工程和化学工艺,也可指其综合,读者在阅读中文化工类书籍时,应注意到其多义性,本书也不例外。

1.2 化学工业

1.2.1 分类方法

化学工业又称化学加工工业。广义地说,泛指生产过程中化学方法占主要地位的制造工业,即经过反应过程实现原料向产品的转换的生产部门。而通常采用狭义的定义,把冶金、石油产品、建筑材料、纸张、皮革、食糖和食用化学品等的生产均列为其他工业部门。如果着眼于化学工业产品,通常包括无机化学工业,基本有机化学工业、高分子化学工业和精细化学工业等。化学工业有以下几种分类方法。

(1) 按原料分 可分为石油化学工业、煤化学工业、生物化学工业和农林化学工业。

(2) 按产品吨位分 可分为大吨位产品和精细化学品两类,前者指产量大、对国民经济影响大的一些产品,如氨、乙烯、甲醇,后者指产量小、品种多,但价值高的产品,如药品、染料等。在这两类产品之外,还有"大宗专用产品",其产量也很大,但可根据要求改变产品的技术性能,价格随品质变化很大,炭黑就属于这类产品。

(3) 按化学特性分 粗略地可分为无机化学工业和有机化学工业。前者又可分为基本无机工业、硅酸盐工业、无机精细化学品等;后者包括石油炼制、石油化学工业、基本有机化学工业、高分子化学工业、有机精细化学品工业、生物化学制品工业、油脂工业等。

(4) 我国统计的方法把化学工业划分为下列各种工业 合成氨及肥料工业、硫酸工业、制碱工业、无机物工业(包括无机盐及单质),基本有机原料工业、染料及中间体工业、产业用炸药工业、化学农药工业、医药药品工业、合成树脂与塑料工业、合成纤维工业、合成橡胶工业、橡胶制品工业、涂料及颜料工业、信息记录材料工业（包括感光材料、磁记录材料）、化学试剂工业、军用化学品工业，以及化学矿开采业和化工机械制造业等。

1.2.2 化工原料

化学工业起始原料是空气、水、矿物和生物。

对无机化学工业而言，矿物常常是最重要的原料，如硫铁矿、磷矿、石灰岩等是用来生产某些无机酸、碱和无机盐等的起始原料；但对属于无机产品的氨的合成而言，关键的原料是氮和氢，而氢气的制得常用煤、石油、天然气等有机原料。

有机化学工业的基本原料，主要是石油（或加工后的各种馏分）、天然气、煤及油页岩等，它们不仅是目前化学工业的重要原料，更是重要的能源。煤、石油、天然气、油页岩等是由古代生物的化石沉积而来，也被统称为化石能源。

利用生物质资源（如含纤维素、半纤维素、淀粉、糖类和油脂等的农林副产物和农业废物）获取有机原料或产品已有悠久历史。与石油、天然气、煤等化石燃料不同，生物质资源是可再生资源。

空气和水是化工生产必不可少的原料，过去有人认为空气和水都是取之不尽的。随着工业的发展，水资源问题日益突出。中国是严重缺水的国家之一，在国民经济的各个方面都应该考虑节水。而化学工业是耗水大户，因此从选择厂址开始就要考虑供水的可靠性。在工艺与工程设计中节水是一个重要内容，因此水的循环使用是一项重要指标。为节水，还可使用空冷器代替水冷器，组织好冷热流热量交换也是节能和节水的主要方法。与节水相联的有水污染问题。若在工艺过程中污水量大，又缺乏治理，必然破坏环境，影响水循环使用，则节水也无法完成。

1.2.3 化工的特点

(1) 化工生产属于过程工业的范畴 所谓过程工业也称流程工业，是指通过物理变化和化学变化进行的生产过程。除化工外，炼油、冶金、材料、轻工、制药等行业也属于过程工业，其原料和产品多为均一相（气、液、固）物料，而非零部件组成的物品；其产品质量多由纯度和各种物理、化学性质来判定。与过程工业相对应的是离散制造业，如机械、汽车、电子、仪器、仪表等工业。因此，化学工业具有过程工业过程的典型特点。例如，生产过程中物质流和能量流都是连续、稳定的；生产工序紧密衔接，一套装置往往只生产固定产品。开车、停车程序十分复杂且代价很大，一般不允许轻易停工；工段间和设备间的耦合十分突出。

(2) 品种多 这是最大特点，与其他行业只涉及几十个品种不同，化学工业所涉及的品种远远超过万种。不同化合物各有特点，有不同的物理和化学性质、不同的制备方法和用途，所以必须进行更多的实验和计算。

(3) 原料、生产方法和产品的多样性和复杂性 可以从不同原料出发制造同一产品，也可从同一原料出发制造许多不同产品，同一原料制造同一产品还可采用许多不同生产路线。一个产品一般有不同用途，不同产品有时却可有同一用途。一种产品往往又是生产别种产品的原料、辅助材料或中间体。这种关系错综复杂，因而原料来源、技术、设备有很大选择余地，又在经常变化之中，化学工业是少有的灵活性最大的工业之一。

(4) 化工生产过程条件变化大 高温可达1000℃以上，低温可达-200℃以下，高压可达几百兆帕，低压可至几帕，经常要处理强腐蚀性化合物，这种严峻的条件不但对设备的设计增加难度，更因为物质的物理化学性质的极端变化，需要掌握更多的规律性。由于生产常在高温高压、易燃易爆及有毒的条件下进行，从安全环保角度需对设备、生产环境、管理和控制提出很高的要求。

（5）化学工业是耗能大户　在大吨位产品中，除了靠提高得率外，节能也常常是企业竞争中获胜的保证，因此，在化工生产中必须尽量降低能耗。

（6）知识密集、技术密集和资金密集　由于化学工业的复杂性，往往需要多学科的合作，成为知识密集型的生产部门，进而又导致资金密集，技术复杂更新又快，投资多，其中研究费用多，开发人员多。例如，发达国家化学公司的科研和开发（R&D）人员会占公司人员的一半以上。

（7）实验与计算并重　100年前化学、化工都是经验性学科，随着化学、化工各种规律被掌握，微观的定量关系已深入到原子和分子级别，分子设计概念已被提出；宏观定量关系就用得更多了。化工计算愈来愈广泛和深入，许多情况已和实验一样，是不可缺少的。

（8）高等化工专业教育要求全面的基本理论知识和基本训练　为满足化学工业发展需求，高等化工专业教育不仅要求学生掌握化工基本理论和基本知识，还要得到化学与化工试验技能、工程实践、计算机应用、科学研究与工程设计方法等方面的基本训练，从而具有对化工生产过程进行模拟优化、革新改造、对新过程进行开发设计和对新产品进行研制的基本能力。为进行科学研究或开展技术革新，查阅国内外文献是必不可少的，因此对专业人员的外语水平也有较高的要求。

上述化工的一些特点将在后续章节中的一些具体工业生产工艺流程中得以体现，这里不再举例说明。

1.3　化工学科体系

1.3.1　化学与化工

18世纪前，化学品的制造主要为手工业操作，与实验室没有很大的差别。随着18世纪后手工业向大工业的过渡，化学工业的蓬勃发展也推动了世界化学与化工高等教育的发展和进步。

首先是化工教育从化学教育中分离出来，例如，1888年，美国麻省理工学院首先在化学系学科内设置化学工程课程，之后开始设置化学工程系，其他国家随后也逐步建立了化学工程系。化学学科与化工学科所培养的目标与方向也有区别，化学家也细分为纯化学家和工业化学家（或称应用化学家或化学工程师）。

在现代高等教育中，理科和工科的专业背景和兴趣均不同。从事科学研究的科学家和研究者关心的是有关自然界、人类社会现象和规律的系统知识、理论的探索，在高等教育中通常属于理科范畴。而从事技术研究的"工程师"关心的是将科学知识、规律和理论用于最有效地改变和利用自然资源，生产或制造各种产物和器物，以有利于人类，技术研究在高等教育中通常属于工科范畴。

化学学科与化工学科分属于理科和工科。化学家主要对合成新物质，发现新的化学反应，测定物质的化学结构和性质，以及新的机理、规律、理论感兴趣。化学工程师着眼于将在实验室合成的化学物质或化学反应能放大到工业上运用和实现。化学家通常主修化学专业，获得的学位是理学学士、理学硕士和理学博士，英文称谓冠以"science"，如理学学士为"science bachelor"。工业化学家则通常主修化工专业，获得的学位是工学学士、工学硕士和工学博士。英文称谓冠以"engineering"，如工学学士"engineering bachelor"。

邓小平指出"科学技术是第一生产力",充分表明了科学技术对人类文明发展的重大作用。尽管化学与化工的专业背景和研究兴趣不同,但所培养的人才共同推动了科学与技术的进步,形成第一生产力,为化学工业的发展进步做出贡献。

1.3.2 化工学科的划分

在国外高等教育的专业设置中,化工学科一般认为属于工程学科范畴而纳入工程学院(engineering institute),但也有根据其研究的对象将化工学科与化学学科共同组成化学与化工学院。在我国当前的学科划分中,以一级学科"化学工程与技术"概括化工学科,并又分为以下五个二级学科:化学工程、化学工艺、应用化学、生物化工、工业催化。有些二级学科内还会包括一些三级学科,如应用化学中又可包括高分子化工、精细化工、电化学工程等。而在1998年教育部颁布的《普通高等学校本科专业目录和专业介绍》设立的化学工程与工艺专业,则覆盖了现有的化学工程、化学工艺、高分子化工、精细化工、生物化工(部分)、工业分析、电化学工程、工业催化、化学工程与工艺、高分子材料及化工(部分)、生物化学工程(部分)等专业,几乎包括化学工业的各个领域,涉及其他许多工业及技术部门,如能源、环境、冶金、材料、轻工、卫生、信息等。

应该说明的是,化学工程与技术的学科分类是相对的,并会随学科发展而有变化,不同的高等院校也会依据其办学历史情况、专业实力、规模需求等调整其专业设置或对某些专业有所侧重。例如,在我国设有化工专业的院校中,不一定均设置化学工程、化学工艺、生物化工、应用化学和工业催化这五个二级学科。而在当前我国高等教育改革中,为造就厚基础、专业宽、素质高、能力强的符合21世纪要求的化工专门人才,将淡化学科的严格划分。

1.3.3 化学工程与化学工艺

在我国化工学科体系中,相对其他二级学科,化学工程和化学工艺学科的教学内容与研究领域较宽,因而在较多的化工院校设立。

化学工程(chemical engineering)研究以化学工业为代表的过程工业中有关的化学过程和物理过程的一般原理和共性规律,解决过程及装置的开发、设计、操作及优化的理论和方法问题,其研究内容与方向包括化工热力学、传递过程原理、分离工程、化学反应工程、过程系统工程及其他学科分支。

早期的化学工程内容,只限于研究物料的物理加工过程,基本上只是数学、物理、化学和机电诸基础学科的综合应用。到了20世纪中叶,引入了以蒸发、流体流动、传热、干燥、蒸馏、吸收、萃取、结晶、过滤等单元操作,于是"单元操作"被看作是传热、传质和动量传递的特殊情况或特定的组合。对"单元操作"的进一步研究,都要用到动量、热量及质量传递的原理,而研究反应器还需要应用化学动力学和热力学的原理。于是,20世纪中叶以来,化学工程学科进入了以"传递工程"和"反应工程"为中心的所谓"三传一反"阶段。化学工程随化学工业的产生而出现,并随其发展而发展。

化学工艺(chemical technology)即化工技术或化学生产技术,是指将原料物质主要经过化学反应转变为产品的方法和过程,包括实现这一转变的全部措施。化学工艺学是以产品为目标,研究化工生产过程的学科,目的是为化学工业提供技术上最先进、经济上最合理的方法、原理、设备、流程。通常可概括为三个主要步骤:

① 原料处理,使原料符合进行化学反应所要求的状态和规格;
② 化学反应,使其获得目的产物或其混合物;
③ 产品精制,将由化学反应得到的混合物进行分离,除去副产物或杂质,以获得符合

组成规格的产品。

化学工艺通常是对一定的产品或原料提出的,例如甲醇的生产,是指从原料气制备及净化、甲醇合成、甲醇精制等步骤,具有个别生产的特殊性。在这些过程中,包括物理的和化学的两种操作。因此,有时人们还使用另一个名称——**化工过程**(chemical processes),其概念与化学工艺相似。

化学工程为化学工艺提供了解决工程问题的理论基础,而化学工艺表现出与化学工程的交叉和融合,既利用化学工程的理论和方法,发展和充实各种技术,又从工艺创新和技术进步方面丰富和完善了化学工程的原理和共性规律。

1.4 化工在国民经济中的地位

化工对人类的贡献及对国民经济的作用是多方面的。化学工业从它形成时起就为其他工业部门提供必需的物质基础。例如,从早期工业革命开始,化工为机械、纺织、建筑、肥皂工业提供不可缺少的酸和碱;随后生产的一些化学品又为交通运输、电力工业提供必需的原材料和辅助品;20 世纪,氨、硝酸等化工产品为火药、炸药工业提供原料,而三大合成材料的成功又带动了一大批工业发展,甚至产生了新工业(例如塑料加工业)。概括而言,化学工业在国民经济中是工业革命的助手、发展农业的支持、战胜疾病的武器及改善生活的手段,与衣、食、住、行息息相关。

下面主要就化工与农业、医药、能源、人类生活及国防军事的关系及地位进行分述,从列举的实例中可以深刻领略化工为人类生存与文明发展所做出的巨大贡献。

1.4.1 化工与农业

化学工业在农业中的地位是大家熟知的。俗语说"民以食为天",每个人都需要摄取食物来维持生命。现在全世界人口已超过 75 亿,估计到 2050 年将达到 97 亿。人们不禁要问"用什么来养活这么多的人?"回答是:要发展农业,提高产量,靠科学种田。除依靠改良品种、扩大耕种面积外,提高单位面积产量和食物的质量也至关重要,而依靠化学工业为农业提供的肥料、农药、植物生长调节剂等是目前采取的又一重要措施。

(1) 化肥 农作物的生长需要大量的营养素,其中氮、磷、钾及某些微量元素是必不可缺的,而土壤的供给能力远远不能满足需求。比如我国土壤 100% 缺氮,60% 缺磷,30% 缺钾,氮、磷、钾等肥料难以只靠天然物供应,因此只有通过施肥加以补充。合成氨的研制成功和大规模工业生产使氮肥满足了农作物的生长需要,有两届诺贝尔化学奖授予了合成氨的发明者和改进者,即 1918 年的 F. Haber 和 1931 年的 C. Bosch,表彰他们为人类增加粮食生产中的肥料问题所做出的贡献。尿素也是一种高效氮肥。每吨尿素可增产小麦约 10.4t。近年国内外农业部门都确认,农作物增产 40%~50% 要依靠化肥的作用。

肥料的开发方向之一是复合肥料,即以植物生长所需的最佳配比来研制肥料。另有研究表明:在肥料中添加微量稀土元素会更利于大幅度地增加粮食的产量。因此,如何寻求适应不同植物生长需要的复合化肥是农业增产的一个重要基本途径。同时,肥料品种的更新换代不断加快,以缓控释肥、水溶肥、微生物肥料等为代表,新型肥料开始在农资市场中占据一席之地。

(2) 农药 农药是化学工业对农业的另一重大贡献。据统计,全世界的有害昆虫(如蝗虫等)约 10000 种,有害线虫约 3000 种,植物病原微生物约 80000 种,杂草约 30000 种,若无农药,每年世界农作物的产量将要下降 35%。因此,农药为农作物的保护提供了有效的武器。

农药包括杀虫剂、除草剂和杀菌剂等。早期的农药主要有DDT、六六六等，但由于高毒性和环境污染问题，被后来的有机磷杀虫剂所取代。这类杀虫剂具有强烈的杀虫作用且对人畜毒性较低，因此在农田中广泛使用。最近又采用生物方法研制了高效内吸性杀菌剂和农用抗生素等新品种。为了追求高效、低毒和安全的目标，人们还将不断研制出一代又一代的新农药，为增加粮食产量做出贡献。

(3) 植物激素及生长调节剂　植物激素及生长调节剂是随着化学工业的发展对农业做出的又一新贡献。植物激素就是植物体内具有调节作用的内源性物质，它包括生长因子和生长抑制剂。这些生长调节物质影响着植物的生长、发育、开花、结果的各个过程。虽然对于这些活性物质起作用的生物化学过程还不是十分了解，但人们已经探明了一些植物生长调节物质的分子结构及作用机制，并基于此已经研制了数百种植物生长调解剂，例如吲哚乙酸（IAA，促进植物生长）、赤霉酸（GA，诱发花芽的形成）、细胞分裂素（促进种子萌发、抑制衰老）、乙烯（促进果实成熟）、独脚金酮（诱发寄生植物种子萌芽）、G_2因子或N-甲基烟酸内酯（影响固氮作用）、Glycinoeclepin A（促进蠕虫卵孵化）等。利用这些生长调解剂，可以促进农作物的生长，并通过适时调控，大大增加了粮食的产量。

(4) 其他　国内各种农膜应用十分普遍，已成为合理利用有限的国土资源，提高土地利用率的有效手段。农地膜的材料主要是聚乙烯树脂，它的覆盖栽培技术是提高单产的重要手段之一，一般可提高作物产量30%~50%。同时地膜栽培还可以提高作物质量，使蔬菜鲜嫩可口，并提前上市。此外，化工为农业机械化设备提供了燃料；而土壤改良剂、饲料添加剂、人工降雨用化学品等都对农业有独特的作用。

1.4.2 化工与医药

人类要生存还必须与疾病作斗争，这就离不开使用药物，而医药工业的发展与化学紧密相关，制药工程属于化工学科的一个分支。

1.4.2.1 制药工业

制药工业包括生物制药、化学合成制药与中药制药。一家现代制药公司，其研究和开发人员中约一半人是化学工作者。由于制药工业生产的医药产品是直接保护人民健康和生命的特殊商品，许多国家的制药工业发展速度多年来都高于其他工业的发展速度。

古代人们使用天然植物或矿物对付疾病，例如，中药就是中华民族抗击疾病的有力武器。进入20世纪，人们先广泛使用化工分离技术，从传统药用植物中提取有效成分，同时开始大量合成化学品作药品之用。例如，科学家们致力于研究治疗细菌感染所引起的各种疾病。其中20世纪30年代的系列磺胺药及40年代的系列抗生素，拯救了无数的生命，为人类平均寿命的延长起到了无可替代的作用。进入21世纪，制药工业得到迅速发展。新药创制和疫苗研发成绩斐然。

1932年，德国科学家Domagk发现带有磺酰胺基团的一种染料百浪多息可有效地治愈受细菌致命感染的实验动物。之后，他用此药治好了他自己的小女儿因被针刺感染链球菌造成的细菌性血液中毒症，一种磺胺新药从此产生。此药曾治好了当时美国总统的儿子小F. D. 罗斯福和英国首相丘吉尔的细菌感染。磺胺药成为第二次世界大战前唯一有效的抗细菌感染的药物。Domagk因此在1939年荣获诺贝尔生理及医药奖。磺胺类药物的问世标志着在化学疗法方面的一大突破。从此人类有了对付细菌感染的有效武器，控制了许多曾经夺走无数人生命的细菌性传染病如流行性脑膜炎等。第二次世界大战后，磺胺药逐渐让位于治疗效果更好的抗生素类药，如青霉素、四环素、红霉素、氯霉素、头孢菌素等。抗生素类药物不仅在第二次世界大战中拯救了无数伤病员的生命，而且也抑制了甚至基本消灭了许多过去严重危害人类的传染病，如结核、鼠疫、伤寒等。

20世纪50年代激素类药物的应用，维生素类药物的工业化生产，60年代新型半合成抗生素工业的崛起，70年代新有机合成试剂、新技术的应用，80年代生物技术兴起，使创新药物向疗效高、毒副作用小，剂量少的方向发展，对化学制药工业发展有着深远的影响。1961～1990年30年间，世界20个主要国家共批准上市的受专利保护的创新药物2000多种，其中大部分是化学合成药物。

自1982年人胰岛素成为用DNA重组技术生产的第一生物医药产品以来，以基因重组为核心的生物技术所开发研究的新药数目一直居首位。目前，应用酶工程技术、细胞工程技术和基因工程技术生产抗生素、氨基酸和植物次生代谢产物也已步入产业化阶段。世界各国纷纷把现代生物技术的研究开发目标瞄准医药和特殊化学品领域的产业化。生物制药工业正在发生另一次飞跃。今后制药工业将更广泛地应用现代生物技术，促进产品结构更新换代的大发展和大规模实用化。在肿瘤防治、老年保健、免疫性疾病、心血管疾病和人口控制等疑难病的防治中，生物药物将起到独特作用。

21世纪的今天，疫苗仍是人类与病毒性疾病斗争的有力武器。例如，2016年，世界上首个针对儿童手足口病的EV71灭活疫苗获准上市；2019年，埃博拉疫苗rVSV-ZEBOV的成功上市成为抗击这种致命疾病的里程碑。其他如HIV疫苗、高致病性禽流感疫苗、新型冠状病毒疫苗等也获得了可喜的进展，为人类未来的健康发展提供着有力的保障。

目前中药与天然药物的发展还远落后于化学制药，并很难满足国际市场的需求，但随着人们对化学药物的毒副作用的认识和了解，"回归自然"的潮流中使人们更倾向于采用天然植物药物，从而为中医药发挥其特长提供了前所未有的机遇，并将取得迅速发展。

1.4.2.2 制药工业与人类健康

自20世纪以来，人类寿命显著延长，以我国为例，新中国成立之前人均寿命只有35岁，到1978年平均寿命达到了68.2岁，2019年人均寿命达到76.7岁。"人生七十古来稀"这句老话在今天已经成为古董，70岁的老人比比皆是，超过100岁的老人才算称得上"古来稀"。

随着人类寿命的延长，人类的普遍健康水平有显著的提高，世界各国政府也均把人的健康列为社会发展计划的首要位置。为什么会有如此改变呢？主要有两方面的原因：一是世界科技发展与文明进步使人类生活质量普遍提高，这包括营养、生活和工作的环境等；另一个是医疗条件的改善，其中针对人类常见病、多发病的新药的研制成功是很关键的因素。

药物化学对人类健康的贡献功不可没。新药研究给人类带来治疗多种疾病的化学治疗剂，更加有效的新药还在发展。新药研究转向针对明确了的药物靶分子。例如降压药伊那普利（Enalapril）等是以血管紧张素转化酶（ACE）为靶酶的。瑞典Astra公司推出的一种新型的抗消化性溃疡药和质子泵抑制剂奥美拉唑（Omeprazoie）于1988年在瑞典上市，1990年在美国被认可，1997年销售额为29亿美元，一举成为世界药物销售额的第一位。

上述实例充分说明，人类寿命的延长和健康的发展与医药工业息息相关，医药的发展始终离不开化学研究与化学工业。

1.4.3 化工与能源

人类的生产与生活离不开能源，随着人民生活水平的提高，能源的消耗量也愈来愈大。国家的经济发展中一般是能源先行，能源供应水平标志着一个国家的发达程度。能源与化工的原料不仅具有重叠性，而且能源工业与化工密不可分。

1.4.3.1 一次能源与二次能源

能源分为一次能源与二次能源。

一次能源 是指从自然界获得且可直接加以利用的热源和动力源，包括煤、石油、天然气、油田气等；林木秸秆等植物燃料，沼气，核燃料，还有水能、风能、地热能、海洋能和太阳能等。因为有的能源使用量还较少，或过于分散难以统计，通常只统计石油、煤炭、天然气、水能、核能等几种。

图1-1给出了2019年世界和中国能源消耗构成。从世界规模看，石油占第一位，约占能源消耗的33.1%，而煤炭（27.0%）和天然气（24.2%）分占第二、第三位，合起来约占84.3%。核能和水电所占比例较小。而我国目前能源结构主要以煤炭为主，"煤多、油少、气缺"是我国能源资源的现状。在我国现今能源资源结构中，煤炭占到57.7%，石油仅占18.9%，天然气占比为8.1%，水电则占7.8%。进入21世纪，我国能源结构持续大幅优化改善，清洁低碳化进程加快发展。天然气、水电、核电、新能源（风电、太阳能及其他能源）等清洁能源占比不断提高。目前，我国水电、风电、光伏装机容量均位列世界第一，中国已成为可再生能源第一大国和推动世界能源转型的领导者。

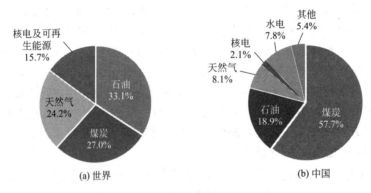

图1-1 世界和中国能源消耗构成

二次能源 是指从一次能源加工得到的便于利用的能量形式，除火电外，主要是指化学加工得到的汽油、柴油、煤油、重油、渣油和人造汽油等液体燃料；煤气、液化石油气等气体燃料。在一次能源中，有一部分是直接使用的，而另一部分（如石油）是加工或为二次能源再使用的。

煤 在一次能源中虽占有很大比重，但它是固体，在运输和使用时多有不便，比如煤就不能在汽车上使用。另外，煤中含有的硫等有害杂质不易清除，在燃烧时造成环境污染；运输和燃烧过程中有烟尘、含硫及含氮化合物的污染。综上所述，煤在一次燃料中，使用"质量"是较差的，应运用现代科学技术将其加工成便于利用的二次能源。**石油原油**直接燃烧也是不适宜的，一般先经炼制加工，使其成为汽油、柴油、重油、渣油等不同馏分，按品质分别用于不同场合，其中部分可作为化学工业原料，并取得很大的经济效益。**天然气**是一种相对洁净的燃料，可用管路输送，可直接作为燃料用也可方便地进行化学加工。

在目前能源结构中，化石燃料（煤、石油、天然气）是不可再生的，总储量是有限的，经人类多年大量使用，枯竭的日子已不可遥望。虽各人估计有所不同，但大致上只能用几十到几百年，其中煤及天然气可用量相对大一些，海底（包括永久冻土带）可能有极大的天然气水合物，有人甚至认为其储量大于世界上所有石油、煤、其他天然气能量总和，21世纪中叶化石燃料中天然气将有更大的比重，预计到2040年世界天然气在一次能源中占比将超过煤炭。

从长远看，解决能源问题，还需依靠开源节流。所谓**开源**就是合理利用不可再生资源及寻找开发可再生能源，所谓**节流**，是指开发节能和综合利用新技术，使资源得到充分利用。煤储量较大，但"品质"较差，因此应进行一定的物理和化学加工，其中有许多是化工过程。"开源"也应扩大可再生能源的使用。可再生能源的开发包括：水力资源、风力资源、太阳能、地热能、潮汐能、生物能等的利用，但水力资源有总量及地域的局限性，风力资源有分散及地域的局限性，太阳能目前在经济上还有困难，难以大量使用。

核能已发展到相当水平，在能源中占有一定比例，截至2019年5月，全球运行中的核反应堆共计452座。在许多国家或地区，对使用核能仍有反对意见，几次核设施事故，尤其是2011年3月日本9级大地震及海啸引发的日本福岛第一核电站发生核泄漏事故，更是促使世界各国对核能的安全利用进行反思。但是，由于煤炭和可再生能源并不能完全满足需求，化石燃料价格又不断上涨，加之人们对不断加剧的全球变暖和日益恶化的生态环境的担忧，核能开发还是被寄予了厚望，估计核能使用仍将增加，但会对核电站设施的安全性标准有更高要求。

1.4.3.2 化工与能源的关系

化学工业所用基本原料中大部分都可用作于能源，因此化学工业的原料与能源有重叠性，相应地也有一个选择性，即可以选择最合适的原料作化工用，再用剩余的物料作为能源用，这样的选择可大大降低成本。这也是目前大型石油化工厂经常的组合方式，即在化学品生产的同时，也生产燃料油。这种工厂可以是生产化学品为主，也可以生产燃料为主，也可两者并重。在煤的化学加工过程中，也有这样的组合，煤焦和焦炉气作能源用，而煤焦油分离后作化工用；也可以把煤气化或液化，作化工用或作能源用。以上各种组合过程，有一系列化工加工过程。若涉及核能，应注意到从铀矿石分离得到高纯燃料铀是很困难的，因为矿石品位均很低，为此，不得不使用一系列复杂的化工操作，另外原子能工业中的重水也是化工产品。总之，化工与能源原料的重叠性使化工可在二次能源的提供时组合使用，也可在一次或二次能源的提纯中使用。因此，在化工原料选择中要考虑中国能源的特点，把化工原料与能源关系配合好，有时要根据中国国情做出有特色的选择，有时要研究特殊的工艺，使用先进的化工反应与分离技术。

1.4.3.3 我国能源概况

我国是目前世界上第一大能源生产国和消费国。我国拥有较为丰富的化石能源资源，其中，煤炭占主导地位。2006年，煤炭保有资源量10345亿吨，剩余探明可采储量约占世界的13%，列世界第三位。2018年我国煤炭探明资源储量达到17086亿吨，但已探明的石油、天然气资源储量相对不足，油页岩、煤层气等非常规化石能源储量潜力较大。我国拥有较为丰富的可再生能源资源。水力资源理论蕴藏量折合年发电量为9.82万亿千瓦·时，经济可开发年发电量约2.83万亿千瓦·时，相当于世界水力资源量的18%左右，列世界首位。但中国人均能源资源拥有量较低。中国人口众多，人均能源资源拥有量在世界上处于较低水平。如煤炭和水力资源人均拥有量相当于世界平均水平的50%，石油、天然气人均资源量仅为世界平均水平的1/15左右。耕地资源不足世界人均水平的30%，制约了生物质能源的开发。另外，我国能源资源分布广泛但不均衡，大规模、长距离的北煤南运、北油南运、西气东输、西电东送，是中国能源流向的显著特征和能源运输的基本格局。

由于煤炭是中国的主要能源，以煤为主的能源结构在未来相当长时期内难以改变。相对落后的煤炭生产方式和消费方式，加大了环境保护的压力。煤炭消费是造成煤烟型大气污染的主要原因，也是温室气体排放的主要来源。随着中国机动车保有量的迅速增加，部分城市大气污染已经变成煤烟与机动车尾气混合型。这种状况持续下去，将给生态环境带来更大的压力。

随着国际油价不断创出新高以及燃煤火电对环境的污染，发展新能源已成为全球关注的焦点。2011年"十二五"期间，中国把新能源产业列入了国家重点支持的七大领域之一，并将提高非化石能源占一次能源消费比重至11.4%作为约束性指标写入国家"十二五"规划。**新能源**主要指太阳能、风能、核能、水能、生物质能等清洁能源。可以预见，中国新能源产业的发展前景将十分广阔。

当前，中国能源战略的基本内容是：坚持节约优先、立足国内、多元发展、依靠科技、保护环境、加强国际互利合作，努力构筑稳定、经济、清洁、安全的能源供应体系，以能源的可持续发展支持经济社会的可持续发展。

1.4.4 化工与人类生活

迄今为止，人类发现和创造的1200多万个化合物各自有其性质和功能，很多化合物都被用于人类社会的各个方面，农轻重、吃穿用、衣食住行无不紧密地依赖化学品。化工使人们生活更加丰富多彩。

(1) 衣 从最初的树叶兽皮，到后来人们学会了纺织，人们的衣着还主要依赖于天然产物如棉花、蚕丝、羊毛等。直到化学纤维的出现，才使人们的衣着大大地美化了。现在人们的衣着原料主要有毛、丝、棉、麻、人造纤维、合成纤维、皮革等，在其制造和纺织过程中都用了大量的化学品，如染料、软化剂、整理剂、洗涤剂、干洗剂、鞣剂、加脂剂、光亮剂、漂白剂等各种助剂。同时合成纤维已成为人们最大的衣着原料。一个年产1万吨合成纤维工厂的产量，相当于30万亩❶棉田（以每亩年产棉花40kg，且合成纤维密度为棉花的80%计）或200万只绵羊（以每年每只羊剪毛5kg计）的纤维产量。再如染料，公元前3000年中国就有了染织物的技术，但是天然染料的品种和质量远远满足不了人们的需求。合成染料问世后，出现了大批新品种。目前染料有上千种，对于不同的材料就有不同品种的染料；毛织品的染整剂和丝、棉的不同，用于皮革的更另有品种。

(2) 食 粮食、酒、饮料、瓜果、蔬菜、肉类等，在其种植、饲养、酿造过程中都用了大量的化学品，如化肥可以增加粮食的产量、农药可以抑制病虫害、发酵剂有利于制酒业的发展、保鲜剂延长了瓜果的保鲜时间、饲料添加剂增加了肉类的产量等。总之，化工产品不仅提高了人类食物的产量同时也大大提高了质量并促进了新产品的产生。

(3) 住 住房、装修等所用材料中，除了天然的木材、沙子、石子外，从传统的建筑材料——砖瓦、水泥、玻璃、陶瓷到新型的建筑材料（如塑料结构材料）等的生产，都属于化工的范畴，如水泥的不同化学组分，烧结陶瓷的二氧化硅、氯化铝，制造玻璃的不同配料等。特别是现代建筑技术和高层建筑的发展，使高分子材料大量用于建筑中，如塑料地板，其特点是外观美观、相对密度小、比强度大，具有耐磨、耐腐蚀、防水等功能。聚氯乙烯及不饱和聚酯玻璃钢门窗框、保温、隔声材料、抗震材料等也被用于建筑。建筑涂料在发达国家占整个涂料的40%～50%，与工业涂料、特殊涂料一起并称为三大涂料，市场上常见的聚乙烯醇、醇酸树脂、聚乙酸乙烯酯、聚氨酯和丙烯酸酯类涂料的大部分原料也是化工产品。另外，化工行业还提供特定用途的防水材料、密封材料和建筑用胶黏剂；PVC塑料管路用于给排水具有质轻、耐腐蚀、寿命长、容易安装及维修的特点。在室内和家庭陈设品的

---

❶ 1亩=666.67m²。

生活用品方面，如地毯、空调机、灯具、电源、卫生用品等也都用了大量的三大合成材料制造的化学品。

(4) 行　现代交通工具日新月异，如汽车、飞机、火车、摩托车、自行车等，从结构材料到燃料，无不需要化工产品。

以汽车为例，汽车工业是资金密集、技术综合、附加值高、经济效益显著的产业，它能带动一系列相关产业的发展，工业发达国家都把汽车工业作为经济的支柱产业。

首先石化工业生产的汽油几乎都用于汽车的交通运输中，柴油也有10%～15%用于汽车的公路运输。而汽车需要的润滑油也是由石化工业提供。

其次再讲汽车本身，其对塑料的需求品种多，质量高。塑料已大量用于保险杠、油箱、仪表面板、方向盘、坐垫、蓄电池壳、顶棚及内装饰件、车灯罩、扶手及各种零配件。由于塑料车体可使汽车轻质化，使车身形状和结构的设计更加合理，近年来更有用工程塑料来代替钢材制造车身，减轻车体的自重，从而大幅度降低了燃料消耗。另外，汽车车窗玻璃、各种装饰材料等、汽车用胶黏剂、密封胶，合成纤维的各种织物如座椅面料、地毯、安全带、隔热隔声棉毡等都是来自化工产品。

汽车工业一直是橡胶工业的主要市场。高性能轮胎的开发，不仅提高了车速，而且创造了更安全的条件。其中轮胎约占车用橡胶的60%～70%，其余还包括胶管、胶带密封件、减振件、雨封胶条等。

在其整个制造过程中所用的各种助剂均为精细化工产品。车身的底漆、面漆等涂料用于汽车有防腐、耐候和美观等多种功能。

对于飞机而言，除喷气燃料是化工产品外，塑料、橡胶的使用量也是很大的。

(5) 用　化工对于人们生活用的方面的贡献更是不胜枚举。电子产品已进入百姓的千家万户，人们生活中的各种文化用品及电视摄像所用的器具和材料，如电视机、照相机、眼镜、望远镜等在其制造过程中均需用大量合成树脂材料。手机、收音机、随身听、乐器、唱片、录音/录像带用品等也需要化工提供大量的塑料原料，还使用了大量的化学助剂。再比如洗涤用品，近年来为了减少洗涤剂对环境的污染，国外大力发展了酶制剂在洗涤剂中的应用。目前，世界上发达国家加酶洗涤剂占全部洗涤剂的比例都在50%以上，且有继续增加的趋势。

1.4.5　化工与国防

化工与国防的关系可以追溯到黑火药的发明。黑火药是我国的"四大发明"之一，它标志着武器由冷兵器到热兵器的转变，千余年来一直是战争的主要工具之一，也是后来现代火炸药工业的先驱。到了19世纪后半期，在工业革命的推动下，火炸药的原料有了很大发展，加上诺贝尔等发明家的努力，黑火药开始被一些新的、威力更大的火炸药如硝化甘油、TNT等所代替。这些炸药也在第一次和第二次世界大战中大显身手。

火炸药工业是广义化学加工工业的重要组成部分，它的生产工艺及设备与一般化学工业，特别是燃料工业、制药工业十分相近，具有相同的操作和过程。所不同的只是火炸药生产由于物料易燃易爆，而且爆炸力强、危险性大，故安全问题更为突出。火炸药工业不但本身是化工的一部分，而且它的原料，例如硝酸和甲苯等，也来自化学工业。

随着火箭和导弹技术的进步，对推进剂的要求也越来越高，要求化工提供能量和冲量更高的发射药和推进剂，以及能量更大、破坏力和杀伤力更强的猛炸药。我们从电视上看到火箭发射升空时，在火箭尾部腾起一股棕红色气焰，便证明了液体推进剂中含有氧化剂硝酸。除液体推进剂外，固体推进剂也是化学品，并用高分子化合物做成型的胶黏剂。

除了炸药是化学工业的直接产品外，与国防有关的化工产品还很多，如防化学武器和防细菌武器，都离不开化学品。装甲运兵车和自行火炮如果没有轮胎，将寸步难行。同样新型核武器的制造过程中也有大量的化学过程，多种军事装备的制造中都离不开化学加工过程。

综上所述，化学工业是重要的工业部门，它上接炼油、炼焦等基础工业，一系列下游产品广泛应用于各类工业部门，特别是通过高分子产品向一系列轻工产业、交通部门、服装产业等提供必不可少的原料及加工产品。因此发展工业离不开化学工业的发展。在世界工业产值中化学工业约占10%，具有重要地位，在近几十年中，这比例还在上升，即化学工业发展高于其他工业的平均值。事实上，在一些新技术高速发展的今天，化工仍在稳步发展，并扮演着无名英雄的角色。试想一下，如果没有化工研制的固体推进剂，怎会有火箭和宇宙飞船的升天？如果没有化工提供的众多电子化学品，如计算机芯片用的单晶硅、高纯试剂等，怎会有今日奇妙的网上通信？可以说，化工是国民经济的重要支柱，也是发展新技术的基础并互相促进，化学工业绝不是什么夕阳产业。

1.5 化学工业发展史

1.5.1 世界化学工业发展史

1.5.1.1 古代的化学加工

追溯到远古及古代，虽然还没有工业，但化学加工的方法已开始影响人们的生活，其中主要有制陶、酿造、染色、冶炼、制漆、造纸以及制造医药、火药、肥皂等。在约公元前5000年至公元前3000年仰韶文化时，已有红陶、灰陶、黑陶、彩陶等残陶片出现，而陶器就是一种硅酸盐。制酒的历史也很久远，即人类早已利用生化反应作化学加工。至少在公元前2100年左右的中国的夏禹已把酒用于祭祀。在公元前3000年左右中国就已进入青铜器时代，而后是铁器时代，都表明冶金化学技术的掌握及进步。公元前后，中国和欧洲进入炼丹术、炼金术时期，也带动了冶炼及制药的发展。为在制药研究中配制药物，欧洲在实验室中制得了一些化学品，如硫酸、硝酸、盐酸和有机酸，为18世纪中叶化学工业的建立准备了条件。

1.5.1.2 近代的化学工业

随着产业革命在西欧开始，化学工业开始形成及发展，1749年在英国建立用铅室法生产硫酸的工厂，这是一个重要的事件，可认为是第一个近代化工厂的诞生。当时硫酸产品主要用以制硝酸、盐酸及药物，也对机械工业有促进作用，由此长时间内硫酸产量作为一个国家化学工业发展的标志。由于玻璃、肥皂等工业都大量用碱，1791年路布兰获取专利，以食盐为原料制得纯碱，副产物氯化氢用以制盐酸等，纯碱又可苛化为烧碱。一个比较系统的无机化学工业开始形成。在这些生产中开始组织起原料、中间产品、产品、副产物之间的合理关系，广泛应用吸收、浓缩、结晶、过滤等技术，又带动了化工反应器及化工过程设备的改进，为化工单元操作的科学关系打下了基础。路布兰法虽于20世纪初逐步被索尔维法取代，但其历史作用仍应肯定。硫酸和纯碱在当时是化学工业的主角。18世纪后期，由于炼铁用焦炭量大大增加，炼焦炉应运而生。如1763年在英国产生了蜂窝式煤气炉，提供了大量焦炭，1792年开始用煤生产民用煤气，可以认为煤化工在18世纪末也已产生。

19世纪化学工业得到很快的发展，其中包括煤化工的发展，1812年，干馏煤气开始用于街道照明，至1816年，美国已有煤干馏法生产煤气。1825年英国人从煤焦油中分离出苯、甲苯、萘等。19世纪中叶后，欧洲已有许多国家建立了炼焦厂，至19世纪70年代德国成功地建立了有化学品回收装置的炼焦炉，由煤焦油中提取了大量的芳烃，作为医药、农药、染料等工业的原料，煤化工已趋于成型，并带动了其他有机化学工业发展。

1825年英国建成第一个水泥厂，硅酸盐工业自此开始发展。1839年美国人固特异用硫黄硫化天然橡胶，应用于轮胎及其他橡胶制品，这是第一个人工加工的高分子橡胶产品。1872年美国开始生产赛璐珞，被认为是第一个天然加工高分子的塑料产品，从此开创了塑料工业。1891年在法国建立了人造纤维（硝酸酯纤维）工厂，其产品质量差，易燃，虽未能大量发展，但仍被认为是化学纤维工业的开始。

虽早已有炼制石油的分散报道，但也常认为1854年美国建立最早的原油分馏装置及1860年美国建成的第一座炼油厂是炼油工业的开始，至19世纪后期，在世界已建设了许多炼油厂或炼油装置，主要生产照明用的煤油，而汽油及重质油还是用处不大的"副产品"，直至19世纪80年代，电灯的发明大大减轻了煤油的重要性，汽油和柴油因汽车工业的发展而成为主要炼油产品。

19世纪初至60年代，科学家先后从传统的药用植物中分离得到纯的化学成分，如那可丁（1803年）、奎宁（1820年）、毒扁豆碱（1867年），另外还合成了一批化学合成药，例如氯仿（1847年）、非那西丁（1847年）、阿司匹林（1899年），到19世纪末，化学制药工业初具雏形。1846年硝化棉、硝化甘油问世，1862年瑞典人诺贝尔开设了第一个硝化甘油工厂。1863年，J.威尔勃德发明了TNT。1856年第一个染料问世，次年设厂生产，并被投入使用。

总结19世纪化学工业发展可知，虽有高分子、染料、医药等工业发展，但其规模尚小，影响远不如无机化学工业，后者在19世纪90年代隔膜电解食盐水工业化，已形成一个完整的酸、碱、氯体系。炼油虽已有一定规模，但还只是用于燃料和润滑油，基本上未与化工联系。

1.5.1.3 现代化学工业

20世纪是化学工业飞速发展时期，至60～70年代是化学工业真正成为大规模生产的主要阶段，在此阶段合成氨（包括化肥）和石油化工得到了飞速发展，高分子化工从无到有，品种基本配齐，形成了很大规模，精细化工逐渐兴起。

在此阶段，首先应提到1913年德国哈柏法合成氨投产，该工艺在高温、高压、气体循环下实现，在催化剂设备、材料等方面也有重大突破，这一工艺被认为是现代化学工业的开始。虽然当时产品还比较昂贵，还不能大量用于化肥，但从1916年已实现了氨氧化制硝酸。1920年美国建立了用炼厂气中丙烯水合成异丙醇，这是第一个石油化学品，1923年，美国联合碳化物公司在查尔斯顿建立了第一个以乙烷和丙烷裂解生产乙烯的石油化工厂，打开了乙烯为原料石油化工生产的序幕。1941年开始了从石油轻质馏分催化重整制取芳烃的新工艺。同年，从烃类裂解气体中分离出合成橡胶的重要中间体丁二烯。由于烯烃、芳烃和二烯烃生产技术的成功，研制出了一系列以其为原料的产品。在20世纪20～30年代炼油工业也发展迅速，热裂化和催化裂化分别工业化，同时生产出更多的烯烃，当时化学工业还是以单个烯烃生产一系列化学品（丙酮、环氧乙烷、环氧丙烷），生产乙烯的同时，联产丙烯、C_4烃、芳烃（苯、甲苯、二甲苯），随着1949年石油馏分催化重整的工业化，又提供了大量的芳烃，因此石油化学工业表现为由乙烯、丙烯、丁烯、苯、甲苯、二甲苯等加工为一系列下游产品。在石油化学工业联合企业中，其石油馏分或利用天然气作为合成氨原料得到广泛应用，因此，合成氨也可被纳入石油化学联合企业范围中。在20世纪前期，煤化学工业及由电石生产乙炔化学工业也有发展，第二次世界大战后至60年代又有天然气化学工业的发展。总的来说，乙烯仍是发展化学工业标志性产品，因此，人们把乙烯作为化学工业发展的标志。1928年生产了第一个无色树脂（脲醛树脂），30年代德国法本公司采用乙苯脱氢法生产苯乙烯成功，随后在美国制造出有机玻璃，德国法本公司用乳液法生产聚氯乙烯，英国卜内门公司用高压气相本体法生产低密度聚乙烯。这样，在20世纪30年代末塑料品种已比较齐全，产量飞速增加。另一种高分子合成纤维发展要晚一些。对天然纤维的化学加工而制得的化学纤维于20世纪初得到了快速发展，1922年人造纤维产量已超过真丝纤维。1939年美国杜邦公司实现了聚酰胺66纤维的工业化生产。1941年、1946年德国分别进行聚酰胺6纤维、聚氯乙烯纤维的工业化生产。20世纪50年代以后，聚乙烯醇纤维、聚丙烯腈纤维、聚酯纤维等合成纤维相继工业化，基本上配齐了合成纤维的品种。

　　合成橡胶的工业化生产也比较晚。1931年美国杜邦公司小批量生产了氯丁橡胶，苏联建成了万吨级丁钠橡胶生产装置，同一时期德国也生产了丁钠橡胶，1935年德国法本公司开始生产丁腈橡胶，1937年又建成了丁苯橡胶装置。第二次世界大战中，由于战争的急需及天然橡胶产地被封，促进了合成橡胶的发展，不但产量飞速增加，还使气密性极好的丁基橡胶工业化，此外还促成了多种特殊橡胶（硅橡胶、聚氨酯橡胶）的生产。至此合成橡胶的品种也基本齐备。

　　在石油化学工业发展大吨位产品后，人们也开始注意发展产量小附加值高的精细化学品，在染料方面，发明了活性染料，增强了染料与纤维的结合，为了对合成纤维进行染色，发明了专用性的染料。例如用于涤纶的分散染料，用于腈纶的阳离子染料。在农药方面，20世纪40年代发明有机氯农药DDT后，又开发出一系列的有机氯、有机磷杀虫剂。在医药方面，1928年发现青霉素，开辟了抗生素药物的新领域。在涂料工业方面，摆脱天然油漆的传统，改用合成树脂。

　　在20世纪60~70年代，化学工业更重视规模的大型化，1963年美国凯洛格公司设计建设第一套日产540t合成氨单系列装置，是化学工业生产装置大型化的标志。到80年代又出现了日产1800~2700t合成氨的设计；乙烯单系列生产规模，也从50年代年产50kt发展到70年代年产100~300kt；而80年代初新建的乙烯装置最大生产能力达年产680kt。由于冶金工业提供了耐高温的管材，使毫秒裂解炉得以实现，从而提高了烯烃收率，降低了能耗。其他化工生产装置如硫酸、烧碱、基本有机原料及合成材料等也均向大型化发展。

　　但是在20世纪70年代，国际石油价格发生了两次大幅度上涨，乙烯原料价格骤升，产品生产成本增加，石油化学工业面临巨大冲击。美国、日本和西欧地区主要乙烯生产国，纷纷采取措施：如关闭部分生产装置，降低生产能耗，开展副产品综合利用，进行深度加工，加强代油原料研究，把装置转移到发展中国家等。1983年下半年起，生产又趋复苏。与此同时，世界石油化工的格局也有了新的变化。全世界大约有1000个石油化工联合企业，大多为少数跨国生产厂商所控制。目前大量的化工产品从发达国家出口到发展中国家，而大部分起始原料则从发展中国家向发达国家出口。从新建的大型化工项目来看有两种趋势：一是转向具有原料优势的发展中国家，如沙特阿拉伯、墨西哥等；二是由于亚洲经济的崛起，新加坡、印度、韩国及中国等化学工业的迅速发展，正在逐步改变化学工业过去高度集中在发达国家的格局，特别是亚洲及中东的比例有所增加。

　　进入21世纪，世界化工正在进行新一轮的产业结构调整，更加重视绿色化和可持续发展，重视化工高新技术的开发、研究以及产业转移。产品的高性能化、精细化成为世界化学工业产品结构调整的战略举措。

　　精细化工是当今化学工业中最具活力的新兴领域之一，是新材料的重要组成部分。世界精细化工发展的显著特征是产业集群化、工艺清洁化、节能化、高效化、精细化、产品多样化、专用化、高性能化。有些大化学工业联合企业已把重点转移到此类生产部门。精细化工产品种类多、附加值高、用途广、产业关联度大，直接服务于国民经济的诸多行业和高新技术产业的各个领域；同时精细化学品变化也快，产品换代周期短，因此需要更大的科研投入，白领（研究）人员多于蓝领（生产）人员。发展精细化工已成为世界各国调整化学工业结构、提升化学工业产业能级和扩大经济效益的战略重点。目前发达国家的精细化率（精细化工产值占化工总产值的比例）都已超过50%。近几年，全世界化工产品年总销售额约为1.5万亿美元，其中精细化学品和专用化学品约为3800亿美元，年均增长率在5%～6%。技术创新是产业转型升级的关键因素之一，对精细化学品的发展起到十分重要的作用。以精细化工发达的日本为例，重点研发了用于半导体和平板显示器等的功能性精细化学品，使其在显示材料和信息记录等高端产品领域占据了主导地位。

进入21世纪，化工高新技术领域成绩斐然，在复合结构材料、信息材料、纳米材料、高温超导材料、生物技术、环境、能源等领域发挥着重要作用。

在生物技术方面，生物技术与生物过程的应用对21世纪的化学工业至关重要。

生物化工起始于第二次世界大战时期，到了20世纪后期，随着以基因工程为代表的高新技术迅速崛起，为生物化工的进一步发展开辟了新的领域。生物化工技术的应用已涉及农业、化工、医药、食品、环境、资源和能源等各个领域，成为一个国家科技实力的象征和经济战略的重点。生物化工是21世纪世界经济发展的关键技术之一，又是化学工程发展的前沿学科。

利用可再生资源作原料、反应条件温和、选择性强、应用广泛、对环境影响小等都是现代生物技术的发展优势。目前发达国家的生物化工总产值已达到化工总产值的20%左右。随着人类对环境能源要求的提高，生物化工必然成为当今世界高科技竞争的热点，其发展水平已成为一个国家科技实力的象征。

在新材料技术方面，世界主要工业发达国家都把新材料技术的研究和开发作为推动科技进步、培植新经济增长点的一个重点。纳米材料、导电高分子、可降解塑料、精密陶瓷、液晶、超微细粉体等是化工新材料开发的重要内容。2001年美国IBM公司用碳纳米管制造出了第一批晶体管。同年三位中国科学家采用高温气体固相法，首次合成了半导体化物纳米带状结构。2004年，英国曼彻斯特大学物理学家成功从石墨中分离出石墨烯。2006年，王中林成功地研制出世界上最小的发电机——纳米发电机。2010年全球纳米新材料市场规模达22.3亿美元，年增长率为14.8%。2016年，美国利用碳纳米管和二硫化钼开发出了栅极只有1nm、全球最小的晶体管。2017年，由俄罗斯与日本组成的研究团队合成了世界上首例量子金属。

在计算机应用技术方面，化工发展新趋势是和信息产业进一步深度融合的。化工专业化电商、化工行业互联网、产业互联网正在逐渐推进和深入。化工企业在企业资源计划系统（ERP）、生产执行系统（MES）等各种系统集成实施应用，化工与互联网的联系也逐渐从在线化和数据化向智能化演变。从欧美发达国家提出"工业4.0""再工业化"战略，到中国大力推进的"互联网+""中国制造2025"，化工产业正借助互联网和信息技术的深度应用重塑产业链。

还需指出，自20世纪末期，随着世界人口的增长和国际社会对环境污染和资源等问题的关注，提倡发展绿色化学与化工，成为促进化工可持续发展的重要方向。绿色化学又称环境无害化学、环境友好化学，而在其基础上发展起来的技术称为绿色化工技术、清洁生产或环境友好技术。绿色化学与化工的核心是利用绿色化学原理从源头上消除化学与化工对环境的污染，由被动的治理性策略转为积极的预防性策略，使自然界的生态平衡走向新的和谐一致。2016年，诺贝尔化学奖获得者、南加利福尼亚大学化学系教授乔治·安德鲁·欧拉（George Andrew Olah）率领团体首次采用基于金属钌的催化剂，成功实现直接将二氧化碳转化为甲醇，并且转化率高达79%，向通往未来"甲醇经济"迈出了至关重要一步。2017年，世界上最大的碳捕集项目——投入10亿美元的"佩特拉诺瓦（Petra Nova）"设施正式启动，每年可从煤电厂泵送140万吨二氧化碳到附近的油田以助石油流出地面。目前全球近22个大型碳捕集与封存（CCS）设施正在建设中，建成后每年可捕获约4000万吨二氧化碳。近些年来，清洁溶剂的快速发展，也成为实现绿色清洁化发展的重要组成部分，其中采用超临界流体、离子液体和水作为反应介质在许多化学反应中取得了突破性进展。绿色化工旨在实现生产的低碳化、清洁化和节能化，是21世纪实现可持续发展的一项重要战略举措。

1.5.2 中国化学工业发展史

1.5.2.1 我国的近代化学工业

虽然我国利用化学加工制造食品及生活用品已有极悠久的历史，但我国近代化学工业发展是很晚的。1876年在天津建成我国第一座铅室法硫酸厂，日产硫酸约2t，可作为我国近代化学工业的开始。1889年在唐山建成我国第一座水泥厂。1905年在陕西延长兴办了我国第一座石油开采和炼制企业，1907年开钻出油。在第一次世界大战期间，外商输入中国的商品减少，民族工业在上海、天津、青岛、广州等沿海城市获得发展，建立了油漆厂、染料厂、药品加工厂、橡胶制品厂等化学工业类工厂，生产规模较小，原料依赖进口，但培养了一些技术人员。1923年，吴蕴初在上海创办天厨味精厂，生产的味精畅销国内及远销海外。由于生产味精需用盐酸，于1929年创办天原电化厂，生产盐酸、烧碱、漂白粉；又因盐酸容器的需要，于1934年创为天盛陶器厂，同年创办天利氮气厂，生产合成氨与硝酸。另一个著名的化工企业家是范旭东，他在1914年于天津塘沽集资创办久大精盐股份有限公司，1917年筹办永利制碱公司，聘侯德榜为技师长，于1926年生产出高质量的红三角牌纯碱。该产品扬名国内外，并于1937年在南京建成永利铔厂，生产合成氨、硫酸、硫酸铵及硝酸，为当时具有世界水平的大型化工厂。在东北及天津等地也有另外几座外国人兴办的化工厂。总的来说，直到1949年，旧中国的化学工业还是很弱的，在世界上毫无地位。化肥仅2.7万吨，硫酸4万吨，有机化学工业几乎还是空白，除少量酚醛树脂类电木外尚无高分子产品。1949年全国化工总产值仅占全国总产值的1.6%。

1.5.2.2 新中国的化学工业

新中国成立后，不但很快地恢复了生产，至1952年的化工总产值比1949年增加了三倍多。从第一个五年计划（1953～1957年）开始，重点放在支农及基本原料的化学产品生产上。新建了一些大型化工企业，如吉林、太原、兰州三个化工区和保定电影胶片厂、石家庄华北制药厂，并扩建了大连、南京、天津、锦西等几个老化工企业，组建了一批化工研究、设计、施工队伍，在此及随后时期内，开始了几种合成树脂（聚氯乙烯）及合成纤维（聚酰胺6）的生产，开创了高分子化工产品的生产。1961年，我国在兰州建成了用炼厂气为原料裂解生产乙烯装置，开始了我国石油化学工业的生产。

虽然我国石油化学工业起步较晚，但发展迅速。从20世纪50年代开始从国外引进了炼油装置和石油化工设备，60年代开发了大庆油田，从此我国的石油炼制工业有了大规模的发展。70年代，随着我国石油工业的迅速发展，集中力量建设了十几个以油气为原料的大型合成氨厂，并在北京、上海、辽宁、四川、吉林、黑龙江、山东、江苏等地建设了一大批大型石油化工企业，例如，北京燕山和上海金山两个石化企业建成，使我国的石化工业初具规模。1983年，中国成立了石油化工总公司，使我国的炼油、石化、化纤和化肥企业集中领导，统筹规划。至80年代，更组建了一批大型石油化工联合企业，这些企业在全国500强企业中许多是名列前茅的。新工艺、新产品不断补入，使石化工业有了很大的发展，生产能力和产品质量持续稳定增长，基本形成了一个完整的具有相当规模的工业体系，与国外先进水平逐步接近。进入21世纪，我国石油和化工行业经济年均增速连续保持在10%以上，并在2010年化学工业产值赶超美国，成为世界第一化工大国。2017年，经过10余年持续技术攻关，在准噶尔盆地玛湖凹陷中心区发现10亿吨级玛湖砾岩大油区，这是目前世界上发现的最大的砾岩油田，也是继2016年中国石化在塔里木盆地发现17亿吨级油气田顺北油田后中国最大的油气发现。目前，我国有20多种大宗产品产量位居世界前列，主要石油和化工产品的消费量处于世界领先地位，形成了种类比较齐全、配套，基本满足国民经济和人民生活需要的完整工业体系。

随着改革开放政策的实施，化学工业也像其他工业一样飞速地发展。目前，中国经济的健康发展和需求的强劲增长已成为世界化工发展的重要推动力，中国也已成为全球化工产品竞争的共同市场。

2009年，中国成为仅次于俄罗斯、沙特阿拉伯、美国之后的全球第四大原油生产国，占世界原油总产量的5.4%，2010年中国石化炼油一次加工能力跃居世界第三。2009年，石化行业工业增加值占全国工业增加值的12.0%，实现总产值6.63万亿元，全行业进出口贸易总额达3270.70亿美元。2009年美国《石油情报周刊》（简称PIW）公布了根据石油储量、天然气储量、石油产量、天然气产量、石油炼制能力和油品销售量6项指标综合测算的2008年世界最大100家石油公司综合排名，中国的三大石油公司均进入世界前50名的行列：中国石油天然气股份有限公司位居第5位，中国石油化工股份有限公司排名25位。中国海洋石油有限公司排名第48位。2015年，中国炼油总能力达到5.03亿吨，成为仅次于美国的第二大炼油国。2017年我国石油和化学工业产值达到13.8万亿元，是1978年的182倍，产业规模位列世界第二。预计到2030年，中国石油与化学工业主管业务收入将达到24.4万亿元，相较于2017年，增长幅度超过70%。

乙烯产量是衡量一个国家石油化工工业发展水平的标志，20世纪80年代，世界乙烯产业主要集中在北美、欧洲和日本，这三个地区的基础石化行业产品产量占到全世界的80%，到2005年这个比例已经降到50%。我国在2000年时乙烯产量为470万吨，2009年乙烯累计产量为1069万吨，2010年，国内规模最大的百万吨乙烯单套装置——天津石化1000kt/a乙烯装置一次开车成功，标志着我国掌握了自主建设百万吨级乙烯装置的能力。2012年，大庆石化600kt/a乙烯装置的建成投产，实现了大型乙烯技术工艺包国产化的目标。2018年乙烯产能达2505万吨，占全球乙烯产能的14%，我国乙烯工业正由生产大国迈向生产强国，已成为仅次于美国的世界第二大乙烯生产国。同年，中国石化等10家单位共同完成的绿色高效百万吨级乙烯成套技术开发及工业应用项目，引领了乙烯技术持续创新，推动了乙烯产业及下游相关产业的快速发展，使乙烯发展处于国际领先水平。

精细化率的高低也是衡量一个国家或地区的化工工业技术发展水平的重要标志，精细化工行业的发展情况与一个国家的经济规模和基础石油化工行业的发展水平关系十分密切。世界精细化学品和专用化学品的生产与消费主要集中在美国、西欧地区和日本等发达国家和地区，这些国家和地区的专用化学品总营业额约占全球专用化学品营业额的3/4以上，精细化率也最高。20世纪80年代，发达国家的精细化率约为45%~55%；到90年代为55%~63%；21世纪的今天，发达国家的精细化率已达60%~70%。我国的精细化率近年来也在不断提高，2008 年，我国的精细化率约为 35%，2015 年，我国精细化工产值已达 1.6 万亿元，精细化工自给率达到 80% 以上，进入世界精细化工大国与强国之列。目前，我国的精细化率已达 45%。

21 世纪以来，新一代信息技术飞速发展，兴起了以智能制造为代表的新一轮产业革命。随着物联网、大数据、云计算、移动互联网等的发展，我国石化工业正加速与信息技术的深度融合。早在 2012 年，中国石化开始启动智能工厂（试点）总体规划设计。2013 年，选择燕山石化、镇海炼化、茂名石化、九江石化 4 家企业作为试点项目建设单位。2018 年，中国石化智能工厂推广项目将通过 2~3 年的建设，完成智能工厂 2.0 版，打造齐鲁石化、天津石化、上海石化、金陵石化、海南炼化、青岛炼化等 6 家成熟的炼化行业智能工厂。

我国化学工业经过几十年的发展，特别是近 20 年的发展，已经形成了包括石油天然气开采、石油化工、化学矿山、化学肥料、无机化学品、纯碱、氯碱、基本有机原料、农药、染料、涂料、精细化学品、橡胶加工、新型材料等主要行业的石油和化学工业体系。目前，我国已经成为世界第二大化工生产国和消费国。我国已经有十余种主要石油化工产品的产量居世界前列，其中化肥、合成氨、纯碱、硫酸、染料、磷矿、磷肥、合成纤维等产量居世界第一位；农药、烧碱、轮胎产量分别居世界第二位；原油加工、乙烯、涂料等居世界第三位；原油生产、合纤单体、合成胶、合成树脂、合成纤维能力和产量、部分合成单体生产能力和产量都居世界前列。

看到巨大成绩的同时，也要承认我国化学工业与发达国家相比，尚有较大的差距。主要表现在：以人均计算的产品产量仍比较低，大部分都还低于世界人均水平；化学工业结构仍不够合理，低档产品多，高产值产品、专用产品少，低档产品生产能力过剩，高档产品仍需进口；生产技术水平和研发能力不高，装置效益低，科技投入少，应用研究和市场营销薄弱；近年来我国在化工环境保护方面做了巨大的努力和采取了一系列的措施，使得化工污染物排放总量受到控制，但部分企业三废污染问题严重，治理污染的任务仍然十分严峻。

中国在 20 世纪下半叶才开始工业化进程，比欧洲晚了 200 年。但新中国成立后的 70 多年来，尤其是在改革开放 40 多年来，中国还是取得了举世瞩目的成就，已建成拥有较强实力的完整的现代工业体系，产业规模位于世界前列。在 21 世纪的今天，我国化学工业需要不断增强核心竞争力，加强科技创新、结构调整，实现石化产业的转型升级以及高质量发展，加快推进我国由石化大国发展成石化强国。可以预见，中国化工在 21 世纪会有更飞速的发展。

第2章 无机化工

2.1 无机化工的特点

无机化学工业可以追溯到数千年前的制陶、炼丹、染色等古老的工艺过程,是相对于有机化学工业而言的庞大工业部门。无机化工的进步对于矿物资源的综合利用、无机基本原料和功能材料的生产都具有重要的意义。20世纪50年代以后,无机化学工业蓬勃发展。除了硫酸、纯碱、化肥等基本产品外,千差万别的无机化工产品层出不穷,无机化学工艺也随之不断完善,日臻成熟。

无机化工是以天然资源和工业副产物等为原料,生产无机酸、碱、盐、合成氨和化学肥料的行业。与其他化工行业比较,无机化工具有以下特点。

① 无机化工是历史上发展最早的化工部门。对人类的生存、生活和推动化工技术的发展曾起过重要作用。但随着科技的进步,在20世纪30年代以后,以石油化工和高分子化工为代表的有机化工得到迅猛发展,而无机化工的进步相对缓慢,其重要性也随之下降。例如,过去,评价一个国家经济实力和化学工业水平的标志是看硫酸的产量,而后则首先要比较乙烯的生产能力,当前则要看化工产品的精细化率如何。

② 无机化工产品都是用途广泛的基本化工原料,是其他各生产部门生存和发展的基础,它的应用渗透到各个领域。无机化工产品的生产量大,其通用性较强,在国民经济中具有举足轻重的地位。

③ 与有机化工产品相比,无机化工产品的品种较少,主要是无机酸、碱、盐类,化学合成和生产工艺技术过程相对也简单一些。

④ 近年来新型无机化工产品的不断出现,逐渐形成新的无机化工材料产业。表2-1为近些年无机新材料的开发和应用情况。

表2-1 无机新材料的开发和应用情况

原无机化合物	开发的新技术材料	原无机化合物	开发的新技术材料
InP	Ⅲ~Ⅴ族化合物,半导体	非晶硅、碲化镉	太阳能电池
CaO或Y_2O_3稳定化的ZrO_2	固体电解质,氧传感器	$Ca_5(PO_4)_3X \cdot Sb^{3+}$,$Mn^{2+}$	荧光照明
$Na\text{-}\beta\text{-}Al_2O_3$	固体电解质,钠-硫燃料电池	$Y_2O_2S:Eu^{2+}$	彩色电视
$BaTiO_3$	铁电、压电、陶瓷电容器	ZSM-5型铝硅酸盐分子筛	石油催化裂化
$LiNbO_3$	非线性光学	$Nd_2Fe_{14}B$	新永磁材料
$BaFe_{12}O_{19}$	铁氧体、磁记录	多元氟化物玻璃	洲际光纤通信
$(Zn,Cd)S$	阴极射线发光显示器件	$YBa_2Cu_3O_{7-\delta}$	高温超导
$LaNi_5$	强磁体,储氢材料	$LiFePO_4$	锂离子电池

2.2 无机化工原料

无机化学工业的原料来源很广，大致可分五大类：空气、水、化学矿物、化石燃料（煤、石油、天然气等）及工业农业副产品。

空气和水是人类赖以生存的物质，也是化工生产的重要原料。因此合理地利用并保护大气环境和水资源，对化工生产亦十分重要。

矿物原料包括金属矿、非金属矿和化石燃料矿。金属矿多以金属氧化物、硫化物、无机盐类或复盐形式存在。非金属矿以各种各样化合物形态存在，其中含硫、磷、硼、硅的矿物储量比较丰富。化石燃料包括煤、石油、天然气、油页岩和油砂等，既是有机化工原料也是无机化工的重要原料。虽然石化燃料中的碳只占地壳中总碳量的 0.02%，却是最重要的能源和化工原料。合成氨的原料气就是以煤、石油或天然气为原料，通过烃类与水蒸气的作用而得到氢。当前，氢也是被人们看好的最理想的清洁能源。

我国用于化工生产的化学矿物资源丰富。1950年以来，通过大量地质勘探，已探明储量的有20多个矿种，即硫铁矿、自然硫、硫化氢气藏、磷矿、钾盐、钾长石、明矾石、蛇纹石、化工用石灰岩、硼矿、芒硝、天然碱、石膏、钠硝石、镁盐、沸石岩、重晶石、碘、溴、砷、硅藻土、天青石等。

化学矿物用途十分广泛，除用作生产化肥、酸、碱、无机盐的原料外，还可用于国民经济其他工业部门。例如磷矿除用来制造磷肥和磷酸外，还可制得黄磷和赤磷，黄磷做农药，赤磷做火柴。磷矿还用于冶炼青铜、含磷生铁等；又例如钾盐矿除用来制造各种无机和有机盐外，还用于医药、建材等工业部门。

2.3 无机化工产品

大宗的无机化工产品有硫酸、硝酸、盐酸、纯碱、烧碱、合成氨，以及由氮、磷、钾等合成的化学肥料。在化工产品中化肥产量居首位，其中以氮肥产量最高。

无机化工产品的无机盐类品种众多，但生产规模有时不是很大，是一类通用性强的产品。它们是由金属离子或铵离子与酸根阴离子组成的物质，例如硫酸铝、硝酸锌、碳酸钙、硅酸钠、高氯酸钾、重铬酸钾、钼酸铵等，有1300多种，多数为用途广泛的基本化工原料。

除了盐类产品外，还有多种无机酸、氢氧化物、元素化合物和单质。无机酸如磷酸、硼酸、铬酸、砷酸、氢溴酸、氢氟酸等；氢氧化物如钾、钙、镁、铝、铜、钡、锂等的氢氧化物；元素化合物如氧化物、过氧化物、碳化物、氮化物、硫化物、氟化物、氯化物、溴化物、碘化物、氢化物、氰化物等；单质如钾、钠、磷、氟、溴、碘等。

工业气体氧、氮、氢、氯、氨、氩、一氧化碳、二氧化碳、二氧化硫等也属于无机化工产品。

另外，近年新型的无机化工产品不断出现。如各种无机试剂和高纯物，永磁材料和软磁材料，各种矿物质饲料添加剂，磷酸盐高温胶黏剂以及金属氧化物做成的催化剂等。这些新领域也正在成为人们研究的热点方向。

2.3.1 硫酸、硝酸和盐酸

硫酸工业的主要产品有浓硫酸（H_2SO_4 含量 93%～98%）、稀硫酸（75%～78%）、发烟硫酸（含游离 SO_3 20%～65%）及液体二氧化硫、液体三氧化硫和亚硫酸铵等。

硫酸（sulfuric acid）的最大用途是生产化学肥料，主要是用于生产磷铵、重过磷酸钙、硫铵等，约消耗硫酸产量的一半。

在化学工业中，硫酸是生产各种硫酸盐的原料，是塑料、人造纤维、染料、涂料、制药等生产中不可缺少的化工原料，在农药、除草剂、杀鼠剂的生产中也都需要硫酸。在石油的精炼过程中使用大量硫酸作为洗涤剂，以除去石油产品中的不饱和烃和硫化物等杂质。有机合成工业中用硫酸作脱水剂和磺化剂。

在冶金工业中，如钢材加工及其成品的酸洗、炼铝、炼铜、炼锌等都需要用到硫酸。国防工业中，浓硫酸用于制取硝化甘油、硝化纤维、三硝基甲苯等炸药，原子能工业、火箭工业等也需要用到硫酸。

硝酸（nitric acid）是一种重要化工原料，在各类酸中，产量仅次于硫酸。工业产品分为浓硝酸（98% HNO_3）和稀硝酸（45%～70% HNO_3）。稀硝酸大部分用于制造硝酸铵、硝酸磷肥和各种硝酸盐。浓硝酸用于火炸药、有机合成工业和硝化纤维素的原料。在染料、制药、塑料、有色金属冶炼等方面也都用到硝酸。

盐酸（hydrochloric acid）也是一种重要的基本化工原料，应用十分广泛。主要用于生产各种氯化物；在湿法冶金中用以提取各种稀有金属；在有机合成、纺织漂染、石油加工、制革造纸、电镀熔焊、金属酸洗中是常用酸；在有机药物生产中，用于制普鲁卡因、盐酸硫胺、葡萄糖等；在科学研究、化学实验中，它是用量最多的化学试剂之一。

2.3.2 纯碱与烧碱

纯碱，学名碳酸钠（Na_2CO_3，sodium carbonate），纯碱用途非常广泛，是一种重要的化工基本原料。主要生产方法有氨碱法（即索尔维法）、侯氏联合制碱法和天然碱加工法等。目前，世界上生产的纯碱中，用索尔维法生产的约占 68%，天然碱加工法约占 25%，侯氏碱法约占 5%，其他方法约占 2%。

烧碱，学名氢氧化钠（NaOH，sodium hydroxide），是化学工业的最基础产品之一，应用十分广泛。当电解食盐的水溶液时，可同时制取氯和烧碱（氢氧化钠），故称氯碱工业。

正因为电解食盐水溶液时，氯气和烧碱按化学计量式比例［（35.5∶40）～（1∶1.13）］同时联产出来，而市场需求却不一定符合这一比例，故氯与碱的平衡问题，往往成为氯碱生产中的关键问题之一。

2.3.3 氨与尿素

(1) 氨 氨（NH_3，ammonia）是一种含氮化合物，是化学工业中产量最大的产品之一。氨的用途很广，除氨本身可用作化肥外，氨是制造氮肥的主要原料，可以加工成各种氮肥和含氮复合肥料，如氨与二氧化碳合成尿素。

化肥是能够被作物吸收的养分。氮肥包括尿素、硝酸铵、氯化铵、硫酸铵、碳酸氢铵、硝酸钠等。尿素以其含氮量高，肥效好，长期使用不会恶化土壤、成本低等优点，成为深受农民喜欢的氮肥品种。

单元肥除氮肥外还有磷肥和钾肥。多效肥又可分为混合肥和复合肥。复合肥是将几种养分以化合物形态结合在一起的肥料，因化学成分均匀，元素间彼此不会分离，所以是一种高养分的化肥。例如磷酸铵类肥料、硝酸磷肥、偏磷酸钾、尿素磷铵等。

氨还是用途广泛的基本化工原料，在国民经济中起着重要的作用。氨与多种无机酸反应可以制成硫酸铵、硝酸铵、磷酸铵等，可用来制造硝酸、纯碱、氨基塑料、聚酰胺纤维、丁腈橡胶、磺胺类药物及其他有机和无机化合物。在国防和尖端科学部门，用氨来制造硝化甘油、硝化纤维、三硝基甲苯、三硝基苯酚等炸药，以及导弹火箭的推进剂和氧化剂等。氨又是常用的冷冻剂之一。

(2) 尿素 尿素（urea）的化学名称为碳酰二胺，分子量为60.06，分子式为$(NH_2)_2CO$。纯尿素呈白色、无嗅、无味、结晶为针状或棱柱状，熔点为132.7℃，超过熔点温度则分解，密度为1.335g/cm^3，尿素易溶于水和液氨，其溶解度随温度的升高而增加，也能溶于醇类，几乎能与所有的直链有机化合物作用，如醇、酸、醛类等。尿素在水中进行水解反应，水解速度随温度的升高而加快，水解程度也增大。水解时，最初转化为氨基甲酸铵，然后形成碳酸铵，最后分解成氨和二氧化碳。

尿素是重要的化肥之一，其理论氮含量为46.6%，产品常为粒状固体，便于运输、储藏和使用。我国的尿素工业是新中国成立后才发展起来的，20世纪70年代后，随着合成氨工业的发展，引进和自行设计相结合，大、中型尿素工业也迅速发展起来。目前尿素工厂遍布全国，2000年尿素产量达3070万吨，2018年产能7800万吨，产量达5207万吨。

我国生产的尿素除80%作为化肥使用外，还可用作牛、羊等反刍动物的辅助饲料，在微生物的作用下，可将铵态氮转化为蛋白质。利用尿素对秸秆进行氨化处理，变得富于营养、易于消化吸收，增加畜类的肉产量和毛皮产量。

尿素不仅是一种不含污染的高效氮肥，对世界农业发展起着重要的作用，而且在工业上尿素也是一种化工原料，可用来合成三聚氰胺，合成脲醛树脂等。同时它在医药、纺织、造纸、染料和环境保护等方面都得到应用，对人类的生产、生活产生着重大影响。

2.3.4 无机盐工业

无机盐工业泛指以矿物为原料生产的、由金属离子或铵离子与酸根离子组成的物质，几乎包括除三酸（硫酸、硝酸、盐酸）、两碱（烧碱、纯碱）和无机非金属材料以外的所有无机化学品。

无机盐的品种多达1000余种，应用面十分广泛，无论农业或工业，几乎没有一个行业可以离开它，而且一种行业往往需要多种无机盐产品。例如，含有作物营养元素硼、铜、铁、锰、锌的无机盐或氧化物，称为微量元素肥料，每亩只要施用0.1~1g，就可达到增产的效果。又如，一个彩色电视机中，仅产生彩色图像的各种由无机盐制成的荧光粉，就有数十种之多。

无机盐产品还用于水质净化和电池工业等领域。例如：碱式氯化铝用于净化饮用水，并可用作各种工业废水的处理剂；六氟磷酸锂用作新型电源锂离子二次电池的电解质。

2.3.5 无机非金属材料

无机材料中除金属以外的材料统称为无机非金属材料（inorganic nonmetallic materials），传统上主要包括硅酸盐材料和碳素材料。其中硅酸盐材料主要有陶瓷、玻璃、水泥和耐火材料四种，均以硅酸盐矿物为原料而制成；碳素材料主要有人造金刚石、人造石墨电极、铝用碳阳极、特种石墨、碳纤维、碳纳米管、石墨烯等。

随着科学技术的发展，先后出现了一系列用于高新技术领域的先进无机材料，如精细陶瓷、特种玻璃、特种纤维、人工晶体、人造金刚石等。在化学组成上，已不局限于硅酸盐和碳，还包括其他含氧酸盐、氧化物、氮化物、碳化物、硼化物、氟化物及复合材料等。

精细陶瓷（fine ceramics）又称作先进陶瓷和特种陶瓷，从应用角度分为结构陶瓷和功能陶瓷两大类。结构陶瓷是利用其热、机械、化学功能，具有耐热、耐磨损、高强度、高硬度、耐冲击、隔热性能的一大类陶瓷材料。功能陶瓷则利用其电、磁、声、光、催化、生物化学等功能，主要是作为绝缘材料、压电材料、磁性材料、电子材料、生物医用材料、抗菌陶瓷材料等。

碳纤维（carbon fiber）及其复合材料具有质量轻、强度高、模量高、耐高温、耐腐蚀、耐疲劳、抗蠕变、导电、导热、热膨胀系数低等一系列优异性能。它们既作为结构材料承载负荷，又作为功能材料发挥作用，可应用于航空、航天、汽车、机械、电子、体育用品、生物材料等领域。具体应用包括：大型飞机结构部件、风力发电机组桨叶、纯电动汽车外壳、超高压输电复合导线、网球拍和钓鱼竿等。

石墨烯（graphene）指单层石墨层片，厚度为一个碳原子的尺寸，是由 sp^2 杂化的碳原子紧密排列而成的蜂窝状晶体结构。石墨烯中的碳-碳键长约为 0.142nm。每个碳原子有三个 σ 键与相邻碳原子结合，连接十分牢固，形成稳定的六边形状。在垂直于晶面方向上，π 键在石墨烯导电的过程中起到很大的作用。可以将石墨烯看作一个无限大的芳香族分子，或者是平面多环芳烃的无限延伸。石墨烯所具有一些特殊的性质，使其成为一种有广泛应用前景的纳米碳材料。

石墨烯具有优异的光学性能，单层石墨烯可吸收 2.3% 的可见光，透光率达到 97.7%。石墨烯中 π 电子可以自由移动，赋予石墨烯优异的导电性。另外，石墨烯是一种低噪声的电学材料，可用于化学传感，也可用于在外电场、磁场或应力状态下的局部探测器。石墨烯还具有优异的力学和热学性能，是已知材料中强度最高的晶体结构之一；理想石墨烯的拉伸强度约为普通钢的 100 倍，在复合材料领域具有潜在的应用价值。除此之外，石墨烯还可用于锂离子电池负极材料和超级电容器的电极材料。

2.3.6 稀土材料

稀土元素（rare earth element）具有独特的物理和化学性质，在炼钢、石油催化裂化、永磁材料和玻璃、陶瓷等国民经济的各个领域中有广泛的应用。

在冶金工业方面，利用稀土元素对氧、硫等非金属元素的亲和作用，使其在钢铁冶炼中净化钢液、细化晶体以及减少有害元素的影响，进而改善钢材的性能。例如添加少量稀土元素到铸铁中，可以得到延展性更好的球墨铸铁。在有色金属中添加稀土元素能够提高合金的高温抗氧化性，改善材料的强度和加工性能。

在催化剂方面，稀土元素用于石油裂化催化材料中，利用其对沸石表面的亲和力强以及能够提高沸石骨架热稳定性的特点，开发出对汽油馏分选择性好的高硅铝比 Y 型分子筛催化剂，能够在相同的转化率条件下，生产出更多高辛烷值汽油。在合成氨生产及某些有机物的氧化、还原反应所使用的催化剂中，加入少量稀土氧化物作为助催化剂，可以大幅度提高催化剂的催化活性。

在永磁材料方面，由于稀土金属具有较高的磁矩和较好的磁学性质，所以稀土元素和过渡金属能够构成磁性优良的合金材料。近年来，稀土永磁材料发展迅速，用钐钴合金和钕铁硼合金制成的永磁体是工业中重要的永磁材料，常用于反应釜的磁力耦合搅拌装置等。

在玻璃、陶瓷工业中，稀土氧化物是良好的抛光剂，用于镜面、平板玻璃的抛光；稀土氧化物也是玻璃的脱色剂、着色剂、澄清剂，用于制造耐辐射玻璃和激光玻璃等。钇和铕的硫氧化物作彩色显像管的红色荧光剂，可以获得均匀、鲜艳的彩色电视图像。以氧化钇和氧化镝为主，配以其他氧化物，能够制造出性能优良的耐高温透明陶瓷；这种透明陶瓷可以用作自动导航火箭的红外窗、激光窗和高温炉的观测窗等。

2.3.7 工业气体

所谓工业气体（industrial gas），包括氮、氧、氢、氯、一氧化碳、二氧化碳、二氧化硫等，它们是工业上用来作为原料，或在生产中使用（例如作置换用或仪表用）的气体。实际上它们多作为某种化工产品生产装置的组成部分出现，如一氧化碳和氢的制备，是合成氨生产的重要组成部分，氯和氢是食盐溶液电解制氢氧化钠的副产物，一般只有空气分离制氧、氮和氩、氖、氪、氙、氡等稀有气体以独立的工厂存在。近年来，作为精细化工的一部分，也出现了专门制备包括高纯氮、氧和其他高纯气体的工厂。工业上使用的氮气、氧气、氩气等气体通常是将净化后空气经空气分离装置进行分离而获得的。空气分离的三种方法分别是变压吸附法、低温精馏法和膜分离法，当工业中上述气体的用量较大时多采用低温精馏分离方法。

2.4 典型无机产品的生产工艺 >>>

2.4.1 接触法生产硫酸工艺

2.4.1.1 二氧化硫的制备

首先以硫黄（单质硫）或硫铁矿为初始原料，制成含二氧化硫的原料气。硫黄燃烧生成二氧化硫是放热过程。当以硫黄为原料时，可用蒸汽将硫黄熔化，很细的热液态硫黄雾滴（约145℃）被喷射进入焚烧炉与干燥空气混合反应：

$$S + O_2 \longrightarrow SO_2 + Q \tag{2-1}$$

以硫铁矿为原料的生产工艺中，硫铁矿在焙烧炉中于800～1000℃温度下通入空气燃烧，生成二氧化硫和氧化铁：

$$4FeS_2 + 11O_2 \longrightarrow 2Fe_2O_3 + 8SO_2 + Q \tag{2-2}$$

矿石焙烧炉一般分为多室焙烧炉、回转窑和沸腾炉。沸腾焙烧炉结构如图2-1所示。

2.4.1.2 含二氧化硫原料气的净化

由硫铁矿燃烧得到的含二氧化硫原料气体中，含有矿物粉尘、氧化砷、二氧化硒等杂质，在进入下一步工序前必须进行除尘和净化。

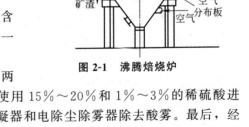

图 2-1 沸腾焙烧炉

含二氧化硫气体的净化工艺分为水洗和酸洗两种。酸洗法采用稀硫酸来洗涤矿石燃烧炉气，先后使用15%～20%和1%～3%的稀硫酸进行洗涤，除去氧化砷、二氧化硒等杂质，再经过冷凝器和电除尘除雾器除去酸雾。最后，经过干燥塔得到净化后的干燥二氧化硫原料气体。

2.4.1.3 二氧化硫氧化为三氧化硫

二氧化硫氧化为三氧化硫的反应式为：

$$SO_2 + \frac{1}{2}O_2 \longrightarrow SO_3 + Q \tag{2-3}$$

该反应仅在催化剂（V_2O_5）存在时才能获得满意的反应速率。由于是放热反应，所以在低温下会获得较好的三氧化硫平衡产率。但是，反应温度过低又导致反应速率下降，所以一般选取催化剂正常工作所需的温度410～440℃作为反应温度。

2.4.1.4 三氧化硫的吸收

$$SO_3 + H_2O \longrightarrow H_2SO_4 + Q \tag{2-4}$$

尽管硫酸最终按上式经过三氧化硫与水的结合生成硫酸,但生产中往往采用浓度为98.5%~99%的硫酸而不是水来吸收三氧化硫。这是因为水蒸气与三氧化硫会在气相中生成硫酸,冷凝形成大量酸雾,造成操作条件恶化,吸收效率降低。用高浓度硫酸吸收三氧化硫时,需要向循环酸中补充适量的水,以保持吸收用硫酸的浓度恒定并得到所要求规格的成品硫酸。

吸收操作是首先用气体冷却器将反应气体冷却至 180~200℃,然后进入填料吸收塔,硫酸在塔中从上往下喷淋与反应气体逆相接触,使三氧化硫转化为硫酸。硫酸吸收剂在重新返回吸收塔之前需用水或空气冷却器降温,移走吸收过程产生的热量。图 2-2 为典型硫酸生产工艺流程示意。

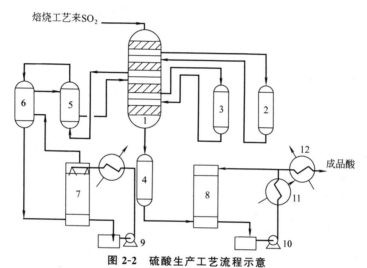

图 2-2 硫酸生产工艺流程示意
1—转化器;2—蒸汽过热器;3—蒸发器;4—锅炉给水预热器;5,6—换热器;
7—中间吸收塔;8—最终吸收塔;9,10—泵;11,12—冷却器

2.4.2 纯碱生产工艺

2.4.2.1 氨碱法

在工业上,生产纯碱的典型方法是氨碱法,由以下五步反应完成。图 2-3 表示了氨碱法生产纯碱的工艺流程示意。

(1) 石灰窑煅烧生成生石灰和二氧化碳 石灰是以碳酸钙($CaCO_3$)为主要的原料(如石灰石、白垩等),经过高温下的煅烧,分解和排出二氧化碳所得的产物,其主要成分是氧化钙(CaO)。化学反应式如下:

$$CaCO_3 \longrightarrow CaO + CO_2 \tag{2-5}$$

碳酸钙的分解温度为 825℃左右,是吸热反应。在实际生产中,为了加快石灰石的煅烧过程,常常控制在 1000~1200℃或更高的温度。

(2) 消化反应生成石灰乳 煅烧后的生石灰呈块状,使用时使其与水发生反应并分散在水中,形成石灰乳。这一反应过程称作石灰的消化,是放热反应,它的化学反应式如下:

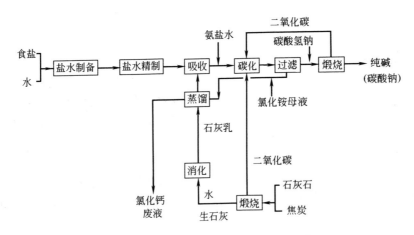

图 2-3 氨碱法生产纯碱的工艺流程示意

$$CaO + H_2O \longrightarrow Ca(OH)_2 \qquad (2-6)$$

(3) 石灰乳分解母液中 NH_4Cl 生成 NH_3 石灰乳与氯化铵（NH_4Cl）反应生成氨（NH_3），并由蒸氨塔将氨蒸出。该反应是氨碱法生产纯碱的五个主要反应即一组闭合循环反应中的一个：

$$Ca(OH)_2 + 2NH_4Cl \longrightarrow CaCl_2 + 2NH_3\uparrow + 2H_2O \qquad (2-7)$$

(4) 盐水碳酸化反应生成 $NaHCO_3$ 精制盐水在吸氨塔中与氨气逆流接触，吸收氨成为氨盐水。再将氨盐水送至碳化塔，与碳化塔中来自石灰窑的二氧化碳气体反应，生成碳酸氢钠。化学反应式如下：

$$NaCl + NH_3 + CO_2 + H_2O \longrightarrow NaHCO_3\downarrow + NH_4Cl \qquad (2-8)$$

(5) $NaHCO_3$ 煅烧分解而得纯碱 含有碳酸氢钠晶体的悬浊液在真空过滤机中过滤，得到的滤饼经过反复洗涤，然后进行煅烧，使碳酸氢钠分解而得到纯碱。反应过程如下：

$$2NaHCO_3 \longrightarrow Na_2CO_3 + H_2O + CO_2 \qquad (2-9)$$

先将盐溶化成饱和盐水，精制、去除杂质，进入氨吸收塔，与来自蒸馏氨塔中含二氧化碳的氨气逆流接触，吸收氨成氨盐水。氨盐水送至碳化塔顶部，与塔中部的二氧化碳（来自石灰窑）气体反应，生成碳酸氢钠。含碳酸氢钠的悬浊液到转筒式过滤机过滤，得到的滤饼经洗涤后煅烧，碳酸氢钠分解得到纯碱。

从图 2-3 看出，氨碱法有一定的缺点，其副产物是氯化钙，不仅使过半的原料未得到有效利用，而且还污染了环境。

2.4.2.2 侯氏联合制碱法

我国化工先驱者侯德榜发明了联合制碱法，将纯碱与合成氨的生产联合起来，利用氨和副产的二氧化碳与氯化钠结合，制成碳酸钠和氯化铵，后者可作氮肥和其他用途，从而避免钙的引入及所引起的石灰石煅烧、生石灰消化、氯化钙废液处理等一系列问题。盐的利用率达到 95% 以上。联碱法与氨碱法的主要区别在于处理含氢氧化钠和氯化铵母液的结晶方法的不同，目前两种方法都在工业中应用。

2.4.3 氨的合成

2.4.3.1 原料气的制备

(1) 氨（NH_3）的性质 氨是无色、有毒、具有刺鼻和催泪性的强烈刺激性气体，氨的允许质量浓度为 0.3mg/L，在空气中的爆炸极限为 15.5%～28%。氨溶于水、乙醇及其他溶剂，氨在水中的溶解度随温度升高而下降，随压力的增加而上升，并放出大量的热。氨在高温时分解成氢和氮，在镍或铁等催化剂作用下，300℃开始分解，500～600℃时分解基本完全。

自然界中天然含氨的化合物很少，已发现的有硝石，成分主要是硝酸钠。目前所用的氨都是人工合成，用氮和氢在一定的条件下直接合成氨，是当前世界上应用最广泛、最经济的一种氨的合成方法。20 世纪 70 年代初，我国引进了 13 套年产 30 万吨的合成氨的大型现代化装置，之后又陆续引进和自建了一批中、大型合成氨厂，形成了以大型为骨干的大、中、小俱全，煤、气、油为原料的全面发展格局，大大促进了我国农业生产的发展。

(2) 原料气的制备　由于原料的来源不同，氨的合成工艺也有区别。在以煤、石脑油、重质油和天然气为原料时，通常先在高温下将这些原料与水蒸气（有时加入空气）作用制得含有氢、一氧化碳、二氧化碳的混合气，这是造气过程，然后再经过一氧化碳变为氢气的变换和脱除二氧化碳的脱碳工序，得到约为 3:1 的氢和氮的合成气体。以固体燃料煤或焦炭为原料合成氨的过程见图 2-4。

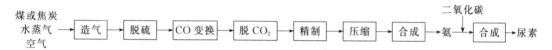

图 2-4　固体燃料合成氨和尿素的过程

造气过程是以水蒸气和空气作为气化剂，进行气固反应，将原料煤气化，得到的混合气叫半水煤气，而只用水蒸气（无空气）作气化剂得到的混合气叫水煤气。半水煤气中 CO+H_2 与 N_2 的物质的量（摩尔）比约为 3.1～3.2。半水煤气的大致组成（体积分数）为：H_2 37%～39%，CO 28%～30%，N_2 20%～23%，CO_2 26%～12%，CH_4 0.3%～0.5%，O_2 0.2%。

原料不论是煤、油、气，它们的主要成分都可用烃或元素碳表示。在高温条件下，碳或烃与水蒸气的作用生成氢和一氧化碳。反应方程式如下：

$$C_n H_m + n H_2 O \longrightarrow n CO + \left(\frac{m}{2} + n\right) H_2 \tag{2-10}$$

$$C + H_2 O \longrightarrow CO + H_2 \tag{2-11}$$

以上反应都是吸热反应，必须提供热量以保持反应所需要的高温。依原料的不同采用不同的供热方式。分为内部蓄热法、部分氧化法和蒸汽转化法。蒸汽转化法只使适用于轻质烃原料。

合成氨的原料只需要氢和氮气，而制气得到的原料中却有大量一氧化碳，因此要通过变换工序使一氧化碳与水蒸气作用变为氢：

$$CO + H_2 O \longrightarrow CO_2 + H_2 \tag{2-12}$$

为了加速这个放热反应，工业上常视原料气中含硫量的多少，选择不同的催化剂。

2.4.3.2　原料气的净化

原料气在进入合成工序前，必须先净化。净化的目的是除去对合成氨催化剂有害的杂质，如硫化物、一氧化碳和水分。而二氧化碳的存在会降低设备的生产能力，也应脱除。因此，净化过程包括脱硫、脱碳、脱一氧化碳和脱除水分四个过程。

原料气中的硫化物主要是硫化氢以及二硫化碳、硫醇、硫醚和噻吩等，脱硫的方法主要有干法脱硫和湿法脱硫两大类。

脱碳是脱除原料气中的二氧化碳，分为物理吸收法和化学吸收法。另外经过变换后的原料气中仍含有少量一氧化碳,必须在脱一氧化碳工序后进一步清除。

水蒸气对催化剂有害,一般采用分子筛脱除的方法,从氮氢混合气中除去。分子筛是一种结晶型铝硅酸盐,又称沸石。因其晶体结构中有规整而均匀的孔道,可以使直径比孔径小的分子进入并被吸附。所以当含水的氮氢混合气通过分子筛吸附器时,水分和微量的二氧化碳被吸附清除。

2.4.3.3 氨的合成

氢和氮在高温、高压和催化剂作用下,直接合成氨的反应式为:

$$N_2 + 3H_2 \rightleftharpoons 2NH_3 \tag{2-13}$$

这是一个放热、可逆反应,温度在 400℃、压强在 30.4MPa 下,放热量为 56.8kJ/mol。影响平衡时氨浓度的因素有温度、压强、氢氮比和惰性气体含量等。由于受平衡限制,氨的合成率不高,有大量的 N_2、H_2 气体未反应,需循环使用,因此氨的合成是带循环系统的。另外整个氨合成系统是在高压下进行,必须用压缩机加压。合成氨的催化剂以熔铁为主,另外添加 Al_2O_3 和 K_2O 等助催化剂。大型合成氨厂采用的流程如图 2-5 所示。

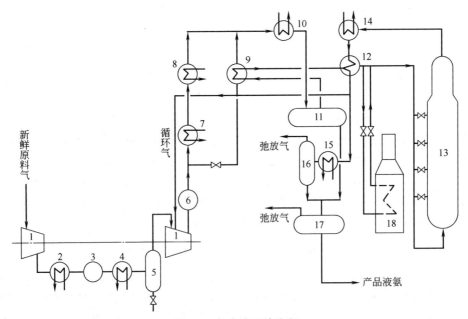

图 2-5 氨合成系统流程

1—离心式合成气压缩机;2,9,12—换热器;3,6—水冷器;4,7,8,10,15—氨冷器;
5—水分离器;11—高压氨分离器;13—氨合成塔;14—锅炉给水加热器;
16—氨分离器;17—低压氨分离器;18—开工炉

2.4.4 溶胶-凝胶法制备多孔陶瓷膜

2.4.4.1 多孔陶瓷膜的用途

(1) 在分离过程中的应用 膜分离具有简易、节能和高选择性的优点,陶瓷膜可用于食品、水源的净化,药物的制备,液化气中有毒成分的除去,铀同位素的分离等诸多方面。如电厂和工业锅炉烟道气中粉尘及 SO_x、NO_x 等是大气污染的主要来源,是世界各国正努力研究的课题,无机膜的出现为这一问题的解决提供了有效方法。陶瓷过滤器可以除去亚微米以上所有的烟尘,效率可达 99.5%,且能在高温烟气环境下使用,这是其他技术无法比拟的。

(2) 在催化过程中的应用 把无机膜和催化反应结合即构成无机膜催化反应。膜与反应器的结合大致有几种形式。①膜是反应区的一个分离元件,其特点是催化反应和产物的分离在一个体系中,在催化反应的同时,通过分离膜有选择性地将产物从反应区移出,由于不断打破化学平衡,可以使反应的转化率提高。②膜既作分离器又作载体。陶瓷膜一般为耐高温的金属氧化物,它用作分离器的同时,又可作催化剂活性组分的载体。③膜具有催化活性。膜本身是催化剂,或者把膜用催化活性物质进行处理而具有催化功能。

2.4.4.2 多孔陶瓷膜的制备

耐高温的金属氧化物如 $\gamma\text{-}Al_2O_3$ 膜、ZrO_2 膜,是制成多孔陶瓷膜的主要材料。一般采用溶胶-凝胶法制备。其特点是,制膜时不需要化学提取,也不用粉粒间烧结。由于溶胶粒子小(1～10nm),且均匀,制备的多孔陶瓷膜具有相当小的孔径及非常均匀的孔径分布,孔径范围在 1～100nm,适用于超滤及气体的分离。用溶胶-凝胶法制备多孔陶瓷膜的两个途径如图 2-6 所示。

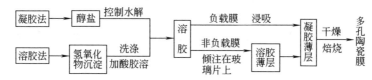

图 2-6 溶胶-凝胶法制备多孔陶瓷膜的途径

用溶胶-凝胶法制备多孔陶瓷膜是控制金属醇盐水解或氢氧化合物胶溶,制成胶体溶液,经过不可逆溶胶-凝胶过程生成凝胶。最后,经过干燥、焙烧制得具有陶瓷特性的多孔无机膜。溶胶-凝胶法制备多孔膜材料还是一种新型的生产工艺,有些问题还有待于进一步解决。

2.5 无机化工的发展

21 世纪,随着材料科学技术、信息科学技术、生命科学技术、微电子技术、空间技术等高新技术领域空前宏大的技术革命,所需要的化工产品的种类和品种越来越多,性能指标也越来越高,这对传统的化工产品既是挑战,又为它带来了新的发展机遇。

无机新材料化工产品具有不燃、耐候、轻质、高强、高硬、抗氧化、耐高温、耐腐蚀、耐摩擦等特性,还有一些特殊的光、电、声、热等独特的功能。从而向微电子、激光、遥感、航空航天、新能源、新材料、海洋化工和生物工程等高新技术产业提供必要的原材料和物质保障。例如无机化工提供的超纯试剂和电子级超纯气体,用于集成电路的加工,生产了大直径、高纯度、高均匀度、无缺陷、方向性的单晶硅,用作半导体材料,使电子器件实现了微型化、集成化、大容量化、高速度化,并向着立体化、智能化和光集成化等更高的技术方向发展。用于激光技术的钨酸钙、铝酸钇、磷酸钕锂、多种氟化物等晶体,以及大功率固体激光材料、非线性光学晶体的研制成功,为激光通信、激光制导、激光核聚变、激光武器等激光高技术创造了必要的条件。以多晶硅特别是以非晶硅为材料的太阳能电池的实用化,可以说是解决世界能源紧缺的一大出路,将给空间技术、未来工业及人民生活提供无公害的无限能源。研制出的新型固体电解质用于电池、制碱、制钠及磁流体发电等,将开辟节能的新途径。又如精细陶瓷材料制成的发动机应用于汽车工业,体积小、质量轻,可使热效率增加 45%,燃料消耗减少 34%。在混凝土中添加 2%左右的亚硝酸钠混凝土添加剂,可以使桥梁等大型建筑的寿命延长15~20年，而且抗压强度也得到提高。因此，新型无机化工产品不再局限于酸、碱、无机盐产品，而将在当今世界新的技术潮流中发挥更大的作用。

目前，一方面在合成更多新的无机化合物的同时，特别要注意开发相应的功能性产品。采用普遍的和特殊的工艺技术结合，以改变物质的微结构，使其具有新的功能，满足高新技术的需求。例如碳酸钙是一种普通的无机化合物。近年来，工程技术人员将化学方法和物理方法相结合，控制碳酸钙晶体的结构形态和粒径大小，并进行表面改性处理，已经使碳酸钙由单一品发展为微细、超微细的改性系列产品，适应了橡胶、塑料、造纸、涂料、日化、汽车等不同行业用户的不同需求。超高纯碳酸钙在电子材料工业中用于集成电路板、陶瓷电容器、微介电体、压电陶瓷、固体激光材料的制造；在光学材料工业中用来制造高纯氟化钙、光学结晶体、荧光材料、新型玻璃、红外线透过材料和光导纤维等；在传感器材料中用于以温度传感器为主的气体传感器、露点传感器、热敏电阻、氧气传感器等的制造；生物材料中的磷灰石、多孔晶体、生物玻璃的制造。改性后的产品得到了更广泛的应用，提高了无机化工品的价值，也增加了经济收益。

新的无机化工技术具有超细化、纤维化、薄膜化、表面化、高纯化、非晶化、高密度化、高聚合化、化合物的复合化等特点。结合我国的资源特征，纳米粒子和纳米材料、超细粉体、精细陶瓷、稀土化合物、催化剂、无机膜、沸石分子筛、非晶硅等技术，将是今后无机化工的发展方向，新一代无机化工产品的出现，将会给以向其他工业领域提供基础原料和辅助材料为特点的无机化学工业带来新的生机。

第3章 石油炼制与石油化工

以石油为主要原料进行化学品的生产，通常称作石油化工。石油化工既是能源工业，又是化工原材料工业，为工业、农业、纺织、交通、国防等部门提供了丰富的油品和化工原料。石油化工的兴起大大地改变了我国化学工业的性质和面貌。由于石油化工企业技术先进、设备优良、仪表高度自动化，所以大大地提高了劳动生产率，并推动了我国的化工生产技术向现代化方向发展。

3.1 石油与石油炼制

3.1.1 石油

石油（petroleum）又称原油（crude oil），即未加工处理的石油，是一种黄褐色至黑褐色黏稠液体，相对密度在 0.75～1 之间。其组成十分复杂，是由不同碳数、不同分子量和不同分子结构的烃类组成的混合物，包括烷烃、环烷烃和芳烃，另外还有少量硫、氮、氧的化合物和胶质等。原油的沸点范围很宽，从常温到 500℃ 以上，分子量范围从数十到数千。

在不同的地域出产的原油中，各族烃类含量相差较大，在同一种原油中，各族烃类在各个馏分中的分布也有很大差异。烷烃（alkanes）是组成石油的主要成分之一。随着碳原子数（分子量）的增加，烷烃分为气、液、固三态存在于石油中。在常温下，从甲烷到丁烷是气态，它是天然气和炼厂气的主要成分。$C_5 \sim C_{15}$ 的烷烃为液态，其沸点随分子量的增加而上升，它主要存在于汽油和煤油中。在蒸馏原油时，$C_5 \sim C_{10}$ 的烷烃多进入汽油馏分的组成中，而 $C_{11} \sim C_{15}$ 的烷烃则进入煤油馏分的组成中。C_{16} 以上的烷烃为固态，一般多以溶解状态存在于石油中，当温度降低时，就有结晶析出，工业上称这种固体烃类为蜡。我国所产石油大多属于烷烃石油，如大庆原油即属于低硫、低胶质、高烷烃类石油。

原油中的第二大成分是环烷烃（naphthenes），它是润滑油的主要组分。在原油中的环烷烃以环戊烷和环己烷及其衍生物为主。环烷烃在石油各馏分中的含量是不同的。汽油馏分中的环烷烃主要是单环环烷烃，在煤油和柴油馏分中除含有单环环烷烃外，还有双环和三环烷烃。

原油中的第三大成分是芳香烃（aromatic hydrocarbon），在轻汽油（低于 120℃）中含量较少，而在较高沸点（200～300℃）的馏分中含量较多。

原油的组成和性质对石油化工生产影响很大，对于以烯烃及其衍生物为主要产品的生产，应尽量选用富含直链烷烃的烷基原油做原料，而不宜用环烷基原油。

我国大陆沉积岩面积有 420 万平方千米，浅海大陆架 130 万平方千米，石油资源的蕴藏量估计近600亿吨。目前探明，累计储量居世界第十位，主要集中在东北、西北和渤海湾地区。今后将重点开发西部地区和海上大陆架的石油资源，任务十分艰巨。我国主要原油的一般性质见表3-1。

表 3-1 我国主要原油的一般性质

原油名称 项目	大庆 原油	大港 原油	任丘 原油	胜利原油 （孤岛）	新疆 原油	中原 原油
相对密度(d_4^{20})	0.8601	0.8826	0.8837	0.9460	0.8708	0.8466
黏度(50℃)/mPa·s	23.85	17.37	57.1	—	30.66	10.32
凝点/℃	31	28	36	−2	−15	33
含蜡量/%	25.76	15.39	22.8	7.0	—	19.7
沥青质/%	0.12	13.14	2.5	7.8	—	—
胶质/%	17.96	13.14	23.2	32.9	11.3	9.5
残炭/%	2.99	3.2	6.7	6.6	3.31	3.8
灰分/%	0.0027	0.018	0.0097	—	—	—
含硫量/%	—	0.12	0.31	2.06	0.09	0.52
含氮量/%	0.13	0.23	0.38	0.52	0.26	0.17

3.1.2 油品的分类与利用

从原油中得到的产品大致可分为以下四大类。

(1) 石油燃料
① 点燃式发动机燃料，如航空汽油、车用汽油等。
② 喷气式发动机燃料，如航空煤油。
③ 压燃式发动机燃料，如高速、中速、低速柴油。
④ 液化石油气燃料，即液态烃，作为工业或家庭用燃料。
⑤ 锅炉燃料，如炉用燃料油、船舶用燃料油等。

(2) 润滑油和润滑脂 润滑油和润滑脂是一类重要的石油产品，所有带有运动部件的机器几乎都需要润滑，否则，便无法正常工作。因此它起到减少机件之间的摩擦，保护机件，延长使用寿命并节省动力的作用。虽然它们的数量只占全部石油产品的5%左右，但其品种繁多。按其使用目的的不同可分成内燃机润滑油、齿轮油、电器用油、液压油、机械油、工艺用油等，除此之外，还有冷冻机油、汽缸油、压缩机油、仪表油、真空泵油等特种润滑油。

(3) 蜡、沥青和石油焦 这种油类是在生产燃料和润滑油时加工得到的，其产量约占所加工原油的百分之几。在建筑、精细化工等生产中得到应用。

(4) 石油化工品 石油化工包括基本有机化工、有机化工和高分子化工。基本有机化工生产是以石油和天然气为起始原料，经过炼制加工制得乙烯、丙烯、丁烯、苯、甲苯、二甲苯、乙炔和萘等基本有机原料。有机化工是把以上加工成的基本有机原料，通过各种合成步骤制得醇、醛、酮、酸、酯、醚、腈类等有机原料。高分子化工生产则是在有机原料的基础上，经过各种聚合、缩合步骤，制成合成纤维、合成塑料、合成橡胶等最终产品。因此原油为石油化工生产提供了重要的原料和中间体。

3.1.3 石油炼制

石油是多种碳氢化合物的混合物，随着碳氢化合物的组成和结构的不同，其性质和用途也不相同。要从原油制取化工原料,及汽油、航空煤油、柴油和润滑油等重要油品,需对原油进行加工,也称为炼制。

由于石油产品大多是从原油中提取某一个馏分或将此馏分进一步加工制得的,因此,可将炼油的过程分为两步:首先把原油蒸馏分为几个不同的沸点范围(即馏分),称原油的一次加工;然后把一次加工得到的馏分再加工,生产更多的燃料和化工原料,称原油的二次加工或深度加工。目前,也将炼厂气进一步加工生产高辛烷值汽油和各种化学品的过程称为三次加工。

3.1.3.1 原油的一次加工

一次加工有常压蒸馏或常减压蒸馏。常减压蒸馏是石油炼制的最基本过程,也是一种重要的单元操作。蒸馏是利用液体混合物中各组分挥发度的不同,通过加热使部分液体汽化,使较轻的、易挥发的组分在气相得到增浓,而较重的、难挥发组分在剩余液体中也得到增浓,从而实现混合物的分离。但是,一般在石油炼制中,得不到组成单一的化合物,而只是通过蒸馏将原油切割成不同沸点范围的烃类混合物(称馏分油)。这一过程通常包括三个工序。

(1) 原油预处理 从地下油层中开采出来的原油都伴有水,这些水中都溶解有无机盐,如 $NaCl$、$MgCl_2$、$CaCl_2$ 等。在蒸馏前,通常先经过脱盐、脱水和脱杂质处理。要求含盐量小于 $0.005 kg/m^3$,含盐量过高时,会造成蒸馏装置严重腐蚀和炉管结盐,使加热炉的传热效率降低。一般要求含水量不超过 0.2%,含水量过高时,会增加能量消耗。

(2) 原油的常压蒸馏 在接近常压下,将原油预热至 $200\sim240℃$ 后送入初馏塔,塔顶蒸出大部分轻汽油,塔底油送至常压加热炉加热至 $360\sim370℃$ 进入常压塔。常压塔顶汽油馏分(沸点为 $130℃$)与初馏塔的轻汽油合并,称直馏汽油,或石脑油(naphtha),它是催化重整生产芳烃的原料,也是裂解制乙烯的重要原料。从常压塔不同塔板处(称为侧线)可抽出不同沸点范围的馏分;从塔顶向下依次为:侧一线出航空煤油(喷气燃料)馏分($130\sim240℃$),侧二线出轻柴油馏分($240\sim300℃$),侧三线、侧四线出重柴油馏分($300\sim350℃$)。原油常减压蒸馏工艺流程示于图 3-1。

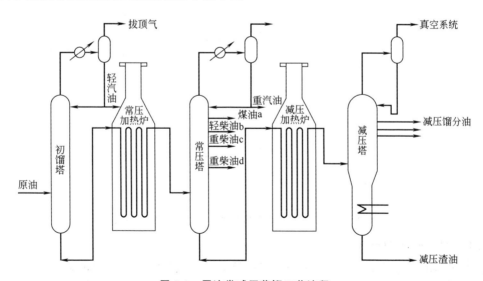

图 3-1 原油常减压蒸馏工艺流程

(3) 原油的减压蒸馏 原油在常压条件下,只能得到各种轻质馏分。常压塔底产物称为常压重油,是原油中相对密度大的部分,沸点一般高于 $350℃$ 的各种高沸点馏分,如裂化原料和润滑油馏分等都在其中。要想从重油中分出这些馏分,需要把温度提到350℃以上,而在这一高温下,原油中的稳定组分和一部分烃类就会分解,降低了产品的质量和收率。为此,将常压重油在减压条件下蒸馏,把蒸馏温度控制在420℃以下。降低压力而使油品的沸点相应下降,使高沸点馏分在较低的温度下汽化,从而避免了高沸点馏分的分解。减压塔的抽真空设备常用蒸汽喷射泵或真空泵。

3.1.3.2 原油的二次加工

二次加工有催化裂化、加氢裂化、延迟焦化、催化重整、烷基化、油品加氢精制、电化学精制及润滑油加工装置等。加工目的在于提高轻质油收率,提高油品质量,增加油品品种以及提高炼油厂的经济效益。

常用的由原油制取化工原料的主要途径及相互关系如图3-2所示。

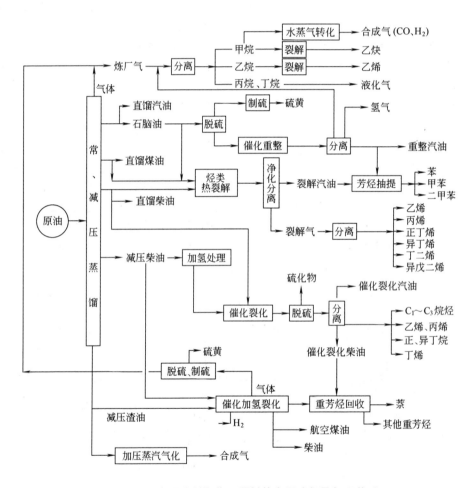

图3-2 由原油制取化工原料的主要途径及相互关系

3.1.3.3 原油的三次加工

三次加工主要是将炼厂气进一步加工生产高辛烷值汽油和各种化学品的过程,包括石油烃烷基化、异构化、烯烃叠合等。这些装置的具体配置和组合,要根据炼油厂的类型是燃料型、燃料-润滑油型、还是燃料-化工型来决定。目前的趋势是将炼油厂与石油化工厂联合,组成石油化工联合企业,利用炼油厂提供的馏分油、炼厂气为原料,生产各种基本有机化工产品和三大合成材料。

3.2 石油烃类裂解制烯烃 >>>

烃类裂解是石油系原料中的较大分子的烃类在高温下发生断链反应和脱氢反应生成较小分子的乙烯（ethylene）和丙烯（propylene）的过程。它包括脱氢、断链、异构化、脱氢环化、芳构化、脱烷基化、聚合、缩合和焦化等诸多反应，十分复杂，所以裂解是许多化学反应的综合过程。

3.2.1 烃类裂解过程的一次反应

一次反应指原料烃经过高温裂解生成乙烯、丙烯的反应。

3.2.1.1 烷烃裂解的一次反应

烷烃的裂解反应主要有以下两种。

(1) 断链反应 C—C 键断裂，反应后生成碳原子数减少、分子量较小的烷烃和烯烃。如：

$$C_{m+n}H_{2(m+n)+2} \longrightarrow C_nH_{2n} + C_mH_{2m+2} \tag{3-1}$$

$$C_3H_8 \longrightarrow C_2H_4 + CH_4 \tag{3-2}$$

$$C_4H_{10} \longrightarrow C_3H_6 + CH_4 \tag{3-3}$$

$$C_4H_{10} \longrightarrow C_2H_4 + C_2H_6 \tag{3-4}$$

(2) 脱氢反应 C—H 键断裂，生成的产物是碳原子数与原料烷烃相同的烯烃和氢气。如：

$$C_nH_{2n+2} \rightleftharpoons C_nH_{2n} + H_2 \tag{3-5}$$

$$C_2H_6 \rightleftharpoons C_2H_4 + H_2 \tag{3-6}$$

$$C_3H_8 \rightleftharpoons C_3H_6 + H_2 \tag{3-7}$$

$$C_4H_{10} \rightleftharpoons C_4H_8 + H_2 \tag{3-8}$$

在相同的裂解温度下，脱氢反应所需的热量比断链反应所需的热量要大。如在温度为 1000K 条件下裂解，断链反应比脱氢反应来得容易，若要加快脱氢反应，必须采用更高的温度。从断链反应看，一般来说，C—C 键在碳链两端断裂比其在中间断裂更占优势。

3.2.1.2 烯烃裂解的一次反应

由烷烃断链可得到烯烃。烯烃可进一步断链成为较小分子的烯烃。如：

$$C_{m+n}H_{2(m+n)} \longrightarrow C_nH_{2n} + C_mH_{2m} \tag{3-9}$$

$$C_5H_{10} \longrightarrow C_3H_6 + C_2H_4 \tag{3-10}$$

生成的小分子烯烃，也可能发生如下反应：

$$2C_3H_6 \longrightarrow C_2H_4 + C_4H_8 \tag{3-11}$$

$$2C_3H_6 \longrightarrow C_2H_6 + C_4H_6 \tag{3-12}$$

3.2.1.3 环烷烃裂解的一次反应

原料中的环烷烃开环裂解，生成乙烯、丁烯、丁二烯和芳烃等。
例如环己烷裂解、断链反应：

$$\text{环己烷} \begin{cases} \longrightarrow C_2H_4 + C_4H_8 \\ \longrightarrow C_2H_4 + C_4H_6 + H_2 \\ \longrightarrow C_4H_6 + C_2H_6 \\ \longrightarrow \frac{3}{2}C_4H_6 + \frac{3}{2}H_2 \end{cases} \tag{3-13}$$

脱氢反应：

$$\text{环己烷} \underset{-H_2}{\rightleftharpoons} \text{环己烯} \underset{-H_2}{\rightleftharpoons} \text{环己二烯} \underset{-H_2}{\rightleftharpoons} \text{苯} \tag{3-14}$$

3.2.1.4 芳烃裂解的一次反应

芳烃的热稳定性很高，在一般的裂解过程中，芳香环不易发生断裂。

从以上分析可以看到，以烷烃为原料裂解最有利于生成乙烯、丙烯。

3.2.2 烃类裂解过程的二次反应

二次反应指乙烯、丙烯继续反应生成炔烃、二烯烃、芳烃和焦炭反应。主要有以下反应。

(1) 一次反应生成的烯烃进一步裂解

$$C_5H_{10} \longrightarrow C_2H_4 + C_3H_6 \tag{3-15}$$

$$C_5H_{10} \longrightarrow C_4H_6 + CH_4 \tag{3-16}$$

(2) 烯烃的加氢和脱氢反应 如烯烃加氢生成烷烃和脱氢反应生成二烯烃和炔烃。

$$C_2H_4 + H_2 \rightleftharpoons C_2H_6 \tag{3-17}$$

$$C_2H_4 \longrightarrow C_2H_2 + H_2 \tag{3-18}$$

(3) 烯烃的聚合、环化、缩合等反应 这类反应主要生成二烯烃和芳香烃等。

$$2C_2H_4 \longrightarrow C_4H_6 + H_2 \tag{3-19}$$

$$C_2H_4 + C_4H_6 \longrightarrow \text{苯} + 2H_2 \tag{3-20}$$

$$C_3H_6 + C_4H_{10} \longrightarrow \text{芳香烃} + H_2 \tag{3-21}$$

(4) 烃的生碳和生焦反应 在较高温度下，低分子烷烃和烯烃可能分解为碳和氢，这一过程是随着温度升高而分步进行的。如乙烯脱氢先生成乙炔，再由乙炔脱氢生成碳和氢。

$$C_2H_4 \longrightarrow C_2H_2 \longrightarrow 2C + H_2 \tag{3-22}$$

又如非芳烃裂解时，先生成环烷烃，而后脱氢生成苯，再由苯缩合生成芳香烃液体，进一步脱氢缩合而结焦。多环芳烃，如萘、菲等，比双苯更易缩合而结焦。

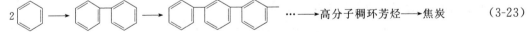

$$2\text{苯} \longrightarrow \text{联苯} \longrightarrow \text{三联苯} \cdots \longrightarrow \text{高分子稠环芳烃} \longrightarrow \text{焦炭} \tag{3-23}$$

综上所述，生碳和生焦都是典型的连串反应。乙炔是生碳反应的中间生成物，因为生成炔烃需要较高的反应温度，所以生碳在 900～1000℃ 才能明显发生。而生焦反应的中间生成物是芳烃以及连续生成的稠环芳烃，而生成稠环芳烃不需要高温，所以生焦反应在 500～600℃ 以上就可以进行。

工业上的烃类裂解都是在高温下进行。在高温下，烃类裂解伴生的副反应，使乙烯、丙烯继续反应生成炔烃、二烯烃、芳烃和焦炭等。产物的二次反应不但能降低乙烯、丙烯的产率，增加原料的消耗，而且焦炭的生成也会造成反应器和锅炉等设备内的管路阻力增大，传热效果下降，受热温度上升，甚至造成通道堵塞，影响生产周期，降低设备处理能力。在对裂解过程的反应热力学和动力学分析的基础上，通过乙烯生产长期的工业实践，工艺的不断改进，目的产物烯烃的收率也逐步提高。

3.2.3 裂解方法和裂解炉

按供热和热载体的不同，烃类裂解法可分为间接加热、直接加热和自供热。裂解方法分类如图 3-3 所示。

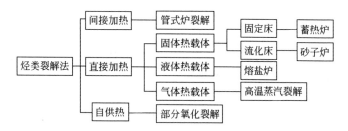

图 3-3 烃类裂解方法

为实现上述反应条件设置了反应炉。其中裂解炉是裂解系统的核心，它供给裂解反应所需的热量，并使反应在确定的高温下进行。依据供热方式的不同，可将裂解炉分成不同的类型，例如管式炉、蓄热炉、原油高温水蒸气裂解炉、原油部分燃烧裂解炉等，但管式炉裂解技术最为成熟。目前，世界乙烯产量的 99% 左右是由管式炉裂解法生产的。近年来我国新建的乙烯生产装置均采用管式炉裂解技术。

裂解炉主要设备工艺要求如下。

① 管材要有较高的耐温性：20 世纪 50 年代管材可耐 800℃ 左右，现在已可在 1070℃ 下长期工作，最近已制成能耐 1200~1300℃ 的新钢种。

② 裂解炉能在短时间内给烃类物流提供大量的热，现可达 $(3.35 \sim 4.52) \times 10^5 kJ/(m^2 \cdot h)$。

③ 降温快，使高温反应物离开反应区后能迅速冷却下来。

工业上采用管式裂解炉裂解法种类很多，应用较广泛的有鲁姆斯法、斯通-韦伯斯特法、三菱油化法等。由于原料不同，裂解条件和工艺条件也有较大差异。图 3-4 为烃类热裂解流程简图。

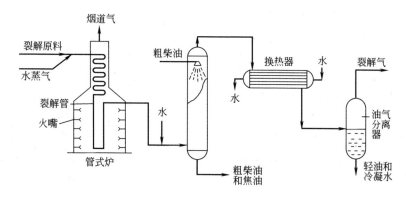

图 3-4 烃类热裂解流程简图

3.2.4 裂解产物的急冷操作

自裂解炉出来的高温裂解气进入急冷分馏系统,简称急冷系统。此工段的操作目标如下。

① 使高温裂解气得以迅速降温。750～900℃的高温裂解气在极短的时间内降至350～600℃(因原料而异),以避免反应时间过长而损失烯烃。

② 使裂解产物初步分离。

③ 回收废热,以降低能耗和成本,提高经济效益。

急冷的方式有两类,即间接急冷和直接急冷。

a. 间接急冷。间接急冷是在热交换器中以高压水间接与裂解气接触进行间接冷却,使裂解气迅速冷却,同时回收热量。其急冷速度已达到百万分之一秒下降1℃。用裂解气热量发生蒸汽的换热器称为急冷锅炉。

b. 直接急冷。是利用冷却介质(如水或油等冷剂)直接与高温裂解气接触,冷剂被加热汽化或部分汽化,从而吸收裂解气热量,使高温裂解气得以迅速降温,一般在百万分之一秒内,物料温度可下降100℃。

3.2.5 裂解气的净化与分离

烃类经过裂解得到的裂解气组成十分复杂,必须加以净化和分离,除去其中杂质,进而分离出纯净的单一烯烃产品,为有机合成和高分子聚合提供原料。裂解气分离的基本工序如下。

(1) 裂解气的压缩 裂解气中的低级烃类都是沸点很低的气体,为了使其在不太低的温度下部分液化,需要对气体进行加压。目前普遍采用的是五段蒸汽透平驱动离心式压缩机,使分离系统压力达到3.6MPa左右。

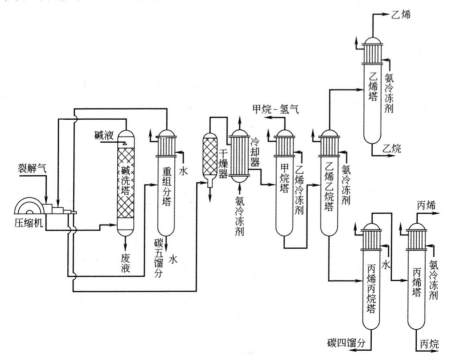

图 3-5 裂解气净化与分离的典型工艺流程

(2) 酸性气体的脱除 裂解气中含有硫化物、二氧化碳、一氧化碳等杂质，必须通过氢氧化钠溶液洗涤进行脱除，如果硫含量大于 0.1%，可先用乙醇胺溶液除去大部分硫化氢。一氧化碳一般用催化加氢法脱除，使用镍等催化剂。

(3) 水分的脱除 裂解气分离是在 $-100℃$ 以下进行的，低温下水会结冰，并且与烃类生成固体水合物，堵塞阀门和管路，应在冷却前加以干燥。干燥剂可采用分子筛、硅胶等，通过吸附，使裂解气的露点达到 $-65℃$ 以下。

(4) 炔烃的脱除 裂解气中含有少量乙炔、丙炔和丙二烯等，为了延长聚合催化剂的寿命，聚合用乙烯严格限制乙炔含量。同碳数的炔烃与烯烃不能用普通精馏方法分离，可采用催化加氢法脱除乙炔。目前多采用固定床催化加氢，钯催化剂加氢活性和选择性较好，可将炔烃转化为同碳数的烯烃或烷烃。

(5) 烃的分离 在多个串联和并联的精馏塔中对裂解气进行分离提纯。常见的顺序分离流程为：先分离出甲烷和氢，再分离出乙烯、乙烷、丙烯、丙烷、碳四馏分、碳五馏分和裂解汽油等产品。

目前工业上采用的主要是深冷分离方法。该工艺流程比较复杂，设备较多，能量消耗较大，在组织生产时应进行全面考虑。裂解气净化与分离的典型工艺流程示于图 3-5。

3.3 芳烃的生产

芳烃是石油化工两大基础原料之一，20 世纪 60 年代以来发展异常迅速，1980 年世界苯的生产能力达到年产 2300 万吨，到 2013 年苯的生产能力已达到 5900 万吨，苯乙烯为 3300 万吨，甲苯为 3030 万吨。2017 年全球纯苯产能超过 6160 万吨。从 1860 年以来，在将近一百年期间，芳烃几乎全部由煤炭干馏产物中取得，后来随着炼油工业的发展和芳烃需求量的增长，开始了石油芳烃的生产。现今在许多国家中，石油芳烃已成为芳烃的主要来源，例如在欧洲、美国、日本等地石油芳烃在总芳烃中的比重均早已超过 90%，在我国亦已超过 80%。

石油芳烃主要有两个来源，即石油催化重整制取芳烃和烃类蒸汽裂解（乙烯装置）副产芳烃。两者所占的比重随各国情况不同而异，美国乙烯大部分用天然气凝析液为原料，副产芳烃很少，但其催化重整能力极大，故美国石油芳烃主要来源于催化重整。日本及西欧各国乙烯生产绝大部分以石脑油为原料，副产芳烃较多，因此，日本和西欧大量从裂解汽油回收芳烃，副产芳烃在石油芳烃中的比重已超过 50%。今后，随着乙烯生产的发展，预计这一比重还将逐步上升。

我国石油芳烃目前主要来源于催化重整，2013 年全国已建和在建的 68 套生产芳烃（苯-甲苯-二甲苯混合物，简称 BTX）的重整装置总加工能力为 1600 万吨/年。至 2017 年，全国苯的生产规模达到 1230 万吨，甲苯总产能为 1350 万吨，对二甲苯达到 1383 万吨，苯乙烯为 893 万吨。

3.3.1 重整芳烃

炼油工业生产芳烃主要是通过重整过程，绝大部分重整工艺是采用含铂或以铂为主要催化活性成分的重整过程中的化学反应。催化重整是通过化学反应将 $C_6 \sim C_8$ 正构烷烃及环烷烃转变成含相同碳原子的芳烃，其化学反应非常复杂。

催化重整生成芳烃的主要反应是环烷烃脱氢生成甲苯。

$$\text{环己基-CH}_3 \longrightarrow \text{苯基-CH}_3 + 3H_2 \tag{3-24}$$

其次是链烷烃的脱氢环化和脱氢芳构化反应，如正庚烷脱氢环化生成甲基环己烷，再进一步脱氢生成甲苯。

$$n\text{-}C_7H_{16} \longrightarrow \text{环己基-CH}_3 + H_2 \tag{3-25}$$

$$\text{环己基-CH}_3 \longrightarrow \text{苯基-CH}_3 + 3H_2 \tag{3-26}$$

重整装置的流程见图3-6。进入催化重整的原料石脑油先经过预精制，目的是脱除硫、氮、砷等毒物，常用钴、镍、钼加氢精制催化剂对石油进行加氢处理，重整产出的生成油通过芳烃抽提工序，用选择性很强的溶剂使芳烃和非芳烃分离，应用最广泛的溶剂有两类，一类是甘醇类溶剂，为20世纪50年代环球油品公司与道化学公司共同开发的。最先用二乙二醇醚，继而又改进采用三乙二醇醚和二丙二醇醚等分子量更高的甘醇类溶剂。其优点是溶解能力大，装置处理能力高，能耗低。另一类溶剂是荷兰壳牌（Shell）公司于1961年工业化应用的环丁砜，由于它溶解能力较强，其他物性更好，所以装置处理能力更大，投资、成本和能耗更低，产品收率和质量更高，经济效益比甘醇类溶剂为好，故70年代后发展很快，各国新建的芳烃抽提装置大多采用该法。通过抽提得到混合芳烃后，经精馏即得到苯、甲苯、二甲苯等产品，质量一般均可达要求。

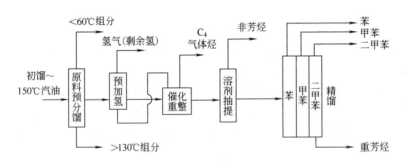

图3-6 预处理-催化重整-溶剂抽提和芳烃精馏联合流程

催化重整过程生产的BTX的特点是含甲苯及二甲苯多，含苯少。可作为高辛烷值汽油组分，也可作为分离苯、甲苯和二甲苯芳烃的原料。1967年雪弗隆公司首先采用铂-铼双金属重整催化剂，后来世界大多催化重整装置改为用铂-铼双金属催化剂。这类催化剂的特点是可在较苛刻的条件下操作，芳烃转化率较铂催化剂高，选择性更稳定。在工艺上的改进是采用低压并连续再生，因此有利于芳构化反应。重整后的BTX无需再进行其他处理，直接就进行芳烃分离。

3.3.2 乙烯装置副产芳烃

石油馏分（例如轻质烷烃、石脑油、轻柴油等）经高温裂解制取乙烯丙烯等低级烯烃时副产一定量的液体副产品，叫做裂解汽油，或称裂解焦油，主要由$C_5 \sim C_9$的烷烯二烯及芳烃组成，此外还含有少量的含硫氮等化合物。由于裂解原料及裂解条件的不同，裂解汽油的组成产率不同。一般裂解汽油产率为裂解原料的10%~20%，苯产率为裂解原料的3%~6%，甲苯产率为2%~4%，二甲苯为1%~3%。不同裂解原料及裂解条件下的芳烃产率见表3-2。

表 3-2　不同裂解原料及裂解条件下的芳烃产率

原　料	乙烷	丙烷	正丁烷	中东石脑油	$C_6 \sim C_8$ 抽余油	蒸馏瓦斯油 常压	蒸馏瓦斯油 减压
原料流速/(10kt/a)	583	1080	1135	1349	1535	1750	2213
单程乙烯年产率/%	48.2	34.2	35.8	30.0	26	23	18
苯产率/(kt/a)	5	26.6	34.3	90.0	72.7	105.5	82.5
甲苯产率/(kt/a)	0.7	5.8	9.4	45.1	41.5	50.8	64.3
C_8 芳烃产率/(kt/a)			4.0	23.8	18.4	38	41.4

裂解汽油中含有大量的芳烃，尤其是苯的含量较高。这是不同于石油炼厂得到的 BTX 之处。由于除芳烃外还含有大量的烯烃和二烯烃等不饱和烃而使裂解汽油不稳定，直接的化工利用比较困难，需经加氢处理后才能成为可被利用的 BTX 馏分。

一般来说，裂解汽油中的各种杂质，包括烯烃和二烯烃，含硫含氮化合物等都可通过选择加氢的方法除去，由于各组分的加氢反应活性不同而必须采用分段加氢的工艺：第一段加氢首先使二烯烃及部分烯烃饱和，第二段加氢使剩余的烯烃饱和，并脱除含硫含氮等化合物。典型的裂解汽油两段加氢技术如 MHC 过程，其工艺流程如图 3-7 所示。该过程第一段加氢反应温度较高，二烯烃聚合较少，因此，无需部分加氢产品进行循环。第二段加氢采用 Co-Mo 非贵重金属催化剂。

3.3.3　芳烃转化

乙烯装置副产苯，要受到乙烯生产的影响。重整芳烃中甲苯含量较大，苯及二甲苯较少，而实际应用中苯的用途最广，消耗最多，其次是二甲苯。就目前应用来说，甲苯远不及苯及二甲苯，造成市场不平衡，甲苯过剩，苯及二甲苯短缺。为了调节市场需要，开发了以甲苯等其他芳烃为原料生产苯，或生产苯及二甲苯的技术，通过甲苯等烷基芳烃脱烷基可制造苯，通过歧化或烷基转移可同时生产苯及二甲苯。

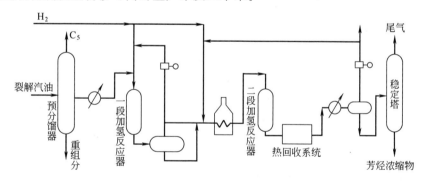

图 3-7　MHC 裂解汽油两段加氢工艺流程

20 世纪 60 年代以来，随着化纤和塑料工业的发展，对二甲苯和邻二甲苯的需求迅猛增加，二甲苯异构体的生产已成为世界石油芳烃工业的主要组成部分之一。

二甲苯的资源，世界各国差异很大。拥有巨大重整能力的国家，如美国，从重整芳烃中即可分离出大量 C_8 芳烃，因而不需要特殊制备二甲苯。重整能力小，而乙烯生产能力较大的国家，如西欧、日本，常以乙烯装置副产芳烃作为主要芳烃来源。而裂解汽油中 BTX 三者比例大体为 3∶2∶1，二甲苯资源相对贫乏，故采用芳烃转化和分离技术取得二甲苯及其异构体。

(1) 甲苯脱烷基制苯　全世界苯产量中约有 16% 是由甲苯脱烷基装置生产。美国约占

30%，西欧和日本约占25%。这种比例的波动主要与苯的供需情况和其价格波动有关。甲苯脱烷基有两种方法，一种是催化脱烷基；另一种是加热脱烷基。所用原料可为甲苯及甲苯和二甲苯的混合物，甚至是含苯、甲苯和二甲苯及其他烷基芳烃及非芳烃的馏分。

$$2\ C_6H_5CH_3 + 2H_2 \longrightarrow 2\ C_6H_6 + 2CH_4 \tag{3-27}$$

(2) 甲基重分配 通过甲基苯的甲基重分配技术可使两个分子的甲苯转化为一个分子的苯和一个分子的二甲苯，称为歧化反应。

$$2\ C_6H_5CH_3 \rightleftharpoons C_6H_6 + C_6H_4(CH_3)_2 \tag{3-28}$$

又可使一个分子的甲苯与一个分子的三甲苯转化为两个分子的二甲苯，称为烷基转移反应。

$$C_6H_5CH_3 + C_6H_3(CH_3)_3 \rightleftharpoons 2\ C_6H_4(CH_3)_2 \tag{3-29}$$

(3) 二甲苯异构化 通过二甲苯的异构化技术可使二甲苯中用途不大的间二甲苯转化为有用的对二甲苯和邻二甲苯。

$$m\text{-}C_6H_4(CH_3)_2 \rightleftharpoons p\text{-}C_6H_4(CH_3)_2 + o\text{-}C_6H_4(CH_3)_2 \tag{3-30}$$

3.4 石油化工系列产品 >>>

3.4.1 烯烃的系列产品和用途

3.4.1.1 乙烯系列产品

乙烯是最简单的烯烃，具有反应活性高、成本低、易于加工利用等优点，是当今最为重要的石油化工基础原料。通过乙烯的聚合、氧化，与其他化合物的加成等一系列化学反应，可得到很多极有价值的衍生物。按用途考虑，乙烯最大的消费方向是合成材料工业，其中聚乙烯的生产对乙烯的需求量最大；其次为环氧乙烷、乙苯、乙醛、乙醇和醋酸乙烯等。由乙烯合成的主要产品和用途，如图3-8所示。

3.4.1.2 丙烯系列产品

丙烯可以从炼油厂裂化装置的炼厂气中分离，也是石油烃裂解生产乙烯时的联产物。与乙烯相似，由于丙烯分子中含有双键和α-活泼氢，因而具有很高的化学反应活性。在工业生产中，利用丙烯的加成、氧化反应、羰基化、烷基化以及聚合反应，可相应地合成一系列有机化工产品，丙烯及其产品的重要性在石油化学工业中仅次于乙烯产品。丙烯加工的主要产品和用途如图3-9所示。

3.4.1.3 碳四烃系列产品

碳四烃系指丁二烯、正丁烯、异丁烯和正丁烷。其中以1,3-丁二烯（以下简称丁二烯）最为重要。它既能自行聚合，又能与其他单体共聚形成性能优良的合成橡胶，特别在耐油性、耐氧化性等方面，非天然橡胶所能及，在工业上占有重要的地位。

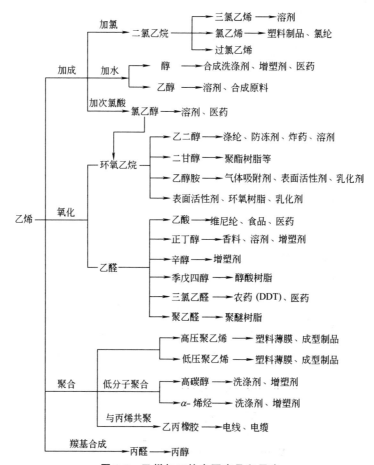

图 3-8 乙烯加工的主要产品和用途

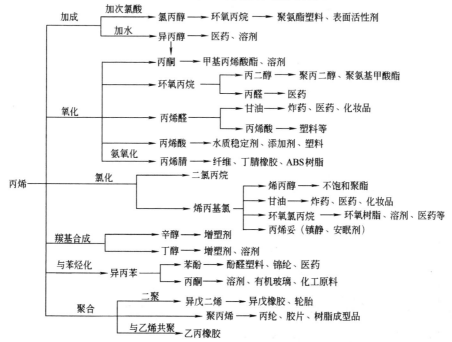

图 3-9 丙烯加工的主要产品和用途

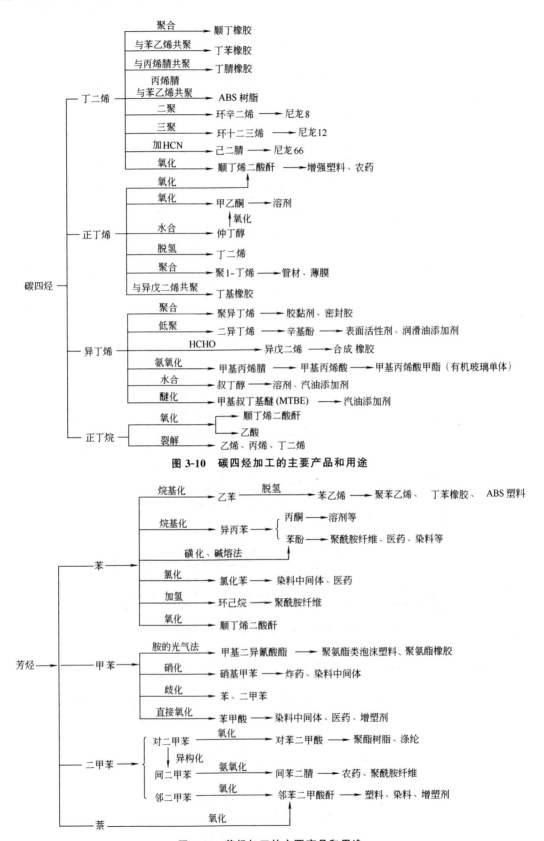

图 3-10 碳四烃加工的主要产品和用途

图 3-11 芳烃加工的主要产品和用途

碳四烃来源丰富，从油田气、炼厂气和烃类裂解制乙烯的副产物中均可获得。但上述来源的碳四烃都是复杂的混合物，必须经过分离才能得到单一的碳四烃原料。碳四烃加工的主要产品和用途如图 3-10 所示。

3.4.2 芳烃的主要产品和用途

芳烃作为重要的化工原料，以苯、甲苯、二甲苯和萘的用量最大。芳烃广泛地用在石油化工和有机合成中，除了大量用作溶剂以外，而且可合成染料、农药及医药的中间体，还用作高分子合成材料和精细化学品的原料等。芳烃加工的主要产品及用途如图 3-11 所示。

3.5 典型产品的生产工艺 >>>

上一节概括介绍了烯烃和芳烃的主要下游产品，本节将选择有代表性的典型产品的生产工艺过程进行介绍。

3.5.1 乙烯制环氧乙烷和乙二醇

3.5.1.1 环氧乙烷

环氧乙烷又称氧化乙烯（ethylene oxide），主要用于生产乙二醇，并广泛用于制备非离子型表面活性剂、油品添加剂、乙醇胺、农药等环氧乙烷系列精细化学品。在乙烯系列产品中，环氧乙烷的产量仅次于聚乙烯而居第二位，是石油化工生产中需求量最大的中间产品之一。

乙二醇是环氧乙烷最重要的二次产品，是一种良好的抗冻剂，用于汽车冷冻系统中的抗冻液。它也是合成纤维涤纶的主要原料，另外，它还是工业溶剂、增塑剂、润滑剂、树脂、炸药等的重要原料。

目前，环氧乙烷生产多采用乙烯在银催化作用下的直接氧化方法，根据所使用氧化剂的不同，被分为纯氧氧化法和空气氧化法。图 3-12 所示为乙烯氧化法生产环氧乙烷工

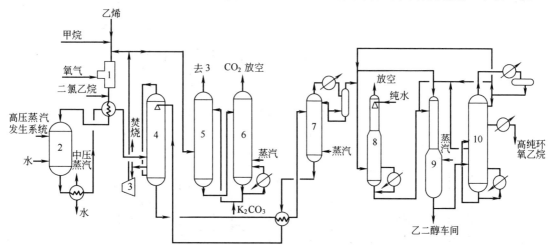

图 3-12　乙烯氧化法生产环氧乙烷工艺流程

1—原料混合器；2—反应器；3—循环压缩机；4—环氧乙烷吸收塔；5—二氧化碳吸收塔；
6—碳酸钾再生塔；7—环氧乙烷解吸塔；8—环氧乙烷再吸收塔；
9—乙二醇原料解吸塔；10—环氧乙烷精制塔

艺流程。

(1) 原料气的混合 环氧乙烷与氧气混合易形成爆炸性气体，因此，需要加入一些惰性气体作为致稳气体，用来提高氧的爆炸极限浓度。乙烯原料经过加压处理后与氧气、致稳气甲烷以及循环气体一起进入原料混合器，迅速混合均匀。在进入反应器之前，加入约 $(1\sim3)\times10^{-6}$ 的二氯乙烷，以增加反应的选择性。

(2) 原料混合气的反应 原料混合气与反应后的气体进行热交换并预热后进入装有银催化剂的固定床反应器。反应在约 2.0MPa 压力下进行操作，反应温度为 235～275℃。该氧化过程的主反应方程式为：

$$2CH_2=CH_2+O_2 \longrightarrow 2CH_2\underset{O}{-}CH_2 \tag{3-31}$$

(3) 环氧乙烷的吸收 反应以后的气体中含有反应主产物环氧乙烷、未反应的乙烯和反应副产物二氧化碳等，需要进行分离。将反应后的气体冷却到 87℃ 后引入环氧乙烷吸收塔，由来自塔顶的循环水进行喷淋，吸收反应生成的环氧乙烷。未被吸收的气体其中包含着一些乙烯，大部分作为循环气经循环压缩机加压后返回反应器循环使用。

(4) 吸收液的解吸 由吸收塔底部流出的环氧乙烷水溶液进入环氧乙烷解吸塔，将反应产物环氧乙烷经过蒸馏从水溶液中解吸出来。塔的上部分离出甲醛，中部脱除乙醛，下部脱除水；在靠近塔顶的侧线得到高纯度的环氧乙烷。

3.5.1.2 乙二醇

生产乙二醇（ethylene glycol）主要是用环氧乙烷水解法。

$$CH_2\underset{O}{-}CH_2+H_2O \longrightarrow CH_2-CH_2 \atop || \atop OHOH \tag{3-32}$$

在工业生产过程中，环氧乙烷与约 10 倍（分子）过量的水反应。使用酸催化剂时，反应在常压、50～70℃ 液相中进行；也可不用催化剂，在 140～230℃、2～3MPa 条件下进行。环氧乙烷加压水合法制乙二醇的工艺流程如图 3-13 所示。

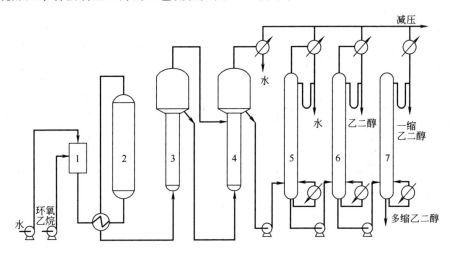

图 3-13 环氧乙烷加压水合法制乙二醇工艺流程

1—混合器；2—水合反应器；3——效反应器；4—二效反应器；5—脱水塔；
6—乙二醇精馏塔；7——缩乙二醇精馏塔

3.5.2 由乙烯生产二氯乙烷和氯乙烯

氯乙烯（vinyl chloride）是最重要的合成树脂单体之一，用来生产聚氯乙烯和氯乙烯共聚化合物。硬质聚氯乙烯多用于管路材料、塑料型材门窗、日用品和防腐蚀设备；软质聚氯乙烯可用于生产塑料薄膜和电线、电缆的绝缘外皮等。

3.5.2.1 乙烯直接氯化制二氯乙烷

乙烯在液相中以三氯化铁作催化剂，与氯气发生氯化反应生成二氯乙烷（1,2-dichloroethane）。反应在90℃温度和0.015MPa压力下进行，反应方程式如下：

$$C_2H_4 + Cl_2 \longrightarrow C_2H_4Cl_2 \tag{3-33}$$

加入三氯化铁的主要作用是抑制取代反应，减少副产物三氯乙烷、四氯乙烯等，增加氯乙烯的产率。

3.5.2.2 乙烯氧氯化制氯乙烯

所谓氧氯化法是指氧化反应和氯化反应同时进行的一种方法。在制氯乙烯的过程中，氧化反应的作用是使氯化氢变成氯（同时生成水），氯再与乙烯发生氯化反应。乙烯制取氯乙烯的三步氧氯化法的生产步骤如下：

$$CH_2=CH_2 + Cl_2 \longrightarrow ClCH_2CH_2Cl \tag{3-34}$$

$$2ClCH_2CH_2Cl \longrightarrow 2CH_2=CHCl + 2HCl \tag{3-35}$$

$$CH_2=CH_2 + HCl + \frac{1}{2}O_2 \longrightarrow ClCHCH_2 + H_2O \tag{3-36}$$

总反应式：

$$2CH_2=CH_2 + Cl_2 + \frac{1}{2}O_2 \longrightarrow 2CH_2=CHCl + H_2O \tag{3-37}$$

反应操作温度约为230℃，压力约为0.02MPa。反应中的主要副反应为乙烯氧化生成一氧化碳和二氧化碳，或氯乙烷、三氯乙烷和其他氯化烃。乙烯氧氯化反应的工艺流程示于图3-14。

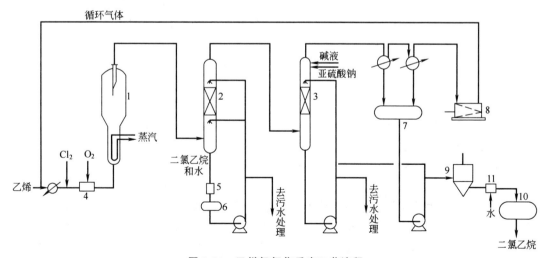

图3-14 乙烯氧氯化反应工艺流程

1—反应器；2—急冷塔；3—洗涤塔；4—混合塔；5,9,10—分离器；
6,7—储槽；8—压缩机；11—洗涤器

3.5.2.3 二氯乙烷热裂解制氯乙烯

二氯乙烷加压后进入裂解炉的顶部，在强制通过热盘管时被预热、汽化和裂解。裂解炉盘管的入口温度为40℃，出口温度为515℃，使二氯乙烷的转化率达到55%。二氯乙烷的裂解工艺流程示于图3-15。该裂解反应方程式为：

$$C_2H_4Cl_2 \longrightarrow C_2H_3Cl + HCl \tag{3-38}$$

反应以后的氯乙烯和二氯乙烷混合物，经过蒸馏塔分离得到氯乙烯，再经过碱洗除去氯化氢，最后通过干燥器干燥得到精制氯乙烯产品。

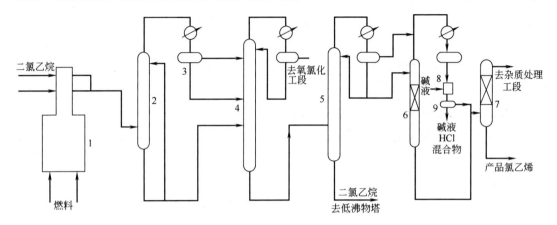

图3-15 二氯乙烷裂解工艺流程
1—裂解炉；2—急冷塔；3,9—分离器；4—氯化氢塔；
5,6—氯乙烯精馏塔；7—干燥塔；8—混合器

3.5.3 由乙烯生产乙苯和苯乙烯

3.5.3.1 气相烷基化法生产乙苯

乙苯（ethyl benzene）是重要的有机化工原料，主要用于制造三大高分子合成材料，即塑料、橡胶、合成纤维的单体苯乙烯。同时，乙苯也是医药的重要原料。

(1) 传统的乙苯生产方法 苯与乙烯烷基化反应的主反应式：

$$\text{C}_6\text{H}_6 + CH_2=CH_2 \longrightarrow \text{C}_6\text{H}_5-C_2H_5 \tag{3-39}$$

传统的乙苯制造是无水三氯化铝法。催化剂是 $AlCl_3 \cdot HCl$ 络合物，苯和乙烯在三氯化铝的催化剂存在下，液相中苯被催化。反应后的组成有苯、乙苯和多乙苯。由于该方法使用的催化剂为强酸性络合物，反应器、冷却塔等设备必须采用搪瓷玻璃或钢衬耐酸砖等耐腐蚀材料，烃化液经水洗、碱洗，生产工艺过程复杂，并且产生的大量废水必须处理，否则污染环境。

(2) 以固体酸为催化剂的气相乙苯生产工艺 现在已成功开发了ZSM-5分子筛为催化剂的气相烷基化法。使用的反应器为多层固定床绝热反应器，其工艺流程如图3-16所示。

新鲜苯和回收苯与反应产物经换热后进入加热炉，气化并预热至400~420℃。先与已加热汽化的循环二乙苯混合，再与原料乙烯混合后进入烷基化反应器各床层。典型的操作条件为温度370~425℃，压力1.37~2.74MPa，质量空速3~5kg(C_2H_4)/(kg 催化剂·h)。该法的主要优点是：无腐蚀无污染，反应器可用低铬合金钢制造；尾气及蒸馏残渣可作燃料；乙苯收率高，能耗低，有利于热量的回收；催化剂廉价，寿命在两年以上，每千克乙苯耗用

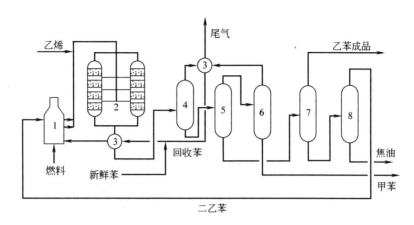

图 3-16　气相烷基化乙苯生产工艺流程
1—加热炉；2—反应器；3—换热器；4—初馏塔；5—苯回收塔；
6—苯、甲苯塔；7—乙苯塔；8—多乙苯塔

的催化剂较传统的三氯化铝法廉价 10~20 倍。另外，装置投资低，生产成本低，不需特殊合金设备和管线等。

3.5.3.2　乙苯催化脱氢制苯乙烯

苯乙烯（phenyl ethylene）是不饱和芳烃最简单最重要的成员，广泛用作生产塑料和合成橡胶的原料。

除传统的苯和乙烯烷基化生成乙苯进而脱氢的方法外，出现了 Halcon 乙苯共氧化联产苯乙烯和环氧丙烷工艺，Mobil/Badger 乙苯气相脱氢工艺等新的工业生产路线。目前工业上主要采用乙烯和苯烷基化法生成乙苯，乙苯催化脱氢制苯乙烯工艺。

以下反应是 1929~1930 年德国在实验室用乙苯催化脱氢制备苯乙烯的方法，直到 1935 年才在工业上应用。乙苯脱氢为可逆吸热反应。

$$\text{C}_6\text{H}_5\text{CH}_2\text{CH}_3 \underset{580\sim620℃}{\overset{\text{催化剂}}{\rightleftharpoons}} \text{C}_6\text{H}_5\text{CH}=\text{CH}_2 + \text{H}_2 \tag{3-40}$$

3.5.4　丙烯合成丙烯腈

丙烯腈（acrylonitrile，AN）是重要的有机化工产品，在丙烯系列产品中居第二位，仅次于聚丙烯。丙烯腈分子中含有 C=C 双键和氰基，化学性质活泼，能发生聚合、加成、氰基和氰乙基等反应，制备出各种合成纤维料、合成橡胶、塑料、涂料等。

目前工业上生产丙烯腈的方法主要是丙烯氨氧化一步合成丙烯腈。催化剂主要有 V-Sb-Al-O、V-Sb-W-Al-O、Ga-Sb-Al-O、V-Bi-Mo-O 等。

丙烯氨氧化过程中，主反应方程式如下：

$$\text{C}_3\text{H}_6 + \text{NH}_3 + \frac{3}{2}\text{O}_2 \longrightarrow \text{CH}_2=\text{CH}-\text{CN} + 3\text{H}_2\text{O} \tag{3-41}$$

(1) 原料配比　氨是丙烯腈分子中氮的来源。由于丙烯既可以氧化生产丙烯醛，也可以氨氧化成丙烯腈，故氨比的控制对这两个产物的生成有直接影响。根据催化剂性能的不同，一般控制氨比为 1:(1.0~1.1)，氨略微过量约 5%~10%。

(2) 反应温度　一般在 350℃ 以下，几乎不生成丙烯腈，要获得高收率的丙烯腈，必须

控制较高的反应温度。

(3) 反应压力 丙烯氨氧化法生成丙烯腈为不可逆反应，并不需加压。丙烯氨氧化法合成丙烯腈工艺由反应部分、吸收、精制三部分组成，如图 3-17 所示。

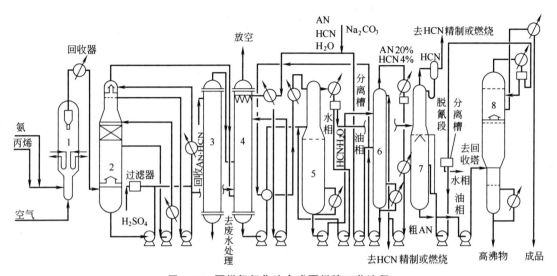

图 3-17 丙烯氨氧化法合成丙烯腈工艺流程
1—反应器；2—急冷塔；3—废水塔；4—吸收塔；5—回收塔；
6—放散塔；7—脱氰塔；8—成品塔

3.5.5 异丙苯法合成苯酚和丙酮

丙酮（acetone）是酮类最简单也是最重要的物质，主要用作有机溶剂，并且是合成其他有机溶剂及去垢剂、表面活性剂、药物、有机玻璃、环氧树脂、双酚 A 的重要原料。

苯酚（phenol），俗名石炭酸，是酚类中最重要的品种，也是最重要的石油化工产品之一。约 60%～65%用于生产酚醛树脂、聚环氧化物和聚碳酸酯。相当大量的苯酚用于生产双酚 A，它是生产环氧树脂的原料，也是生产耐热化合物的原料。

异丙苯法在合成丙酮的同时可得等分子数的苯酚，两者都是十分重要的化工原料，且此法还具有原料易得、条件简单、便于连续化和自动化的优点，所以已逐步淘汰了丙酮和苯酚的其他工业制法。

异丙苯法主要由下列两步组成。

(1) 异丙苯氧化生成过氧化氢异丙苯

$$\text{C}_6\text{H}_5\text{CH(CH}_3)_2 + \text{O}_2 \longrightarrow \text{C}_6\text{H}_5\text{C(CH}_3)_2\text{OOH} \tag{3-42}$$

(2) 过氧化氢异丙苯加酸分解

$$\text{C}_6\text{H}_5\text{C(CH}_3)_2\text{OOH} \xrightarrow{\text{H}^+} \text{CH}_3\text{COCH}_3 + \text{C}_6\text{H}_5\text{OH} \tag{3-43}$$

异丙苯法生产苯酚、丙酮的工艺流程如图 3-18 所示。

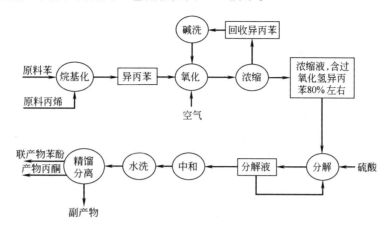

图 3-18　异丙苯法生产苯酚、丙酮的工艺流程

3.5.6　对二甲苯氧化生产对苯二甲酸

对苯二甲酸（terephthalic acid）及其酯主要用于生产聚酯树脂，进而加工成纤维和薄膜。聚酯纤维和聚酰胺和丙烯腈纤维均为主要的合成纤维品种。对苯二甲酸及其酯也是涂料、燃料、添加剂工业的有机中间体。

目前，工业上主要采用对二甲苯液相空气氧化法制对苯二甲酸。该法以醋酸为溶剂，在催化剂（如醋酸钴等）作用下，对二甲苯经液相空气氧化一步生成对苯二甲酸。对二甲苯、反应物、溶剂、催化剂连续加入反应器，氧化温度为 23～175℃，压力为 1.5～3.5MPa。反应流程如图 3-19 所示。

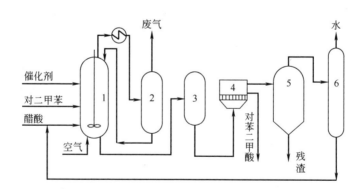

图 3-19　对二甲苯液相空气氧化法制对苯二甲酸流程
1—反应器；2—气液分离器；3—结晶器；4—固液分离器；
5—蒸发器；6—醋酸回收塔

3.6　石油化工发展展望

3.6.1　大型化、综合化

目前，石油化工生产技术向着大型化、综合化的方向发展。据 2013 年统计，世界炼油厂共有645个，平均规模为633万吨/年；在美国千万吨级的炼油厂29个，占美国原油总加工能力的50%。世界上原油扩建最大的炼油厂是委内瑞拉帕拉瓜纳炼制中心，处理能力为4700万吨/年。据2018年统计，全世界原油加工能力在2000万吨/年以上的炼油厂共有32座，中国就占了5座，即中国石化的镇海炼化、茂名炼化，中国石油的大连炼化，中国海油的惠州炼化以及民营企业恒力公司炼化。乙烯装置的平均规模也由原来的10万吨/年，扩大到现在的100万吨/年以上。阿联酋博禄公司乙烯厂单套生产能力高达150万吨/年。2005年后，随着新设备、新工艺的引进以及材料和技术的进步，我国建成投产的大多数乙烯装置规模达到80万～100万吨/年。2018年我国乙烯生产装置平均规模达到63.6万吨/年，比2005年提高1倍，同时高于世界平均规模58.5万吨/年。据2018年统计，我国百万吨级乙烯装置有8套，其中中国海油的中海壳牌装置产能高达195万吨/年。我国的燕山石化公司，1976建厂时，乙烯装置的能力是30万吨/年，经过两次扩建，目前已达到84万吨/年。近年来我国又有多套百万吨级的装置投产，规模扩大后，更有利于资源的综合利用，产品的生产成本下降，经济效益也大大提高。

将炼油厂与石油化工厂联合，组成石油化工联合企业也是当前的发展趋势。利用炼油厂提供的馏分油、炼厂气为原料，生产各种基本有机化工产品和三大合成材料。联合企业分为纤维型、塑料型、橡胶型和综合型。北京的燕山石化公司就是综合型的石油化工联合企业。大庆产生的原油，通过地下铺设管路，送至燕山石化公司炼油事业部，产生的轻柴油、馏分油、粗丙烯、苯等输送到燕山石化一厂，进一步裂解、分离、反应、聚合等，得到不同的有机原料和中间体。企业的综合化、大型化有利于统筹安排，系统管理，提高劳动生产率，增加经济效益。

3.6.2 原料的重质化、石油的深加工

为了充分利用石油资源，石化工业不断向原料的重质化方向发展。20世纪40年代石化工业的原料主要以炼厂气为主；50年代用乙烷、丙烷；60年代发展了石脑油的裂解；70年代有了轻柴油裂解技术；80年代出现了重柴油裂解技术。

另外，石油的加工深度越高，经济效益越显著。如果以原油作燃料发电的经济效益为100，则炼油成品的经济效益为140～220；加工成基本有机化工原料的经济效益为380～430；加工成合成材料的经济效益为1030～1560。看来，经加工后的产品品质大大提高，各取所需，物尽其用，获得了可观的经济效益。

3.6.3 采用节约原料、能源的生产工艺

在化工生产成本中，原料费用约占总成本的60%～80%。因此为了降低成本，除了选择廉价的原料外，选择合适的工艺流程和最优化的工艺条件十分重要。如过去制乙二醇要经过三步，首先是由原料乙烯合成氯乙醇，再转化成环氧乙烷，最后制成乙二醇。现在采用直接合成的工艺技术，用乙烯一步法合成乙二醇，这样既节约了原材料、设备、能量，缩短了生产周期，提高了产品的收率，也大大降低了成本。

2019年BP能源统计年鉴显示，中国石油和天然气的消耗量分别占世界总量的14.3%和7.5%，石油和天然气储量只占世界总量的1.5%和3.1%，石油和天然气的产量均占世界总量的4.2%，无法满足我国经济增长的需要。石油化工生产又是耗能大户，在生产中节约和合理地利用能量，具有重要意义。无论是物理处理的操作过程，还是化学反应过程，常伴随着加热或冷却，吸热或放热过程，如不合理安排，往往会造成能量的大量浪费。因此，在流程的设计中，利用计算机进行换热网络的最优化设计，使冷热物流得到合理匹配，充分

利用自身热量，减少外部的热源和冷源，以达到节约能源的目的。

3.6.4 采用对环境友好的石油化工技术

在21世纪，传统的化工生产技术正面临着人类可持续发展的严重挑战，其出路在于大力开发和应用绿色化工生产技术。因此应进一步研究和开发化学反应、原料、催化剂、溶剂和产品的绿色化问题。例如，在石油化工中，烃类氧化反应的选择性有极其重要的地位。这是一个强的放热反应，目的产物大多数是不稳定的中间化合物，并且很容易被进一步深度氧化成二氧化碳和水，而得不到目的产品。这样不仅造成资源浪费和环境的污染，而且给产品的分离和纯化带来很大困难，使投资和生产成本大幅度上升。针对这一问题，国外已开发研究了晶格氧氧化技术，在顺酐等化工品的生产中使用，获得成功。由于该技术提高了氧化反应的选择性，控制了氧化深度，并节约了资源，保护了环境，所以被称为绿色化学工艺。因此为了人类的生存和环境，迎接新形势下的市场竞争，应用先进的控制和信息技术，采取一切可能的措施，使石化生产清洁化，是今后石油化工业发展的中心。

第4章 高分子化工

人类利用高分子材料历史悠久。人们首先使用的是天然高分子材料,如动物的皮革、毛、丝和植物中的棉、麻、树木等,利用这些材料可做成衣服、鞋、帽、房屋、生产工具等。此外,天然树脂、天然橡胶等高分子材料是人们衣食住行不可缺少的资源。但是天然高分子材料不仅数量有限,而且性能也有局限性,不能充分满足人类生活、生产的需要。

19世纪后期,开始合成新的高分子化合物。到20世纪60年代初,低压聚乙烯、聚丙烯、顺丁橡胶、异戊橡胶相继问世。之后工程塑料、特种橡胶、合成纤维得到迅猛发展,而且精细化工所需的高聚物如涂料、油漆、胶黏剂、功能高分子材料也飞速发展。医药卫生用的高分子材料,高分子液晶、生物高分子材料以及航空、航天用的特种高分子如碳纤维和耐高温、耐烧蚀、高强力、耐寒的新型高分子材料,也进入了高速发展时期。

目前高分子材料工业已成为国民经济中重要的支柱产业之一。它是工业、农业、国防、航空、电气电子工业、日用化工、建筑、交通运输、轻工纺织、生物医药、信息工程等行业不可缺少的重要材料。

4.1 高分子的基本概念 >>>

高分子化合物是指分子量高于10000以上的化合物。与之对应,分子量低于1000的称为低分子化合物。介于两者之间的称为低聚物或齐聚物。高分子的英文术语有两个,polymer 和 macromolecule。前者主要用于表述具有重复单元的合成化合物,一般不用于天然高分子,后者则包括天然和合成高分子,甚至包括无重复单元的一些大分子。

具有重复单元是聚合物的基本特征。通常,将形成高分子重复单元的低分子化合物称为单体。单体相互反应形成的重复单元,相互连接就得到高分子化合物的主链,而连接在主链原子上的原子和基团统称为侧链。聚合物分子中重复单元的数目称为聚合度。

以氯乙烯单体的自由基加成聚合物为例,其主链为碳链结构,重复单元—CH_2CHCl—的分子量为62.5,因此,聚合度为800~2400的聚合物分子量约 $5\times10^4 \sim 1.5\times10^5$。

单体化合物主要经过聚合反应形成高分子化合物。根据单体和聚合物的组成和结构上发生的变化,聚合反应主要有加聚反应和缩聚反应两大类。烯烃聚合物主要通过单体的加聚反应合成。缩聚反应主要是具有不同官能团的单体间的聚合反应。例如,己二胺与己二酸形成尼龙66,就是典型的缩聚过程。随着高分子科学的发展,又陆续出现了一些新的聚合反应,比如:开环聚合、异构化聚合以及成环聚合等类型。

高分子化合物的分类方法有多种。根据高分子化合物的用途,可将高分子分为塑料、橡胶和纤维等通用性高分子,以及涂料、胶黏剂和功能高分子等六大类。此外,也可按照高分子的来源，划分为天然高分子、合成高分子和半天然高分子。按照单体组成可分为均聚物（homopolymer）、共聚物（copolymer）和高分子共混物（polyblend，又称高分子合金）等。

科学殿堂

高分子化学之父——施陶丁格

早在19世纪，人们已经逐步获得和使用了高分子产品（如赛璐珞和酚醛树脂），但对高分子化合物的组成、结构的理论认识很少。1920年，施陶丁格经过深入的研究，发表了"论聚合"的论文，提出高分子物质是由具有相同化学结构的单体经过化学反应（聚合），通过化学键连接在一起的大分子化合物。1922年，他又提出了高分子由长链大分子构成的观点。

赫尔曼·施陶丁格（Hermann Staudinger，1881—1965，德国化学家）

当时，高分子的概念并没有得到科学界的认同，甚至有些胶体科学家激烈反对这一观点。有的学者说："根本不可能存在大分子。"但是，施陶丁格坚信自己的理论是正确的。后来，高分子概念被越来越多的实验所证实。1926年，才得到化学界公认。施陶丁格不惧权威、坚忍不拔的科学精神深为后人景仰。

1932年，施陶丁格系统总结了大分子理论，出版了划时代的巨著《高分子有机化合物》，标志着高分子科学的诞生。随后，尼龙（聚酰胺）、聚氨酯、聚苯乙烯、环氧树脂、聚丙烯酸酯等高分子材料如雨后春笋般先后诞生。

1953年，施陶丁格被授予诺贝尔化学奖，以表彰他在大分子化学领域的开拓性贡献。

4.2 通用高分子材料 >>>

目前通用高分子合成材料主要包括塑料、合成纤维和合成橡胶。下面介绍这几种重要的高分子合成材料的特性及用途。

4.2.1 塑料

塑料（polymers）和树脂（resin）是不同的两个概念，树脂分为天然树脂和合成树脂。合成树脂（synthetic resin）是人工合成的某些性能与天然树脂相似的高分子聚合物，是塑料的主要原料。塑料制品是由树脂粒子添加诸如填料、增塑剂、稳定剂和颜料等辅助材料，经均匀混合和压模而制得的。当然，纯粹用树脂做塑料制品也是有的，例如食品袋、有机玻璃灯具和用具，由聚四氟乙烯（俗称塑料王）做成的密封材料和化工设备等，但品种极其有限。

现在，用作塑料的聚合物品种已多达300余种，其中产量最大的是聚乙烯、聚氯乙烯、聚丙烯和聚苯乙烯四种。它们占塑料总产量的70%以上。近10多年来，新的塑料品种增加很多，产量增长很快。例如 ABS（苯乙烯类）工程塑料、聚氨酯塑料、氟塑料、聚碳酸酯等已成为人们普遍使用的材料。现在塑料的应用领域以建筑、包装、运输为主，电子工业、农业和家庭生活需要量也占较大比重，化工、纺织、机械等行业的需求量也在迅速增加。几种常用塑料的性质和主要用途见表 4-1。

表 4-1 几种常用塑料的性质和主要用途

名称	单体	聚合体的结构单位	性质	主要用途
聚乙烯	乙烯 $CH_2=CH_2$	$—CH_2—CH_2—$	热塑性、绝缘性高、化学稳定性良好	高频率电缆薄膜制品，日用品等
聚氯乙烯	氯乙烯 $CH=CH_2$ $\mid$ Cl	$—CH—CH_2—$ $\mid$ Cl	热塑性、耐化学腐蚀性好	硬聚氯乙烯塑料，制化工设备材料；软聚氯乙烯塑料，制电线绝缘材料、薄膜制品、雨衣、软管、人造革等
聚丙烯	丙烯 $CH_2=CHCH_3$	$—CH_2—CH—$ $\mid$ CH_3	耐热性高，耐化学药品性好，刚性延伸性特别好，抗应力开裂性比聚乙烯好，电绝缘性能优越	合成纤维，制造容器、薄膜、电缆、阀门等
聚苯乙烯	苯乙烯 $CH=CH_2$ $\mid$ C_6H_5	$—CH—CH_2—$ $\mid$ C_6H_5	热塑性、绝缘性、耐水性都高，但较脆	绝缘体，日用品等
聚四氟乙烯（塑料王）	四氟乙烯 $F_2C=CF_2$	$—\underset{F}{\overset{F}{C}}—\underset{F}{\overset{F}{C}}—$	耐高温、耐腐蚀	化工设备材料，耐腐蚀轴承，电绝缘材料等
酚醛塑料（电木）	甲醛 HCHO 苯酚 C$_6$H$_5$OH	（酚醛树脂交联结构）	热固性、耐伸性、电绝缘性良好	电气工业材料、日用品、机器零件及各种压制品等
脲醛塑料（电玉）	尿素 $CO(NH_2)_2$ 甲醛 HCHO	$—N—CH_2—$ $\mid$ $C=O$ $\mid$ $—N—CH_2—$	热固性、无色透明、耐水性差	胶黏剂、微孔塑料、绝缘材料、日用品

4.2.2 合成橡胶

橡胶是具有高弹性的高分子化合物，由比较少量的交联键连成网状的柔性分子所组成。交联键之间的聚合物链具有长的链段，若将一束聚合物由两端拉伸，交联键之间的聚合物链的链段就会伸开，甚至接近完全伸直状态。当外力消除后，由于聚合物链的热运动，将回复到原先的卷曲状态，这就是橡胶产生弹性的原因。

除高弹性外，橡胶还具有高电绝缘性、耐水性、不透气性以及低传热性。某些橡胶还具有耐化学腐蚀、耐高温、耐低温、耐油、耐磨损等特殊性能。因此，橡胶在工业上有广泛的用途。例如，轮胎、电线电缆、传送带及雨具等。

橡胶可分为天然橡胶和合成橡胶两大类。合成橡胶采用的单体，大多为烯烃，例如苯乙烯、丁二烯、异戊二烯、氯乙烯等。经聚合后，多为直链或含支链的聚合物。这些聚合物常称生胶,也需添加各种辅助原料,并和硫化剂混炼、成型后通过硫化工序得到制品(称硫化橡胶或熟胶)。合成橡胶中用量最大的是丁苯橡胶,它占合成橡胶总量的60%以上,其次是顺丁橡胶、氯丁橡胶、丁基橡胶、丁腈橡胶、异戊橡胶和乙丙橡胶。它们的单元结构、性能和用途见表4-2。

表 4-2 几种常用合成橡胶的性质和用途

名 称	单 体	聚合物的结构单位	性能及用途
顺丁橡胶	1,3-丁二烯	$\mathrm{-[CH_2-CH=CH-CH_2]_{\mathit{n}}-}$	弹性好,耐磨、耐低温、耐老化性能好。用作轮胎、三角带、耐热胶管、帘布胶、胶鞋等
丁苯橡胶	1,3-丁二烯、苯乙烯	$\mathrm{-[CH_2-CH=CH-CH_2-CH-CH_2]_{\mathit{n}}-}$ 其中一个CH连C$_6$H$_5$	耐磨性好,抗老化性好,弹性较差。用于制轮胎及其他通用的工业制品
丁腈橡胶	1,3-丁二烯、丙烯腈	$\mathrm{-[CH_2-CH=CH-CH_2-CH-CH_2]_{\mathit{n}}-}$ 其中一个CH连CN	耐油和耐石油的性能好,耐磨性、耐热性好,有良好的物理力学性能,弹性差、电绝缘性差。主要用作耐油橡胶制品
氯丁橡胶	2-氯-1,3-丁二烯	$\mathrm{-[CH_2-C=CH-CH_2]_{\mathit{n}}-}$ 其中C连Cl	耐油、耐老化、耐热、耐酸碱、耐溶剂等性能好,耐寒性差。用于制造电缆、电线包皮和耐油制品
丁基橡胶	异丁烯、异戊二烯	$\mathrm{-[C(CH_3)_2-CH_2]_{\mathit{n}}-CH_2-C(CH_3)=CH-CH_2-}$	耐热、耐臭氧、耐强酸和有机溶剂,有优异的不透气性。用于制造汽车内胎、化工设备衬里等
异戊橡胶	异戊二烯	$\mathrm{-[CH_2-C(CH_3)=CH-CH_2]_{\mathit{n}}-}$	抗张强度、伸长率与天然橡胶相似,耐磨性、耐热性也好。用于制造轮胎、胶管、电缆、胶鞋等
乙丙橡胶	乙烯、丙烯、双环戊二烯	$\mathrm{-[CH_2-CH_2-CH_2-CH(CH_3)]_{\mathit{n}}-}$	耐臭氧比其他橡胶高100倍,耐老化、耐化学药品性能优良。用于制造电缆、胶管等

4.2.3 合成纤维

所谓合成纤维是指长度比直径大很多倍,并具有一定柔韧性的纤维物质。合成纤维由单体小分子聚合而成,用作纤维的聚合物必须具有很高的拉伸强度,这就要求聚合物分子排成直线而不是网状结构。例如,若用低密度聚乙烯(LDPE)作纤维原料,因它是一种高度分叉的聚合物,只能得到强度很低的纤维。与之相反,几乎不分叉的高密度聚乙烯(HDPE)才可制得高强度纤维。因此,从拉伸强度考虑,低密度聚乙烯是不适宜用作生产纤维的原料的。聚合物分子链的柔性也很重要,分子链的柔性愈好,分子愈容易恢复到无规的卷曲形状,为此,在聚合过程中可将旋转能力很低的醚链引入聚合物。对成纤性不好的聚合物,将刚性结构(如环)引入聚合物中,可改善聚合物的成纤性。多数成纤性聚合物是结晶型的,但也有少数非晶聚合物,其中最重要的是聚丙烯腈。它的良好的成纤性是靠分子间的强极性力维持的。除了拉伸强度和柔性外,用作纺织品的纤维还必须具有足够高的熔点和软化点,能耐洗,具熨烫和耐水解性能,能足以抵抗光、热和氧化降解,能染色,吸湿性好,而且还要有很好的手感和外观。所有这些也同样与聚合物的性质和纤维的制造工艺有关。

合成纤维品种很多,其中最重要的是聚酯纤维、聚酰胺纤维和聚丙烯腈纤维三大类,三者的产量约占合成纤维总产量的90%。

4.2.3.1 聚酯纤维

聚酯纤维是由二元酸和二元醇经缩聚生成聚酯树脂,再经树脂熔融纺丝而制得。因为这类纤维的分子结构中含有酯基,故命名为聚酯纤维。其中用量最大、应用最广的是聚对苯二甲酸乙二酯,由它纺制的纤维俗称涤纶。聚酯纤维具有以下优异性能。

(1) 弹性好 聚酯纤维的弹性接近于羊毛,耐皱性超过其他一切纤维,弹性模量比聚酰胺纤维高。

(2) 强度大 湿态下强度不变,其耐冲击强度比聚酰胺纤维高4倍,比黏胶纤维高20倍。

(3) 吸水性小 聚酯纤维的返潮率仅为0.4%~0.5%,因而电绝缘性好,织物易洗易干。

(4) 耐热性好 聚酯纤维熔点在255~260℃,比聚酰胺纤维耐热性好。

另外其耐磨性仅次于聚酰胺纤维,耐光性仅次于聚丙烯腈纤维,也具有较好的耐腐蚀性。

由于聚酯纤维弹性好,织物易于清洗、易干,保形性好、免烫等特点,所以是理想的纺织材料。它可纯纺或与其他纤维混纺,制成服装及针织品。在工业上,可作为电绝缘材料、运输带、渔网、绳索及人造血管等。

4.2.3.2 聚酰胺纤维

尼龙是聚酰胺类纤维的总称,聚酰胺纤维是指分子主链含有酰胺基的一类合成纤维,尼龙是它的商品名,大规模生产的有尼龙66、尼龙6、尼龙610、尼龙1010等。

聚酰胺66经己二酸和己二胺缩聚而成。由它制成的纤维强度和韧性高,柔软且富有弹性,广泛应用于尼龙织物,如轮胎帘子线、渔网、滤布及绳索等。

聚酰胺纤维的性能有以下特点。

① 耐磨性优于其他所有纤维,比棉纤维高10倍,比羊毛纤维高20倍。

② 强度高,耐冲击性能好。

③ 弹性高,耐疲劳性好,可经受数万次双曲挠,比棉纤维高7~8倍。

④ 密度低,相对密度为1.04~1.14,除聚丙烯和聚乙烯外,是最轻的纤维。

聚酰胺纤维的缺点是弹性模量小,使用时容易变形,耐热性和耐光性较差。

聚酰胺纤维可以纯纺和混纺,做成各种衣料和针织品,特别适合于制造单丝、复丝、弹力丝袜,耐磨又耐穿。在工业上主要用来制作轮胎、渔网、运输绳、降落伞及宇宙飞行服等军用物品。

4.2.3.3 聚丙烯腈纤维

聚丙烯腈纤维以丙烯腈为原料聚合成聚丙烯腈,而后纺制成合成纤维,其商品名称是腈纶。因为丙烯腈的染色性能和纺丝性能不良,所以工业上生产的都是丙烯腈共聚物。丙烯腈的工业聚合是通过加成反应,在水介质中连续进行,同时使用过硫酸铵类物质作氧化还原催化剂,丙烯腈含量一般在85%以上,再加入5%~10%的丙烯酸甲酯、醋酸乙烯等第二单体共聚。然后将聚合物经过滤、洗涤和干燥得到成品。

聚丙烯腈纤维是指丙烯腈占85%以上的共聚物纤维。聚丙烯腈纤维具有很高的化学稳定性,对酸、氧化剂及有机溶剂极为稳定,其耐热性也较好。它的性能最接近于羊毛,故人称"人造羊毛",柔软性和保暖性均好,能染成各种颜色,织成毛衣、毛毯或与其他纤维混纺。聚丙烯腈纤维应用广、产量大占合成纤维的第三位,强度、耐磨性、韧性、耐化学腐蚀性仅次于尼龙。

4.3 合成聚合物的原料

4.3.1 合成聚合物的原料

聚合反应的主要原料为单体和溶剂。单体品种很多,有烯烃、二烯烃化合物、二元醇、二元酸、二元胺、二异氰酸酯、苯酚、甲醛、己内酰胺、马来酸等数十种。溶剂主要有苯、甲苯、庚烷、己烷、加氢汽油、氯乙烷、丙酮、环己酮、醋酸酯类等。另外还有一些助剂,如引发剂、催化剂、乳化剂、分子调节剂、络合剂、抗冻剂等,但是使用量最多的是单体和溶剂。

合成高分子的生产中要求单体的纯度达到99%。有害杂质不仅影响聚合和分子量,也影响引发剂和催化剂的活性。如阻聚剂过量,使聚合反应难以进行,有的杂质使线型高分子材料成交链结构。对离子型聚合反应,要求单体和溶剂中水分很低,如水分和醇类、醛类、极性化合物对聚合有破坏作用,使催化剂容易中毒。

4.3.2 聚合物单体

高分子材料是低分子单体经过聚合或缩合反应制成的。聚合物单体是组成高分子的单元结构,合成的高分子品种有上百种,所以单体的种类很多。所用的单体主要来自煤炭、石油、农副产品,要求原料来源丰富,成本低,对环境污染小,且经济合理。大多数单体为烯烃、二烯烃和芳烃,所以采用石油化工技术路线是合理的。煤经过炼焦生成煤气、氨、焦油和焦炭,焦油中含有苯、二甲苯、苯酚、萘等化合物。焦炭和石灰石在电炉的高温条件下生成电石,电石和水反应生成乙炔,乙炔是生产烯烃和二烯烃的原料。农副产品为原料生产高分子材料主要是利用木材、粮食、甘蔗渣、棉秆、谷壳、麦秆等加工和发酵生产乙醇、糠醛等有机化合物,利用纤维素及桐油、漆加工成高分子材料。目前利用石油为原料生产高分子材料是主流。其中主要的单体见表4-3。

表4-3 高分子材料主要单体

名称	分子式	名称	分子式
乙烯	$CH_2=CH_2$	氯丁二烯	$CH_2=C(Cl)-CH=CH_2$
丙烯	$CH_2=CH-CH_3$	偏二氯乙烯	$CH_2=CCl_2$
1-丁烯	$CH_2=CH-CH_2CH_3$	二元胺	NH_2-R-NH_2
2-丁烯	$CH_3-CH=CHCH_3$	二元酸	$HOOC-R-COOH$
异丁烯	$CH_2=C(CH_3)_2$	二元醇	$HO-R-OH$
苯乙烯	$CH_2=CH(C_6H_5)$	二氯二甲基硅	$CH_3Si(Cl)_2CH_3$
丙烯腈	$CH_2=CH-CN$	环氧丙烷	$\underset{O}{CH_2-CHCH_3}$
氯乙烯	$CH_2=CHCl$	环氧乙烷	$\underset{O}{CH_2-CH_2}$
醋酸乙烯	$CH_2=CH-OCOCH_3$	二异氰酸酯	$NCO-R-OCN$
甲基丙烯甲酯	$CH_2=C(CH_3)COOCH_3$	苯酚	C_6H_5OH
四氟乙烯	$F_2C=CF_2$	甲醛	$HCHO$
丙烯酸酯	$CH_2=CHCOOR$	丙烯酰胺	$CH_2=CHCONH_2$
1,3-丁二烯	$CH_2=CH-CH=CH_2$	双酚A	$HO-\phenyl-C(CH_3)_2-\phenyl-OH$
异戊二烯	$CH_2=C(CH_3)-CH=CH_2$	尿素	$NH_2-CO-NH_2$

4.3.3 引发剂和催化剂

自由基聚合体系中使用的引发剂有两类：一种是水溶性引发剂，主要是过硫酸盐及氧化还原引发体系，用水配成一定浓度后使用；第二种是油溶性引发剂，多为有机过氧化物和偶氮化合物，使用前加入到单体中溶解。

离子型聚合时，使用的催化剂品种多，包括阳离子催化剂（BF_3、$TiCl_4$、$AlCl_3$、$SnCl_4$、$FeCl_2$、$VOCl_3$ 等）、阴离子催化剂（烷基锂、含钾化合物、含钠化合物等）及配位络合物催化剂体系（Ti-Al、Ni-Al-B、V-Al 等金属烷基化合物及金属氯化物等）。这些催化剂共同的特点是不能同水及空气中的氧、醇、醛、酮等极性化合物接触，在与水作用后催化剂发生爆炸分解，失去活性。烷基金属化合物遇氧后会发生爆炸，使用时防止水和极性化合物作用。

催化剂用量很少，特别是高效催化剂，用量更少，配制时一定要按规定的配方要求和方法进行操作，才能保证催化剂的活性。

缩合聚合反应是官能团之间的反应，主要是酯化、醚化、酰胺化及酸碱中和等反应，官能团经逐步聚合反应，形成高分子化合物。所用催化剂大多数是酸、碱和金属盐类化合物。

4.4 聚合生产过程

4.4.1 聚合物生产的特点

合成高分子材料的生产过程不同于一般的化工产品，如酸、碱、盐及有机化合物。其生产过程主要包括原料准备、单体聚合反应、聚合物分离及洗涤和干燥等工序，见图 4-1。

聚合反应是形成高分子材料的关键步骤。聚合反应分为自由基聚合、离子型聚合及缩合聚合。自由基聚合反应在高分子合成工业中有极其重要的地位。当前许多重要的高分子材料，如高压聚乙烯、聚氯乙烯、聚苯乙烯、聚乙酸乙烯酯、聚丙烯腈、氯丁橡胶、丁苯橡胶、ABS 树脂都是采用自由基聚合反应而成。另外本体聚合、悬浮聚合、乳液聚合、溶液聚合均可归到自由基聚合。离子型聚合分为阳离子聚合、阴离子聚合和配位聚合。缩合聚合分为熔融溶液缩聚、界面缩聚、乳液缩聚等。

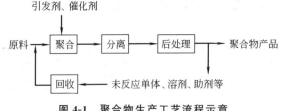

图 4-1 聚合物生产工艺流程示意

聚合生产特点如下。

① 要求单体具有双键和有活性的官能团，通过分子双键和活性官能团，生成高聚物。

② 由低分子单体生产高分子的分子量是多分散性的，分子量大的从几千、几万甚至几十万到百万，分子量的分布不同，对产品的性能影响很大。分子量的大小是合成中极为重要的问题。

③ 生产过程中的聚合和缩合反应的传热及传质情况不同于有机反应。随着聚合反应的发生，聚合物分子量的增大，体系黏度显著增高。黏性体系的传质和传热有自身的独特性。

④ 生产的品种多，有固体型、液体型的产品。各种产品的生产规模也不同，生产规模大的，年产可达数十万吨。

⑤ 物料在进行聚合反应时，有均相反应和非均相反应，反应过程也有相的变化。

4.4.2 聚合反应与设备

4.4.2.1 聚合反应

聚合反应过程是将准备好的原料及单体进行加成聚合或缩聚反应，使低分子转化成高分子，是合成高分子材料的关键化学反应过程。它对高分子材料从原料处理到产品的分离纯化的整个生产过程都起着决定性的作用。当采用不同的聚合反应方法时，生产的工艺流程不同，使用的设备不同，生产的控制手段也不同。如采用本体聚合法生产聚苯乙烯比溶液法或乳液法生产聚苯乙烯的流程要简单得多。

聚合物分子量的大小、分子分布情况、支链及交联结构、链节分布等与聚合反应的配方、工艺操作及工艺条件有密切关系。为了有效控制高分子的微观结构，必须控制好反应的物系组成，利用分子设计的原理和方法，经实验筛选后，确定工艺配方及操作条件，科学地实施聚合反应生产过程。

聚合或缩聚方法合成高分子材料生产中需要注意的几个问题如下。

(1) 聚合的物系组成 单体、共聚单体、反应介质或溶剂、反应使用的引发体系或催化剂体系、乳化剂、调节剂等各种组分的用量和比例。

(2) 各组分加入的顺序和方式 有一次性加料、连续加料、分批加料、饥饿式加料法等不同方式。同样的配方和组成，由于加料方式不同，生成的大分子结构和组成也大不相同。生产中控制聚合反应的加料方式和速度，对产品的分子结构和物性有重要影响。另外其他助剂的加入量和加入方式，也对分子结构有一定影响，如调节剂可以控制分子量和凝胶含量，乳化剂对反应速率、分子量大小及分布粒子大小有关系，所以也要确定它们的加入量及加入方式。

(3) 反应温度和反应压力的控制 不同聚合体系聚合反应的温度和压力不同。聚合温度不仅影响反应速率，也影响分子量的大小及分布，若反应很快，同时放出大量热，温度骤升，易产生爆聚。只有通过反应温度的控制，才能生产出合乎要求的高分子结构产品。反应压力对反应速率和分子结构同样有影响，在聚合反应时，反应器的压力的控制更为重要，特别要注意沸点低、易挥发的单体和溶剂的聚合物系。不同物系及不同的聚合方法，要求不同的聚合压力。

(4) 反应器和辅助设备 低分子单体转化为高分子聚合体是在一定的时间和空间内完成的。反应器是进行反应的特定空间，在其中进行高分子合成反应，反应器不仅要完成化学反应，而且要控制好反应条件，要求反应器有利于加料、出料、传热、传质过程。高分子合成的品种很多，聚合的方法也各不相同，需选择好不同类型的反应器。反应后的产品与单体、溶剂、助剂和催化剂的分离是在辅助设备中完成的，因此根据生产的工艺要求选择好反应器和辅助设备也是十分重要的。

4.4.2.2 聚合反应设备

聚合反应设备种类很多，按结构分类，有釜式聚合反应器、管式聚合反应器、塔式聚合反应器、流化床聚合反应器及其他特殊类型的聚合反应器（如板框式聚合装置、表面更新型反应器等）。其中釜式聚合反应器使用最普遍，约占聚合反应器的 80%～90%。聚氯乙烯、乳液丁苯、溶液丁苯、乙丙橡胶、顺丁橡胶等聚合物的合成均用釜式聚合反应器。低密度聚乙烯的生产一般在管式聚合反应器中进行，塔式聚合反应器和流化床聚合反应器分别在苯乙烯本体聚合和丙烯液相本体聚合中应用，而许多特殊类型反应器则多用于聚合反应后期。

反应器（反应釜）分为带搅拌反应釜和不带搅拌反应釜。下面以使用最多的带搅拌的釜式聚合反应器说明它的基本结构，见图 4-2。

(1) 釜体（筒体） 为物料提供反应空间。

(2) 换热装置 由于物料聚合时有吸热或放热反应，所以需用换热装置及时供给或带走热量。换热过程在反应釜的夹套中进行。

(3) 搅拌装置 由搅拌轴和搅拌器组成，给反应釜内的物料提供流动和混合的能量。

(4) 密封装置 搅拌轴与釜体间的动密封和釜体法兰与各接管处法兰间的静密封，以避免釜内物料的泄漏及空气的进入，确保一定的反应压力。

(5) 其他部件 各种用途的接管、人（手）孔、支座等。

根据聚合反应器的结构和操作特点的不同，反应器有多种型式。不同型式的聚合反应器可适合不同类型聚合物的生产，同一类型聚合物，当生产工艺和对聚合物质量指标要求不同时，可使用不同型式的聚合反应器。在选择反应器时要根据聚合物料的结构、性能、聚合

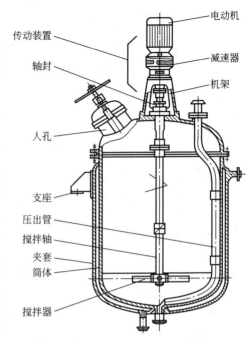

图 4-2 带搅拌的釜式聚合反应器结构

反应的特点，结合反应器的操作特性，全面权衡经济效益，作出正确选用。无论从设备角度还是从聚合物生产及聚合物产品质量的角度考虑，选择好聚合反应器都是十分重要的。

4.4.3 聚合产物的分离与后处理

4.4.3.1 聚合物的分离

聚合反应后得到的物料中除高分子化合物外，还含有未反应的单体、介质水或溶剂、残留的引发剂、催化剂及未反应的助剂。对所需要的聚合物来说，这些便是杂质。杂质的存在会严重影响聚合物的质量、聚合物的加工及使用性能，需要进行分离。这样一方面可使合成的高聚物的产品有高的纯度，以达到规定的质量标准，另外也可以回收未反应的单体和溶剂，降低生产成本，同时也减少了环境污染，所以对聚合后的物料必须进行分离。由于聚合的品种不同，合成的方法不同，聚合后产物的组成也不同，所以需去除的成分和分离的方法也不一样。

例如，对于合成橡胶，经分离后要除去全部残留的单体、溶剂、催化剂、乳化剂，以及加入的电解质、助剂。单体和溶剂的存在影响加工操作和制品的性能，必须尽量去除干净。如果将含有较高的单体和溶剂排放到环境中，不仅造成污染，而且易发生火灾。当有 Ti、V、Al、Ni 等催化剂的存在时，会严重影响聚合物的性能。

根据不同的分离过程和分离原理，采用不同的分离设备。合成聚合物生产过程用分离设备主要包括：脱挥发分分离设备、化学凝聚分离设备和离心分离设备。要明确各种分离过程的特点和分离设备的操作特性，以选择最适合的分离设备。同时在满足分离要求的前提下，应尽量选用结构简单，操作容易的分离设备，以使设备的投资费用最少。

4.4.3.2 聚合物的洗涤

经脱挥发分、凝聚或离心分离后的聚合物有一定量可溶性杂质，通过用水洗或碱液洗涤，使其净化。例如用悬浮法生产聚氯乙烯，聚合后的料液中含有引发剂 AIBN（偶氮异丁

腈）及引发剂残基、低聚合度的 PVC（聚氯乙烯）、分散剂及单体夹带杂质等，都会影响树脂质量和树脂加工及使用性能。为此，需通过碱液洗涤将这些物质除去。碱可使不溶于水的 AIBN 和 PVC 分子中的引发剂残基变为可溶于水的羧酸钠，也可使分散剂明胶形成更易溶于水的小分子。通过洗涤后，洗涤水的 pH 值达到 6～7，这样可防止物料对干燥和加工设备的腐蚀。分离后的洗涤过程在水洗塔中进行。

4.4.3.3 聚合物的脱水与干燥

经分离、水洗得到的聚合物粗产品中一般含有 40%～70%（质量分数）的水分和少量的其他有机挥发成分，这些水分和挥发分必须除去。工业上把水分从初始含量脱除到 5%～15%（质量分数）的过程称为脱水，再将剩余水分和少量其他挥发分脱除至 0.5%（质量分数）以下，称为干燥。

干燥技术是固、液分离过程，是聚合物生产的重要环节，其操作是用某种方式把热量传给含水物料，物料获得热能，使水分从物料中蒸发分离。在聚合物生产中主要的干燥技术和干燥设备有：气流干燥和气流干燥器，沸腾干燥和沸腾床干燥器，喷雾干燥和喷雾干燥器，闪蒸膨胀干燥和螺旋挤压膨胀干燥机等。不同干燥方法和干燥设备具有不同操作特点和不同结构，适合于不同物料干燥。如对粉末或圆柱状的合成树脂的处理，多用气流干燥或沸腾床干燥，也有使用气流与沸腾床干燥器串联的方式进行等。最后经造粒机、包装机等成为产品。

在合成纤维生产的后处理时，主要是纤维纺丝的处理，这与一般的塑料用合成树脂、合成橡胶的后处理完全不同。

4.5 高分子材料典型生产工艺

4.5.1 聚乙烯

聚乙烯（polyethylene，简称 PE）是应用最广泛的热塑性塑料。它的单体是乙烯，经聚合形成高分子聚合物，分子式为 $\text{+CH}_2\text{—CH}_2\text{+}_n$。聚乙烯为白色蜡状半透明材料，柔而韧，比水轻，无毒，具有良好的介电性能，但易燃烧。随着结晶度的增加，聚乙烯的透明度下降。在一定结晶度下，随分子量的增大，透明度下降。

聚乙烯透水率低，但可渗透大多数气体。它的吸水性差，不被稀酸和碱浸蚀，但可被浓酸浸蚀。聚乙烯的拉伸强度低，耐冲击性能好。

乙烯的聚合有三种方法：高压聚合法、中压聚合法和低压聚合法。采用不同的聚合方法，得到的聚乙烯的性能，如密度、结晶度、刚性、拉伸强度、伸长率、透气率等性能有较大差距。

4.5.1.1 高压法

低密度聚乙烯（LDPE）一般采用高压法生产工艺，其密度约为 $0.91\sim0.93\text{g/cm}^3$，分子量为 10 万～50 万，生产工艺流程如图 4-3 所示。乙烯经压缩后进入反应器，在压力为 100～300MPa，温度为 200～300℃，并在氧或过氧化物引发剂的作用下聚合为聚乙烯。反应物经减压分离，未反应的乙烯回收循环使用，熔融状态的聚乙烯在加入助剂后冷却，用挤出机造粒。

4.5.1.2 低压法

高密度聚乙烯（HDLE）用低压法生产，聚合压力在 5MPa 以下，密度约为 $0.94\sim0.96\text{g/cm}^3$。其技术是在聚合中使用齐格勒发明的高效催化剂，催化剂是烷基铝和过渡金属卤化物的络合物，或是浸渍少量金属氧化物的二氧化硅或硅铝催化剂。聚合工艺包括催化剂

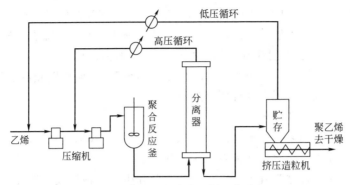

图 4-3　高压法生产聚乙烯工艺流程

配制、乙烯聚合、聚合物分离、造粒等步骤。根据聚合时的相态和催化剂效率的不同，低压法又分为溶液法、淤浆法和气相法。

低密度聚乙烯主要用来生产塑料薄膜。用于各种商品包装、食品包装及农业育秧薄膜。其次用于制造容器、管路、绝缘材料及硬泡沫塑料等。分子量在 200 万～600 万的聚乙烯具有优良的耐磨性、耐化学腐蚀性和抗冲击性能，可用作包装材料、工程材料、精密齿轮及耐磨部件的制造。

科学殿堂

高分子化工开拓者——齐格勒与纳塔

卡尔·齐格勒（Karl Ziegler，德国科学家）　　居里奥·纳塔（Giulio Natta，意大利科学家）

目前，聚乙烯和聚丙烯为主的聚烯烃塑料占塑料的三分之一。然而，早期人们尝试利用各种烯烃聚合方法，仅能得到一些毫无利用价值的聚合物。

1953 年，德国科学家齐格勒利用三乙基铝和四氯化钛催化剂，首次合成出新型更优结构的聚乙烯材料。1954 年，意大利化学家纳塔以三氯化钛和三乙基铝为催化剂，在低压下进行丙烯聚合，生成分子结构高度规整的立体定向聚合物——"全同聚丙烯"，具有高强度和高熔点，开创了立体定向聚合的新领域。从此，钛铝催化剂又被称为齐格勒-纳塔催化剂。1955 年首座低压聚乙烯工厂建成。1957 年建成世界上第一套聚丙烯生产装置。从此，开启了高分子塑料时代。

齐格勒-纳塔催化剂对高分子化工具有划时代的意义。1963 年，齐格勒与纳塔共同分享诺贝尔化学奖。从第一次发现到获奖仅有不到十年时间，这在诺贝尔化学奖中并不多见。

4.5.2 聚丁二烯橡胶

聚丁二烯橡胶（简称 BR）因为顺式 1,4-结构的聚丁二烯含量在 96% 以上，故亦称为顺丁橡胶。顺丁橡胶是以 1,3-丁二烯为单体聚合而成的通用橡胶。聚丁二烯是重要的橡胶加工用聚合物。

工业上丁二烯是由石脑油和其他烃类裂解或 C_4 烃类混合脱氢的方法制得的，它也是乙烷裂解的副产物。由于丁二烯容易得到，并易于与其他单体或聚合物发生聚合或共聚，又能与丁苯胶和天然胶混用，因此用途广泛。

聚合反应是由游离阴离子引发，或是按阴离子机理引发的。金属锂和烷基锂化合物，属于阴离子引发剂，其活性高、聚合速度快，在制备主要为具有不同含量的顺式和反式构型的 1,4-聚合物方面十分重要。丁二烯也采用某些配位催化剂，在烃类溶剂中聚合，主要形成含顺式结构的聚合物。工业上大多数用的方法是钛、钴、镍化合物与烷基铝共催化的聚合过程，得到的产物是 90% 以上的顺式 1,4-聚丁二烯。丁二烯能用不同类型的引发剂进行聚合。自由基引发剂用于制取 1,4-加成产物，此产物与苯乙烯共聚制得丁苯橡胶，与丙烯腈共聚制得丁腈橡胶。

聚丁二烯的物理性质：使用温度范围在 $-60 \sim 100℃$ 下，硬度 $30 \sim 100$，室温下的伸长率 $100\% \sim 700\%$，室温下的扯断强度 $6.89 \sim 20.68 MPa$。

由于聚丁二烯的耐磨性好，回弹性高，能与天然橡胶和丁腈橡胶混合使用，因此它主要应用于轮胎工业，约占其总产量的 95%。

4.5.3 聚酰胺纤维

构成聚酰胺（polyamide，简称 PA）纤维的单体一般分为两大类：一类是由氨基酸 $H_2N(CH_2)_{P-1}COOH$ 或内酰胺制成的，单元链节结构为 $+HN(CH_2)_{P-1}CO+$，如聚酰胺 6 为 $+HN(CH_2)_5CO+$，名称中的 6 就是单元链节结构中的 P，表示单元链节中的碳原子数；另一类是由二元酸 $HOOC(CH_2)_{m-2}COOH$ 与二元胺 $H_2N(CH_2)_PNH_2$ 缩聚制成的，单元链节为 $+OC(CH_2)_{m-2}CONH(CH_2)_PNH+$，如聚酰胺 66 为 $+OC(CH_2)_4CONH(CH_2)_6NH+$，其名称中有两个 6，前一个 6 表示单元链节中酸的碳原子数（m），后一个 6 表示单元链节中胺的碳原子数（P）。

生产聚酰胺 6 的单体是己内酰胺，己内酰胺的主要来源是苯。苯先还原为环己烷，再氧化成环己酮。环己酮在大约 95℃ 下用硫酸羟胺处理生成肟，肟再用发烟硫酸或硼酸等酸催化，经贝克曼重排转化成为己内酰胺；或者用过醋酸处理变为己内酯，再经氨处理，制得己内酰胺。另一种生产环己酮的方法是在紫外光作用下用亚硝酰氯处理环己酮，得到的环己酮肟按前面所述的方法，用硫酸或硼酸处理后得己内酰胺。

聚酰胺的工业生产有三种方法：熔融缩聚法、开环聚合法和低温聚合法（即界面聚合或溶液聚合法）。目前，90% 以上产量的己内酰胺用于生产聚酰胺 6 纤维。图 4-4 所示为己内酰胺单体生产尼龙 6（聚酰胺 6）的工艺流程。

聚酰胺纤维的生产是由单体经聚合或缩聚得到聚酰胺，然后进行纺丝和加工制成的。用单体己内酰胺聚合成聚酰胺 6，是采用水为活化剂，先加水，水使己内酰胺开环制得 ω-氨基酸，然后在高温 $250 \sim 280℃$ 下，使氨基酸聚合。生产中控制聚己内酰胺树脂中单体和低分子量聚合物的含量是生产聚酰胺 6 的最关键的问题之一。低温有利于聚合物的高度均匀性，但会增加反应时间。活化剂，如水、酸、胺盐和醇等有利于制成分子量低的稳定聚合物。

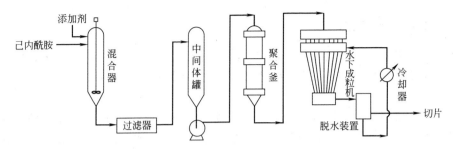

图 4-4　己内酰胺单体生产尼龙 6 工艺流程

4.6 功能高分子材料

功能高分子材料也称为功能高聚物（functional polymers）。这类新材料既具有一般高分子的特性，又具有特殊功能，如光学功能、生物化学功能、医药功能、耐热功能、光敏功能、导电功能等。随着能源、信息、电子和生命科学的发展，对高分子材料的功能提出了各种新的要求。新能源要求太阳能和氢能成为今后的主要能源，而高分子光电转换材料就是太阳能利用的关键。微电子技术的发展的趋势是高度集成化，高功能的感光高分子已成为微电子工业的关键材料。人类生命科学的发展，又提出了一系列高功能的生化材料等。表 4-4 列出了功能高分子材料分类。从表 4-4 中可以看出，迅速发展的高分子材料令人瞩目，在新世纪对功能高分子材料的开发和研究已成为热点。

表 4-4　功能高分子材料分类

功能	特性	种类	应用
化学	反应性 催化 离子交换 吸附	高分子试剂、分解高分子 高分子催化剂、固定酶 离子交换树脂 螯合树脂、絮凝剂	高分子反应、农药、医药、环保 化工、食品加工 净化水、分离 稀有金属提取、水处理
光	光传导 透电光 偏光 光化学反应 光色	塑料光纤 接触镜片、阳光选择膜 液晶高分子 光刻胶、感光树脂 光致变色高分子、发光高分子	通信、显示、医疗器械 医疗、农用薄膜 显示、连接器 印刷、微细加工 显示、记录
电	导电 光电 介电 热电	高分子半导体、高分子金属、高分子超导体、导电材料（纤维、橡胶、涂料、胶黏剂）、透明导电薄膜、高分子电解质 光电导高分子、电致变色高分子 高分子驻极体 热电高分子	电极、电池材料、防静电 屏蔽材料、接点材料、 透明电极、固体电解质材料 电子照相、光电池 传感器 显示、测量
磁	导磁	塑料磁石、磁性橡胶、光磁材料	显示、记录、存储、中子吸收
热	热交换 绝热 热光	热收缩塑料、形状记忆高分子 耐烧蚀材料 热释光塑料	医疗、玩具 火箭、宇宙飞船 测量
声	吸声 声电	吸声防振材料 声电换能材料、超声波防振材料	建筑 音响设备
机械	传质 力电	分离膜、高分子减阻剂 压电高分子、压敏导电橡胶	化工、输油气 传感器
生物	身体适应性 药性 仿生	医用高分子 高分子医药 仿生高分子	外科材料、人工脏器 医疗、计划生育 生物医学工程

4.6.1 分离性功能高分子材料

在石油化工、医药、日用化工、轻工、冶金等工业部门的生产过程中,需要对金属、非金属的无机物、有机物及生物制品进行分离和纯化。传统的化工分离方法有过滤、蒸馏、吸收、干燥、蒸发、结晶、萃取等单元操作,但是这些分离手段对于分子分离、离子分离、气体分离、生物体组织的分离,一般达不到高纯度的要求,同时还消耗大量的能源和溶剂。采用功能高分子材料能解决以往难以分离的物质。具有分离功能的高分子有树脂型、分离膜及生物分离介质。树脂型主要是离子交换树脂,包括凝胶型、大孔型和大孔吸附树脂,又可分为阴离子和阳离子型树脂。膜型高分子包括各种生物膜。生物分离介质也是近年发展的新材料,可用于分离蛋白质、干扰素等生物大分子。

4.6.1.1 离子交换树脂

离子交换树脂,是一种具有官能团(有交换离子的活性基团)、网状结构的不溶性高分子化合物。以聚苯乙烯类离子交换树脂为例,它的大分子结构为网状结构,其主要原料为苯乙烯和二乙烯苯,反应介质是水,引发剂是有机过氧化物或偶氮化合物,再加适量的分散剂,生成具有活性的大分子,即离子交换树脂。

离子交换树脂用途广泛,具有交换、吸附、催化及脱水功能等。应用于水处理时,包括水软化、水的脱盐和高纯水的制备。工厂用其除去 Ca^{2+}、Mg^{2+} 等离子制取软水。在冶金工业,用于从金属矿中分离出铀、钍、稀土金属、重金属、贵重金属等。在原子能工业中,用于核燃料的分离、提纯、精制。在海洋工业方面,用于从海洋生物中提取碘、溴、镁等化工原料。离子交换树脂在化工、日用及食品工业均已有广泛的应用。化工生产的很多无机、有机化合物的分离提纯,反应催化剂,还有制糖工业中的脱色、精制,都需要离子交换树脂。在医药卫生和环保方面,如药物分离、纯化、脱色、工厂废水处理、生活污水处理等都离不开离子交换树脂。

4.6.1.2 高分子分离膜

高分子分离膜材料包括天然高分子和合成高分子,前者主要是纤维素酯类、天然胶,后者品种较多,包括加成聚合高分子和缩聚高分子,常用的合成高分子有聚酰胺类、芳烃杂环类、聚砜类、烯烃聚合物、离子型聚合物等。

高分子分离膜材料的合成,无论是乙烯类聚合物,还是尼龙、聚苯醚等缩聚物都与通常的合成方法一样。膜的制备包括三部分,一是聚合物合成,二是聚合溶液,三是膜的成型。

目前应用于工业上的高分子分离膜有 40 多种,主要的有纤维素酯类、聚酰胺类、聚砜类以及聚丙烯酸酯类。它们在石油化工、冶金、医药、环保、轻工、农业等部门均已应用于分离液体、气体。膜分离技术具有选择性高、功能多、高效、节能等优点。所以膜分离技术发展很快,具有潜在的应用前景。

4.6.2 导电性功能高分子材料

导电材料过去主要用金属材料如铜、铝、银等。随着高分子科学和技术的发展,根据高分子某些材料分子结构的特点具有导电功能,利用一些高分子加入某些助剂,可以制得导电塑料、导电橡胶、导电涂料。具有共轭键的聚乙炔、聚苯乙炔、聚苯胺等,在掺杂后都有好的导电性质。还有离子导电型高分子材料,氧化还原型导电材料等。目前能生产的导电性能好的高分子材料很少,超导高分子材料还在开发过程中。

> **科创精神**
>
> **导电高分子——打破常规的意外发现**
>
> 　　通常，有机高分子聚合物是不导电的。导电高分子的出现，打破了高分子材料不导电的传统观念。
>
> 　　1967年，日本化学家白川英树在研究有机半导体时要使用聚乙炔（通常是黑色粉末），他的学生合成聚乙炔时，不小心错加了比正常浓度高出上千倍的催化剂，结果得到了银色薄膜。后来，美国化学家艾伦·麦克德尔米德在日本学术交流时注意到了白川英树制备的银色薄膜。之后，他们合作对聚乙炔进行了碘蒸气氧化掺杂。导电高分子诞生了！美国物理学家艾伦·黑格的测量结果表明，这种薄膜的导电性能提高了千万倍，其电导率与金属接近。如果没有大胆设想和创新勇气，就不可能从"偶然的失误"中创造奇迹。
>
> 　　由于在导电聚合物领域的开创性贡献，白川英树、艾伦·麦克德尔米德与艾伦·黑格一起获得2000年诺贝尔化学奖。

　　超导体是导体在一定条件下处于无电阻状态，电流通过导体不发生热能损失，因此这种导体对电力的远距离输送有重要意义。目前高分子超导电体的研究还处于起始阶段，要解决的问题很多，但是今后的发展前景甚为可观。

4.6.3　高分子液晶

　　物质通常以固态、液态、气态三种相态形式存在，当外界条件发生变化时，三种相态可以互相变化。大多数化合物由一种状态变为另一种状态时，不存在过渡态，如冰加热后从固态直接变为液体。但是有些物质的晶体受热熔融或被溶解后，虽然失去了固态物质的一些特性，但具有液体的流动性，又不同于液体性质，还保留了晶体的有序排列，形成了既有晶体又有液体性质的过渡中间状态，即液晶态。这种物质称为液晶（liquid crystals）。这种液晶分子连接成大分子，或将它们连接到聚合物主链上，并具有液晶特性，称为高分子液晶。液晶高分子是由刚性和柔性两部分组成，刚性部分多由芳烃和脂肪型环状结构组成。柔性部分多由可以自由旋转的σ键连接的饱和链组成。

　　高分子液晶是极好的工程材料，有高强度，低延伸率，容易加工成型等特点。它的低吸水性和极低的膨胀性是制作精密仪器和设备配件的优良材料，如应用于温度检测仪，测试痕量化学物质的指示器及环境监测仪器等方面的制作。利用液晶制作色谱分离材料，把高分子液晶作为固定相，正广泛用于毛细管气相色谱、超临界色谱和高效液相色谱的分析中。液晶纤维制成的直升机上的升降绳或降落伞绳，其质量只有尼龙纤维的一半。还可以用这种纤维制成防弹衣，以及加工成各种服装。液晶材料还可以制成数码显示器、电光学快门和电视屏幕显示器件。当今是信息时代，利用高分子液晶技术作信息储存材料，也正在引起人们的重视。

4.6.4　医药用功能高分子材料

　　合成高分子材料不仅为工农业和国防等提供了一系列产品，还在人类医学和药物学领域形成了现代医学和药物学的新材料体系，使高分子科学与生物学密切联系起来。医药用功能高分子是指医用高分子和药物高分子材料。

4.6.4.1 医用高分子材料

医用高分子材料主要包括以下四类。

(1) 与生物组织不接触的材料 如医疗器械及用具，用高分子材料制成的药剂容器、注射器、血袋、输血输液用具、某些手术器械等，这类一般是用高分子材料加工而成的。

(2) 与人体组织接触的材料 如手术中暂时使用的人工脏器、人造血管、人工肺、人工肾脏透析膜，以及人造皮肤、丰乳材料等。

(3) 长期植入体内的材料 即人工脏器高分子材料，包括植入体内的人工脏器、人造血管、人工气管、人工尿道、人工骨骼、人工关节、手术用缝合线等。

(4) 与皮肤和黏膜接触的高分子材料 如手套、麻醉用品、绷带、诊疗用品、导尿管、橡皮膏、假眼、假乳等。

功能高分子用于医学领域，解决了不少医学难题。如用功能高分子制作的人造血管、人造骨骼、人造关节植入体内，使病人恢复正常生活和工作。中空纤维渗透膜制成的人工肾，硅胶和聚氨酯加工成人工心脏瓣膜，使病人重获新生，也促进了现代医学的发展。

4.6.4.2 药物用高分子材料

药物用高分子材料按其应用分为以下两类。

(1) 药物的辅助材料 将高分子用作稀释剂、润滑剂、胶黏剂、糖包衣、胶囊壳和缓释剂等，但本身并不是药物。近年来，水凝类高分子缓释剂，例如，透明质酸凝胶，在水溶性药物控制释放中得到广泛应用。

(2) 高分子药物 将药物连接在高分子化合物的分子上，使高分子链上有药物活性，从而有药的疗效。同时，当连接抗体时，还可实现靶向给药功能。

药物高分子必须无毒，使用时必须不会引发新病症，不会引起组织变异反应，不会致癌，易分解等。

由于高分子药物有低毒、副作用小、缓释、药物活性持久、可降低使用浓度、疗效高等优点，它的出现丰富了药物的品种，为治疗人类疾病提供了新的路径。因此，合成高分子药物已成为药物发展的重要方向之一，我国和世界多个国家的科技工作者正在从事这一领域的开发研究工作。

4.6.5 其他功能高分子材料

功能高分子材料品种多，应用面宽，发展迅速。目前除上述的四类高分子材料外，还出现了一些其他功能高分子材料。

4.6.5.1 超高吸水高分子材料

具有极高的吸水能力，而不溶于水，其吸水量可为自身质量的几十倍至上千倍，可分为淀粉类、纤维素类、合成聚合物等超高吸水高分子。最初它是由淀粉接枝丙烯腈，然后发展到合成丙烯酸系列、乙酸乙烯系列、聚环氧乙烷、聚丙烯酰胺等类型。在农业上用于土壤保水、禾苗培育、育种、速凝剂、增黏剂等。在医疗、卫生方面是不可缺少的材料，也是妇女儿童的保健材料，如尿不湿、卫生巾等。在日常生活中经常使用的吸水抹布、保鲜袋，以及化工、建筑、林业、交通运输等都已使用了超高分子吸水材料。

超高分子吸水材料在日本、美国的产量最大，在中国近年也作了大量的研究工作，有了较大的进展。

4.6.5.2 反应性功能高分子材料

该类高分子主要是指高分子化学试剂和合成高分子催化剂。它的高分子不溶性、稳定性、立体选择及稀释效应优于以往合成反应用的低分子材料或无机物材料制成的化学试剂和催化剂。

高分子化学试剂是反应能力很强的物质，在特定的化学反应中，它直接参与合成反应，将具有反应功能的低分子连接在高分子链上，形成有反应能力的化学试剂。高分子反应试剂包括高分子氧化还原试剂、高分子氧化试剂、高分子还原试剂、高分子卤化试剂、高分子酰基化试剂、高分子烷基化等试剂，由于其在化学反应中的不溶性、稳定性、选择性，可在多种化学反应中应用。

高分子催化剂与低分子和无机催化剂一样，在参加化学反应时，本身没有变化，但是它可以使反应速率增加几十倍，甚至几百倍。高分子催化剂是将常用的低分子催化剂通过聚合反应接在高分子化合物上，得到具有催化活性的高分子催化材料。

高分子催化剂的类型很多，有酸碱催化剂、离子交换树脂、聚合物氢化和脱羧基催化剂、聚合物相转移催化剂、聚合物过渡金属络合物催化剂等。

4.6.5.3 光敏和感光高分子材料

该材料的大分子在光能作用下，分子内和分子间产生化学和物理的变化，这种变化使材料显示出特殊功能。目前有光敏涂料、光电能量转换材料、光能储存材料、光记录材料、光致变色材料、光致抗蚀材料等。这些光化学材料发展较快，已有不少产品工业化，在国民经济各部门中发挥重要作用。

4.7 高分子化工的发展前景

高分子合成材料发展至今，已构成了一个完整的工业体系。其品种多、技术成熟、生产效率高、成本低、用途广泛，是人类生产、生活必不可少的重要材料。随着现代科学与技术的发展，对高分子材料不断提出更高、更新的要求。一方面对通用高分子材料进行改性，提高综合性能，另一方面又要开发出新品种、新材料，使高分子材料不断向着高技术、高性能、高效益的新型、特种、功能性高分子领域发展。

4.7.1 通用高分子生产品种

塑料中的聚乙烯、聚丙烯、聚苯乙烯、聚氯乙烯、合成纤维中的聚酯、尼龙、聚丙烯腈、维尼纶，合成橡胶中的氯丁橡胶、丁苯橡胶、丁腈橡胶、异戊橡胶等，一方面对单体的生产技术要进一步改进，降低成本；另一方面需要研究新型催化剂，特别是高效催化剂的使用，改进聚合方法和生产工艺，在提高产品的综合性能和产率的同时，要减少消耗，降低成本。

通用高分子的改性研究也是重要的发展领域。利用分子设计原理，在大分子链上接枝不同官能团制成新的品种，改变原有品种分子的结构和组成，从而改变高聚物的综合性能，得到改性通用高分子。

4.7.2 工程塑料和特种橡胶

随着国防工业的现代化，对材料性能的要求越来越高，原有的品种已不适应要求，必须开发新品种。如工程塑料中聚苯醚、聚砜、聚甲醛、聚碳酸酯、聚酯、聚酰胺等高分子材料要进一步提高强度、耐磨性、耐高温、耐寒冷、耐化学腐蚀等特性。特种橡胶密封制品要求具有更高的耐高温、耐寒、耐油、耐紫外光、耐辐射等性能。同时，目前工程塑料和特种橡胶单体的生产成本较高，需要进一步改进生产工艺，以降低成本。

4.7.3 功能高分子材料的发展方向

今后，功能高分子材料的科研方向是进一步开发以下功能高分子。

① 具有光学功能的光敏高分子材料，高分子磁性材料，高分子导电材料。

② 研制具有化学功能的各种高分子催化剂，如电解质型高分子、氧化还原型高分子、进行不对称合成的旋光型高分子、金属螯合物高分子、以高分子为载体的酶催化剂等。

③ 研制新型的高分子离子交换树脂、高分子膜材料、高分子液晶、高分子吸附材料、高吸水性材料等。

④ 应用于医学的生物高分子材料，如人工心脏、人工肺、人造皮肤的制造，用于医药的缓释剂，高分子生物酶等。

⑤ 农业生产用的各类功能高分子，如生长剂、除草剂、除害剂、食品添加剂等。

4.7.4 精细化工高分子材料

用于船舶、汽车、火车、摩托、家电设备的各种高性能油漆涂料；建筑行业装修用的高分子材料；日用化工中的包装材料，衣服、皮革、高档印刷纸的涂饰材料以及纺织工业用的特殊性能材料。要进一步开发绿色新品种，防止环境污染，提高应用质量并注意降低成本，扩大使用范围。

随着国防、航空航天、电子电气工程、信息工程、生物工程、现代农业、医药、纺织、日用化工等对材料应用方面的更高要求，高分子合成材料的开发研制已成为人们关注的热点，它的发展将带动相关工业，如化工机械、有机化工、日用化工、电气电子工业、交通运输、化工建材等行业的发展。

第5章 天然气化工与煤化工

以天然气或煤为主要原料进行化学品的生产,分别称作天然气化工和煤化工。与石油化工相同的是,天然气化工和煤化工既是能源工业,又是化工原材料工业。由于天然气和煤的物化性质不同于石油,它们的转化利用途径与石油大不相同。本章将在介绍天然气和煤资源现状的基础上,重点讨论天然气和煤的化工利用途径。

5.1 天然气与煤

5.1.1 天然气资源与组成

天然气(natural gas)是埋藏在地下不同深度地层中的可燃性气体,它的主要成分是甲烷。此外,根据不同的地质形成条件,尚含有不同量的乙烷、丙烷、丁烷、戊烷及以上的低碳烷烃,此外还可能含有硫化氢、二氧化碳、氮气、氢气等非烃类气体。

天然气有干气和湿气之分。一般将甲烷含量≥95%(C_2^+/C_1≤5%)的天然气称为干气,甲烷含量低于95%(C_2^+/C_1>5%)的天然气称为湿气。

常见的天然气资源的蕴藏形成有如下几种。

① 天然气单独蕴藏,通常称为气田。由气田采出的天然气的主要成分是甲烷,有的气田所采天然气中的甲烷含量高达99%以上。

② 天然气与石油共生,随石油一起开采出来,称为油田气或油田伴生气。这类天然气多为湿气,C_2~C_4烷烃含量在15%~20%或以上。由于其中丙烷、丁烷能以"液化气体"的形式分离出来,这种液化气体又称"液化石油气"(liquefied petroleum gas,LPG)。油田气中C_5以上烷烃由于能以"气体汽油"形式分离出来,通常称为凝析油。

③ 甲烷吸附在煤层的微空隙中,称为煤层气,又称煤层甲烷,俗称瓦斯,是非常规天然气的一种重要类型。煤层气是赋存于煤层及其邻近岩层中的以自生自储式为主的天然气,其储量很大。虽然其在煤矿开采中是引起爆炸的有害气体,但它作为一种有竞争力的天然气资源已受到世人的关注。

④ 天然气水合物(natural gas hydrate),是在一定的条件下(温度、压力、水的盐度等),由天然气和水组成的类似冰状的、非化学计量的笼形结晶化合物,又称笼形包合物(clathrate)。天然气水合物多呈白色或淡灰色晶体,外观似冰雪,可以像固体酒精一样直接被点燃,故也称可燃冰。天然气水合物主要分布于地球高纬度的冻土带和深度不到2000m的深水环境中,是一种重要的非常规天然气资源。初步探明其资源量丰富,开发利用潜力巨大。

⑤ 页岩气(shale gas),是指赋存于暗色富有机质和极低渗透率的泥页岩、泥质粉砂岩

以及砂岩夹层系统中，自生自储、连续聚集的非常规天然气藏，全世界都有广泛的分布，其中美国、中国和澳大利亚等国储量丰富。页岩气的存在状态多样，在页岩孔隙和天然裂缝中以游离状态存在；在干酪根和黏土颗粒表面上以吸附状态存在，甚至在干酪根和沥青质中还可能以溶解状态存在。不同地区的页岩气，其中的甲烷含量差别较大，例如我国目前发现的页岩气均属于干气，而美国有不少地区（如伍德福德地区，Woodford）的页岩气为湿气。

尽管页岩气的开采技术已取得突破性进展，并由此使美国的天然气产量成为世界第一，仍以万亿为单位即 3.87 万亿。但页岩气井的地质条件要比常规油井复杂得多，目前仍存在一系列潜在的问题，如资源储量与开发成本等经济性评价、水资源的耗费和污染等亟待解决。

据《BP 世界能源统计年鉴 2019》最新统计，2018 年底世界各国和各地区常规天然气探明储量为 196.8 万亿立方米，全球各地区天然气总产量为 3.87 万亿立方米。表 5-1 为常规天然气资源量及各地区分布情况。表 5-2 和表 5-3 分别列出了世界天然气探明储量和生产量前 10 位的国家。

我国天然气蕴藏量也较丰富，2008 年评估总资源量为 56 万亿立方米。据《BP 世界能源统计年鉴 2019》数据，2018 年底我国天然气探明储量为 6.1 万亿立方米，已探明储量只占全世界资源量的 3%。2018 年我国天然气产量 1615 亿立方米，名列世界第六位。天然气资源主要集中于鄂尔多斯盆地、四川盆地、塔里木盆地和柴达木盆地，这四大产区的年产量占当年全国产量的 85% 以上。海上的天然气主要以南海、东海海域为主。中国天然气的勘探和开发正逐步受到重视，预计今后 15～20 年内中国天然气的开发将进入高速增长期，2021 年产量将达到 1500 亿立方米。

表 5-1　2018 年世界常规天然气资源量及各地区分布情况

地区	资源量/$\times 10^4$ 亿立方米	分布量/%	地区	资源量/$\times 10^4$ 亿立方米	分布量/%
北美洲	13.9	7.1	非洲	14.4	7.3
中南美洲	8.2	4.2	亚太地区	18.1	9.2
欧洲及欧亚大陆	66.7	33.9	世界总计	196.8	100
中东	75.5	38.3			

注：数据来源《BP 世界能源统计年鉴 2019》。

表 5-2　2018 年天然气探明储量前 10 位的国家

序号	国家	探明储量/$\times 10^4$ 亿立方米	序号	国家	探明储量/$\times 10^4$ 亿立方米
1	俄罗斯	38.9	6	委内瑞拉	6.3
2	伊朗	31.9	7	中国	6.1
3	卡塔尔	24.7	8	阿联酋	5.9
4	土库曼斯坦	19.5	9	沙特阿拉伯	5.9
5	美国	11.9	10	尼日利亚	5.3

注：数据来源《BP 世界能源统计年鉴 2019》。

表 5-3　2018 年天然气产量前 10 位的国家

序号	国家	产量/亿立方米	序号	国家	产量/亿立方米
1	美国	8318	6	中国	1615
2	俄罗斯	6695	7	澳大利亚	1301
3	伊朗	2395	8	挪威	1206
4	加拿大	1847	9	沙特阿拉伯	1121
5	卡塔尔	1755	10	安哥拉	923

注：数据来源《BP 世界能源统计年鉴 2019》。

5.1.2 煤资源与组成

5.1.2.1 煤的资源状况

煤（coal）是蕴藏在地下的固态有机可燃矿物，它是由古植物为主，经过复杂的生物化学、物理化学和地球化学作用，在适宜的地质环境中逐渐堆积成厚层，并埋没在水底或泥沙中，经过漫长地质年代的天然煤化作用而生成的。

根据成煤的原始物质和生成堆积环境的不同，可将煤划分为腐殖煤、腐殖腐泥煤和腐泥煤三大类型。腐殖煤是高等植物形成的，在自然界呈层状、拟层状存在，分布广、储量大、品种多，工业价值也最大。腐殖煤又可分为泥炭、褐煤、烟煤和无烟煤，是近代煤综合利用和化学加工的主要煤种。腐泥煤是由湖沼、海湖中的藻类等浮游生物在缺氧环境中，经腐败作用和煤化作用转变而成的，可分为藻煤、石煤和胶泥煤。世界上腐泥煤储量不多，其挥发成分含量高、氢含量高，因而炼焦时的焦油产率也高。腐殖腐泥煤是以高等植物和低等植物为原始质料而形成的煤，是腐殖煤与腐泥煤之间的一种过渡类型。

在中国乃至全世界，煤的资源十分丰富，占世界可燃矿物资源的第一位。世界煤炭总资源量约为15万亿吨，2018年底的探明储量是10547.8亿吨，主要分布在美国、俄罗斯、澳大利亚、中国等国。表5-4为煤炭探明储量超过两百亿吨的国家。

表 5-4 2018 年世界煤炭探明储量超过两百亿吨的国家

序号	国家	探明储量/亿吨	序号	国家	探明储量/亿吨
1	美国	2502	6	印度尼西亚	370
2	俄罗斯	1604	7	德国	361
3	澳大利亚	1474	8	乌克兰	344
4	中国	1388	9	波兰	265
5	印度	1014	10	哈萨克斯坦	256

注：数据来源《BP世界能源统计年鉴2019》。

中国是世界上最早发现、利用和开采煤炭的国家，西汉时期（公元前202年至公元25年）人们已开始地下采煤，并用于冶铁。到13世纪初期，煤在中国已被普遍使用，但是煤炭作为化学工业的原料加以利用，则只有200余年的历史。18世纪中后期，由于蒸汽机的出现和炼铁用焦，煤炭的用量大幅度上升。

在可燃矿物资源中，煤是中国真正的优势。中国煤炭资源主要集中在晋、陕、内蒙古及新疆地区。2018年末我国煤炭的探明储量为1388亿吨，占世界总储量的13.2%，居世界第四位。长期以来，煤炭在我国一次能源生产和消费方面的比例均在50%以上。例如，2018年我国煤炭产量和消费量分别占世界煤炭产量和消费量的46.7%和50.5%。预计，在未来的几十年内，煤炭在我国能源结构中的主导地位不会发生根本的改变。这种以煤为主要能源的状况是由我国煤炭储量相对丰富，石油和天然气明显不足的国情决定的。

5.1.2.2 煤的化学成分

煤一般由有机物质和矿物质所组成。有机质是煤中的主要成分，决定煤的性质。矿物质在煤利用过程中则变成灰渣。

煤中有机质主要由五种元素组成，以碳、氢、氧为主，它们的总和占煤中有机质的95%以上，其次是氮和硫。表5-5列出了各种煤所含的碳、氢、氧元素组成。

碳是煤中最重要的成分，也是煤中最主要的提供能量的物质。在煤炼焦时，它是形成焦炭的主要物质基础。

表 5-5　煤的元素组成

煤的种类	C/%	H/%	O/%	煤的种类	C/%	H/%	O/%
泥炭	60~70	5~6	23~35	烟煤	80~90	4~5	5~15
褐煤	70~80	5~6	15~25	无烟煤	90~98	1~3	1~3

氢是煤中第二个重要的成分，它随着煤化程度的增加而减小。氢含量大的煤有较高的挥发成分，同时氢的燃烧热比碳高得多。

氧也是煤的主要元素之一，其含量随煤化程度的增加而明显减少。含氧量对煤的加工有显著的影响，含氧量高的煤的黏结性和结焦性低，不宜于炼焦。在煤作动力燃料燃烧时氧会约束一部分对燃烧有利的元素，使发热量降低。但含氧量高的煤对以煤为原料制取腐殖酸和芳香羧酸有利。

氮是由成煤植物中的蛋白质转化而来，煤中的含氮量不高，通常为 0.5%~3%。煤中的氮一般认为以有机氮的形态存在，其中有一些是杂环型，以蛋白质氮形态存在的氮仅存在于泥炭和褐煤中，烟煤、无烟煤中则几乎没有。煤中的氮在燃烧时转化成 NO_x，在煤热解时一部分变成 N_2、NH_3、HCN 及有机氮化物，其余则残留在焦炭中。煤直接液化时转化成液态有机氮化物。

硫是煤中的有害元素，不同产地煤的硫含量差别很大，从 0.1% 到 10%。煤中所含硫有四种主要形式，这就是硫酸盐、硫铁矿、有机硫和元素硫，其中硫铁矿硫多以结核状或团块状形态存在于煤中，故一般可用洗煤法脱除。含硫高的煤在储存堆放时易自燃，燃烧时生成二氧化硫引起腐蚀和污染，气化时生成 H_2S 引起腐蚀和催化剂中毒，焦化时约有一半的硫进入焦炭使炼铁质量下降，使生铁发脆。

煤中的无机物质一般都归入煤的"矿物质"。它们或以明显矿物形式存在，或以有机金属化合物或螯合物形式存在。按其在煤中含量的不同可以分为三类：常量元素（>0.5%，包括铝、硅、钙和铁）；少量元素（0.02%~0.5%，通常包括钾、镁、钠和钛，有时还包括磷、钡、锶、硼、砷、氯、锗等）和微量元素（<0.02%，包括砷、镉、铬、汞、铅等）。

5.1.3　天然气与煤的能源利用

天然气和煤均是重要的能源，尤其煤在我国是最重要的能源。天然气和煤的主要用途是直接做燃料使用，包括民用燃料、工业燃料和发电。在民用燃料领域，主要是用于城镇住宅、商业和公用事业部门（如交通运输工具、空调、供暖设施等）。在工业燃料领域，主要是用于冶金、机械、建材、轻工和食品等行业的各种工业窑炉或高温反应器中，通过燃烧产生的热量对物料进行加工，以实现不同的工艺要求。在用于发电的一次能源中，目前煤占的比例最大。天然气在发电行业中的应用起步较晚，且由于一些国家限制使用天然气发电，故天然气在发电领域的应用份额不大。随天然气探明储量的增加，以及联合循环发电和热电联产技术的不断进步，天然气在电力生产中的消费将不断上升。

由于煤炭固有的复杂固体混合物特性，使其具有燃烧效率低、污染严重的缺陷。我国许多城市都面临大气污染的威胁，原因就是我国以煤为主的能源消费结构。据 2015 年中国环境状况公报报道，我国 2015 年二氧化硫排放量 1859.1 万吨，氮氧化物排放量 1851.8 万吨。其中，燃煤产生的 SO_2 约占总量的 90%，氮氧化物约占 70%。因此，不论是从环境保护，还是从资源的高效利用角度，都应该减少煤的燃料利用，加强煤的非燃料利用，即煤的综合利用。

天然气的热值高、污染少，是一种优质的清洁燃料。天然气作为城市燃气时具有清洁、高效和方便的特点，被称为最有价值的"贵重用途"。在许多经济发达国家，居民家庭和服务业的终端能源消费几乎都以天然气为主。例如美国，在居民家庭的终端能源消费中电力占30%，天然气占50%，其他燃料占20%。2007年国家发展和改革委员会发布了《天然气利用政策》，规定天然气优先用于城镇燃气、公共服务设施、天然气汽车等方面。相信，随着我清洁能源战略的实施，我国的环境污染状况一定会得到有效的改善。

5.2 天然气化工

5.2.1 概述

虽然世界天然气储量较石油丰富，但在化工利用方面所占份额并不大。近年，我国化工用气量约占当年总消费量的30%，欧美发达国家的比例不到20%。这既有政策原因，也有经济原因。各国政策都是优先保障民用，不同程度地限制天然气的化工利用。由于天然气中的主要成分甲烷是化学结构最稳定的有机分子，天然气的转化要比石油困难得多，加工天然气较石油对设备、工艺的要求更高，因此，天然气化工产品的成本一般远高于石油化工产品。这也很容易从化学原理来解释，石油是多碳烃，在加工时是将高碳烷烃裂解成低碳烷烃和烯烃；天然气是以甲烷为主，其化学加工是将一个碳的甲烷转化成两个及以上的烷烃和烯烃。用一个比喻来讲，石油加工是拆房子；而天然气化工是建房子。一般多碳烷烃的C—H键键能低于406kJ/mol，而甲烷中C—H的离解能高达426.8kJ/mol。因此转化甲烷所需的能量高于其他多碳烃。

在20世纪70年代末期，由于国际性的能源紧张，石油价格猛增，石油化学工业受到冲击。能源危机的影响使人们开始将能源与化工原料的视线转回到天然气与煤，碳一化学与化工成为当前世界化工领域的研究热点。所谓碳一化工，就是指将含有一个碳原子的化合物，通过化学加工合成含有两个或两个以上碳原子的化工技术。天然气中主要成分甲烷（CH_4）含有一个碳原子，属于碳一化工范畴，其转化是碳一化工中的重要研究课题。此外，合成气系产品（包括以甲醇和CO为原料的产品），以及CO_2的化学转化等也是碳一化学与化工的重要研发内容。

图5-1所示为天然气的化工利用途径。天然气中甲烷气（即干气）的利用途径主要分三类。一是由甲烷先制合成气（指一氧化碳和氢气的混合物），然后进一步合成甲醇、高级醇、氨、尿素、汽油、柴油等液体燃料以及其他化工产品，这是天然气化工利用的最主要途径，将在5.2.2节进行较为详细的介绍。二是通过热裂解先制乙炔和炭黑，然后通过乙炔进一步合成其他化工产品，例如，氯乙烯、乙醛、醋酸、氯丁二烯、1,4-丁二醇、1,4-丁炔二醇、甲基丁烯醇、醋酸乙烯、丙烯酸等乙炔化工产品。炭黑可作橡胶的补强剂和填料，也是油墨、电极、电阻器、炸药、涂料、化妆品的原材料。甲烷的第三个利用途径是通过氯化、硝化、氨氧化和硫化可分别制得甲烷的各种衍生物，例如氯代甲烷、硝基甲烷、氢氰酸、二硫化碳等。由天然气制乙炔和炭黑、甲烷氯化物、氢氰酸、硝基甲烷的装置规模都比较小，物耗和能耗高，已经逐渐让位于石油基或煤基路线。

图5-1中虚线框内的三种甲烷化工利用途径都还处于研发中，尚未工业化。这三个新途径都属天然气的直接转化利用范畴，是当前碳一化工的研究热点。本书将在5.2.3中做较为详细的介绍。

对于湿天然气中C_2~C_4烷烃的化工利用，一般要先经过脱硫及脱水预处理，用蒸馏等方法将其中C_2以上烷烃分离出来。乙烷、丙烷和丁烷是优良的热裂解制取乙烯、丙烯的原

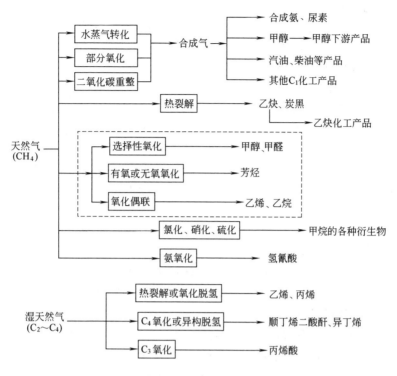

图 5-1 天然气的化工利用途径

料,许多国家都在提高湿天然气在制取低碳烯烃原料中的比例。丙烷也可用于氧化制乙醛和丙烯酸。丁烷可用于氧化制醋酸和顺丁烯二酸酐,也可经由丁烷脱氢制 1,3-丁二烯等化工产品。

到目前为止,虽然在以天然气替代石油资源方面进行了大量的研究开发工作,并开发出一些有工业前景的新化工过程,但大多尚未实现工业化,天然气化工仍只在合成氨工业和甲醇工业中占主导地位。如何对天然气中的主要成分甲烷进行高效转化,且在经济上能与石油化工产品相竞争,一直是亟待攻克的难题。

下面就天然气中甲烷经合成气的间接化学转化做进一步介绍。

5.2.2 甲烷经合成气的化学转化与系列产品

当前天然气化工利用中最主要的方法是在催化剂作用下经高温水蒸气转化或经部分氧化法制成合成气（$CO+H_2$）,再以合成气为原料,合成一系列的重要化学品。

5.2.2.1 天然气转化制合成气

天然气制合成气的方法有水蒸气转化法、部分氧化转化法和二氧化碳转化法。采用不同的工艺,所得合成气的 H_2/CO 比不同。水蒸气重整制合成气的反应式为:

$$CH_4 + H_2O \rightleftharpoons CO + 3H_2 \quad (\Delta H = 204.6 \text{kJ/mol}) \tag{5-1}$$

式(5-1)是强吸热反应。为获得约 900℃ 的反应温度,在反应炉里要燃烧一定量的天然气,同时,反应过程必须使用过量的水以阻止催化剂失活。

近年来正在研究开发的天然气直接部分氧化制合成气的反应式为:

$$CH_4 + \frac{1}{2}O_2 \longrightarrow CO + 2H_2 \quad (\Delta H = -35.53 \text{kJ/mol}) \tag{5-2}$$

这个过程较上述传统的水蒸气重整制合成气有许多优点,一是部分氧化反应为放热反应，故远比前者能耗低；二是反应速率快，所需反应器体积小，使投资节省。部分氧化反应可以采用非催化路线和催化路线。非催化路线反应温度高达1600℃，对设备材质要求非常苛刻，另外会产生大量烟雾和焦油副产物。催化路线可降低反应温度，但采用贵金属催化剂，投资过大；而镍基催化剂，稳定性相对较差。

5.2.2.2 天然气制合成氨

合成氨是天然气化工的主要产品，国外以天然气为原料生产的合成氨占总产量的85%，我国占22%。以天然气为原料生产合成氨的主要步骤包括脱硫（天然气精脱硫）、造气（天然气转化制合成气）、变换（合成气中CO的变换，见本书2.4.3.1）、脱碳（合成气中CO_2的脱除，见本书2.4.3.2）、甲烷化（合成气中微量碳氧化物及其他组分的脱除）、压缩和氨合成（见本书2.4.3.3）。在合成氨装置中，造气是关键工序，其投资和能耗占整个工艺的一半以上。

由氨可生产尿素［反应式(5-3)和式(5-4)］、硝酸铵、硫酸铵、苯胺、酰胺、氨基酸等大量二次和三次化工产品。

$$2NH_3 + CO_2 \rightleftharpoons NH_2COONH_4（氨基甲酸铵） \tag{5-3}$$

$$NH_2COONH_4 \rightleftharpoons (NH_2)_2CO（尿素） + H_2O \tag{5-4}$$

5.2.2.3 天然气制甲醇

在天然气化工中，甲醇是仅次于合成氨的第二大产品，合成甲醇所用的天然气占化工用气量的7.4%。由合成气生成甲醇的反应式如下：

$$CO + 2H_2 \rightleftharpoons CH_3OH \tag{5-5}$$

$$CO_2 + 3H_2 \rightleftharpoons CH_3OH + H_2O \tag{5-6}$$

天然气制合成气（$CO+H_2$），再由合成气合成甲醇的方法开创了廉价制取甲醇的生产路线。但通过合成气再合成甲醇的主要问题是现有催化体系的活性温度较高，因此国内外正致力于开发具有低活性温度、高活性、高选择性、无过热问题的新型催化剂体系。

甲醇既是重要的化工原料，又是主要的清洁燃料。作为碳一化工的支柱产品，甲醇的用途极广，是仅次于乙烯、丙烯、苯而居第四的大宗化工产品。由甲醇可合成甲酸、醋酸、甲醛、甲基叔丁基醚等一系列化工产品。甲醇可作为汽车的调和燃料、燃料电池电动汽车的燃料以改善汽油的排放污染，还可通过进一步的合成反应转化成烃类燃料、含氧化合物燃料（例如低碳混合醇、二甲醚）。

5.2.2.4 合成气经费-托合成制合成油

在催化剂作用下将合成气转化为液态烃的方法称为天然气制合成油（gas to liquid, GTL），是1923年由德国科学家Frans Fischer和Hans Tropsch发明的，简称费-托（F-T）合成。这种方法与上述的天然气经合成气制甲醇、再制汽油等液体燃料的路线，都是天然气间接转化制合成油技术，为了区分，将前者称为F-T合成路线，后者称为甲醇路线（methanol to gasoline, MTG）。由甲醇路线合成的烃类燃料是以汽油馏分为主的液体燃料。由F-T合成路线所得燃料以柴油居多，通过调整反应温度、催化剂和反应器类型等条件，也可得到汽油和煤油，以及石脑油和石蜡。F-T工艺分为三个步骤，即合成气制备、F-T合成和产品精制。整个技术的核心是合成气制备和F-T合成反应，分别占总投资的60%和25%～30%。产品精制步骤是将得到的液体烃经精制、改质等操作，变成特定的液体燃料（如煤油、柴油等）产品。精制步骤与石油基油品的加工工艺基本相同，约占总投资的10%～15%。目前，已建成多套工业规模的GTL装置。

5.2.3 甲烷的直接化学转化

尽管天然气转化制合成气（CO+H₂）已作为成熟的工艺用于工业化生产，通过合成气（CO+H₂）路线再进一步合成甲醇、高级醇、汽油、柴油等液体燃料以及其他化工产品也是可行的，但由于合成气的组成比例会对其后续产品有限制，同时使能量利用的合理性受到挑战，人们更青睐研究甲烷直接合成燃料油和其他化学品的路线，并且希望产品要能与石油化工产品相竞争，为天然气替代石油资源开辟道路。

天然气的直接化学转化方法不少，如氧化偶联、选择性氧化等可制成烯烃、甲醇、二甲醚等，进而合成液体燃料。其他方法如甲烷生物氧化、甲烷电催化氧化、甲烷芳构化直接合成芳烃等也正在开发中，但是都没有达到工业化水平。图5-2表示出了当前天然气直接化学转化的研究方向，下面择其中部分内容进行简述。

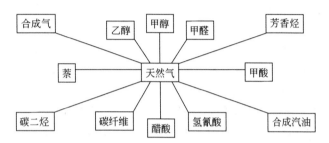

图 5-2　天然气中甲烷直接化学转化的研究方向

(1) 甲烷氧化偶联制碳二烃

$$2CH_4 + O_2 \longrightarrow C_2H_4 + 2H_2O \tag{5-7}$$

$$2CH_4 + \frac{1}{2}O_2 \longrightarrow C_2H_6 + H_2O \tag{5-8}$$

该路线于1986年由联碳公司首先报道，此后世界各国化学家做了大量工作。甲烷氧化偶联反应机理为，催化剂表面的氧化物种夺取CH_4中的一个H原子生成$CH_3\cdot$，接着$CH_3\cdot$在气相中偶联生成$CH_3\cdot CH_3$，后者进一步氧化生成CO或CO_2和水。因为很难避免深度氧化，使C_2选择性受到限制。目前，C_2烃的产率仅约20%，因此，如何提高C_2的产率是催化工作者面临的挑战之一。由于常规的催化方法很难获取高收率，人们设计了其他多种活化方法，例如采用等离子体技术、电场技术、激光促进催化、膜催化、生物方法（酶催化）等，以上这些技术都可促使甲烷生成$CH_3\cdot$自由基，然后再进一步偶联。天津大学在采用交流或直流电场进行等离子体催化合成C_2烃方面进行了大量工作，并取得了一定进展。

(2) 甲烷直接合成含氧化合物　很早以来人们一直进行着从甲烷和氧气直接得到甲醛的尝试，即

$$CH_4 + O_2 \longrightarrow HCHO + H_2O \tag{5-9}$$

采用固体催化剂，甲醛单程收率为5%~8%。如果能将甲醛单程收率提高到20%，这个过程将具有重要意义。

同甲烷氧化制甲醛一样，人们也尝试由甲烷直接氧化制甲醇，即

$$2CH_4 + O_2 \longrightarrow 2CH_3OH \tag{5-10}$$

人们研制了多种催化剂，但结果都不理想，目前最好的结果仍是无催化剂的均相反应，俄罗斯的一位学者进行了中试，得到60%的选择性和4%的转化率。

(3) 甲烷芳构化 甲烷无氧脱氢芳构化制取芳烃是近年来甲烷优化利用的新研究方向之一。迄今已报道的催化剂多为以 HZSM-5 分子筛为载体的过渡金属（Pd、Pt 等）或过渡金属（Re、Mo 等）的氧化物，其中以改进型的 Mo/HZSM-5 催化剂效果较佳。使用该催化剂，700℃时 CH_4 转化率为 6.7%，芳烃选择性近 80% 以上，即收率可达 5%，这非常值得研究，是很有希望工业化的一条路线。

(4) 直接合成液体燃料 天然气若不经合成气直接通过 F-T 合成制合成油，则可节省制合成气的费用。尽管目前该技术因经济上无吸引力而尚未工业化，但各国对此非常重视。

5.3 煤化工

煤经过化学加工转化成洁净能源、化学品和材料的过程称煤化工。煤的综合利用可同时为能源、化工和冶金等提供有价值的原料。

煤是自然界蕴藏量很丰富的资源，到目前为止世界上已探测的煤炭资源与石油相比要丰富得多，煤储量要比石油储量大十几倍，煤化工在 20 世纪初就已得到了全面发展，并且曾经是有机化工的主要原料。由于液态石油的开采与后续的化学利用均比固态煤的开采与化学利用容易，故以石油为原料所得的产品比以煤为原料的产品不仅成本低，而且品种多。到 20 世纪末期，石油化工得到迅速发展，促使化工原料从煤转向石油，使煤在有机化工原料中的比重逐年下降。尤其是 50 年代到 60 年代，石油化工技术不断取得标志性成果，石油化工产品与规模空前发展，使得煤化工更显萧条。但 70 年代后的石油大幅涨价，使人们又将能源与化工原料转回到煤，从而使世界范围内的煤化工技术的开发研究又有长足的进展。新的煤化工不同于 50 年代前的加工利用，现代的煤化工强调环境友好、综合利用，并且利用现代技术使煤转化为液体燃料和气体，并能替代石油资源生产出有经济竞争力的化工产品。

传统的从煤获取基本有机化学工业原料的途径如图 5-3 所示，主要包括三个利用途径。①煤的干馏；②煤的气化制合成气；③煤经电石路线再分解得到乙炔，进一步可得到乙炔下游系列产品，下面分述之。

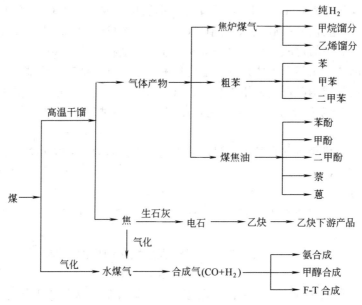

图 5-3 传统煤化工利用途径

5.3.1 煤的干馏

煤干馏（coal carbonization）是指在隔绝空气条件下加热煤，使其分解生成焦炭、煤焦油、粗苯和焦炉气的过程，又称为煤的热解或炼焦。按加热的终点温度，可分为三种：900～1100℃为高温干馏；700～900℃为中温干馏；500～600℃为低温干馏。

5.3.1.1 煤的高温干馏

将粉煤制成球状在炼焦炉内隔绝空气于900～1100℃进行干馏过程，煤发生焦化分解生成气体产物和固体产物焦。图5-4为炼焦化学品的回收流程示意。气体产物经洗涤、冷却等处理后分别得到焦炭、煤焦油、粗苯和焦炉煤气。各产物的产率分别为：焦炭70%～78%，焦炉煤气15%～19%，煤焦油3%～4.5%，粗苯0.8%～1.4%。

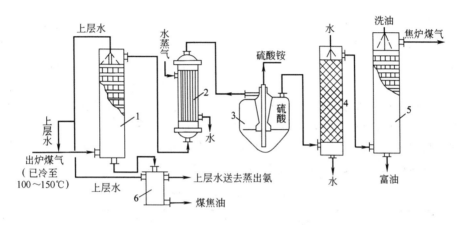

图 5-4 炼焦化学品的回收流程
1,4—冷却塔；2—预热器；3—饱和塔；5—吸收塔；6—沉降槽

(1) 焦炭 焦炭主要用于炼铁，世界炼焦工业的发展与钢铁工业的发展密切相关。20世纪60年代以前焦炭产量和铁产量同步增长，且始终高于生铁产量。60年代以后，由于高炉采用了先进技术，炼铁的焦炭消耗比例由1:1下降到了1:0.5以下。80年代以来，由于原料紧缺，焦炭需求下降和环境保护要求严格等原因，焦炭产量和生铁产量出现了负增长，至90年代产量基本恒定。2019年，我国焦炭产量为4.71亿吨。

(2) 焦炉煤气 焦炉煤气是热值很高的气体燃料，主要是氢和甲烷，另外尚含有少量的乙烯、氮、CO_2、CO等。表5-6列出了焦炉煤气的典型组成。用吸附分离法分离焦炉煤气可得高纯度的氢气。此外从焦炉煤气中也可分离出甲烷和乙烯馏分，用做化工原料。

表 5-6 焦炉煤气的典型组成

组分	含量(体积分数)/%	组分	含量(体积分数)/%
氢	54～63	一氧化碳	5～8
甲烷	20～32	氮	2～8
乙烯及少量高碳数烯烃	0.95～3.2	二氧化碳	2～3
乙烷及少量高碳数烷烃	0.5～2.2		

(3) 粗苯 粗苯中主要含苯、甲苯、二甲苯、三甲苯、乙苯等单环芳烃，以及少量不饱和化合物（如戊烯、环戊二烯、苯乙烯等）和含硫化合物（二硫化碳、噻吩等），还有很少量的酚类和吡啶等，组成见表5-7。将粗苯进行分离精制，可得到苯、甲苯、二甲苯等基本有机化学工业的原料。

表 5-7　粗苯的部分组成

组分	含量/%	组分	含量/%
苯	55～80	苯乙烯	0.5～1.0
甲苯	12～22	茚	1.5～2.5
二甲苯	3～5	二硫化碳	0.3～1.5
三甲苯	0.4～0.9	硫化氢	0.1～0.2
乙苯	0.5～1.0	酚	0.1～0.6
戊烯	0.3～0.5	萘	0.5～2.0
环戊二烯	0.5～1.0	吡啶、甲基吡啶	0.1～0.5
C_6～C_8 烯烃	约 0.6	噻吩、甲基噻吩、二甲基噻吩	0.3～1.2

(4) 煤焦油　煤焦油的组成相当复杂，已验证的有 500 多种。较重要的成分为多种重芳烃、酚类、烷基萘、吡啶、咔唑、蒽、菲、芴、苊、芘等及杂环有机化合物，是制取塑料、染料、香料、农药、医药、溶剂等的原料，其中含量最大的成分是萘，为目前工业萘的主要来源。

将煤焦油进行精馏可分成若干馏分，见表 5-8。从表 5-8 可知，从煤加工产品可得到很多从石油加工产品难以得到的基本有机化工原料和产品，如萘、菲、酚类、喹啉、吡啶、咔唑等，它们是精细有机合成的主要原料。但因从煤焦油中进行分离较困难，使煤焦油中所含有的多种从石油加工中不能得到的有价值成分，至今尚未能充分利用。

表 5-8　煤焦油精馏所得各馏分

馏分	沸点范围/℃	含量(质量分数)/%	主要组分	可获产品
轻油	<170	0.4～0.8	苯族烃	苯、甲苯、二甲苯
酚油	180～210	1.0～2.5	酚和甲酚 20%～30% 萘 5%～20% 吡啶碱类 4%～6%	苯酚、甲酚吡啶
萘油	210～230	10～13	萘 70%～80% 酚、甲酚、二甲酚 4%～6% 重吡啶碱类 3%～4%	萘、二甲酚、喹啉
洗油	230～300	4.5～6.5	甲酚、二甲酚及高沸点酚 3%～5% 重吡啶碱类 4%～5% 萘 <15% 甲基萘、苊、芴等	萘、喹啉
蒽油	300～360	8～20	蒽 16%～20% 萘 2%～4% 高沸点酚 1%～3% 重吡啶碱类 2%～4%	粗蒽
沥青	>360	54～56		

5.3.1.2　煤的低温干馏

是在较低终温（500～600℃）下进行的干馏过程，产生结构疏松的半焦、低温焦油和煤气等产物。由于终温较低，分解产物的二次热解少，故产生的焦油中除含较多的酚类外，烷烃和环烷烃含量较多而芳烃含量很少，是人造石油的重要来源之一，早期的灯用煤油即由此制造。半焦可经气化制合成气。

5.3.2 煤的气化

煤的气化（coal gasification）在煤化工中占有重要地位。煤气化是指在高温（900～1300℃）、常压或加压条件下使煤、焦炭或半焦等固体燃料与气化剂反应，转化成主要含有氢、一氧化碳等气体的过程。生成的气体组成随煤的性质、气化剂种类、气化方法、气化条件的不同而有差别。气化剂主要是水蒸气、空气或氧气。利用煤的干馏来制取化工原料只能利用煤中一部分有机物质，而煤的气化则可利用煤中几乎全部含碳、氢的物质。

由煤生产合成气，工业上应用较广的有固定床气化法和沸腾床气化法两种。煤的气化主要包括如下反应。

(1) 碳与水蒸气反应

$$C + H_2O \longrightarrow CO + H_2 \quad (\Delta H = 118.798 \text{kJ/mol}) \quad (5-11)$$

$$C + 2H_2O \longrightarrow CO_2 + 2H_2 \quad (\Delta H = 75.222 \text{kJ/mol}) \quad (5-12)$$

(2) 碳与 CO_2 反应

$$CO_2 + C \longrightarrow 2CO \quad (\Delta H = 162.374 \text{kJ/mol}) \quad (5-13)$$

式(5-11)～式(5-13)为气化的主要反应，且都是吸热反应。除上述主反应外，也会发生甲烷化反应和 CO 的变换反应。其中，甲烷化反应消耗 H_2。而 CO 的变换反应是调节 CO 与 H_2 比例的重要反应，通过这一反应可使煤气组成中的 CO 与 H_2 的含量满足不同的需要。

如果连续通入水蒸气，将使煤层的温度迅速下降。为了保持煤层的温度必须交替向炉内通入水蒸气和空气，当向炉内通入空气时，主要进行煤的燃烧反应，放出热量，加热煤层。见反应式(5-14)、式(5-15)。

$$C + \frac{1}{2}O_2 \longrightarrow CO \quad (5-14)$$

$$C + O_2 \longrightarrow CO_2 \quad (5-15)$$

上述方法制得的煤气称为水煤气，其代表性组成为：H_2 48.4%，CO 38.5%，CO_2 6.0%，N_2 6.4%，CH_4 0.5%，O_2 0.2%。脱碳净化后可得到合成气，脱碳、净化方法见 2.4.3.2。

煤制合成气与天然气制合成气一样，都是合成氨、合成甲醇、合成油的基本原料。此外，还可用来合成甲烷，称为替代天然气（synthetic natural gas，SNG），可作为城市煤气。

由于煤制合成气的工艺过程所需设备投资太大，技术经济尚不如石油化工和天然气化工。目前，世界合成氨和合成甲醇装置中，以天然气为原料的分别占 84% 和 90%。而我国，由于天然气资源不足，煤炭资源相对丰富，合成氨和甲醇均以煤基原料为主，各占总生产能力的 60% 以上，特别是在中小型装置中，煤基原料所占比例更大。

5.3.3 由煤生产电石

煤的另一具有悠久历史的化工用途是制造电石。工业电石的主要成分是碳化钙，并含有多种杂质，其大致组成见表 5-9。

表 5-9 工业碳化钙（电石）的大致组成

组分	含量(质量分数)/%	组分	含量(质量分数)/%	组分	含量(质量分数)/%
碳化钙	77.84	氧化铁、氧化铝	2.00	磷	0.02
氧化钙	16.92	二氧化硅	2.65	碳	0.43
氧化镁	0.06	硫	0.08	砷	少量

工业电石是由生石灰与焦炭或无烟煤在电炉内于2200℃反应而制得,见式(5-16),其工艺流程见图5-5。

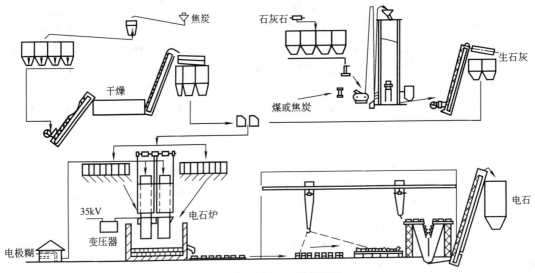

图 5-5　煤制电石流程示意图

$$CaO + 3C \longrightarrow CaC_2 + CO \tag{5-16}$$

电石是生产乙炔的重要原料,将电石用水分解即可制得乙炔,见式(5-17)。

$$CaC_2 + 2H_2O \longrightarrow C_2H_2 + Ca(OH)_2 \tag{5-17}$$

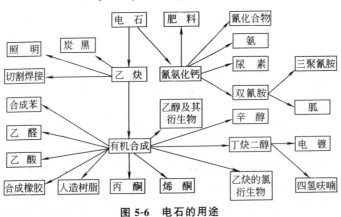

图 5-6　电石的用途

由于工业电石中含有硫化物、磷化物等杂质,故由电石水解所得的乙炔气是不纯的,含有硫化氢、磷化氢等有害气体,必须精制。可将乙炔气通过次氯酸钠溶液使所含杂质氧化除去。由电石生产乙炔污染高、耗电量大,每千克乙炔约需耗电 10kW·h。许多国家已逐渐淘汰了电石乙炔法。

图 5-6 给出了电石的用途,可以看出,由电石水解得到乙炔后,可经有机合成生产数 10 种乙炔系列产品。

5.4　煤化工的发展方向

除上一节介绍的传统路线外,一些新的煤化工利用途径也取得了进展,成为煤化工的发展方向。

5.4.1 煤的拔头工艺生产液体燃料

较年轻的煤种具有较高的挥发性组分，可从中提取 20% 左右的气体和液体产物。在液体产物中，2% 为汽油，10% 为柴油，15% 为高热值煤气和化工原料，其余为半焦，可作固体燃料实现洁净燃烧，有利于环境保护。以 10 亿吨原料煤为例，若采用拔头工艺生产，将可得到 2 亿吨气体和液体燃料，其中汽油 400 万吨、柴油 2000 万吨，这是一个不小的数字，对解决我国液体能源问题具有一定的实际意义。煤拔头提抽技术的研发对我国能源利用十分重要，在 21 世纪将大有发展前景。

5.4.2 煤的液化

煤液化（coal liquefaction）是指煤经化学加工转化为液体燃料的过程。煤液化可分为直接液化和间接液化两大类过程。煤的间接液化是先将煤气化生成合成气，再由合成气制液体燃料。本书 5.3.2 节已有介绍，不再重复。此处仅简介煤的直接液化。

煤的直接液化是采用加氢方法使煤转化为液态烃，所以又称为煤的加氢液化。液化产物亦称为人造石油，可进一步加工成各种液体燃料。加氢液化反应通常在高压（10~20MPa）、高温（425~470℃）、催化剂作用下进行。加氢用的氢气来源于煤的气化。将煤悬浮在重油中加氢液化，首先有 60%~70% 的煤转变成重油，然后再把这些重油放入加氢裂解装置中，在高压下裂解反应成汽油。煤直接液化的转换效率要高于间接液化。根据供氢方法和加氢深度的不同，有不同的直接液化法。煤的直接液化氢耗高、压力高，因而能耗大，设备投资大，成本高。

目前，煤的液化已经是一种成熟的工业技术，但其经济性差。合成油未来的经济竞争力取决于两个因素：①未来国际市场的油价；②煤液化技术。油价上升和煤液化技术的改进将增强煤液化技术在未来燃料油市场经济竞争力。

5.4.3 煤制氢

由天然气制氢是当前工业制氢的主要工艺之一，而煤制氢是解决未来运输燃料供应问题的另一个重要方向。

煤制氢技术首先是将煤气化生成合成气，再通过 CO 变换反应，将合成气中的 CO 转化为 H_2 和 CO_2，最后通过分离工艺，将 H_2 从混合气体中分离出来。H_2 可以供给电动汽车的燃料电池作原料用。以燃料电池作动力的电动车，其排出的尾气不含任何对环境有害的污染排放物，这样可以根本改变城市交通造成的大气污染问题。燃料电池的能源利用效率大约是内燃机汽车效率的 4~5 倍，因此，即使将煤制氢过程中的能量损失考虑在内，其综合的能源利用效率也高于内燃机汽车的能量效率。目前大规模推广氢燃料电池电动车的主要困难是燃料电池的价格太高，电动汽车全寿命的成本高于内燃机汽车的成本。另外，大规模应用电动汽车还需解决氢的储存和氢的运输分配等技术难题。

5.4.4 合成气用于合成液体燃料和发电的联合工艺

将合成气合成液体燃料的工艺与煤制气联合循环发电工艺相结合，可以提高合成液体燃料的产率和经济性。用于合成液体燃料的合成气的组成有一定的要求，如合成甲醇的 CO 和 H_2 的物质的量之比应为 1:2。但是煤制气工艺生成的合成气中 CO 和 H_2 的物质的量之比只有约 1:0.8。因此需要增加其他流程，才能满足合成液体燃料的合成气中 CO 和 H_2 的合适比例。如果将合成液体燃料的工艺和煤制气联合循环发电技术相结合，煤制合成气先用于合成液体燃料，满足其合成工艺所要求的 CO 和 H_2 组分，剩余未反应的合成气中 CO 居多，再进入气体联合循环机组燃烧发电。这样可以提高合成液体燃料的产率。图 5-7 表示该组合流程。

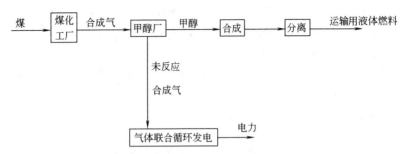

图 5-7　煤制合成气合成液体燃料和循环发电流程

5.5　温室气体的化学利用 >>>

全球的气候主要受太阳辐射的影响。太阳辐射穿过地球表面的大气层进入地球，一部分辐射能量会被地球所吸收，同时地球也向外辐射以红外范围为主的能量。然而，在大气层中有一些气体具有反射红外辐射的特性，使地球向外辐射的部分红外辐射受阻，结果使地球吸收的能量比向外辐射的能量多，造成地球变暖，这称为温室效应；而大气中影响地球向外辐射的气体则称为温室气体。

温室气体主要包括二氧化碳、甲烷、氧化亚氮、臭氧和氟氯烃等。温室效应的存在，使地球温度成为一个适合于生物生存的星球。在过去的一万年中地球的气候比较稳定，每一个世纪地球的平均温度只增长 1℃ 左右。但自工业革命以来，尤其近一个世纪以来，人类对能源的消耗速度过快，导致这些温室气体在地球大气层中不断积累。例如，现代工业的迅速发展使温室气体 CO_2 的排放量急剧增加，大气中的二氧化碳含量已由工业革命前的 2.80×10^{-4}（体积分数，下同）上升到目前的 3.85×10^{-4}。再如，甲烷，其温室效应是二氧化碳的 20 多倍。由于温室气体排放导致的全球气候温暖化越来越明显，已超过变暖的正常水平。今后如不对温室气体排放加以控制，预计气温的进一步上升将导致灾难性后果，如海平面上升，使大片低海拔地区被海水淹没等。因此，对温室气体的控制和化学利用成为世界最为关心的议题。1997 年 12 月 1~11 日在日本京都召开了公约第三次缔约方大会（COP3），会议通过一项具有法律约束力的、有明确数量和时间规定的温室气体减排指标的议定书。其中议定书第三条规定"附件 1 缔约方总体上应在 2008~2012 年承诺期间确保以 CO_2 为主的 6 种温室气体人为排放的 CO_2 当量总量削减到 1990 年水平之下 5.2%。"

在温室气体中，CO_2 和 CH_4 是两个影响最大的人为温室气体，尤其 CO_2 是当前增强温度效应的主要责任者。CO_2 主要来源于化石燃料燃烧等能源利用活动，也部分来源于挥发燃料的排放和工业生产中产生的大量二氧化碳，以及农业、畜牧业等产生的 CO_2。目前全球大气中 CO_2 浓度还在继续上升，解决 CO_2 排放问题刻不容缓。

5.5.1　CO_2 的收集和储存

CO_2 收集和储存包括三方面的技术：
① 在能源转换过程中，从排放的尾气中将 CO_2 分离出来加以收集；
② 将分离出的 CO_2 从能源转换场地运送到 CO_2 的储存场所；

③ 将 CO_2 注入到地下,并永久储存在地下,防止它重新释放进入到大气中。

原则上,所有的化石燃料转化工艺所产生的 CO_2 都可以进行收集。实际上分散的小气源很难作为化学原料来利用。因此,从技术经济性考虑,只有集中排放的发电厂、煤焦化厂、发电厂、合成氨厂、酒精厂、钢铁厂等气源,以及煤炭联产综合利用产生的二氧化碳,可以经过简单分离,得到可供反应用的纯净二氧化碳。特别是采用富氧的煤气化和后续的煤制氢设施,不仅 CO_2 收集的量大,可形成规模效应,而且烟道气中 CO_2 的浓度高,容易分离。对于煤气化联合循环发电设施也是如此,由于燃气发电的要求,对煤气化后的烟气原本就要进行净化处理。燃气发电后的尾气中主要是 CO_2,容易进行收集。

烟道气中 CO_2 与其他气体的分离可以采用化学和物理吸收技术、膜分离技术、液化分级蒸馏技术等,其中化学和物理吸收技术发展较为成熟。

由于 CO_2 的收集地和 CO_2 储存地一般不在同一地点,因此需要将 CO_2 从收集地转运到储存地。在陆地可采用管路运输,据估计,如运距超过 100km,其运送成本为 $1\sim 4$ 美元$/t(CO_2)$;在海上可采用船运,如果运距长,成本可能低于陆上管路运输。

CO_2 的储存最有吸引力的方式是用高压将 CO_2 注入到油田中,既可强化石油的开采,又可将 CO_2 永久储存在油田中。目前对于将 CO_2 注入到深层煤矿中的技术也在进行研究。由于 CO_2 与煤体有更大的吸附作用,CO_2 注入到深层煤矿中可将原先吸附在煤体上的甲烷置换出来,既可强化煤层气的抽取,又可将 CO_2 储存到深煤层中。为了永久将 CO_2 储存在深煤层中,煤层应选择得足够深,这部分的煤层将来也不会进行开采。此外,植树造林也是吸收 CO_2 的一项重要措施。

发达国家深入研究了 CO_2 的海洋储存,即将二氧化碳埋入海底的技术,但这一方法成本很高,且对生态的影响还不明了。

5.5.2 CO_2 的化学利用

在 CO_2 的化学利用方面,目前科研工作者把精力集中在将 CO_2 作为替代有限资源(煤、石油、天然气)的碳源方面。由于 CO_2 本身的稳定性和化学转化的困难性,研究者们从研制新型高效催化剂,以及采用光学、电学、生化等现代化工非常规技术入手,促进 CO_2 的化学转化。目前二氧化碳化学转化产物包括碳、甲烷、一氧化碳、乙烯、乙烷、甲醇、醋酸、二甲醚、碳酸二甲酯等多种有机化合物。下面选取其中一些进行简单介绍。需要说明的是,尽管 CO_2 的这些研究与利用在技术和环保上均具有极大的吸引力,但由于二氧化碳本身太稳定,二氧化碳的转化率或目标产物的选择性仍太低,在经济上还不能满足工业化要求。

5.5.2.1 CO_2 加氢还原反应

(1) CO_2 转化为碳材料 CO_2 与氢气反应可转化为碳材料。该转化途径目前停留在少量学术研究阶段,且实用价值不大。

$$CO_2 + 2H_2 \longrightarrow C + 2H_2O \tag{5-18}$$

(2) CO_2 转化为甲醇或一氧化碳 采用 Cu-Zn 系主催化剂,可将 CO_2 加氢转化为甲醇或 CO。

$$CO_2 + 3H_2 \longrightarrow CH_3OH + H_2O$$
$$CO_2 + H_2 \longrightarrow CO + H_2O$$

(3) CO_2 转化为甲烷 使用镍催化剂,在 600K、$CO_2:H_2=1:4$、空速高达 $12000h^{-1}$ 的条件下,将 CO_2 转化为 CH_4,反应的选择性可高于 97%,反应式见式(5-19)。

$$CO_2 + 4H_2 \Longleftrightarrow CH_4 + 2H_2O \tag{5-19}$$

(4) CO_2 与 H_2 合成低碳烯烃　如有人以 $Fe_3(CO)_{12}$ 和 ZSM-5 为催化剂，在 240～280℃ 温度范围内，CO_2 与 H_2 合成乙烯，CO_2 转化率达 36.1%，烃的选择性超过 90.0%，而副产物 CO 选择性较低。当用 Fe 担载的 HY 分子筛和碱金属离子交换的 Y 型分子筛作为催化剂时，CO_2 转化率达到 20.8%，碳二烃的选择性达 69.6%。

5.5.2.2　CO_2 与 CH_4 反应

(1) CH_4 与 CO_2 重整生成合成气。

$$CH_4 + CO_2 \rightleftharpoons 2CO + 2H_2$$

CH_4 与 CO_2 重整生成用途更大、价值更高的合成气是当前研究的一个热点，但由于 CO_2 是烃类氧化的最终产物，CH_4 也十分稳定，对它们的活化十分困难。1928 年，国外学者便对多种金属催化剂在 CH_4-CO_2 重整反应中的性能进行了研究。对该反应较为广泛深入的研究始于 20 世纪 90 年代。1991 年在 Nature 上发表的有关 CH_4-CO_2 重整催化剂的研究，引发了世界范围内对该过程的研究兴趣。近十几年来，世界各国的研究者对该过程进行了大量研究，取得了一定的进展。

(2) CH_4 与 CO_2 重整合成 C_2 烃　这也是研究的热点。1995 年日本学者率先以 17 种金属氧化物为催化剂一步合成 C_2 烃。在 1073～1173K 反应温度下大多数金属氧化物具有一定的催化活性，但反应物转化率及 C_2 烃收率均不尽人意。

$$CO_2 + 2CH_4 \longrightarrow C_2H_6 + CO + H_2O \tag{5-20}$$

$$2CO_2 + 2CH_4 \longrightarrow C_2H_4 + 2CO + 2H_2O \tag{5-21}$$

近年来，人们选择负载型金属氧化物作为 CH_4-CO_2 一步合成 C_2 烃的催化剂，如将碱土金属氧化物 CaO 担载于 CeO 上，在 1173K 时 C_2 烃的选择性达 60%～70%，C_2 烃的产率大于 5%，催化活性明显高于单一组分的金属氧化物，说明负载型催化剂具有更高的 C_2 烃收率。

由于 CH_4 与 CO_2 转化率依然很低（<5%），于是又有研究者采用冷等离子体活化法。冷等离子体具有电子能量高、体系温度低的特点，通过非弹性碰撞的传能作用几乎可使所有气体分子被激发、电离和自由基化，从而产生多种化学物质，是一种活化分子的有效工具。也有研究者利用高频脉冲等离子体氧化偶联和重整 CH_4-CO_2 得到 C_2H_4、CO、H_2。还有研究者采用等离子体与催化剂协同作用的方法来促进 CO_2 的转化，显著提高了 C_2 烃的生成能效。虽然等离子体活化法比催化活化法明显提高了 C_2 烃的转化率，但是该技术能耗高、装置昂贵，离工业化还有一定距离。

(3) CH_4 与 CO_2 转化为醋酸　该反应为 100% 的原子经济性反应，具有应用前景。但是与生产合成气或碳二烃的问题相同，甲烷和二氧化碳这两个极其稳定的化合物的活化是个大问题。目前的研究方向主要有两个，一是开发活性更好的催化剂，二是利用某些极端反应状态，如等离子状态、超临界状态等强化 CH_4 的转化过程。例如，应用冷等离子体技术，可实现甲烷和二氧化碳的低温活化，在非平衡等离子体条件下，进行由甲烷和二氧化碳合成醋酸的原子经济反应：

$$CH_4 + CO_2 \longrightarrow CH_3COOH \tag{5-22}$$

液体产物中醋酸的质量分数为 25%，其他产物为甲醇、乙醇。甲烷转化率高达 80%。

5.5.2.3　CO_2 合成醇类或酯类含氧化合物

(1) CO_2 转化为甲醇、乙醇、丙醇及高级醇　将 CO_2 转化为甲醇，不但可以解决 CO_2 的循环再利用问题，同时还可以为人类提供重要的化工原料和洁净燃料——甲醇。为了实现 CO_2 向甲醇的转化，研究人员已尝试了多种方法，其中非均相催化法、电催化法和光催化法是具有代表性的几种转化方法，如有人研究了 Cu/WO_3-NiO 上光促表面催化二氧化碳与水合成甲醇反应的规律。

(2) CO_2 转化为醋酸 除了式(5-22)所示的将 CH_4 与 CO_2 反应转化为醋酸路线外，CO_2 转化为醋酸的另一路线为式(5-23)：

$$2CO_2 + 4H_2 \rightleftharpoons CH_3COOH + 2H_2O \tag{5-23}$$

廉价的氢来源成为制约该反应实用化的主要因素，同时，寻找低温活性更好的催化剂也是研究的热点。

(3) CO_2 合成碳酸二甲酯 碳酸二甲酯（dimethyl carbonate，简称DMC）是一种新型的绿色有机合成中间体，它可替代光气用于羰基化反应、替代硫用作甲基化剂，也是性能优良的溶剂，已经受到科学工作者越来越多的重视。

直接合成碳酸二甲酯在合成化学、碳资源利用和环境保护方面都有重大意义。反应方程式如下：

$$2CH_3OH + CO_2 \longrightarrow (CH_3O)_2CO + H_2O \tag{5-24}$$

在超临界二氧化碳中进行反应，CO_2 既做溶剂，又做反应物，是非常有前景的发展方向。

5.5.2.4 应用生物技术促进 CO_2 反应

生物技术迅猛发展，同时给 CO_2 的化学合成带来了新的机遇。应用生物酶做催化剂，反应可以在较温和的条件下进行，从而节省大量的能耗，保护生态环境。表 5-10 为用酶和仿生系统催化 CO_2 合成有机物质的新途径。

表 5-10 酶和 CO_2 在生物体系中的反应产物

生物酶	金属催化活性中心	CO_2 反应产物	生物酶	金属催化活性中心	CO_2 反应产物
甲酸脱氢酶	W	HCOOH	CO脱氢酶(CODH)	Ni,Fe	CO、CH_3COOH
四氢叶酸、甲基呋喃	Ni	CH_4			

该方法比用金属催化法所得到的产物选择性高，而且反应条件温和。也有人对溶胶-凝胶固定化多酶催化二氧化碳转化制甲醇进行了研究，如采用甲酸脱氢酶（FDH）、甲醛脱氢酶（FADH）和乙醇脱氢酶（ADH）三种脱氢酶作为催化剂，以还原型烟酰胺腺嘌呤二核苷酸（NADH）作为电子供体，考察了酶法转化 CO_2 为甲醇的可行性，以期探索出 CO_2 利用的新途径。反应过程如下：

$$CO_2 \xrightarrow[NADH]{FDH} HCOOH \xrightarrow[NADH]{FADH} HCHO \xrightarrow[NADH]{ADH} CH_3OH \tag{5-25}$$

5.5.2.5 CO_2 合成高分子化合物

以 CO_2 为反应物，与其他化合物在特殊催化剂条件下，可通过共聚生成聚碳酸酯、含氨基甲酸乙酯聚合物、聚脲、聚酯、聚酮、聚醚等。

总之，地球变暖是 21 世纪人类面临的最大的环境问题，需要全人类对地球环境进行有效保护。从有效控制排放、有效存储及固定和有效利用三个方面入手，加快 CO_2 利用的开发力度。这既是治理 CO_2 污染、实现环境保护的有力措施，又是利用丰富 CO_2 资源、开发新产品的重要策略，必将能产生较好的社会效益和经济效益。

第 6 章
化学工程与工艺的科学基础

在第 1 章中提到过化工学科体系，化学工程与技术为一级学科，其下设五个二级学科。化学工程与技术（习惯上简单称为化学工程）是化学工程与工艺专业的学科基础，也是化工及其他相关行业如能源、材料、冶金、医药、食品等的学科基础。化学工程的理论和技术及化工产品，支撑了人类社会的发展与进步。本章将在简要介绍化学工程产生与发展历程的基础上，重点讨论其核心理论体系框架。

6.1 化学工程的产生与发展

6.1.1 化学工程的产生

18 世纪以前，化学品的制造还是手工业操作，与实验室没有很大的差别。随着对化学品需求的增长，引起了手工业向大工业的过渡。首先是化学家分为纯化学家和工业化学家（或称应用化学家）。如第 1 章对化学与化工学科的划分时所述，纯化学家主要对合成新物质，发现新的化学反应，测定物质的化学结构和性质，以及新的机理、规律、理论感兴趣；而工业化学家则着眼于将该化学物质或化学反应在工业上的运用和实现。因为工业生产中需要使用机械和设备，这就要求工业化学家具备较多的物理和机械知识，或与具有一定化学知识的机械工程师合作，才能胜任。这便是 19 世纪解决化工生产问题的"化学（家）＋机械（工程师）"的方式。

19 世纪后半叶，欧洲制碱、制酸、化肥和煤化工已发展到相当规模，例如，索尔维法制碱中所用碳化塔高达 20 余米，在塔中不同区域同时进行化学吸收、结晶、沉降等过程，即使在今天看来，也是了不起的。这些都是"化学＋机械"的模式。但是人们逐渐发现，用"理想状态"下的化学理论无法解决"真实状态"下的工程问题，"化学＋机械"的组合模式越来越无法胜任生产过程连续化和生产规模扩大化的要求。因此，一门新的学科——化学工程学应运而生。化学工程学的任务就是让实验过程的可能性变为实际过程的现实性。

最早提出"化学工程"这一概念的，是被称为化学工程先驱的英国工程师戴维斯（G. E. Davis，1850—1907 年）。戴维斯曾就学于斯劳机械学院和皇家矿业学院，先后在煤气厂、漂洗厂和化工厂工作，长期的化工实践使他认识到，化工生产并不是化学在工业上的简单应用，而是一个工程问题，因而要用独特的工程方法去解决，其中物理原理的重要性有时还超过了化学原理。在他的《化学工程手册》中给出了化学工程的定义："化学工程是工程技术的一个分支，化学工程从事物质发生化学变化或物理变化的加工过程的开发和应用。通常可将这些加工过程分解为一系列物理单元操作和化学单元操作。化学工程师主要从事运用上述单元操作和单元过程进行装置和工厂的设计、制造和操作。化学、物理和数学是化学工程的基础学科，而在化学工程实践中，经济则占主导地位。"这一定义，今天看来仍然是正确的。

自"化学工程"概念的提出到化学工程理论体系的确立，经历了三个历程。

化工产品多种多样，相应的生产过程也是多种多样，但它们都是由若干化学反应和物理操作组合而成。物理操作的作用是为化学反应准备必要的反应条件以及原料和粗产品的分离提纯。如流体（气体和液体的统称）输送、加热或冷却、沉降、蒸发、蒸馏、结晶、干燥等。构成各种化工生产过程的物理操作数量有限且具有共性（当然也具有个性）。就像是七巧板，用七块基本图形可以搭成多种形状各异的复杂图形。上述物理操作统称为化工单元操作，简称单元操作。1915年，麻省理工学院（Massachusetts Institute of Technology，MIT）利特尔（A. D. Little）教授首次正式提出单元操作的概念，1922年，在美国化学工程师协会（American Institute of Chemical Engineers，AIChE）年会上确立单元操作的概念。1923年，MIT 的三位教授（W. H. Walker，W. K. Lewis，W. H. McAaws）在他们所编写的"Principles of Chemical Engineering"中，重点阐述了单元操作，被公认为化学工程学科体系的第一个里程碑。

1957年，随着石油炼制与化工技术的发展，化学反应工程学形成独立的理论，标志着化学工程学科第二个里程碑的诞生。1960年，R. B. Bird，W. E. Stewart，E. N. Lightfood 正式出版"Transport Phenomena"（中译本1990年化学工业出版社出版），从动量、热量、质量传递的角度研究各种单元操作，确定了动量传递、热量传递、质量传递和反应工程在化工学科中的基础理论地位。"三传一反"成为化工学科理论基石。1963年，J. R. Welty，C. E. Wicks，R. E. Wilson 三人合作出版"动量、热量和质量传递原理（Fundamentals of Momentum，Heat and Mass Transfer）"。这是化学工程学科的第三个里程碑。

20世纪60年代末，计算机的迅速发展和普及，给化学工程学科的发展注入了新的活力。时至今日，化学工程学科形成了单元操作、传递过程、反应工程学、化工热力学、化工系统工程、过程动态学及控制等完整体系。计算机模拟技术的高速发展，更把化学工程推向了过程优化集成、分子模拟、智能制造的新阶段。

6.1.2 化工学科体系的形成

世界上最早的化工系是由英国伦敦帝国学院于1885年创办，当时的课程还只是化学与机械工程的混合，不久即停办。1888年美国麻省理工学院首先在化学系内设置化学工程课程，后来才开始设置化学工程系，其他国家随后也逐步建立了化学工程系。

迄今为止，世界化工高等教育已经得到了前所未有的发展，世界上大多数的院校都设立了化工及相关专业，化工学科已经渗透到人们生活和生产的各个领域。现在的化工高等教育不但涉及石油化工、化肥、医药、合成材料、食品、酸、碱、盐等基础产业，而且是现代高科技产业如生命科学、信息、电子、材料、能源、环境等的基础和支撑。世界化工高等教育不但将持续发展，而且在21世纪将继续与高科技产业和技术领域互相渗透，培养出更多的化工专业人才。

6.2 化工单元操作原理及设备 >>>

6.2.1 单元操作的概念

前已述及，单元操作就是按照特定要求使物料发生物理变化的基本操作的总称。单元操作既有共性，又有个性。共性是指不同生产过程中的同一种单元操作遵循相同的基本原理。个性是指由于所处理的物料性质及工艺要求不同，单元操作的条件、设备的结构等有所不同。以"干燥"这个单元操作为例，可在造纸、染料、制药等有机工业中使用，可在制碱、制盐、陶瓷等无机工业中使用，也可在日用化工、食品等工业中使用。在不同的行业中处理不同物料所用的"干燥"技术都遵循一样的原理。

6.2.2 典型化工单元操作的原理及设备

随着化学工业的进步，单元操作的种类不断增加，其中常用的单元操作有20多种，如流体输送、搅拌、加热、冷却、蒸发、蒸馏、萃取、吸收、吸附、沉降、过滤、干燥、离子交换、膜分离、结晶、粉碎、颗粒分级等。

按照单元操作所遵循的传递过程原理，可将单元操作分为三大类，即遵循动量传递原理的单元操作，包括流体流动、沉降、过滤、搅拌、固体流态化等；遵循热量传递原理的单元操作，包括加热、冷却、蒸发、冷凝等；遵循质量传递原理的单元操作，包括蒸馏、吸收、萃取、吸附、结晶、干燥等。实际上，在化工单元操作和设备中，三种传递现象有时可能单独存在，有时可能同时存在两种或三种。例如，蒸馏虽然以质量传递为主，但由于气液两相的流动和相互接触，动量和热量传递也同时存在。上述三种传递现象有着类似的机理和类似的数学表达式，可以相互类比，常常结合起来进行研究。

6.2.2.1 流体输送

(1) 流体的输送与输送管路 流体输送（fluid-conveying）是遵循动量传递原理的一种单元操作。在化工生产中，所用的原料或加工后得到的产物及中间产物等，有许多是流体。为了制得产品，常需要将流体物料按照生产工艺的要求，依次输送到各种设备中（如反应设备、换热设备、分离设备等）进行化学反应或物理变化。通常在设备之间用管路连接，需借助流体输送设备、位差或压差，使流体物料从一个设备输送到另一个设备，或由上一工序送往下一工序，形成完整的生产流程。

此外，化工生产的各种操作，无论是换热、均相混合物的分离、多相混合物的分离和化学反应等过程，多数是在流体流动状态下进行，并通过调控流动状态强化分离和反应过程。

流体的流动和输送依靠管路来实现。当流体在管内流动时，其流动速度和状态取决于流体的性质和状态及管路的参数（主要是管径和管壁厚度）。管路的设置要考虑以下几项主要内容。

① 管壁厚度。管壁的厚度取决于管内物料的压力、管路的材质以及物料对管路材料的腐蚀性。

② 管道直径。管道的直径取决于流体输送量、适宜的流速及允许的压力降。对于一定的输送量，如果管径增大，则流速下降、压力降（流动阻力）减小，能耗下降，但投资费用增加。反之，若管径减小，则流速增加、流动阻力上升，能耗增加，但投资费用减小。

管路设计的主要任务，是在完成输送任务的前提下，对各种相互矛盾的因素做出合理的权衡和优化，使管路的投资及能耗最小化。

(2) 输送设备 流体在管道中流动时，会与管壁摩擦产生阻力，往高处输送流体还要反抗重力。为了克服这些阻力，必须对流体做功。能够为流体提供能量以克服输送沿程的机械能损失、提高位能或压强（或减压）的设备就是输送设备。

液体输送机械称为泵。按其结构和工作原理分类，主要有离心泵和往复泵两类。离心泵的工作原理是利用高速旋转的叶轮在离心力作用下，使液体由叶轮中心流向外缘并提高压力,然后排出。离心泵的装置简图示于图 6-1。往复泵则是靠活塞的往复运动和单向阀门的配合,将液体吸入泵缸后随即挤出,从而提高其压力。一般来说,离心泵的结构比较简单,流量较大,被广泛使用;往复泵的结构比较复杂,输送的流量较小,但可以产生较高的压力。往复泵的装置简图和双动往复泵工作原理示于图 6-2 和图 6-3。

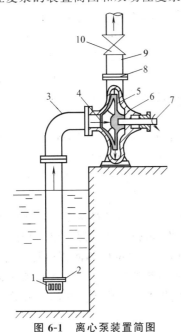

图 6-1 离心泵装置简图
1—滤网;2—单向阀;3—吸入管;4—吸入口;
5—叶轮;6—泵壳;7—泵轴;8—排出口;
9—排出管;10—调节阀

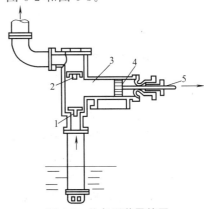

图 6-2 往复泵装置简图
1—吸入阀;2—排出阀;3—泵缸;
4—活塞;5—活塞杆

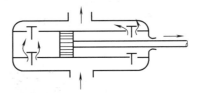

图 6-3 双动往复泵原理示意

气体输送和压缩设备统称为气体压送机械,根据终压分为风机、鼓风机、压缩机和真空泵。气体压送设备与液体输送设备形式大体相同,也有离心式、往复式等类型。但气体输送也有其特性,例如气体具有压缩性,在输送过程中,当气体的压力发生变化时,其体积和温度也随之发生变化。因此,相应的输送设备具有与之相适应的特点。

流体输送设备的设置需要考虑的主要内容是选择输送机械类型和规格,确定输送设备在管路中的位置及安装方式和计算输送设备所消耗的功率。而这些都与流体的性质、输送量、压强等有关。

管道系统需要设置阀门用来调节流量或启闭管道。最常见的阀门有截止阀和闸阀两种(见图 6-4)。

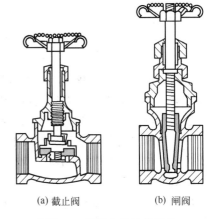

(a) 截止阀 (b) 闸阀

图 6-4 管路中常用的阀门

截止阀结构略微复杂,流体经过时阻力较大,可以调节流量。闸阀结构简单,流体阻力较小,在流体中含有固体悬浮物时仍然可以使用。

6.2.2.2 换热

(1) 传热原理 传热是在一定的温度差推动下,热量从高温部分向低温部分的转移,又称热传递。换热(heat exchange)(包括加热和冷却)操作是遵循传热基本规律的单元操作。

在化工生产中，为了使物料在一定的温度和相态下进行反应、分离和处理，必须对物料进行加热或冷却。如各种换热设备，以及蒸馏、蒸发、干燥和结晶等单元操作和反应过程中，都存在换热过程。对于这些情况，需要强化传热过程。此外，还有一类需要削弱传热过程的情况，如设备和管道的保温，以减少热损失。两类情况的传热所遵循的传热基本规律是相同的。

热传递有三种基本方式。一是热传导，依靠物质分子、原子和电子等微观粒子的热运动来传递热量（又称导热）。这种方式的传热，是通过直接接触实现的。二是对流传热，是依靠流体的宏观运动和混合来传递热量。这种方式的传热是通过液体或气体介质实现的。化工中，对流传热在习惯上专指流体与其所流过的固体壁面间的热量传递。三是辐射传热，在不需要任何传播媒介的情况下，物体通过电磁波向外界发射热辐射能。在生产操作中，常常几种传热方式同时存在。例如，在化工过程中，加热或冷却一般是在冷流体和热流体之间通过器壁进行换热，热流体先利用对流和热传导将热量传至热侧壁面，再经过热传导传至冷侧壁面，最后利用对流和热传导将热量传至冷流体。如果在工业炉中通过燃烧加热原料，第一步高温炉膛中的热量主要通过热辐射方式向管壁高温侧进行传递，然后经过热传导使热量传至管壁低温侧，最后由对流和热传导方式使原料升高温度。

传热的速率可用两种方式表示，一种是热流量，即单位时间内经过整个传热面所传递的热量，它与传热面积、传热推动力（高温物/流体与低温物/流体之间的温度差）和传热系数成正比。另一种是热量通量或称热流密度，即单位时间内通过单位传热面积所传递的热量，它与传热推动力及传热系数成正比。传热系数的大小则与传热的方式、传热操作条件如流速和温度、流体的性质、固体壁面材料和结垢情况，以及换热器的结构等多种因素有关。

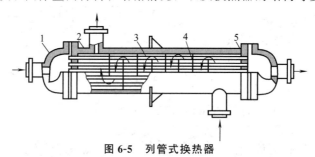

图 6-5 列管式换热器
1—封头；2—壳体；3—管束；4—折流挡板；5—管板

（2）换热设备 在化工生产中最常用的换热设备是列管式换热器。它的结构简单，制造比较容易，处理能力大，操作性强，尤其适用于在高温、高压和大型装置中使用。

这种换热器主要由壳体、管束、封头、管板、折流挡板、接管等部件组成，其结构示于图6-5。冷、热流体分别在管程（管束中各根管的管内）和壳程（管间环隙）中连续流动，从而完成换热操作。折流挡板的作用是改善壳程换热，提高传热速率，达到强化传热的目的。

6.2.2.3 蒸馏

（1）蒸馏原理 众所周知，液体受热会挥发而产生蒸气。若液体混合物中各种组分的挥发能力不同，当将混合液体部分汽化时，所产生的蒸气和剩余液相的组成都不同于原来的液体组成。其中，蒸气中易挥发组分（即沸点低的组分）的浓度大于原液体混合物中易挥发组分的浓度，剩余液相中易挥发组分的浓度则小于原液体中易挥发组分的浓度。将上述汽相与液相分开，可得到组成不同的两个混合物，即实现了原液体混合物的部分分离。这样的部分汽化次数愈多，所得蒸气中易挥发组分浓度也愈高，最后可得到几乎纯的易挥发组分。同样道理，将蒸气部分冷凝，所得液体中的难挥发组分（即沸点高的组分）浓度将增高。例如，在容器中将苯和甲苯的混合溶液加热使之部分汽化，由于苯比甲苯容易挥发（苯的沸点比甲苯低），汽化出来的蒸气中苯的浓度要比原来液体的高。从容器中将蒸气抽出并使之冷凝，则可得到苯含量高的冷凝液。显然，残留液中苯的含量要比原来溶液低，即甲苯的含量要比原来溶液高。这样，溶液就得到初步的分离。这是一次部分汽化的过程。如果每次都将冷凝液作为原料，多次重复上述过程，最后得到的冷凝液几乎是纯苯。

因此，蒸馏（distillation）是利用混合物中各组分挥发度的差异，通过气相和液相间的质量传递来实现混合物的分离。蒸馏是遵循传质基本规律的一种单元操作，用于分离均相液体混合物。

蒸馏分为平衡蒸馏、简单蒸馏和精馏。平衡蒸馏又称闪蒸，可以间歇方式进行，也可以连续方式进行。简单蒸馏又称微分蒸馏，常以间歇方式进行。平衡蒸馏和简单蒸馏都是单级蒸馏操作，即仅进行一次部分汽化和部分冷凝的过程，只能部分地分离液体混合物，不能获得高纯度的产品。精馏是多级蒸馏操作，即进行多次部分汽化和部分冷凝的过程，可近乎完全地分离液体混合物，得到高纯度的产品。

那么，工业上如何实施多次部分汽化和部分冷凝过程？是如前述的分离苯和甲苯的例子那样，将一次部分汽化和部分冷凝过程多次简单叠加构成多次部分汽化和部分冷凝过程吗？答案是否定的。从减少物料消耗和能量消耗、简化流程和设备的角度考虑，工业上不能采用简单叠加一次部分汽化和部分冷凝过程构成多次部分汽化和部分冷凝过程的方法实施精馏过程。工业上实施多次部分汽化和部分冷凝过程的基本思路是使高温蒸气和低温液体直接混合，高温蒸气加热低温液体使液体部分汽化，而蒸气自身则被部分冷凝。体现这一基本思路的精馏设备称为精馏塔。

（2）精馏塔 精馏分离液体混合物的过程在精馏塔中进行。精馏塔的塔体一般为直立圆筒，筒中装有许多块水平塔板，板上开有若干圆孔（称为筛孔），设有溢流堰、降液管等构件。单有精馏塔还无法进行精馏操作，必须同时有再沸器、冷凝器等附属设备才构成整个精馏装置（如图 6-6 所示）。料液通常从精馏塔的塔身加入塔内，进料中的液相部分与塔

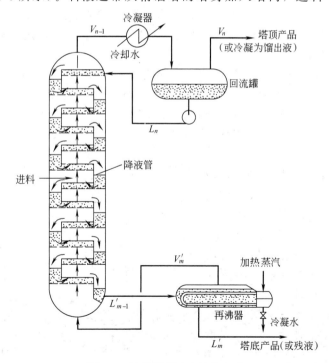

图 6-6 连续精馏生产流程示意

上部来的液体一起沿塔下降,最后进入塔底再沸器。进料中的汽相部分则随自塔下部来的蒸气一起沿塔上升,最后进入塔顶冷凝器。在塔板上,汽相和液相直接接触,进行传热和传质,使易挥发组分在汽相富集,难挥发组分在液相富集。在再沸器中,利用外热源,使液体部分汽化,产生一定的蒸气流。在冷凝器中,通过冷却剂换热使蒸气冷凝。一部分冷凝液返回塔内,称为回流液,其余为馏出液,引出塔外作为产品,回流液则逐板流向塔的下部。

除了开筛孔的塔板外,常用的还有装设浮阀和泡罩的塔板。此外,精馏塔内也可以装填一定高度的各种类型的填料代替塔板的功能,为汽、液两相提供热量和质量交换的场所。

在各种分离操作中,精馏的技术成熟度最高,应用最广泛。如,炼油厂中从原油制取汽油、煤油和柴油,酿酒厂从粮食制酒和酒精等,蒸馏操作都得到广泛的应用。

6.2.2.4 吸收

(1) 吸收原理 利用气体在液体中溶解度的差异来分离气体混合物的操作称为吸收(absorption)。当气体混合物与液体接触时,混合物中被溶解的部分进入液相形成溶液,不被溶解的部分留在气相,气体混合物于是被分离成两部分。吸收操作中所用的液体称为溶剂或吸收剂,混合气体中能溶解的组分称为溶质,不能溶解的组分称为惰性组分。

吸收也是遵循传质基本规律的一种重要的单元操作,主要用于以下几个方面。

① 气体混合物的分离。原料气在加工以前,其中无用或有害的成分都要预先除去。物料经过化学反应后所得到的产物,常常和未反应物、副反应物混合在一起,若为气态混合物可以用吸收方法加以分离。如,石油馏分裂解生产出来的乙烯、丙烯、氢气、甲烷等混合在一起,可用分子量较大的液态烃把乙烯、丙烯吸收,使与甲烷、氢气分离开来。

② 气体净化。生产中排出的废气往往含有污染环境的物质,造成危害,排放之前要进行净化。这些物质若加以回收常常有利用价值,例如烟道气中的二氧化硫,从设备排出的溶剂蒸气等。吸收操作是常用的净化气体、回收有用物质的方法之一。

③ 制取产品。将气体中的有效组分吸收下来得到产品。例如,用水吸收氯化氢以制盐酸,用硫酸吸收三氧化硫制发烟硫酸。

若溶入溶剂中的气体不与溶剂发生明显的化学反应,所进行的操作叫做物理吸收,例如用水吸收二氧化碳、乙醇蒸气,用液态烃吸收气态烃等。若气体溶解后与溶剂或预先溶解在溶剂里的其他物质进行化学反应,则称为化学吸收。例如,用氢氧化钠溶液吸收二氧化碳、二氧化硫、硫化氢,用稀硫酸吸收氨等。

(2) 吸收塔设备 吸收塔和精馏塔的结构相同。图6-7所示为两类不同的吸收装置,其中,图6-7(a)为板式塔的工作示意。溶剂由塔顶进入塔中,混合气体从塔底向上通过每层板上的小孔而上升,在每块塔板处与溶剂相接触,溶质溶解于溶剂中。图6-7(b)所示为填料塔的工件示意。塔中填充一定形状的填料,溶剂经过填料表面逐渐下流,混合气体自下而上通过填料层上升,与溶剂逆流接触。填料的

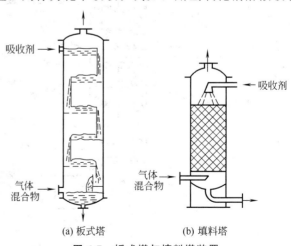

图6-7 板式塔与填料塔装置

类型如图 6-8 所示。

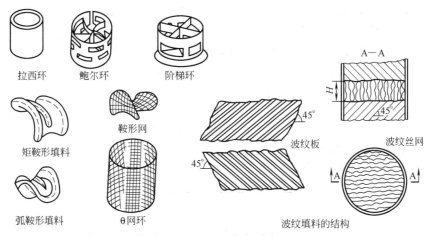

图 6-8　不同类型的填料

在生产中通常需要将已被吸收的溶质气体从液体中分离出来,这种使溶质从溶液中脱出的过程称作解吸。解吸的目的是回收溶剂或得到气体产品。例如,用液态烃吸收处理裂解气后,必须进行解吸操作,从而获得乙烯和丙烯。

6.2.2.5　萃取

(1) 萃取原理　萃取(extration)是分离均相液体混合物的一种单元操作。它是利用原料中各组分在溶剂中的溶解度差异,通过两个液相间的质量传递来实现混合物的分离。萃取的基本过程如图 6-9 所示。原料液中欲分离的组分为溶质 A,组分 B 为稀释剂(或原溶剂);所选择的萃取剂 S 应对溶质 A 的溶解度愈大愈好,而对稀释剂 B 的溶解度则愈小愈好。萃取过程在混合器 1 中进行,原料液和萃取剂充分接触溶质 A 从稀释剂向萃

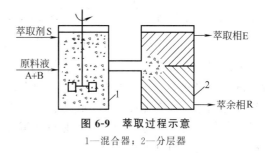

图 6-9　萃取过程示意
1—混合器;2—分层器

取剂相转移。经过充分传质后的两液相进入分层器 2 中利用密度差分层,其中以萃取剂为主的液层称萃取相 E,以稀释剂为主的液层称萃余相 R。萃取相中溶质 A 的含量大于萃余相中 A 的含量,原溶剂 B 在萃取相中的含量很少或近于零,实现了 A 与 B 的分离。

当所处理的原料为固态时,则称此种萃取操作为液-固萃取,又称浸取或浸出(leaching)。作为对应,也将原料和萃取剂均为液体的萃取操作称为液-液萃取。液-固萃取在中药有效成分提取中最常使用,例如,从植物组织中提取生物碱、黄酮类、皂苷、青蒿素等。

液-液萃取主要用于冶金工业、核工业、石油化工、医药工业和环境治理等领域,如稀土元素的提取和纯化、铜-铁和铀-钒等金属的分离、核燃料提取和辐射核燃料处理等、芳烃分离、发酵液中青霉素的提取、有机废水的处理等。

在传统的液-固萃取和液-液萃取技术的基础上,20 世纪 60 年代以来又相继出现了一些新型萃取分离技术,如超声波协助浸取、微波协助浸取、反胶团萃取、双水相萃取、超临界萃取等。每种方法各具特点,适用于不同种类产物的分离纯化,已开始在生物医药和中药的提取分离中展现出广阔的应用前景。

(2) 萃取设备 按分散相与连续相的流动方式不同，可将萃取设备分为分级接触式和连续接触式两大类。为了强化传质过程，在萃取设备中多采用外部输入能量，如搅拌、脉冲、振动和离心力等。设备分类情况见表 6-1。

表 6-1 萃取设备的分类

外加能量形式	分级接触萃取设备	连续接触萃取设备	外加能量形式	分级接触萃取设备	连续接触萃取设备
无（重力差）		①喷淋塔 ②折流板式塔 ③填料塔 ④筛板塔	脉动装置	脉冲混合澄清器	①脉冲填料塔 ②液体脉冲筛板塔 ③往复振动筛板塔
旋转式搅拌装置	①单级混合澄清器 ②多级混合澄清器 ③单级离心萃取器	①转盘塔（RDC） ②夏贝尔塔 ③POD离心式萃取器			

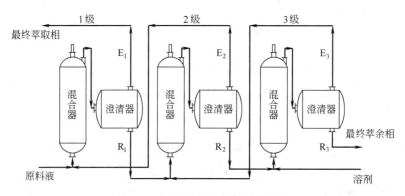

图 6-10 混合-澄清设备的串联组合

分级接触萃取设备的特点是每一级都为两相提供良好的接触及分离，级与级之间每一相的浓度呈梯级式的变化。典型的分级接触萃取设备是混合-澄清槽，如图 6-10 所示。每个萃取级都包括一个混合器和一个澄清器。混合器内通常加有搅拌装置，其作用是使两液相充分接触进行传质。经充分混合后的液相进入澄清器，在澄清器内可以依靠重力或离心力使分散相凝聚，轻重液得到分离。

连续接触式萃取设备的特点是分散相和连续相呈逆流流动，两相连续接触，分散相的聚集和两相的分离在设于塔顶和塔底的分离段内进行。典型的连续接触式萃取设备包括各种类型的塔式萃取设备，图 6-11 所示为填料萃取塔。该塔结构与用于精馏和吸收的填料塔结构基本相同。塔体内支撑板上装填一定高度的填料层，塔顶和塔底设有轻、重液入、出口。为了使两相更好地分布与分散，在轻、重液入口处都装有不同结构的分散器。轻、重液中有一相为连续相，另一组为分散相。至于哪一相为分散相，哪一相为连续相，则取决于两相的物性和流量。操作时连续相充满整塔，分散相以液滴状通过连续相。为了避免分散相液滴在填料层入口处凝聚，将分散器装在填料支承上部约 25~50mm 处。

目前，工业所采用的各种类型设备已超过 30 种，而且还不断有更新的设备问世。

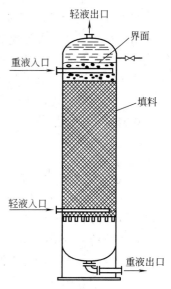

图 6-11 填料萃取塔

6.3 化学反应工程

6.3.1 化学反应工程的任务和内容

化学反应过程是化工生产的核心部分,反应速率和收率的高低,对生产成本有着决定性的影响。在化学工程发展的初期,由于缺少对传递过程基本规律及其对化学反应影响的基本认识和系统研究,反应器的放大和新反应过程的开发,一直依靠逐级放大和经验摸索,旷日持久,费用高昂。特别是石油化工的发展,装置日趋大型化,对化学反应过程的开发和反应器的优化和可靠的设计提出了越来越高的要求,终于促成化学反应工程学在20世纪50年代末的诞生。

工业反应器中既有化学反应,又有传递过程。传递过程的存在虽然不能改变反应的本征规律,但却影响反应的宏观结果。因此,化学反应工程学的主要研究内容有两方面:一是对化学反应规律的研究,着重于建立反应速率的定量关系;二是对反应器中传递规律及其对化学反应的影响规律的研究。

随着化学反应工程学研究的深入,逐步形成了反应器设计的数学模型方法,摆脱了对逐级放大的完全依赖。在必须逐级放大时,也有一定的理论指导,不再完全依靠经验。对工业反应过程操作的优化和新型反应器的设计,也起了很大的促进作用。但化学反应工程还是较年轻的学科,特别是在生物化工等新领域,尚有许多问题需要解决。

6.3.2 化学反应的操作方式

(1) 间歇式操作　是指一批物料投入反应器后,经过一定时间的反应,再取出来的操作方法。通常在多品种、小批量生产的情况下采用。间歇操作时,由于物料浓度和反应速率都在随时间而变,所以它是一个非稳态(非定态)过程,在过程分析上要复杂一些。

(2) 连续式操作　连续式操作是反应物料连续地通过反应器的操作方式,随着流体流动,反应不断进行,直至达到所需要的反应程度。连续操作时,物料浓度和反应速率不随时间而变,是一个稳态(定态)过程。一般用于产品品种比较单一而产量较大的场合。连续式操作的特点是产品质量稳定、劳动强度小、物耗和能耗低。

(3) 半间歇半连续式操作　是指一种物料为间歇式操作,另一种物料为连续式操作。这种操作方式最为复杂。

以上三种操作方式不仅适用于化学反应过程,也适用于单元操作。

6.3.3 反应器的型式

6.3.3.1 釜式反应器

釜式反应器也称搅拌式反应器,是化学工业中应用广泛的一种反应设备,特别是医药、农药、染料、涂料等行业。这种设备主要是供液体和液体原料、液体和固体原料以及气体-液体-固体之间进行化学反应用,其中的固体多指催化剂。釜式反应器示于图6-12。

搅拌式反应器由釜体、搅拌器、传动装置、夹套、蛇管等组成,这种反应器一般为间歇式操作。物料由上部加入釜内,在搅拌器作用下迅速地混合并进行反应。如果需要加热,可在夹套和蛇管内通入加热蒸汽,如果需要冷却则通入冷却剂(如冷水)。反应完成后,物料由底部放出。

6.3.3.2 固定床反应器

固定床反应器用于气-固、液-固、气-液-固反应。其中的固相多数情况为固体催化剂，也可能是固体反应物。这一类反应器在化学工业中应用很广泛，特别是在现代化学工业中采用固体催化剂强化化学反应速率之后，其重要性更为显著。

这种反应器内部装有气体或液体分布板，固体物料或催化剂放置其上，形成一定高度的床层。气体或液体均匀地通过固体床层，在与其接触过程中发生化学反应。所谓固定床，是指在反应过程中固体床层处于静止状态。图 6-13 所示为固定床二氧化硫转化反应器。

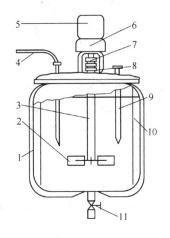

图 6-12 釜式反应器

1—釜体；2—搅拌器；3—搅拌轴；4—进料管；
5—电机；6—减速机；7—联轴器；8—轴封；
9—测温管；10—挡板；11—出料阀

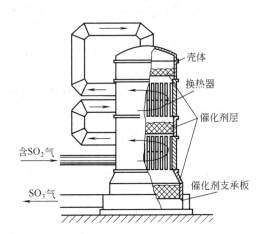

图 6-13 固定床二氧化硫转化反应器

6.3.3.3 流化床反应器

流化床反应器与固定床反应一样，也是连续操作的反应器，适用于气-固和液-固反应。所谓流化床，是指在反应过程中，粉末状固体催化剂或物料形成的床层处于流化状态，其原理示于图 6-14。在反应器中有粉末状固体，流体自下而上地通过反应器。当流体速度逐渐加大，粉末床层便从静止状态变为流动状态，像流体一样地在反应器内部循环运动或随流体从反应器中流出，即达到流化状态。流化床反应器最主要的特点是温度和浓度均匀、生产强度大，适合于连续生产。对于需要经常把固体取出的反应（如球形活性炭的生产，炼油工业

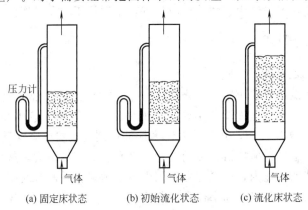

图 6-14 气体在不同流速时床层变化示意

的催化流化裂化过程等）十分适宜。

6.3.4 研究化学反应工程的基本方法

进行反应器的设计、放大或优化，需要对研究对象进行定量的描述，即用数学模型表达各参数（温度、压力、浓度、反应转化率等）随反应时间和设备位置的变化规律。问题的复杂程度、所描述的范围以及精度要求不同，数学模型的繁简程度也不同。在化学反应工程中，数学模型主要包括：①动力学方程式；②物料衡算式；③热量衡算式；④动量衡算式；⑤参数计算式；⑥化学反应平衡和相平衡计算式。其中，确定物料衡算式、热量衡算式和动量衡算式的依据分别是质量守恒定律、热量守恒和动量守恒定量。衡算被称为化工人的"法宝"。

反应动力学专门阐明化学反应速率与各项物理因素（如浓度、温度、压力及催化剂等）之间的定量关系。动力学方程式通常通过动力学实验测定，实验一般在实验室小型装置中进行。参数计算式主要用于计算传递性质和物性数据，包括传热系数、传质系数、流动阻力系数、热导率、比热容、黏度等，可从有关工具书或相关文献中查取，或通过关联式计算。若既无前人的数据又无前人的关联式可供利用，则需要通过冷模试验和化工热力学实验测定。化学反应平衡常数、反应热和相平衡关系也可从相关工具书或文献获得，或通过化工热力学实验测取。

综上所述，目前化学反应工程处理问题的方法是实验研究和理论分析并举。在解决新过程开发问题时，可先建立动力学和传递过程模型，再综合成整个过程的数学模型。然后根据数学模型所作的预测来制定中间试验方案，用中间试验结果来修正和验证数学模型。最后通过模拟计算，进一步明确各因素的影响，并进行生产装置的设计。

以上简要介绍了化学工程学的主要基础理论，即"三传一反"。此外，化学工程的学科体系还包括化工热力学（解决三传一反的方向和极限问题）和基础化学（包括有机化学、无机化学、物理化学、分析化学）及一些专业基础理论（如工艺学等）。需要强调的是，化学工程学在为其他学科提供支撑的同时，其自身的发展也以其他学科（数学、物理、材料学、机械、计算机、自动化、信息学、土木建筑、经济学等）的成就为基础。因上述诸学科均自有其系统的学科体系，且限于篇幅，本书不能一一涉及。但考虑到本书的读者可能对化工与自动化和经济学更感兴趣，本章最后就作者对此的理解做一简单介绍。

6.4 化工过程控制与智能化工

为了保证生产装置安全、稳定运行，产出质量和数量合格的产品，并尽可能减少物料和能量消耗，在生产过程中需要严格控制各项工艺指标，主要是物流的流量、温度、压力和液位。

6.4.1 化工过程控制原理

以化工厂中用管式加热炉加热液体原料的简单换热操作过程为例说明人工和自动调节温度的过程。图 6-15 为人工调节加热炉的示意。人工操作时，首先必须测出被加热原料的温度，这就需要一个温度检测仪表。根据温度表的指示，操作人员把实测温度和所要求的温度给定值进行比较，若被加热的原料温度偏高，可将加热炉的燃料油阀门关小；若实际温度偏低，则将燃料油阀门开大。然后再看温度

图 6-15 人工调节加热炉

表的指示，这样不断地进行调节，保持实际温度与给定温度大体相同。因此，人工调节时，就是借助人的眼、脑、手这三个器官，眼睛用来观察实际温度的高低，是感受部分；大脑用来分析、比较，决定是关小还是开大阀门，是指挥机构；手是执行机构，完成大脑的指令。

人们在不断的调节实践中体会到，人工调节受到生理上的限制，满足不了大型现代化生产的要求。如果能用一些仪表或装置代替操作人员自动地完成操作任务，不仅可以大大减轻操作人员的劳动强度，而且能大大提高调节速度和准确性，因此，产生了如图 6-16 所示的自动调节系统。这些代替人的眼、脑、手的仪表就是测量变送器、调节器和执行器。

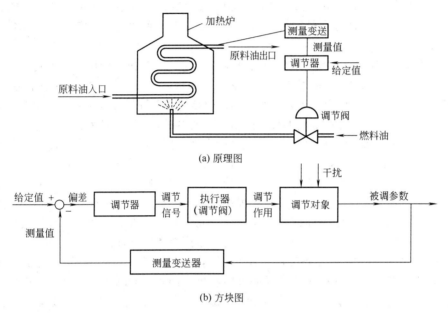

图 6-16　加热炉自动调节系统

(1) 测量变送器　它的作用是测量物理量的数值（如实际温度），并将其转换成统一的标准信号。

(2) 调节器　它接收变送器送来的参数信号，与事先设定的希望参数值进行比较得出偏差，然后按照一定的运算规律进行运算，并将运算得出的调节命令用统一标准信号发送出去。

(3) 执行器　通常指自动调节阀，它和普通阀门（手动阀门）功能一样，只不过它能根据调节器送来的调节命令自动改变阀门的开度。

可见，仪表自动调节与人工调节过程相似，通过各种信号将测量变送器、调节器、执行器联系起来，就能自动地完成参数的调节任务。

在一个化工过程中，控制点和相应控制仪表的数量是惊人的。例如，炼化企业的一套装置可能有多达 8000 个控制点。那么，如何完成这样庞大的控制任务？

在现代化工装置中，普遍采用 DCS 系统实现控制目标。DCS 是 Distributed Control System 的缩写，可称为分布式控制系统，或集散控制系统，俗称为工业大脑。DCS 的基本设计思想是分散控制、集中操作和管理。通过 DCS 提供的人机界面，操作员（俗称内操）可以及时了解现场运行状态包括各种运行参数的当前值、是否有异常情况等，控制和调节工艺参数，以保证生产过程的安全、可靠、高效。采用 DCS 系统，可大幅提高工作效率，上述炼化企业装置的 8000 个控制点只需 7 名操作员。

6.4.2 智能化工

智能制造是基于新一代信息通信技术（ICT，包括云计算、大数据、物联网、人工智能等）与先进制造技术深度融合，贯穿于设计、生产、管理、服务等制造活动的各个环节，具有自感知、自学习、自决策、自执行、自适应等功能的新型生产方式。为了提高本国工业领域的技术创新与研发能力、抢占智能制造的先机，各国都在积极制定和实施相应的技术政策，如德国工业4.0、美国工业互联网、韩国《制造业创新3.0战略》、日本《社会5.0》、英国《英国工业2050战略》和我国的《中国制造2025》计划等。

智能化工涉及研发和设计、生产、原辅材料及产品的储存和运输、销售等各个环节。举例来说，在设计环节，可采用人工智能选择催化剂、进行全流程的合成与优化、选择反应及分离设备类型及其内件结构；在生产环节，用人工智能代替DCS系统的操作员对生产过程实施控制；采用大数据和人工智能配合物联网技术实时监控设备运行状态、预测及诊断故障；采用大数据、云计算和人工智能技术采集生产信息并监控物流、能流、物性、资产的全流程；建立工厂通信网络架构，实现工艺、生产、检验、物流等制造过程各环节之间，以及制造过程与数据采集和监控系统、生产执行系统（MES）、企业资源计划系统（ERP）之间的信息互联互通，等等。

智能化工对生产企业提质增效、节能减排作用明显。然而，化工是涉及物理、化学、材料、机械、控制等多学科的知识和技术密集型行业，工艺过程及其参数、物料性质和设备结构千变万化，数据量大但分布较窄（如组成的变化范围都是0～1），ICT技术应用于化工时存在诸多限制、很难完全满足要求。因此，需要将ICT技术与化工理论体系有机结合、深度融合，这需要化工人和ICT人的共同努力。

6.5 化工技术与经济

技术经济，又称技术经济学，它是介于工程技术学科与经济学科之间的一门新兴的交叉学科。技术经济的基本任务是研究技术和经济的相互关系，对技术路线、技术政策、技术方案和技术措施进行分析论证，对它们的经济效益进行评价和评估。技术经济分析的目标是寻求技术与经济的最佳结合。化工技术经济是化学工业领域的技术经济分析。

6.5.1 技术经济的评价原则

对一个技术方案进行评价，不只是单纯的技术问题，它往往同时涉及社会、环境、资源等方面的问题，甚至有时还涉及政治、国防、生态等问题。考察和评价一个技术方案，在政治方面，必须符合国家经济建设的方针、政策和有关法规；在经济方面，应以较少的投入获得较好较多的成果；在技术方面，应尽可能采用先进、安全、可靠的技术；在社会方面，应当符合社会的发展规划，有利于社会、文化的发展和就业的要求；在环境保护方面，也应当符合环境保护法规和维护生态平衡的要求。对一个技术方案的取舍，决定于上述几个方面综合评价的结果。

6.5.2 经济效益分析

6.5.2.1 经济效益的概念

所谓经济效益，就是生产过程中的投入和产出比。

投入包括：原辅材料、燃料、动力消耗，固定资产（厂房、设备）投入（包括一次性投入和折旧），工资支出等。

产出包括：产品产量、产值、利润和税金等。

6.5.2.2 投资

当准备建设一个化工厂进行生产时，必须首先投入资金，用于建造厂房、购置机器设备等，这部分资金称为固定资产投资。另外还要投入资金用于购买原材料、燃料、支付动力费、管理费、工资和其他周转用途，称为流动资金。固定投资和流动资金加在一起，称为总投资。

生产厂房和设备在使用过程中会逐渐变旧以至损坏，这部分减损的价值必须逐渐转移到生产成本中去。这种分次逐渐转移到成本中去的固定资本价值，称为"折旧"费。

6.5.2.3 成本

所谓成本，是生产一种产品时所消耗的物化劳动和人力劳动的总和。构成化工产品的成本主要包括以下组成部分。

(1) 原材料费 指在产品生产中，经过加工构成产品实体的各种物料。通常是占产品成本的最大比例的项目。

(2) 燃料及动力费 直接用于生产工艺过程为生产提供能量的燃料和供给产品生产所用水、电、压缩空气、水蒸气等费用。

对于传统产品，原材料费和燃料动力费往往占产品成本的50%~70%，高科技产品则较低。

(3) 工资和附加费 指操作人员工资和工资以外的医疗费、劳动保护用品和保险金等。

(4) 折旧费 一般采用线性折旧法，即在规定的年限内平均分摊设备消耗的价值。化工设备折旧年限一般在10~20年之间。

(5) 企业管理费 指组织和管理全厂生产经营活动过程中发生的费用，如工厂的管理人员的工资和附加费、办公费、实验研究费、职工教育费、流动资金贷款利息等。

(6) 销售费 用于与销售活动有关的费用，如包装、运输、广告费等。

6.5.2.4 销售收入、税金和利润

(1) 产量和销售量 产品的产量代表生产成果的数量；出售了的商品量叫做销售量。在技术经济分析中，要强调为社会和企业带来的效益，所以销售量往往比产量更为重要。

(2) 产值和销售收入 产值是一种产品的年产量与单位产品价格的乘积。一个工厂在一年内全部最终产品与各自单价乘积之和称为总产值。产值计算所用单价一般是不变价格，是为了在计划、统计工作中消除因各个时期、各个地区价格差异而不可比的缺点。不变价格由国家定期公布。

销售收入是产品作为商品销售后的收入，为单价（市场价格）与销售量的乘积。

(3) 盈利、利润及税金

① 盈利和净利润。企业生产成果补偿生产耗费以后的盈利，即产品销售收入扣除生产成本以后的余额，就是企业的盈利。它是企业职工为社会创造的新增价值，又称毛利润。毛利润扣除各种税金后即为净利润。

② 税金。税金是国家根据税法向企业征收的一部分税利，以筹集财政资金，增加社会积累，并对经济活动进行调节，具有强制性和固定性的特征。与化工企业利润关系最大的是产品税（又称工商税或增值税）、资源税、调节税和所得税。

从上述各项经济评价指标可见，提高经济效益的途径是增加产出或减少投入。通过增加产品数量和提高产品价值可增加产出，特别是后者，即采用高新技术开发高附加值产品可获得更高的经济效益。通过技术革新、设备改造则是提高生产效率、降低消耗从而提高经济效益的有效方法。

第 7 章 精细化工

精细化工是现代化学工业的重要组成部分，与国民经济各部门及人们日常生活密切相关，是当前世界各国争相发展的重要化学工业，是衡量一个国家化学工业水平高低的重要依据。

近年来，精细化工已经成为我国传统化工产业转型升级的重要发展方向。高性能化，专用化、绿色化精细化工品将继续保持较高的增长速度。

7.1 精细化工的发展与经济地位 >>>

7.1.1 精细化工的发展

早在 19 世纪，人们为了满足自身生活的需求，就从天然的植物、矿石中提取用于印染、化妆、装饰的化工产品，因此就产生早期的精细化工门类，比如染料、医药、肥皂、涂料、香料、农药等行业。到了 20 世纪 60 年代，精细化工产品从化学工业中分离出来，特别是现代科学技术的发展导致了学科与学科之间、技术与技术之间的交叉和渗透，使得现代化工分离技术和反应技术在制备精细化工产品中得到了长足的应用，精细化工产品的种类和数量也有了一定范围的扩大。20 世纪石油化学工业的崛起，从石油为原料出发制备的化工产品的数量和种类迅速增加。然而，石油化工迅猛发展的同时，也推动石油价格的上涨。特别是在 20 世纪 70～80 年代之间石油的价格上涨到用石油为原料加工一般化工产品的价格优势受到了严重的挑战。石油价格的上涨和化学工业原料的上涨使得工业发达国家开始对石油化学工业的结构加以调整。在这一时期，世界各主要工业国开始重视石油化工产品的深度加工，朝着精细化、功能化发展，走高附加值产品发展路线。

大量具有特定功能、用途和作用的化工产品相继诞生，因此就产生了具有功能化的新兴化工产品。为了区别于传统化工产品，最早日本将这种具有功能化的化工产品称为精细化学品（也就是精细化工产品），而欧美则称其为专用化学品。精细化工产品是相对于传统的化工产品即大宗化学品（简称通用化学品）而言的。通用化学品一般仅作为化学工业部门以及其他工业部门所需的原料、试剂或溶剂等。因此，它的生产依赖于化学工业及其他工业体系对它的需求。然而，对于精细化工产品，由于其实用性和功能化的特点，在满足人们日常需求和强化人们生活质量和生活环境方面发挥着重要的作用。随着社会发展和人民生活水平的日益提高，精细化工产品已经成为人们追求的重要化工产品。进入信息化时代，特别是微电子、计算机、海洋技术、航空航天、生物技术以及新材料等高技术行业的迅速发展，一些具有特殊功能和用途的材料的持续增长，精细化工产品成为满足这些高新技术所需要关键材料的重要保证。同时，高新技术行业发展所取得的重要成果又应用到精细化工领域，使得精细化工的发展处于历史上最快的发展阶段，因此，精细化学品将成为未来人们持续追求的化学产品。

7.1.2 精细化工在国民经济中的作用

精细化工是国民经济中不可缺少的组成部分，其作用主要有以下几方面。

① 作为最终产品可以直接使用或作为最终产品的主要成分。例如，医药、兽药、农药、染料、颜料、香料、味精、糖精等精细化工门类。

② 作为添加剂，增加或赋予各种材料特性，以增强其功能。例如，塑料工业所用的增塑剂、稳定剂等各种助剂，彩色照相所用的成色剂、显影剂和增感剂等。

③ 增进和保障农、林、牧、渔业的丰产丰收。例如，选种、浸种、育秧、病虫害防治、土壤化学、改良水质、果品早熟、保鲜等都需要借助精细化学品。

④ 丰富人民生活，保障和促进人类健康。提供优生优育条件，保护环境清洁卫生以及为人民生活提供丰富多彩的衣食住行等享受型用品，都需要添加精细化学品来发挥其特定功能。

⑤ 促进技术创新与进步。例如，照相所用的感光材料，电子液晶显示器所用的液晶染料，电传纸所用的热敏材料，建筑工业所用的功能树脂，医疗行业所用的人造器官，航空航天所用的高能燃料等对于科学技术的进一步发展都起了重要推动作用。

⑥ 提高经济效益。这已影响到一些国家的技术经济政策，目前，许多国家把精细化工视为生财和聚财之道，不断提高化学工业内部结构中精细化工所占的比重，精细化工的门类和数量在不断地发展和壮大。

精细化工的发展水平也是衡量一个国家现代化学工业水平高低的重要标志。我国精细化工行业发展十分迅速，2017 年产值接近 4.4 万亿元。然而，我国的精细化工的发展与西方发达国家还有很大的差距。比如西方发达国家精细化工的产值已占化学工业的 60%~80%，而我们国家仅为 45%，精细化工的类别也仅为发达国家的 1/2，人均所消耗的精细化工产品的数量更是远远落后于发达国家。这就对我国精细化工的现状提出了严峻的挑战，也给我国在这个领域的发展提供了新的机遇。

7.2 精细化工品的分类、特点及原料

7.2.1 精细化工的定义、分类

所谓精细化工产品（即精细化学品）是指那些具有特定的应用功能，技术密集，商品性强，产品附加值较高的化工产品。生产精细化学品的经济领域，通称精细化学工业，简称精细化工。我国一直把精细化工作为化学工业发展的重点，重要的传统精细化学品，诸如农药、医药、涂料、染料等已形成相当的规模。中国原化学工业部在 1986 年 3 月 6 日颁布的《关于精细化工产品的分类的暂行规定和有关事项的通知》中指出，中国精细化工产品包括 11 个产品类别，它们是：①农药；②染料；③涂料（包括油漆和油墨）；④颜料；⑤试剂和高纯物质；⑥信息用化学品（包括感光材料、磁性材料等能接收电磁波的化学品）；⑦食品和饲料添加剂；⑧胶黏剂；⑨催化剂和各种助剂；⑩（化学系统生产的）化学药品（原料药）和日用化学品；⑪高分子聚合物中的功能高分子材料（包括功能膜、偏光材料等）。在这个分类暂行规定中，不包括原国家医药管理局管理的药品、中国轻工业总会所属的日用化学和

其他有关部门生产的精细化学品。

近几年来，随着纳米科学与技术的兴起，使得精细化工的范围达到 50 余门类。它们是：溶剂与通用中间体、医药、农药、染料及中间体、香料及香精、化妆品、芳香防臭剂、食品添加剂、兽药及饲料添加剂、保健食品、高分子絮凝剂、涂料、油墨、胶黏剂、脂肪酸、肥皂、表面活性剂、合成洗涤剂、塑料稳定剂、橡胶添加剂、燃料油添加剂、润滑剂及其添加剂、纤维用化学品、皮革用化学品、造纸用化学品、汽车用化学品、功能高分子、生物工程酶制剂、成像材料、催化剂、合成沸石分子筛、稀有气体、稀有金属、储氢合金、非晶态合金、精细陶瓷、无机纤维、炭黑、颜料、试剂、火药及推进剂、金属表面处理剂、工业用杀菌防霉剂、混凝土外加剂、水处理剂、电子工业用化学品、纳米材料及现代中药技术。

总的来说，除了化学肥料、无机化工产品、基本有机化工原料、有机溶剂、合成材料等大吨位产品以外，其余的化工产品几乎都可以视为精细化工品。

7.2.2 精细化工的特点

精细化工的主要特点是产品批量小、品种多、附加值高、技术密度程度高、功能多样、专用性强、实用特点突出等。精细化学品在产品开发和生产工艺上，具有如下主要特点：

① 具有特定的功能和实用性特征。与大宗化学品相比，精细化工的突出的特点就是它的功能性和实用性。比如：在人造卫星的结构中采用结构胶黏剂代替金属焊接，节约质量 1kg 就有近 10 万元的效益；高效的催化剂，可以成倍提高产品的收率；化妆品、合成洗涤剂、感光材料可以直接满足消费者使用，医药和农药可以直接治疗疾病和作为植物的杀虫剂和杀菌剂。

② 技术密集程度高。由于精细化工产品的功能性和实用性特点，在其开发过程中涉及各种化学、物理、生理、机械自动化、计算机控制、经济等诸多方面的学科，必然集中了这些学科的各种最新技术，因此，精细化工是综合性极强的典型技术密集型工业。另外，精细化工的合成属于原料复杂，单元反应多，工艺流程长，对各种新型技术有明显的依赖性；同时，还体现在技术保密性强和专利垄断性强。

③ 小批量，多品种。根据《染料索引（Colour Index）》统计，不同化学结构的染料品种共 5332 个，其中已公布化学结构的有 1536 个，经常生产的染料品种在 2000 个以上。香料也是一个典型的精细化工产品，目前全国生产天然香料的品种有上百种，但年生产量超过百吨的品种不会超过 20 种。

④ 生产流程复杂，设备投资大，对资金需求量大。在精细化工中，对于大多数品种产品的技术开发和生产过程常常是除了多步化学合成过程以外，还包括多步分离、纯化步骤，常常伴随有巨大的高温、高压反应器和分离纯化设备。

⑤ 具有实用性、商品性强，市场竞争激烈，销售利润高，附加值高的特点。

⑥ 产品周期短，更新换代快，多采用间歇式生产工艺。随市场变化，新产品更新也较快，一般认为，染料的品种平均寿命为 3～5 年，超过这一年限，产品就要更新，否则就要被市场所抛弃。

7.2.3 精细化工的原料

精细化工生产所用的原料同有机合成所用的原料一样，主要以煤、石油、天然气和农副产品为主。

(1) 煤 煤在高温隔绝空气下进行炼焦时，除了生成焦炭以外，还得到粗苯和炼焦油等副产品。煤也可在高温下用空气或水蒸气处理转化为煤气（$CO+CH_4+H_2$ 的混合物），同时也得到粗苯和煤焦油。粗苯中约含有50%~70%苯、12%~22%甲苯和2%~6%二甲苯。煤焦油中含有萘、1-甲基萘、2-甲基萘、蒽、菲、芴、苊、芘、苯酚、甲酚、二甲酚、氧芴、吡啶和咔唑等芳香和环状杂环化合物，这些化合物是化学制药和染料等精细化工产品的主要原料。

(2) 石油 石油的主要成分是烷烃、环烷烃和少量芳烃。将原油经过常减压精馏，分离成若干馏分后，取适当沸程的馏分在脱硫之后，再经催化重整、热裂解、催化裂化等加工方法，也可得到苯、甲苯、二甲苯、多烷基苯、烷基萘等多种精细化工生产的重要原料。

(3) 天然气 天然气的主要成分是甲烷。天然气可直接用来制炭黑、乙炔、氢氰酸（氨氧化法）、各种氯代甲烷、二硫化碳、甲醇、甲醛等产品。天然气也可先制成合成气（CO和 H_2 的混合气体），然后一氧化碳经羰基化反应制成各种精细化工产品。

(4) 农林牧渔副产品 含糖或淀粉的农副产品经水解可以得到各种单糖，例如葡萄糖、果糖、甘露蜜糖、木糖、半乳糖等。如果用适当的微生物酶进行发酵，可分别得到乙醇、丙酮、丁醇、丁酸、乳酸、葡萄糖酸、乙酸以及各种氨基酸产品，在生物化工品的制备过程中发挥着重要的作用。含纤维素的农副产品经水解也可以得到己糖 $C_6H_{12}O_6$（主要是葡萄糖）和戊糖 $C_5H_{10}O_5$（主要是木糖）。己糖经发酵可得到乙醇，戊糖经水解可得到糠醛。从含油的动植物中可以得到各种动物油和植物油。油脂经水解可以得到甘油和各种脂肪酸。从某些动植物体还可以提取药物、香料、食品添加剂以及制备它们的中间体。这些都是重要的精细化工原料。

7.3 传统精细化工 >>>

传统的精细化工产品，主要包括染料、涂料、香料与香精、胶黏剂、农药等。

7.3.1 染料

7.3.1.1 染料的分类

染料是能将纤维或其他被染物质染成其他颜色的有机化合物。染料分子中常含有发色团（如偶氮基、硝基、羰基等）和助色团（如氨基、羟基、甲基、磺酸基等），当光线射入后发生选择性吸收，并发射一定波长的光线，从而显示出颜色。染料化学结构的共同特征是必须拥有一个共轭双键，在吸收光线后产生电子跃迁，使最大吸收波长在400~760nm范围内，才能反射出人们视觉所感受的各种颜色。有些基团还能与纤维起到化学结合的作用，增加染料与纤维的结合能力。

染料结构复杂，种类繁多。我国目前染料生产企业300余家，可以生产染料的种类超过1200种，常规品种700~800种，生产量较大的染料品种多达600种。

染料的分类方法有两种：①按反应方法和应用性能来分类，可分为还原染料、活性染料、酸性染料、碱性染料、直接染料、硫化染料、冰染染料等几大类；②按照染料分子中所含基本结构或基团分类，有偶氮染料、蒽醌染料、酞菁染料、噻唑染料、三芳甲烷染料、亚甲基染料等几大类。

(1) 分散染料 分子中不含有离子化基团，在水中呈分散微粒状态，是憎水性染料，一般很难溶于水，需用阴离子型或非离子型分散剂，使其成为低水溶性的胶体分散液在高温下染色。由于染料不溶于水，耐洗牢度很好。这种染料适合于染憎水性纤维，如聚酯纤维涤纶、锦纶（聚酰胺纤维）、乙酸纤维等人造纤维。由于聚酯纤维的迅速发展，在合成纤维中产量居首位，因而分散染料也获得了很大的发展，其产量在国内外也居首位。

(2) 酸性染料 酸性染料分为强酸性和弱酸性染料，强酸性染料的染色均匀，但易损伤羊毛纤维，着色不够牢固。弱酸性染料对羊毛有较大的亲和力，牢固度提高，且不损伤羊毛，但染料的溶解度较低。酸性染料在酸性介质中可染羊毛、聚酰胺纤维及皮革等。

(3) 直接染料 将棉、麻等纤维素纤维在盐类电解质的存在下，直接染色的水溶性染料，染料能和不含酸性和碱性基团，但含有大量羟基的纤维素纤维形成氢键而具有较强的亲和力，使纤维染色。绝大多数直接染料是多偶氮化合物或含有尿素结构的二苯乙烯化合物。但是由于直接染料的水溶性，因此现在限于用在不需要经常洗的织物上，如外套、装饰布或纸张。

(4) 还原染料 大部分是蒽醌衍生物，不溶性蒽醌衍生物很容易被亚硫酸钠（保险粉）的碱性溶液还原成为可溶性的隐色体，织物浸于隐色体溶液，在空气中暴露后又氧化为不溶性的蒽醌。由于其不溶性，又在纤维空隙中形成色淀，使还原染料耐洗、耐光及色牢，但它们的颜色较暗。还原染料主要用于染棉织物。

(5) 冰染染料 冰染染料是一种不溶性的偶氮染料，它因有重氮组分与偶合组分，在棉织物纤维上发生化学反应生成不溶性的偶氮染料而染色。由于重氮化与偶合过程都是在加冰冷却下进行的，所以这种染色法称冰染法，生成这些染料的化合物称为冰染染料。冰染染料色泽鲜艳，色谱齐全，耐晒和耐洗性好，价格低廉，但耐摩擦度较差。它主要用于棉织物的染色和印花。

(6) 活性染料 染料分子中含有能与纤维素中羟基和蛋白质纤维中氨基发生反应的活性基团，染色时与纤维形成化学键结合，生成"染料-纤维"化合物。活性染料有色泽鲜艳、匀染性好、耐洗性好、色谱齐全、应用方便和成本较低等优点。它被广泛用于棉、黏胶、丝绸、羊毛等纤维及混纺织物的染色和印花。

7.3.1.2 染料的现状

随着人类环保和自我保护意识的强化，染料本身生产中的毒性问题以及染料使用以后对环境带来的负面影响，成为阻碍染料应用和发展的两大难题。比如，一些蒽醌型染料，由于生产工艺过长，三废量大，且难以治理，造成停产或减产。又比如，德国政府1994年7月颁布了20种芳胺类中间体，禁用偶氮原料的生产和应用。这几类染料品种恰好是我国目前生产中产量较大的染料类型，因此，加强我国未来染料结构的调整成为染料发展中要解决的首要问题。除此之外，我国在生产染料的品种和质量上还不能满足市场的需要，结构不合理。此外，染料行业整体生产技术和装备水平不高，生产厂家多，规模小，人员多，污染重，无序竞争厉害。

7.3.1.3 典型的染料生产工艺过程举例

染料的合成一般是以芳香烃为原料，经多步有机化学反应，先合成为一定种类、吨位较大的染料中间体，再进一步合成不同品种的染料。染料中间体主要有苯系中间体、甲苯中间体、萘系中间体和蒽醌中间体四类。染料的生产是间歇法生产，反应物、工艺过程和生产设备比较普通，经常使用间歇反应器和蒸馏柱等，生产规模为小型、通用，一般可适合于不同染料的生产。

(1) 偶氮染料 偶氮染料是分子中含有偶氮基（—N=N—）发色团染料的总称。在染料生产中所占比例最大，约为合成染料的一半以上，它包括了用于各种用途的几乎全部色谱。染料分子中含有一个偶氮基的是单偶氮染料，含有两个偶氮基是双偶氮染料。一般酸性、冰染、直接、分散、阳离子染料中的大部分属偶氮染料。在偶氮染料的生产中，重氮化反应和偶合反应是偶氮染料合成的基本反应。下面以偶氮染料直接耐晒黑 G 染料为例说明其生产过程。

直接耐晒黑 G 的结构式：

$$H_2N-\bigcirc(NH_2)-N=N-\bigcirc-N=N-\underset{NaO_3S}{\bigcirc}\overset{H_2N\ OH}{\underset{SO_3Na}{\bigcirc}}-N=N-\bigcirc-N=N-\bigcirc(NH_2)-NH_2$$

分子式：$C_{34}H_{27}N_{13}Na_2O_7S_2$，分子量：839.27。为黑色均匀粉末，易溶于水，呈绿光黑色，水溶液加10%硫酸呈微红色，加入碱呈绿光蓝色。

在生产过程中，原料配比（质量比）为对硝基苯胺：H酸：间苯二胺：亚硝酸钠：硫化钠：碳酸钠：盐酸＝1：0.93：0.52：0.83：0.78：3.64：8.58。

直接耐晒黑 G 是一个四偶氮染料，生产过程经两次重氮化、三次偶合反应完成。第一步，先将对硝基苯胺、盐酸和水加到重氮化槽中，升温溶解，降温至10℃，迅速加入亚硝酸钠溶液进行重氮化反应，得到对硝基苯胺重氮盐溶液。第二步，把对硝基苯胺重氮盐溶液加冰，降温至10℃以下，在强烈搅拌下加入 H 酸溶液，进行第一次偶合反应。第三步，在弱碱性溶液下进行第二次偶合反应。第四步，将两次偶合反应物料加热到25℃，加入纯碱、硫化钠溶液进行还原反应，反应在终点后加盐酸酸析，过滤。第五步，再进行第二次重氮化反应。第六步，是第三次偶合反应，加入间苯二胺和食盐，使染料全部析出。后处理过程包括染料悬浮物经压滤机过滤，滤饼在干燥箱中干燥，再经粉碎机粉碎，最后在混合机内加食盐混成商品的直接耐晒黑 G。其生产工艺流程见图 7-1。

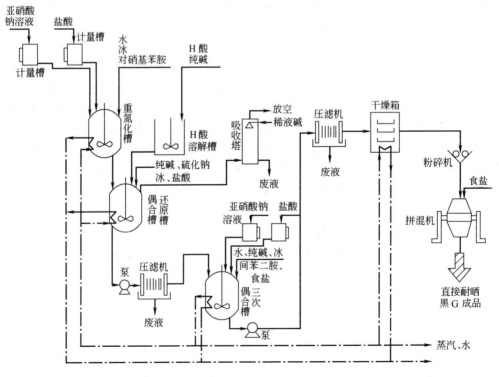

图 7-1　直接耐晒黑 G 生产工艺流程

(2) 蒽醌染料　蒽醌染料是仅次于偶氮染料的又一大类染料。它有一个或多个羰基和至少三个环的共轭体系相连,其本身为淡黄色,不能作为染料使用,但它的羟基和氨基的衍生物具有很深的颜色,是很有价值的商品染料。特别是蓝色和绿色染料,具有非常好的耐牢度。蒽醌的合成方法是用苯的衍生物和邻苯二甲酸酐缩合或是通过蒽的氧化工艺。

蒽醌染料按其本身的结构特点,可分为蒽醌类可溶性染料、蒽醌类分散染料、蒽醌类还原染料和羟基蒽醌媒染染料等。

蒽醌可溶性活性染料是在蒽醌母体中引入氨基和羟基以外,还引入了具有水溶性基团的磺酸基,一般可用于羊毛、丝绸和锦纶上的染色和印花,而且色光鲜艳。例如,卡普伦绿5G,结构如下:

它是一个弱酸性染料,用于羊毛和丝的染色,也可在羊毛、丝和锦纶上直接印花,其印品绿色鲜艳,耐晒性好。

蒽醌类分散染料是具有蒽醌环的分散染料。通常在其环的 α 位多具有氨基或羟基。工业上一般用的是蒽醌1,4-位及1,4,5,8-位上具有取代基或者 β 位具有取代基的衍生物,这些衍生物的分子量在250~500之间的化合物。这类染料色泽鲜艳。色谱包括红色、蓝色及若干黄色等,在深色品种中占有重要的地位。染色时不易发生水解和还原作用,其耐晒、耐皂洗牢度比一般偶氮类分散染料好,但其着色力比偶氮染料类分散染料差,而且制造方法复杂,价格较贵。目前,一般认为蒽醌分散染料占分散染料的25%,主要用于合成纤维的染色,也可以用于塑料着色。例如,分散红3B,为紫褐色粉末,不溶于水,以分散状态染色。可溶于二甲苯,在50%的丙酮中呈红色,在浓硫酸中呈深黄色,染浴中遇金属离子使色光蓝色增大。主要用于涤纶和混纺织物的染色,纯染料可用于塑料着色、转移印花。分散红3B分子式为 $C_{20}H_{13}NO_4$,分子量为331.33,结构式如下:

7.3.1.4 染料的发展趋势

由于染料生产中的毒性及对环境的污染问题,严重地阻碍了染料的应用和发展。比如,一些蒽醌型染料,由于生产工艺过长,三废量大,且难以治理,造成停产或减产。所以今后染料的发展关键是如何生产出对人体无害,对环境无污染的绿色染料。

① 在染料生产中必须选择工艺简单,三废污染小(达到国家三废排放标准)的生产路线和品种。积极开发蒽醌染料的替代品。

② 为了提高染料的利用率、减少有色废水的产生,应选择具有高固色率、小溶比、快速、低温的染色材料。

③ 开发染料的加工助剂，发展染料的加工工艺，增强染料的分散性、溶解性和稳定性。增加染料应用助剂的品种，使染料能物尽其用。

④ 进一步发展功能性染料，开发染料应用新领域。如光电性能染料，用于有机光导体、有机固体激光材料、有机激光光盘记录介质、有机太阳能电池材料、感热记录纸的热敏性染料等。另外生物性能染料也在迅速发展，如近年来，光敏生物活性染料已逐步被用做光敏杀菌剂、杀虫剂，也用于皮肤病治疗、抗癌、抗艾滋病等。基因测序染料在 DNA 测序中的应用和研究工作发展得很快。

染料敏化太阳能电池是继硅基材料之后又一种新型材料电池。它是一种模拟自然界光合作用原理研制出来的新型光伏电池，具有光电转换效率高、成本低、原材料丰富、制备工艺相对简便等特点。同时，所有原材料和生产工艺低毒或无毒、无污染，部分材料可以得到充分回收利用，其成本只有硅电池的 1/5~1/10，因此被认为是可替代传统硅太阳能电池的新一代太阳能电池。

染料敏化太阳能电池的研究历史可以追溯到 19 世纪早期的照相术。1837 年，Daguerre 制出了世界上第一张照片。两年后，Fox Talbot 将卤化银用于照片制作。1883 年，德国光电化学专家 Vogel 发现有机染料能使卤化银乳状液对更长的波长敏感。1887 年，Moser 将有机染料敏化效应用到卤化银电极上，从而将染料敏化的概念从照相技术领域延伸到光电化学领域。1988 年，Michael Grältzel 小组基于钌的染料敏化多晶二氧化钛薄膜，用 Br_2/Br^- 氧化还原电对制备了太阳能电池，在单色光下取得了一定转化效率，到了 1991 年，又应用了纳米 TiO_2 颗粒，使电池的效率大大提高，取得了染料敏化太阳能电池领域的重大突破。

染料敏化太阳能电池主要由纳米多孔半导体薄膜、染料敏化剂、氧化还原电解质、对电极和导电基底等几部分组成。其中理想的染料敏化剂一般都具有宽的光谱响应范围、高的量子效率、高的稳定性和足够高的氧化还原电势等特性。按其结构中是否含有金属原子或离子，分成无机和有机两大类。无机类的染料敏化剂主要集中在钌、锇类的金属多吡啶配合物，金属卟啉，酞菁等。有机染料包括合成染料和天然染料。

总之，中国染料在总量控制、保持产量和出口为世界第一的基础上，今后将重点发展分散染料、活性染料、功能染料和天然染料；逐步淘汰含芳香胺的染料，禁止 118 种禁用染料的生产；大力开发还原染料、直接染料、硫化染料和酸性染料新品种；采用高新技术改造现有的活性染料及其配套中间体的生产企业，使产品更加精细化，做到经济规模，增加绿色、天然、环保的比重。

7.3.2 涂料

涂料是一种流动状态或粉末状态的有机物质，将它涂覆在物质的表面，可以得到一层致密坚韧的涂膜，对材料起到装饰、保护、标志或其他特殊功能等作用。涂料的历史悠久，我国自古就有用生漆保护埋在土壤里的棺木的方法。最早的涂料离不开植物油，故长期将涂料称为油漆。当前石油与高分子材料工业的迅猛发展为涂料工业开辟了广阔的原材料来源，特种功能材料的产生，又促使人们寻求发展新的适应性涂料。涂料已广泛应用于国民经济和国防建设的各个方面。

7.3.2.1 涂料的组成、分类与特性

涂料是由成膜物质、溶剂、颜料、填料和其他助剂组成，成膜物质是天然树脂或合成树脂，对涂膜的性能起着极为关键的作用。溶剂的作用是稀释涂料，使涂料成为均匀的分散体系，当溶剂挥发时，得到结构致密的涂膜。溶剂可分为有机溶剂和水。颜料是赋予涂料所需

的各种颜色。填料则是为了增强涂料的各种物理和力学性能。

涂料的品种繁多，目前国内已有近千种，如果按剂型分类，重要的涂料有溶剂性涂料和水溶性涂料。溶剂性涂料的成分有颜料、高聚物和溶于溶剂的添加剂。溶剂有利于薄膜的生成，当溶剂蒸发时，高聚物就互相结合，从而生成平滑连续的薄膜。水性涂料包括水溶性树脂涂料、水乳化性涂料和水悬浮性涂料三类。

涂料如果按成膜物质分类，可以分为天然树脂涂料和合成树脂涂料两大类。涂料一般是由成膜物质、溶剂、颜填料和其他助剂组成。成膜物质为天然树脂或合成树脂，对涂膜的性起关键作用。溶剂的作用是稀释涂料的不挥发成分，在成膜固化过程中，溶剂挥发后得到结构致密的涂膜。

天然树脂涂料是以干性植物油与天然树脂为主要成膜物质，通常称为油基树脂涂料。这类涂料有油脂涂料、天然树脂涂料、酚醛油树脂涂料、沥青涂料。由于这类涂料成本低，原料易得，现在国内仍有较大的市场。

合成树脂涂料是以合成树脂为成膜物质，为了适应不同的应用，经人工合成的涂料。这类涂料共有 13 种，包括：醇酸树脂涂料、氨基树脂涂料、硝基涂料、纤维素涂料、过氯乙烯涂料、乙烯树脂涂料、丙烯酸树脂涂料、聚酯树脂涂料、环氧树脂涂料、聚氨基甲酸酯树脂涂料、元素有机涂料、橡胶涂料及其他涂料。这类涂料性能优良，正在逐步取代油基树脂涂料。

7.3.2.2　涂料的生产特点及典型生产工艺

在涂料的生产中，确定涂料的配方是极为重要的。任何一种涂料可有多种的原料组合和配比，要根据需要选择合适的成膜物质、溶剂、颜填料和助剂，有时可以用某种廉价的物质代替其中的一个原料，取得同样的效果。因此在考虑了底材的要求后，注意清洁环境，权衡经济成本，得到切实可行的原料配方。

涂料的生产工艺和设备简单，通用性强。下面分别以天然树脂涂料（即油基树脂涂料）中的酚醛树脂涂料和合成树脂中的环氧树脂涂料为例说明其生产工艺过程。

(1) 酚醛树脂涂料　酚醛树脂涂料是以酚与醛在催化剂存在下缩合而成的产品。根据原材料种类、催化剂以及反应条件的不同，可以制得各种不同性能的酚醛树脂。在酚醛树脂生产中，一般来说，醛类用甲醛、酚类可选用苯酚、邻甲苯酚、对甲苯酚、间甲苯酚、2,4-二甲苯酚、2,5-二甲苯酚。催化剂为盐酸、硝酸、硫酸、甲酸、乙酸、草酸或氢氧化钠、氢氧化钙、氢氧化钡、胺盐等。低分子量的酚醛树脂是水溶性的，中等分子量的树脂可溶于有机溶剂中，高分子量的树脂则为固体状态。用于涂料工业的酚醛树脂品种主要有：醇溶性酚醛树脂（热塑性和热固性）、油溶性酚醛树脂（松香改性酚醛树脂和纯酚醛树脂）、其他类型酚醛树脂（如丁醇醚化的酚醛树脂）等。

酚醛树脂赋予涂料以硬度、光泽、耐水、耐酸碱及电绝缘等性能，广泛用于木器、家具、建筑、船舶、机械、电器及防化学腐蚀等方面。缺点是色深、易泛黄，不宜制造白色和浅色涂料。

(2) 环氧树脂涂料　环氧树脂涂料是一种性能优良的涂料，其主要特点是耐化学药品性、保色性、附着力和绝缘性能好。其缺点是耐候性差，由于羟基的存在，如处理不当，容易造成耐水性差。另外该涂料是双组分，用前要进行调配，在储存与使用上不方便。尽管如此，环氧树脂涂料仍然作为一种优良的耐腐蚀性涂料，被广泛地用于化学工业、造船工业、金属结构的底漆，但不适合作为高质量的户外涂料和高装饰性涂料使用。

环氧树脂是一种分子链中带有活性的环氧基（$CH_2\!-\!\!\!\underset{\underset{O}{\diagdown\diagup}}{\,}\!\!\!-CH-$）的线型树脂，环氧树脂是由

二联酚与环氧氯丙烷反应生成的。在涂料生产时通常采用商品树脂,不需要自己合成。供应的环氧树脂中间体是黏稠液体或低熔点固体聚合物,按其结构的差异可分为双酚 A 型、非双酚 A 型及脂肪族三类。环氧树脂本身是热塑性的,在配成涂料时必须外加固化剂,常用的固化剂有胺类、多元酸及合成树脂。在氢氧化钠的作用下把双酚 A 树脂与环氧氯丙烷反应,生成一种环氧树脂涂料,其结构式为:

$$\underset{O}{CH_2-CH-CH_2}{\Bigg[}O-\underset{CH_3}{\underset{|}{\overset{CH_3}{\overset{|}{C}}}}-O-CH_2-\underset{OH}{CH}-CH_2{\Bigg]}_n$$

$$O-\underset{CH_3}{\underset{|}{\overset{CH_3}{\overset{|}{C}}}}-O-CH_2-\underset{O}{CH-CH_2}$$

环氧树脂涂料的分子量从 340 ($n=0$) 到 8000 ($n=26$) 不等,它在室温下与酸酐反应达到固化目的。

(3) 含氟树脂涂料 含氟聚合物具有优异的化学稳定性、耐热性、电绝缘性、自润滑性、耐大气老化等功能,已在塑料、涂料和弹性体等多个领域中获得了广泛应用。目前应用最广的含氟聚合物涂料有 3 类,聚四氟乙烯(PTFE)涂料、聚偏氟乙烯(PVDF)涂料和全氟烯烃乙烯基醚(PFEVE)涂料。PTFE 的主链刚性较高,其加工性、溶解性和相容性较差,应用通常被限制在不粘锅和织物防水上;PVDF 涂料的涂膜光泽度低,不能室温固化,不能现场涂装,在多数溶剂中不能溶解,对颜、填料的润湿性差,涂膜形成针眼,抗划性不如聚酯涂料;PFEVE 虽可室温成膜具有较高的涂膜光泽和表面性能,但 PFEVE 是高分子聚合物,需要高浓度的有机溶剂来稀释,其挥发性有机化合物(VOC)含量较高,不利于环保。因此现有含氟聚合物涂料还不能满足现代涂料发展的需求(高性能和低 VOC),必须开发高固体含量、弱溶剂可溶的含氟聚合物涂料和水性含氟聚合物涂料,其中含氟聚合物乳液由于无环境污染,可望在超耐候性外墙乳液涂料、功能性涂料以及其他应用领域得到广泛应用。

氟树脂涂料是指以氟树脂为主要成膜物的涂料,也称为氟碳涂料(fluorocarbon coatings)。氟树脂是氟烯烃单体均聚或与其他单体共聚以及侧链含有氟碳化学键的单体自聚或共聚而得到的分子结构中含有较多 C—F 化学键的高分子聚合物。氟元素是一种性质独特的化学元素,在元素周期表中,其电负性最强,极化率最低,原子半径仅次于氢。氟原子取代 C—H 键上的 H,形成的 C—F 键极短,键能高达 486kJ/mol(C—H 键能为 413kJ/mol,C—C 键能为 347kJ/mol),因此,C—F 键很难被热、光以及化学因素破坏。F 的电负性大,F 原子上带有较多的负电荷,相邻 F 原子相互排斥,含氟烃链上的氟原子沿着锯齿状的 C—C 链作螺线形分布,C—C 主链四周被一系列带负电的 F 原子包围,形成高度立体屏蔽,保护了 C—C 键的稳定。因此,氟元素的引入,使含氟聚合物化学性质极其稳定,氟树脂涂料则表现出优异的热稳定性、耐化学品性以及超耐候性,是迄今发现的耐候性最好的外用涂料,耐用时间在 20 年以上(以前通用的高装饰性、高耐候性的丙烯酸聚氨酯涂料、丙烯酸有机硅涂料,其耐用时间一般为 5~10 年,有机硅聚酯涂料最高也只有 10~15 年)。

氟碳涂料涂敷于金属表面,表面能低,表现了高不黏性、低摩擦性、憎油憎水性,在不黏性餐具、模具等领域被广泛应用。氟原子电负性强、极化率低,含氟涂料表现出优良的电学、光学性能,如高绝缘性、低介电常数、低折射率、高透光性,这些特性则被广泛应用于电线电缆包皮、高频电路基板、低反射玻璃、透镜等领域。

7.3.2.3 涂料的应用

涂料的种类繁多,性能和用途各不相同。物料的底材不同,用途不同,应选用不同的涂料。汽车用漆要求耐磨、耐冲击性、抗汽油性;外用建筑用漆不仅要求耐光,而且要求对气候变化的适应性;电器用漆要求绝缘、抗电弧、耐热性;桥梁用漆要求在户外有耐久性,并防止对钢铁有腐蚀性。

7.3.2.4 涂料的发展趋势

目前涂料工业的发展是基于四个原则,即经济、效率、生态、能源。大力发展"绿色涂料",降低污染,保护环境,提高效率,节省能耗是今后的发展趋势。中国涂料的消费量一直保持高增长的速度,年均增长率在8%。今后重点解决好涂料中残余总挥发物高的问题的同时,国产水溶性、环保型内墙和木器家具涂料、丙烯酸系列、高档汽车涂料、船舶涂料、民用和工业防腐和防火涂料。

(1) 水性涂料 近年来,水性涂料在工业涂料装饰、装修领域的应用日益扩大。由于有机化合物的挥发性和毒性,人们正在设法用水溶性涂料代替一些溶剂型涂料。目前世界上大多数的涂料企业,都在从事水性涂料的研究工作,正在开发出水性有机、无机富锌涂料及水性聚氨酯涂料。水性涂料可用于金属防腐蚀、装饰、木器等。

(2) 高固体分涂料 一般的涂料中固体分占45%~55%(质量分数),而高固体分涂料要求固体分大于72%(质量分数)。这种涂料可减少挥发性的有机化合物,有利于清洁生产,保护环境。同时涂料的固体分高,涂膜丰满,储存和运输方便,而且利用现有设备即可进行制造和施工。高固体分涂料主要向氨基、丙烯酸、聚氨酯涂料发展。如固体分含70%以上的双组分热固性聚氨酯涂料,黏度低,可在室温或低温下固化,便于施工,能耗低,是一种非常理想的装饰性涂料,并已用于飞机、汽车、铁道、机床、家用电器和家具等轻工产品的装饰性防护涂装。

(3) 粉末涂料 近年来,发展起来的粉末涂料(无需添加溶剂的涂料)具有经济、环保、高效、性能卓越等特点,深受人们的重视。由于粉末涂料不含溶剂,可以完全转化为涂膜,是最清洁的涂料品种之一。我国在2018年已有180万吨粉末涂料的市场需求,仅次于美国和德国,而且每年会有两位数的增长。粉末涂料可分为环氧聚酯型、环氧型、聚酯型、聚氨酯型。世界很多大型跨国公司相继在国内建立了粉末涂料的生产和销售机构。

粉末涂料主要应用于洗衣机、电冰箱、电风扇、电烤箱、电饭锅等家用电器以及金属家具、门窗、灶具、液化气钢瓶等家庭用具的喷涂。同时,也用于保险柜、开关柜、仪器仪表外壳、客车车厢中金属物件等的防锈和装饰以及用于高速公路护栏杆和保护网、摩托车车轮、变压器、电信箱柜等耐候涂装上。例如,在铝建材的涂装中,具有代表性的粉末涂料品种有环氧树脂、聚酯树脂、丙烯酸树脂及有机硅树脂粉末涂料。

今后粉末涂料的发展趋势是:低温固化,通过降低树脂的熔融黏度、软化点、添加催化剂来实现;薄膜化,使涂膜的膜层厚度向溶剂型的涂料接近;专用化,如汽车用涂料,预涂钢板用涂料等;美术化,无光、高光粉末涂料、遮盖粗质低材的花纹涂料及金属闪光涂料等。

(4) 功能性涂料 功能性涂料的种类繁多,在涂料中所占比例远小于建筑涂料和工业涂料,但作用甚大,不可缺少。功能性涂料是具有某种特殊作用的专用特种涂料。按性能可分为耐热功能、抗生物活性功能、电性能功能、光学功能、机械功能、环境功能和安全功能等,于是出现了防污涂料、耐热涂料、防霉涂料、防火涂料、荧光涂料、航空涂料、绝缘涂料、电泳涂料等,它们分别被用于与人民的生活息息相关的国民经济的各个方面。

今后，耐高温涂料将向着常温固化、耐超高温并兼具有防腐蚀的功能方向发展；防火涂料向着水性化、透明及多色彩装饰型，燃烧无毒气无烟气的方向发展；防污涂料向着低公害或无公害、长效低毒及采用生物防污方法的发展方向；导电涂料向着水性化、浅色、白色或彩色化、透明型及导电和耐磨、防腐蚀性结合的多功能方向发展。总之人们在要求涂料的多功能特性的同时，注意施工的简单化，常温或低温的干燥化，价格的低廉化，更关注对环境的清洁化。

7.3.3 香料及香精

香料是在常温下具有愉快的香气和香味的有机物质。香精是由几种或若干种香料按一定的香型调制而成的香料混合物。

香料工业从行业上分属于日用化学工业，从学科上属于精细化工。它的应用主要在化妆品、香皂、牙膏、洗衣粉等日用化学工业，在饮料、糕点、奶制品、肉类等食品工业中，同时在酿酒工业、烟草工业、医药工业中也有很广泛的应用。

目前国际上已有5000多个香料品种，其中常用的有500种左右。从1980年至今，我国香料工业的发展非常迅速，已生产出400多个品种，经常生产的有200种左右。2019年我国香料总产值已超过了340亿元人民币。

7.3.3.1 香料的分类

香料按来源分类可分为天然香料和合成香料。天然香料分为植物香料和动物香料。植物香料是由花、叶、秆、根、皮、树脂、果皮、种子、苔衣或草等制成，其来源有野生香料植物和栽培香料植物，香料质量与植物品种、土壤、气候、采集时间、储存方法和提取工艺有关。动物香料也存在于动物的腺囊中，如麝香、灵猫香、龙涎香、海狸香，称为动物香料。

按合成香料的化学结构、官能团的特征分类，典型的合成香料见表7-1。

表7-1 典型的合成香料

化学结构分类		有代表性的香料		
		香料名	化学式	香味
碳氢化合物		柠檬烯	(结构式)	轻微的柑橘似香味
醇类	脂肪族	辛烯醇	H_3C-C=CH-CH_2-CH_2-$CHOH$-CH_3 (H_3C)	玫瑰似香味
	萜烯醇	牻牛儿醇（橙花醇）	(结构式)	玫瑰似香味
	芳香族	β-苯乙醇	C₆H₅-CH_2CH_2OH	玫瑰似香味

续表

化学结构分类		有代表性的香料		
		香料名	化学式	香味
醛类	脂肪族	甲壬基乙醛	$CH_3(CH_2)_8CHCHO$ 中含 CH_3	荨菜似香味
	烯醛	柠檬醛	(结构式)	柠檬似香味
	芳香族	香兰素	(结构式)	香子兰
酮类	脂环族	α-紫罗兰酮	(结构式)	似鸢尾根的甜且强的香味
	萜烯酮	1-香芹酮	(结构式)	留兰香
	大环酮	环十五烷酮	(结构式)	麝香
酯类	脂肪酸酯	乙酸芳樟酯	(结构式)	香柠檬、薰衣草
	芳香酸酯	邻氨基苯甲酸甲酯	(结构式)	橙花

7.3.3.2 香料的特性与提取

(1) 天然香料 精油是从植物的花、果实、种子、根、茎、叶等不同部位提取出的一种天然香料。不同的栽培条件下,原料会有很大的变化,香料精油的香味也有明显改变。这是天然香料的基本特征。精油是由萜烯、倍半萜烯、芳香族、脂环族和脂肪族化合物组成的混合物。通过提取的精油和油树脂,有效成分含量在45%以上,香料可单独使用,也可复配使用,易于保存,留香持久。

香辛料是从具有特殊香气、香味和滋味的植物的草、叶、根茎、树皮、种子提取出的天然香料。如从月桂叶、桂皮、茴香、胡椒、丁香等植物中提取。香辛料都有各自特殊的香气、滋味和刺激性的感觉，同时也有一定的营养成分和药用价值。现在香辛料不仅有粉末状的，还有精油或油树脂状等各种形态的制品。提取精油或油树脂的香辛料制品已成为其发展的主要趋势。香辛料的有效成分一般可用溶剂提取，而无香辛作用的纤维素、鞣质、矿物质、淀粉、糖等不溶于溶剂的成分被分离掉。

目前，由花提取的香料有玫瑰、茉莉、橙花、薰衣草、水仙、黄水仙、合欢、腊菊等。由叶子提取的香料有月桂、香叶、橙叶、马鞭草、冬青、香紫苏、岩蔷薇等。最常用的香料品种有橘子油、甜橙油、留兰香油、柠檬油、薄荷素油、薄荷脑油、玫瑰浸膏、桂花浸膏等。

植物性天然香料的生产方法有蒸馏法、压榨法、吸附法、溶剂萃取法等。

(2) 合成香料 合成香料来源于两个方面：一是从各种天然精油中分离而得的单体成分，用于香精的配制，从而得到其他香型的单体香料；二是通过合成途径得到的有机化合物，可以得到许多天然含香物没有的香型，使产品具有了新的独特的香气。香料的香气与其结构有一定关系，这主要与碳原子个数、结构方式、官能团的区别及在分子结构中的相对位置不同有关。

香兰素又名香草醛，广泛存在于自然界中，分子式为 $C_8H_8O_3$，化学名是 3-甲氧基-4-羟基苯甲醛，结构式为：

具有香荚豆独特的芳香，为重要的食品赋香剂之一，是香草、香精的主要原料，除作定香剂外，也作调香剂或变调剂使用，广泛用于化妆品、烟草、糖果、糕点及冰淇淋中。

合成香料的种类繁多，其合成方法也各有不同，但它们的提取生产规模小、操作条件严格是共同特点，而在生产中旨在提高产品纯度、增加收率、降低成本则为一致目标。

7.3.3.3 香精的特性

香精在多个行业中有着广泛的用途。

(1) 香精的分类 香精的分类方法很多，根据香精的用途，可分为食用香精、日用香精、工业用香精；根据香型的不同，可分为花香型香精、果香型香精、酒用香型香精、烟用香型香精、食品用香型香精；根据形态的不同，可分为液体香精和固体香精。

(2) 香精的组成 香精是由几种乃至几十种香料调配而成，一般认为它是由主香剂、辅助剂、头香剂、定香剂组成。

① 主香剂也称为主剂或打底原料，它是形成香精本体香韵的基础，是构成香精香气的基本原料，主香剂可以是一种或几种香料。如调和玫瑰香精，常用苯乙醇、香茅醇、香叶醇、玫瑰醇、玫瑰醚、甲酸香叶酯、玫瑰油、香叶油等做主香剂。

② 辅助剂也称辅助原料，其功能是弥补主香剂的不足，使香精的香气具有一定的特征，或清新、或淡雅、或浓郁等，使主香剂更能发挥作用，以满足不同消费者对香精香气的要求。辅助剂又分为协调剂和变调剂。在调配玫瑰香精时，常用芳樟醇、羟基香茅醛、柠檬醛、丁香酚、玫瑰木油等做协调剂。在调配玫瑰香精时，常用苯乙醛、苯乙二甲缩醛、乙酸苄酯、丙酸苯乙酯、檀香油、柠檬油等做变调剂。

③ 头香剂为较易挥发的物质，香气的扩散力强，使香精更接近天然植物的香味。例如在调配玫瑰香精时，常用壬醛、癸醛等高级脂肪族醛做头香剂。

④ 定香剂也称保香剂，它的作用是使香精中各香料组分挥发均匀，防止香气挥发过快，延长香气的存留时间。定香剂一般是分子量较大或分子间作用力较强的高沸点的香料。定香剂分为动物性天然香料定香剂、植物性天然香料定香剂和合成香料定香剂。动物性天然香料定香剂常用的有麝香、灵猫香、海狸香、龙涎香等。植物性天然香料定香剂常用的有岩兰草油、广藿香油、檀香油、乳香树脂、安息香树脂、秘鲁香膏等。

7.3.3.4 香料、香精的应用

香料的用途十分广泛，普遍地用于日用化学品、食用化学品、医用药品、烟酒业、饲料、涂料、印刷品、文教用品、美化环境、杀灭害虫剂中。人们在日常生活中使用的化妆品、洗涤剂、口腔卫生用品、皮革用油等都离不开香料香精。

在食品加工过程中，用以改善和增强食品的香气、香味加入的香料香精，在食品添加剂中占有很重要的地位。在我国列入《食品添加剂使用卫生标准》的食用香料品种有590种。合成香料一般不单独添加于食品中，而是配制成香精后再使用。但允许加入量非常有限，对其毒性安全试验要求极为严格。

7.3.3.5 香料、香精的发展

随着人们生活水平的不断提高，对香料香精的需求量逐年增大，对质量的要求也愈加提高。由于其大量地用于食品和化妆品中，进一步改进分离、分析方法，提高产品的纯度，增加香料香精的品种，生产出更多对人体无害的香料是今后的发展方向。为此从以下几方面着手。

① 为保护人类皮肤的安全，必须进一步健全化妆品、香皂、洗涤剂等制品的检验与评价制度，应与食品用香料相同，建立相应的香料清单，以对产品质量进行严格控制。

② 采用新型分离方法，如超临界流体分离技术、膜分离技术、吸附分离等，提高香料的收率和纯度，降低成本。

③ 进一步提高香料香精的分析、检验、评价手段，不断用高新技术、高新仪器逐步代替依靠人的嗅觉和味觉器官作为测量"气"和"味"对香味的评价方法。

④ 根据加香产品的性质和用途，不断为人们增加喜爱的香精品种，以满足对加香产品香气或香味的需要。

7.3.4 胶黏剂

7.3.4.1 胶黏剂的现状

胶黏剂是以黏料（也叫基料）为主要成分，配合各种固化剂、溶剂、增塑剂、填料以及其他助剂（如促进剂、增韧剂、增稠剂、防老剂、阻聚剂、阻燃剂、消泡剂、稳定剂等）复合配制而成。早期使用的胶黏剂，其黏料都是天然高分子如淀粉、蛋白质、糊精等，同时还有天然橡胶、硅酸盐以及从植物和动物提取出的如松香、骨胶等。然而，天然胶黏剂无论在产品质量和种类上都难以满足人们的需求，随着现代工业的迅速发展，特别是高分子材料的出现，为胶黏剂的发展提供了丰富的原材料。

7.3.4.2 胶黏剂的组成和分类

胶黏剂的组成包括黏料、固化剂、溶剂、增塑剂、填料、偶联剂、交联剂、促进剂、增韧剂、增黏剂、增稠剂、稀释剂、防老剂、阻聚剂、阻燃剂、引发剂、光敏剂、消泡剂、防腐剂、稳定剂、络合剂、乳化剂等。应当指出，并非每种胶黏剂都包含上述各个组分，除了黏料是必不可少之外，其他成分根据需求和制备工艺进行取舍。

黏料是胶黏剂的主要组成部分，起粘接作用。黏料主要分为合成树脂类，包括热固性树脂、热塑性树脂；合成橡胶类，包括氯丁橡胶、丁腈橡胶、丁基橡胶、聚硫橡胶等；天然高

分子类，包括淀粉、蛋白质、天然橡胶以及硅酸盐、磷酸盐等。

固化剂是一种可使单体或低聚物变为线性高聚物或网状体型高聚物的物质。固化剂又称为硬化剂或熟化剂，有些场合也称为交联剂或硫化剂。

溶剂是指能够降低某些固体或液体分子间力，而使被溶物质分散为分子或离子的均一体系的液体。在胶黏剂配方中常用的溶剂多为低黏度的液体物质，常见的有机溶剂如烃类、酯类、醇类、酮类、氯代烃类、醇醚类、醚类、砜类和酰胺类。应该注意，对一些高毒性、易燃性、易爆性，对环境有污染的有机溶剂常常受到限制。

增塑剂是一种能降低高分子化合物玻璃化温度和熔融温度，改善胶层脆性，增进熔融流动性，能使胶膜具有柔韧性的高沸点难挥发性液体或低沸点固体。按其作用可分为两种类型，即内增塑剂和外增塑剂。内增塑剂是可与高分子化合物发生化学反应的物质，如聚硫橡胶、液体丁腈橡胶、不饱和聚酯树脂、聚酰胺树脂等。外增塑剂是不与高分子化合物发生任何化学反应的物质，如各种酯类等。

填料是在胶黏剂中不与黏料起化学反应，但可以改变其性能，降低成本的固体材料，改变物理力学性能，如增加弹性模数，降低线膨胀系数，减少固化收缩率，增加热导率，增加抗冲击韧性，增加介电性能等。

胶黏剂的品种繁多，从天然高分子物质到合成树脂乃至无机物都有很多品种可以应用于粘接。目前，国内有2500个胶黏剂的牌号，常常按化学成分、形态及用途进行分类。如果按化学成分分类，如图7-2所示。按形态可分为溶剂型、乳胶型、压敏型、再湿润型、热熔型、反应型等。

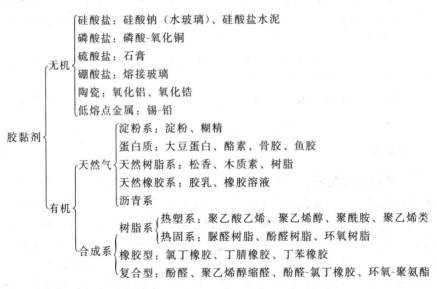

图7-2 胶黏剂的分类

7.3.4.3 粘接机理

长期以来人们提出了不少粘接理论，如机械理论、吸附理论、扩散理论、静电理论、化学键理论、配位键理论等。机械理论是最早提出的粘接理论，这种理论认为当胶黏剂渗入被粘接物凸凹不平的多孔表面内，并排除其界面上的吸附空气，固化产生锚合、钩合、契合等作用，使胶黏剂与被粘物质结合在一起。

吸附理论认为粘接是与吸附现象类似的表面过程。胶黏剂分子通过链段分子与分子链的运动，逐渐向被粘物表面迁移，极性基团靠近，当距离小于0.5nm时，原子、分子或原子团之间必然相互作用,产生分子间力,这种力称作范德华力。固体表面由于范德华力的作用能吸附液体和气体,这种作用称为物理吸附,范德华力包括偶极力、诱导力和色散力,有时由于电负性还会产生氢键力,从而形成粘接。

分子渗透理论认为聚合物的粘接是由于扩散作用形成的。由于聚合物的链状结构和柔性,使胶黏剂大分子的链段通过运动引起相互扩散,大分子缠结交织,类似表层的相互溶解过程,固化后就粘接在一起。

7.3.4.4 胶黏剂的制备与应用

由于高分子胶黏剂具有良好的胶接性能,可供多种粘接场合使用,随着高分子化学工业的发展,合成高分子树脂胶黏剂几乎取代了大部分的天然胶黏剂。如环氧树脂胶黏剂是一类应用极广的合成胶黏剂,下面以它为例,说明胶黏剂的制备与应用。

(1) 环氧树脂胶黏剂的制备与应用　环氧树脂胶黏剂主要由环氧树脂、固化剂、增韧剂、填充剂等构成。环氧树脂是分子中至少含有两个环氧基团的高分子聚合物,用它作为环氧树脂胶黏剂基料。环氧树脂的种类很多,工业上用作胶黏剂的主要为双酚 A 缩水甘油型环氧树脂,其产量约占环氧树脂产量的 90% 以上。固化剂的加入对胶黏剂的性能起着关键性的作用,选择不同的固化剂,所得的胶黏剂的性能不同。配料时特别要注意固化剂的加入量及加入的时间与方法。加入增韧剂是为了改善环氧树脂胶黏剂的脆性,提高抗冲击性能和剥离强度。但增韧剂的加入也会降低胶层的耐热性。填充剂的加入可以改善胶黏剂的许多性能,降低固化物的收缩率和热膨胀系数,改善物理力学性能等,常用的填充料有无机化合物、金属粉末、金属氧化物等。

制备环氧树脂胶黏剂时首先要弄清楚被粘接物的种类、组成、性质和表面状况等,然后进行反复的性能测试以确定使用配方。第二步是把所用的原料进行必要的预处理后,按一定的顺序准确称量,混合均匀。例如用酸酐类固化剂时,先分别将树脂与增韧剂、固化剂和稀释剂混合均匀后,再将二者混合在一起,最后加入填料,混匀后就可以涂胶了。混料时要充分搅动,不能有死角。如果使用了偶联剂,则应按偶联剂的加入技术加入。商业上常将环氧树脂与固化剂分开包装,成为双组分胶黏剂品种。从外观上看胶黏剂有液状、膜状和粉状等类型。

环氧树脂胶黏剂在未改性前使用易产生脆性大、延伸率低、粘接时易出现裂纹等问题,但是加入一些特殊的聚合物材料进行改性,就可以克服以上不足,拓宽应用范围。液体的聚硫橡胶、液体丁腈橡胶、酚醛树脂、聚砜和有机硅树脂等与环氧树脂共混合后,形成均匀体系,在环氧胶固化时成为交联体,从而形成较强的界面间的粘接力,减小胶层的应力,防止开裂。

环氧树脂胶黏剂具有工艺性能好、胶接强度高、收缩率小、耐介质性能优良、电绝缘性能良好等优点。可用于粘接钢、铝、铜等金属材料,也可用于粘接陶瓷、硬塑料、玻璃、木材、混凝土和石块等非金属材料,并可用于金属与非金属材料相互粘接,但是这种胶黏剂也存在着韧性较差、耐潮性不好等缺点。

(2) 胶黏剂在工业中的应用　目前使用的胶黏剂具有强度比较高,对材质相同或不同的金属或非金属间都可以实现有效的粘接,它克服了铆接和焊接时出现的应力集中的缺点,而使粘接结构具有极高的耐疲劳性和对水、空气或其他环境腐蚀介质的高度密封性等。在很多情况下,胶黏剂代替了焊接、铆接、螺接和其他机械连接,从而使生产工艺大大简化,同时也节约了能源,降低了成本。

随着科学技术的进步和生产的不断发展,胶黏剂的应用极为普遍,已渗透到国民经济的各个部门，成为了各行业中必不可少的重要材料之一。

当前，木材加工业是胶黏剂消耗量最大的企业，其中胶合板、木屑板、装饰板、家具及办公用品等都大量地使用胶黏剂。

在建筑业中，胶黏剂用于玻璃纤维和石棉的键合，作绝缘材料；用于粘接乙烯薄膜层压板，制作门、窗框；用以填补石块和木材间的空隙，作防水密封等。使用的胶黏剂有环氧胶、聚乙酸乙烯胶、混凝土、聚苯乙烯、聚酰胺胶等。

在汽车与车辆制造工业，汽车的车身结构、内饰材料、吸声材料、隔热材料、座椅的粘接，挡风玻璃的粘接，刹车蹄片和离合器片制造等，需用多种不同性能的胶黏剂。

在航空航天业，飞机机翼结构的接缝用弹性密封胶密封，胶黏剂还在组装直升机的螺旋桨叶片以及蜂窝结构的制造时使用。在人造卫星、宇宙飞船上的蜂窝结构的制造，太阳能电池、隔热材料的粘接，安装仪器和建造座舱中均用胶黏剂。同时火箭升空后在穿越大气层时温度很高，需要耐高温的胶黏剂起到黏合、密封作用等。

在电子电器工业，胶黏剂主要作为绝缘材料、浸渍材料及灌缝材料等使用，电视显像管上的一层防护薄膜也是用胶黏剂粘在显示屏上。在电子业还用于印刷电路板、磁带、箔式电容器的制造，另外用导电胶黏剂粘接线路接头，用导磁胶黏剂粘接磁性元件等。

在铸造业，用酚醛和糠醛树脂与砂混合后，经酸催化交联成胶黏剂，在铸膜成型时，待金属固化后，树脂便被破坏、剥离铸件，而砂可以重复使用。

在制鞋业，常用氯丁橡胶黏合鞋帮和衬里。在包装业可密封箱子和盒子。在纺织业，用来黏合衬里、面料及地毯衬布等。

7.3.4.5 胶黏剂的发展

胶黏剂工业正在逐步走向成熟，胶黏剂产品的数量不断增大，质量不断提高。各种胶黏剂普遍向着低公害、节能、工艺性能优异、具有功能性、成本低、效率高的方向发展。

① 含氟聚合物胶黏剂发展较快，可粘接典型的最难以粘接的聚四氟乙烯塑料。含氟胶黏剂是由偏氟乙烯类聚合物制备的溶剂型胶黏剂以及氟树脂胶黏剂组成。

② 紫外光固化胶黏剂也叫光敏胶，具有固化速度快、机械强度高、对环境污染少、能量利用率高、可低温固化及易保存等优点。近年来发展很快。它是由反应性低聚物、反应性稀释剂、光引发剂或光敏剂三部分组成。反应性低聚物多用环氧丙烯酸、氨基丙烯酸、聚酯丙烯酸等。

③ 水基胶具有保护环境、施工方便、储运安全等优点。目前在该领域的开发是向着粘接力更强、更耐水、可低温快干、可抗冷冻及专用功能性的方向发展。水基胶有丙烯乳液、乙酸乙烯乳液、橡胶乳液等。

④ 功能性密封剂的发展，重点考虑在建筑业、电子业及航空航天工业对密封剂的特殊要求。新型的膨胀发泡密封剂具有不透水、不透气，可密封裂缝、空洞和大间隙的功能。还氧改性的聚氨酯密封剂具有抗紫外线、抗臭氧性能。高档弹性密封剂的性能独特，要进一步改进工艺，提高生产率，向着价格低廉的方向发展。

⑤ 纳米金刚石粉胶黏剂不但具有金刚石的特性，而且具有尺寸小、比表面积大、量子效应等纳米材料的特性。纳米材料已经成为国际、国内在21世纪发展最快的材料，受到人们的普遍的关注，正在不断地研制开发新的纳米材料胶黏剂。

7.3.5 农药

7.3.5.1 农药的分类及其特点

所谓农药是指在农业生产过程中，能够有效防治农产品的病虫、病菌，能够除去田间中的杂草以及可以对农产品起生长调节作用的化学产品。目前,农药分为四大类:化学除草剂、化学杀虫剂、化学杀菌剂和植物生长调节剂。

7.3.5.2 农药工业现状

我国是世界上人口大国,目前已接近13亿,但由于还处于发展阶段,农民在我国所占比例较大,靠农业为生存手段的人多是我国的基本国情。同时,以占世界7%的耕地面积养活占世界总人口22%的人民,做到了粮食自给有余,也是我们国家面前面临的一个艰巨任务。因此,大力发展农业,解决粮食生产,是我国国民经济的首要任务。为了满足人民日益增长的粮、棉、油、果、菜等农产品的需求,一要靠政策,二要靠科技。所谓政策,就是要解决农业发展过程中各种制约因素,给农业、农民各种经济政策,使得农业发展有一个宽松的环境。所谓科技就是要靠化肥和农药,农药是保障农业高产、丰收的主要因素。

近年来,我国也新开发出了一些新品牌。在产品质量和农药药效上都达到了世界水平,如中国科学院大连化学物理研究所的溴氰菊酯、甲氰菊酯、吡虫啉,上海市农药研究所的反式丙烯菊酯。也有一些研制品种,如南开大学元素有机化学研究所的除草剂单嘧磺隆以及沈阳化工研究院研制的 SYP-L190。

然而,差距还比较大的,主要表现在以下几个方面。

(1) 农药品种老化,新品种少,结构不合理 世界上经常使用的农药品种有500多种,而我国生产的品种约有200个,但产量较大的只有10种,且大多数较为老品种。发达国家农药结构中,一般杀虫剂占30%,除草剂占45%~48%,杀菌剂占18%,而我国是以杀虫剂为主体,占总产量的70%,除草剂占16%,杀菌剂占10%。

(2) 工艺技术落后,产品质量较差 目前,世界农药工业是高科技、精细化、自动化及生物技术发展。而我国总体上还处于间歇、手工操作。在微机自控、高效催化、高度纯化、定向主体合成、生物技术应用等方面与发达国家相差了20~30年。工艺技术落后,造成产品质量差,不少产品原药含量较国外先进水平低5%~10%。

(3) 科研经费严重不足,制约了农药科技开发的研究 一般来说,国外研制一种新的农药品种约用1亿~1.5亿美元,筛选20000个新化合物,历时8~10年。

7.3.5.3 农药发展趋势

从国内外农药发展战略来看,虽然目前生物农药的呼声很高,前景也很好,但目前生物农药仅占世界农药产量还很小。同时,对大多数农业有害生物的防治,特别是大面积的快速防治仍然显得无能为力,所以生物农药很难在近期内成为农药的主力军。预计21世纪50年代以前化学合成农药仍是农药的主体,在我国尤其如此。从化学农药自身规律来看,化学农药将进入一个超高效、低毒化、无污染的新时期。目前,农药的发展有如下趋势:

① 重视设计生物合理性农药,着手开发生物农药,大力推广基因产品工程。

② 大力开发含氮杂环化合物仍为化学农药研究重点,同时,含氟化合物在农药上得到广泛的应用,同时其他杂环化合物农药也有很大前景,值得重视。

③ 手性农药的使用更加普遍,因而在农药工业的合成工艺上大力开发单一光学活性异构体的合成技术成为一种趋势。

④ 积极开发符合生态学要求的新农药,倡导绿色农药,大力开发绿色化学技术和绿色农药制剂成为农药工业可持续发展战略的明智选择。

7.4 新型精细化工

7.4.1 电子化学品

7.4.1.1 电子化学品的分类与特点

电子化学品是指为电子工业配套而采用化学工业的生产技术得到有特定功能的产品,其品种非常繁多,从功能上讲可分为绝缘材料、电阻材料、半导体材料、导电材料、发热材料、磁性材料、传感材料等。从应用领域上讲,主要应用在集成电路和分立器件、彩电配套、印刷电路板生产、液晶显示器件等领域。就材料种类来分类,大致分为三大类,即金属材料、陶瓷材料和有机高分子材料。

电子化学品具有精细化工产品的鲜明特点是品种多、质量高、用量小、产品更新换代快、产品附加值较高,并且对环境的影响要求苛刻。它是精细化工中的一个新领域,其发展十分迅速。

> **科技强国**
>
> **电子级氟化氢的"卡脖子"作用**
>
> 半导体是韩国重要支柱产业,拥有三星、LG、SK海力士等著名企业,掌握全球半导体和面板大部分市场。2019年7月初,日本产业省宣布对出口韩国的电子级氟化氢等3种材料实施出口管制。
>
> 作为半导体制造的关键性精细化学品之一,电子级氢氟酸主要用于半导体制造工艺中芯片的清洗和集成电路蚀刻工艺,它的纯度和洁净度直接影响集成电路的成品率、电性能及可靠性,技术门槛高。同时,电子级氢氟酸属国际高端垄断产品,其关键技术长时间被日本、美国的少数跨国企业垄断。作为三星、LG等韩企的电子级化学品重要供应方,日本电子级氟化氢气体占据全球产能的70%。
>
> 日本对韩国电子级氢氟酸的出口限制,严重影响了韩国企业生产和出口,显示了电子级精细化学品对半导体产业的"卡脖子"作用。

7.4.1.2 发展状况

电子化学品的发展以电子工业的发展作为依托,电子工业是近20年来迅速发展起来的高新技术产业。以电子计算机和超大规模集成电路为核心的电子工业水平已成为衡量一个国家科学综合水平的重要标准。这无疑为电子化学品的发展提供了很好的机遇。据统计,2018年全球电子化学品产值在600亿美元,我国电子化学品产值约1200亿元。电子化学品主要集中在电容器化学品、胶黏剂、电荷调节剂、液晶化学品、液晶偏光片及超净高纯试剂等。2020年我国电子化学品产值达1600亿元,发展前景广阔。

7.4.1.3 电子化学品的应用

目前电子化学品在电子、电气材料的各个领域均有应用。在这里主要阐述在绝缘材料、介电材料、磁记录材料和液晶方面的应用。

(1) 绝缘材料　众所周知,绝缘材料广泛地应用于电机、电力工业,随着电机和电力设备向着大容量、高电压、小型轻量化的方向发展,对绝缘材料的性能的要求也显著提高,绝缘材料不断出现新品种。例如层压塑料制品，不仅在电机、电力工业中使用，也在电子工业中应用。它是经浸渍过热固性或可固化树脂的片状纤维材料，多层相叠，再加热加压黏合成型的硬质复合制品。利用层压塑料制品可加工成各种绝缘零部件，广泛应用在电机、变压器、高低压电器中。

绝缘材料大量用于电子工业、计算机、通信行业中，如半导体电子元器件芯片的绝缘，元器件的封装及安装元器件用的印刷电路板。由于电子、计算机、通信这些行业的设备、仪器向着轻、薄、短、小和多功能、高功能的方向发展，因此在不断提高质量的同时，多功能和高功能是今后绝缘材料发展的主要趋势。

（2）介电材料　介电材料又叫电介质材料或电介质，能够储存电荷的功能是介电材料的主要功能，它是制造电容器必不可少的材料。对介电材料的要求是必须容易极化，同时还必须有很高的电阻率和介电强度，以防止电荷在两个导体板间通过。电容器按材料可分为有机材料、无机非金属和金属材料三类，根据性能特点有纸电容器、镀金属纸电容器、塑料薄膜电容器、铝电解电容器、陶瓷电容器等。如塑料薄膜电容器大量用于工业测量仪器、计算机、电视机、发电机及音响等电器设备中。陶瓷电容器主要应用于电子计算机、电视摄像机和汽车、钟表等行业，随着机械电子一体化，特别是集成电路的发展，陶瓷电容器得到了迅速的发展。在 21 世纪，一些新型电子技术，如光学电子计算机、联想电子计算机、故障修理机器人、无中继光通信、人工智能机器人等会有突破性进展，从而使电子、电气化学品向更高级的阶段发展，促使有实质性变化的崭新材料不断出现。

（3）磁记录材料　磁记录是通过电磁转换把信息记录到磁记录材料上，并通过磁电转换又把信息从记录材料上"读出"。磁记录技术有记录频率范围广、记录失真小、记录容量高、可直接和多次重现、可擦性好等优点。磁记录材料在磁记录技术发展中有显著作用，磁记录技术已成为一种主要的信息存储手段。对任何现象，只要选择适当的传感器，就能把它变成一定形式的电信号，并记录在某种形式的磁记录材料上。目前使用的磁记录材料有磁带、磁盘（软、硬）、磁卡、磁鼓等，均为人们十分熟悉。

（4）液晶　液晶既具有液体的流动性，又具有晶体的性质，当温度增高到某一点时，即从浑浊的流体转变为澄清流体。液晶是一类具有介晶相的物质，也称为晶相液体，其光学特性（如光的反射、折射、旋光性、折射率）、热导率、弹性系数和电学特性（如介电性、磁性、导电性、压电效应）等都有各向异性。由于液晶具有轻、薄、功耗低，易与集成电路匹配等优点，被广泛应用于高新技术领域。如向列型液晶用于微机处理机、台式计算机、数据处理终端、户外广告、运动记分牌、航空信号、公路信号、钟表及数字电话等数字显示。也用在电子扫描、静止画像、电视等图像显示等。

乙烷类液晶具有黏度小、稳定性好、耐紫外光的辐射性能好、电阻率高等优点，已被应用于各种效应的电光显示器混合液晶中，具有深入开发的前景。而近期出现的高分子液晶为液晶技术的开发和应用又提供了新途径（见第 4 章高分子化工）。

（5）电子纸　电脑的广泛应用和网络的普及，在很大程度上改变了人类传统的阅读方式。然而，由于人们的阅读习惯，纸张依然是传播信息的重要载体。因此，设计一种既可以像连在网上的电脑一样，可随时更新内容、查阅大量信息，又可以像普通报纸一样随身携带、随意折叠的"纸张"，可能是许多人的一种梦想。20 世纪 70 年代，科学家就带着这个"梦想"，开始研制被称作"梦幻技术"的电子纸，希望能够利用电子装置，既能改写信息，又便于文字阅读。电子纸的特点是具有纸的柔软性、对比度好、可视角度大、不需背景光源，所以形象地被称为"电子纸"。电子纸能循环使用，显示内容可以根据需要不断地更新。

电子纸的出现对传统印刷业也将是一次猛烈冲击，以报业为例，电子报纸即时化的时效性最具优势,是传统报纸无可比拟的,而且省略了印刷和发行的全部流程,可以大大节约运营成本。同时,电子报纸即时传播的动态内容,将提高读者的阅读兴趣,增加报纸的发行量和阅读率。电子纸广泛应用,最大最直接的效益将蕴藏于环保之中。比如,人们利用电子纸可事先下载会议资料等数据,那么就不再需要使用纸张。电子纸节约了天文数字般的传统纸张,同时也挽救了大片森林资源。未来,电子纸还将广泛应用于超市和百货商场的商品显示牌、公交月票、各种门票、平面广告等载体,同时,科学家正在积极推进"电子纸与计算机融合"的开发,可以使电子纸作为下一代个人数字助理的显示器以及手写输入终端。

(6) 电子墨水　电子墨水是化学、物理和电子学相融合产生的新材料。实际上它是一种液体,其内包含几百万个细小的球状微胶囊(约为人毛发丝直径大小)组成。每一个微胶囊有清澈的外壳,其内充满深色染液和悬浮其中的大量白色 TiO_2 微胶粒。所有微胶囊夹在两块透明导电柔性塑料膜中间。通电时,负的顶电极吸引带正电的白色胶粒聚集到顶面,使微胶囊呈白色。当电场反转,这些白色胶粒又被推向负的底电极,并被深色染液隐藏,使微胶囊呈深色。换句话说,电场的作用是移动微胶粒或者到显示器顶面或者到底部,所以观察者或者看到白色胶粒或者看到深色染液,这也取决于胶体和聚合物的表面化学。另一方面,即使移去电场,白色微胶粒仍能很长时间停留在一处。其显示原理如图 7-3 所示,该性能使显示图形无需额外的功耗仍保持固有的"余晖",这也是能实现低功耗显示技术的重要因素。

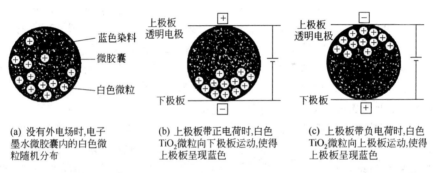

图 7-3　电子墨水的显示原理

电子墨水是由两块塑料板分层压制成。其中一块板是显示用的前视板,用丝网印刷工艺把专有的电子墨水印刷到该板。另一块板是形成像素图形的有源矩阵电子背板,并包括驱动集成线路和控制器。由标准的显示驱动器控制,使有些微胶囊有时呈白色,有些有时呈深色,这样就形成了可以不断变化的数字或字母的像素图形或活动图像。

电子墨水是下一代纸,它使移动信息充满新的生命力,其优点明显超过传统媒体,使电子报纸和电子书具有交互性质。因为它是由与普通墨和纸类似的基本材料制成,所以电子墨水可以保持卓越的纸一样的视觉特性和高对比度、宽视角、明亮的白纸一样的本底。电子墨水几乎可以打印到任何表面,从塑料到金属和纸,并且可以廉价地打印到大面积表面,由此可开发穿戴式显示器。电子墨水工作时耗电是反射式液晶显示器的 $1/10\sim1/1000$,即使断电仍能保持显示图形长达几周(记忆效应),甚至在低灯光照明下也容易辨认。电子墨水也大大减少或不需要背光源的功耗,极大地延长便携式器件的电池寿命。电子墨水工艺和大规模生产工艺兼容,足以和现今传统的制造工艺竞争。电子墨水显示动态的移动信息,由它制造的电子书或电子报纸可以连接到互联网,有线或无线下载文本或图形信息,以及信息的更新可由遥控自动改变。

7.4.2 纳米材料

7.4.2.1 纳米尺度和纳米材料的优异性能

如果以日常生活中常用的单位"米"(m)作为主单位的话,纳米在长度单位中所处的位置如表7-2所示。1nm等于10^{-9}m(十亿分之一米),而一般人类头发丝的直径大约在$70\mu m$,相当于70000nm,因此,是人类肉眼分辨不出来的长度单位。目前所指的纳米材料泛指尺度为0.1~100nm之间的材料。

表7-2 纳米与其他长度单位的对照

单位	符号	相对主单位的比值	单位	符号	相对主单位的比值
米	m	主单位	忽米	cmm	10^{-5}
分米	dm	10^{-1}	微米	μm	10^{-6}
厘米	cm	10^{-2}	纳米	$m\mu$ 或 nm	10^{-9}
毫米	mm	10^{-3}	埃	Å	10^{-10}
丝米	dmm	10^{-4}			

纳米材料具有高强度和高韧性,高比热容和高热膨胀率、高导电率和磁化率,对电磁波具有强吸收性能。更奇特的是,普通状态下脆性的陶瓷在纳米固体材料中却能被弯曲,其塑性形变竟然高达100%。纳米陶瓷材料除可以保持传统陶瓷材料的性能外,还具有高强度、高韧性及延展性等性能。纳米磁性金属的磁化率是普通磁性金属的2倍。

7.4.2.2 纳米技术的提出与研究工作的重大意义

最早提出纳米科学和技术问题的是著名物理学家、诺贝尔奖获得者理查德·费曼。在1955年,他在题为《在底部还有大量余地》的演讲中,提出了这样一种设想:人类能够用宏观的机器,制造出比其体积小的机器,而这较小的机器可以制作更小的机器,这样一步步达到分子线度,即逐级地缩小生产装置以致最后直接按人们的意愿排列原子,制造产品。1959年,他在美国物理学会的年会上又做了一个富有远见性的报告,并作了很多美妙的设想。1960年的《科学与工程》杂志上发表了这篇预言性的文章,在这篇报告中他设想了在原子和分子水平上操纵和控制物质,其中包括以下几点。

① 如何将《大英百科全书》的内容记录到一个大头针头部那么小的地方。

② 计算机微型化。

③ 重新排列原子。他提醒人类,如果有朝一日能按自己的主观意愿排列原子,世界将会发生什么样的奇迹?

④ 微观世界里的原子和在体块材料中的原子的行为表现不同。

纳米科技是在纳米尺度(0.1~100nm)上研究物质(包括原子、分子)的特性和相互作用,以及利用这些特性的多学科的科学和技术。这是一种在介观区域(宏观和微观之间的连接区域)进行开发研究的新技术。同时,它使人类认识和改造物质世界的手段延伸到原子和分子,它的最终目标是直接以原子、分子及物质在纳米尺度上表现出来的特性,制造出具有特定功能的产品,从而实现加工技术和生产方式的飞跃。因此,纳米科学将彻底改变人们的思维方式,对人类产生深远的影响。

7.4.2.3 纳米材料的主要研究内容、应用及进展

纳米材料是指晶粒和晶界等显微构造能达到纳米级尺度水平的材料。它可以是由尺寸处于纳米范围的金属、金属化合物、无机物、聚合物的颗粒(一般为1~15nm)经压制、烧

结或溅射而制成的人工凝聚态固体。纳米材料主要研究纳米材料的制备技术、纳米材料的结构表征、纳米材料的性能和效应等内容。

过去各种材料的原始材料尺寸都在微米以上，后来发现如果把材料尺寸减少到亚微米甚至纳米以下，将获得优异的效果。纳米材料由于其结构的特殊性，如大的比表面、小尺寸效应、界面效应、量子效应和量子隧道效应，决定了纳米材料表现出许多不同于传统材料的独特性能，进一步优化材料的电学、热学及光学等性能。从微米级到纳米级的进步，不仅是制备工艺上的跃进，而且能推进材料科学的理论发展。

材料的很多性能如强度、断裂韧性、应变速率、硬度、超塑性等，都受晶体尺寸大小的影响，在材料制备过程中的物理和化学行为亦与所用原料的颗粒尺寸有关。如前所述，纳米技术的进步将使近代的微米级尺寸的材料跃进到纳米级尺寸的材料。

目前，已提出了许多可用于制造纳米结构的方法。现在可以利用激光或等离子体技术从高温气相合成得到纳米级的金属材料和陶瓷粉料。用化学共沉淀法、溶胶-凝胶法以及水效合成法均可制得相应的纳米尺寸的陶瓷粉料。

纳米材料可提高催化剂的效率，加速催化剂速度，提高燃烧效率。纳米材料还能作为新一代半导体材料，可使电子和充电系统的高频特性明显改善，并降低噪声，提高传感器的灵敏度，改善音像质量，日本松下电器集团公司制成的纳米级微粉录像带，具有图像清晰、噪声小、高保真等优点。聚合物的纳米颗粒在润滑剂、高级涂料及功能电极材料等方面均有重要用途。

纳米材料还可应用于医学。各种特制的纳米颗粒，注入人体各部位，可检查出病灶的位置，还可进行定位疾病治疗。在生物材料上，可用纳米尺度观察，认识生物分子的精细结构及其与功能的关系；在纳米尺度上利用扫描隧道显微镜了解细胞器和细胞的结构等生命信息；用纳米传感器获取各种生物化学反应的化学和电化学信息等。

科学家构想的第一代分子机器将是生物系统和机械系统的有机结合体，这种分子机器可注入人体的各部位，作全身健康检查，并能疏通血管，杀死癌细胞，进行疾病的治疗。第二代生物分子机器是直接由原子、分子装配成的有各种特定功能的纳米尺度装置。第三代分子机器将是含有纳米计算机，可人机对话，并有自身复制能力的纳米装置。由于纳米科技能提供一种将分子和原子组合成新物质的手段，所以人类有可能制造出新的物种。在纳米生物学领域所取得的一些初步成果，如纳米化工厂、生物传感器、生物分子计算机元件、生物分子计算机、生物分子纳米机器人、纳米分子电机等。

我国科学家白春礼院士在纳米研究中取得了重要的科研成果，在 STM（扫描隧道显微镜）和 AFM（原子力显微镜）的应用领域，做出了贡献。在极高分辨率的水平上，解释了材料表面结构与样品制备、形成条件的关系。在用 STM 进行纳米级加工方面，白春礼及其同事们也得到了十分可喜的成果，如用计算机控制，在晶体表面刻写出线条宽度仅为 10nm 的文字与图案，对探索新型高密度信息存储方式和纳米科技的研究具有重要的实际意义，引起国外同行的重视。

近年来，我国在富勒烯和金属富勒烯类等功能材料研究方面也取得长足进步。富勒烯形成机理已基本明确，科学家们利用各种方法合成分离了小至 C_{20}，大至 C_{240} 的富勒烯。进一步研究还发现，当有金属原子嵌入富勒烯内形成金属富勒烯或对碳笼表面进行修饰，极其不稳定的违反独立五元环规则的富勒烯亦可被稳定下来，由此开辟了富勒烯研究的新领域。碳纳米管在力学方面具有非常高的机械强度和弹性，在电子学方面具有优良的导体或半导体特性，在光学方面具有优异的非线性光学性质。纳米管这些优良的特性使其有可能被广泛应用在信息、光电、生命、能源、传感、材料等各个领域，成为纳米科学领域持久不衰的研究热点之一。石墨烯是近几年飞速发展起来的一种碳纳米材料。单层石墨烯厚度只有 0.335nm，它最大的特性是导电速度极快，远远超过其他导体材料，可用在导电薄膜、电极材料、传感器等方面。石墨烯还有强度大的优点，可作为添加剂广泛应用到高强度复合材料之中。虽然石墨烯发现不足 10 年，但已步入研究的黄金时期。

7.4.3 智能材料

智能材料是一种高科技的新型材料。所谓智能材料是指可以感知环境条件，并能做出响应，且具有功能发现能力的材料。智能材料、系统和结构的构思与仿生直接相关，从植物、动物到人类，一切生物体的最大特点就是环境的适应性。细胞为生物体的基础，而细胞本身就是具有传感、处理和执行 3 种功能的融合材料，故可能作为智能材料的蓝本。智能材料的研究开发将促进新理论和新材料的出现，以及科学技术的振兴。它的研究成功不仅会波及信息、光电子技术、生命科学、宇宙、海洋技术以及软科学技术，而且也有利于提高人们的生活水平。下面以两种智能材料为例说明其应用和开发的意义。

(1) 智能器件——SMA（形状记忆合金） 钛镍（Ti-Ni）形状记忆合金是一种智能金属材料，在生物医疗方面应用甚广。如用强磁性体（铁氧体）包覆 Ti-Ni 的合金针，通过外部施加高频磁场，有电磁感应使针发热时，则直线状的针即发生变形。因此，在医疗临床上可以将该针在体内移动到深处，通过温热疗法治疗癌症。这种技术是利用外磁场无各向异性的特点，可仅使病灶处受热。当然，这种智能材料还可以通过外部电场的作用，达到气管、尿腔扩张的作用，用于临床医药。

(2) 智能药物释放体系 近年来，为了改善药物的疗效，研究人员注重了对药物释放时间控制的研究，建立了一套智能药物释放体系（DDS）。如，由 N-异丙基丙烯酰胺（IPPAAM）、丙烯酸（AA）和乙烯基封端的聚二甲基硅氧烷（VTPPMS）制成的负载消炎痛用的水凝胶，在胃液条件（pH=1.4，温度低于 37℃）下不会溶胀，药物不会释放或药物释放很少，而在肠液条件（pH=6.8～7.4，温度达到 37℃）时，药物在 5h 内释放 90% 以上。从而控制药物在指定条件、指定地点进行释放。智能药物释放体系（也有人称为缓控药物）是未来药物发展的方向之一，不仅可以有效利用药物的功效，同时还可以减少药物的副作用。

7.4.4 储氢合金

储氢合金是在一定的温度和氢气压力下，能可逆地大量吸收、储存和释放氢气的金属化合物，此金属化合物还常由一种吸氢量大并能形成稳定的氢化物的金属与另一种易于吸放氢的金属组成。氢同这些金属接触时，它就分解成氢原子而进入金属晶格的间歇中，并与金属形成金属氢化物。这些金属氢化物能随着条件的改变而吸收、储存或放出氢气。

那么为什么要储氢呢？这是因为氢具有很高的能量密度，且储量丰富，燃烧以后不留任何残留，被认为最有前途的清洁燃料。在当前矿物能源日益紧张、环境污染相当严重的情况下，人们正在大力开发利用氢作为新的能源，而安全利用氢能源的关键，就在于解决氢的储运技术问题。

储氢合金有以下的特点：容易活化；储氢容量高；吸收与释放速度快；反复吸收氢循环时不易粉化；长期使用性能不退化；有合适的吸放氢平台压力；吸-放氢过程中的平衡氢压差小（即滞后现象弱）；有恰当的化学稳定性；对杂质敏感程度低；原料资源丰富；价格低廉；用作电极材料时具有良好的耐腐蚀性等。

第8章 生物化工

8.1 生物化工的特点与发展状况

8.1.1 生物化工的特点

生物技术是在生物学、分子生物学、细胞生物学和生物化学等基础上发展起来的，是由基因工程、细胞工程、酶工程和发酵工程四大先进技术组成的新技术群。生物化工是生物学技术和化学工程技术相互融合的新型学科，它以生物来源的物质为原料，通过生物活性物质为催化剂使其转化，或用其他生物技术进行制备、纯化，从而得到预期的产品。生物化工包含生物化学工程和生物化学工业，是生物技术产业化的关键，又是化学工程发展的前沿学科。

生物技术是21世纪世界经济发展的关键技术之一，它将解决世界面临的能源、资源及环境保护等问题，为促进农业、医药、轻工、食品、化工等技术的发展，开辟新的途径，对人类的生存、生活具有深远意义。

生物化工以应用基础研究为主，对生物技术的发展和生产有着十分重要的作用，它是基因工程、细胞工程、发酵工程和酶工程走向产业化的必由之路。生物化工的任务不仅把生命科学的上游技术转化为实际产品，以满足社会需要，而且在创造新物质、新材料、设计新过程、生产新产品、创建新产业中也将起到关键作用。生物化学工程具有以下特点。

① 以生物为对象，常以有生命的活细胞或酶为催化剂，创造必要的生化反应条件，不依靠地球上的有限资源，着眼于再生资源的利用。

② 由于细菌不耐高温，需在常温常压下连续化生产，工艺简单，并可节约能源，减少环境污染。

③ 定向地按人们的需要创造新物种、新产品和有经济价值的生命类物质，开辟了生产高纯度、优质、安全可靠的生物制品的新途径。

④ 生物化工为生物技术提供了高效率的反应器、新型分离介质、工艺控制技术和后处理技术，扩大了生物技术的应用范围。但是由于生化反应机理的复杂性，也给反应和分离设备的设计带来了较大的困难。

总之，由于生物化工技术具有反应条件温和、选择性好、效率高、能耗低、可利用再生资源等优点，已成为化工领域战略转移的目标，使生物技术的开发逐渐从医药领域向大宗化学品领域扩展。

8.1.2 生物化工的发展

生物化工起始于第二次世界大战时期,以抗生素的深层发酵和大规模生产技术的研究为标志。20 世纪 60 年代末至 80 年代中期,生物催化与转化技术、动植物细胞培养技术、基因技术、新型生物反应器和新型生物分离技术等的开发和研究日益兴起,主要用于生产药用多肽、疫苗、干扰素等。到 20 世纪后期,随着以基因工程为代表的高新技术迅速崛起并发展,为生物化工的进一步发展开辟了新的领域。生物化工技术的应用已涉及农业、化工、医药、食品、环境、资源和能源等各个领域。

8.1.2.1 国外生物化工的发展状况

随着生物技术的高度发展,生物化工技术和化工生产技术已成为当今世界高技术竞争的重要焦点之一。21 世纪是技术革命的生物化工产业时代,生物化工将成为 21 世纪的技术主体和新的经济增长点。目前,世界各国如美国、日本、德国和英国等发达国家竞相开展了这方面的研究工作,各国相继建立了独立的政府机构,成立了一系列生物化工研究组织,制定 2010 年或 2020 年中长期发展规划,在政策和资金上给予大量的支持。以美国为例,截至 2006 年 12 月 31 日,美国有 1452 个生物公司,其中 336 家是外贸型公司。到 2008 年 4 月,美国对外贸易的生物公司,市场资本总额大约是 360 亿美元。美国拥有世界上约 1/2 的生物技术公司和 1/2 的生物技术专利,美国生物技术产品销售额占全球生物技术产品市场的 90% 以上。

近三十年来,世界生物技术迅速发展,在基础研究和应用开发方面都取得了显著的成就。研究对象从微生物扩展到植物,从陆地扩展到海洋空间,成为人类解决农业、医药保健、环境保护等问题的重要手段。在生物化工领域,通过大力开发已取得了许多重大的科技成果。在能源方面,纤维素发酵连续制造乙醇已开发成功;在农药方面,许多新型农药不断产生;在环保方面,固定化酶处理氯化物已实际应用;微生物法生产丙烯酰胺、脂肪酸、己二酸等产品的生产已经达到一定的生产规模;应用于生物技术的生物反应器的研究进入了新阶段,反应器的研究向着多样化、大型化、自动化的方向发展;用生物法生产的高性能液晶、高性能膜、生物可降解塑料等技术不断成熟;高效分离精制技术、超临界流体萃取、膜分离等新技术不断地应用于高纯度生物化学品的制造中。

美国的生物技术产品大量出口,生物技术处于世界领先地位,1998 年 5 月初,美国杜邦公司首席执行官霍利德在纽约的新闻发布会上称"生命科学将是杜邦公司最重要的项目,生物技术将是下一世纪最重要的技术。我保证杜邦公司将处于领先地位。"同时他还坚信生命科学部门的收益在杜邦公司中所占份额从目前的 15% 增加到 2002 年的 30%。之后杜邦公司收购了国家蛋白质技术公司,正在进行大豆蛋白及玉米、大豆的改性对人体健康方面的研究,并且开发新的医药产品。1998 年 1 月末,杜邦公司又收购了英国剑桥小麦育种企业 CDFI,标志着该公司将向高附加值的农产品成分——药物和工业原料方面进行新的研究开发。从理论上讲细菌能把 90% 以上的环己醇转化为己二酸,杜邦公司在美国特拉华州威尔明顿的实验站使用细菌试验从环己醇生产己二酸的生产工艺,这将可能成为生产新一类聚酯产品的关键。杜邦公司还进行利用植物来生产医药工业用的单体或中间体的研究。还有美国的道化学、孟山都公司,英国的 ICI,德国的拜耳、赫斯特公司等都在投入巨大资金和组织庞大的科技力量进行生物化工技术的研究。

8.1.2.2 国内生物化工的发展状况

我国的现代生物技术开始于 20 世纪 70 年代中期,在 1986 年前,可以说是我国生物技术的初创阶段，一些生物学科研实力较强的单位先后开展了重组 DNA 技术、杂交瘤技术、细胞融合、酶固化和动物细胞大规模培养等技术的基础性研究和开发工作，为我国生物技术的发展奠定了基础。1986 年，国家把开展生物技术领域的研究列入国家高技术研究和发展计划中，即成为"863"计划的重点资助攻关项目，也就是从这时起，国家自然科学基金也重点支持了生物技术的基础研究，同时国家计委和科委又支持建立了一批生物技术的国家实验室，从而使我国的生物技术研究工作进入到新的发展时期。近十几年来，随着生物技术的蓬勃发展，我国生物化工产品生产也得到了迅速发展，涉及医药、保健、农药、食品与饲料等多个领域。在医药领域，青霉素产量居世界首位；有机酸中，柠檬酸的产量居世界第一，其工艺和技术水平均属于世界先进水平，乳酸、苹果酸的新工艺已开发成功；氨基酸中，赖氨酸和谷氨酸的生产工艺和产量在世界上具有一定优势；微生物法生产丙烯酰胺已开始工业化生产；已可以生产赤霉素、井冈霉素、浏阳霉素、金核霉素以及农畜两用抗生素、7051杀虫素等农用抗生素；发酵法生产甘油受到重视，加之各种分离技术的应用，可生产出用于医药、涂料等不同用途的甘油产品；在发酵设备、分离及成本等产业化方面，黄原胶的生产有了突破性的进展；同时在酶制剂、果葡糖浆、单细胞蛋白、纤维素酶、胡萝卜素等产品的生产方面也日益成熟。近年来，为了推动我国生物化工业技术的发展，国家投入了大量的人力、物力，在生物反应器、分离技术设备、生物传感器、计算机控制等方面也取得了一系列成果，在工业生产中产生了很大的经济效益。

但是由于生物化工是新领域，在我国起步比较晚，与国外生物化工技术比较，还存在很大的差距，无论在产品开发和生产、市场规模和经济效益，还是在科技人才方面均落后于发达国家。比如在我国，除了以酿造技术为基础的传统生物化工产业外，其他生物化工技术的产业化水平还很低，许多技术研究成果尚未由实验室转化为生产力，产业化程度与发达国家的差距悬殊。我国开发的一些生物化工产品，由于缺乏下游工程的相应支持，致使生物反应器和产品的分离、提纯等支撑技术不能适应产品产业化的要求，从而使开发出的新产品无法实现产业化。因此，如何加快开发的新产品尽快转化为生产力，提高整个生物化工产业化水平，是当前我国生物化工产业面临的重要挑战。另外，我国在生物化工的产品品种、数量和技术经济指标上与美国、日本有很大差距，新技术、新工艺开发不足，生物化工装备水平也较低。在国外生物化工产业发展主要依靠大企业和公司，以研究为基础，以生产为目的，实现了科研生产的一条龙。而我国从事这方面研究工作的基本以大学和科研机构为主，这对于实现生物化工的产业化不利，并难以获得更多的研究资金的投入。因此在我国今后要进一步扩大开发生物化工新材料、新品种，加强生物过程的工程化技术和装备的研究，大力促进生物化工产业的高技术化、优质化，使产品结构和产业结构更加合理。

8.2 生物化工的主要应用领域 >>>

各种新兴的生物技术已被广泛地应用于制药业、农业、精细化工、资源的开发利用、环境保护、生物加工等行业，并对其他相关产业的发展产生了深远的影响。传统的生物技术正在被改造，新兴的生物技术产业的规模在不断扩大。

8.2.1 现代生物制药

21 世纪是生物技术的时代，生物化学、分子生物学、细胞生物学、免疫学、遗传学以及信息技术等学科的迅速发展，正在改变药物的发现和开发进程，使制药工业发生了重大变革，并为开发新药、征服疾病开辟了新路径。目前有 60% 以上的生物技术成果集中应用于制药工业，使生物制药成为最活跃、进展最快的产业之一。

把生物工程技术应用到药物制造的过程称为生物制药。生物药品是以微生物、寄生虫、动物毒素、生物组织为原材料，采用生物学工艺和分离、纯化技术，并以生物学的分析技术控制中间产物和成品质量而制成的生物活化制剂，包括菌苗、疫苗、毒素、类毒素、血清、血液制品、免疫制剂、细胞因子、抗原、单克隆抗体及基因工程产品等。其中最主要的是基因工程法，即利用克隆技术和组织的培养技术，对DNA进行切割、插入、连接和重组，从而获得生物制药产品。生物药品的特点是药理活性高，毒副作用小。目前，生物制药产品主要包括三大类：基因工程药物、生物疫苗和生物诊断试剂。这些药品在诊断、预防、控制及消灭传染病，保护人类健康，延长寿命中发挥着越来越重要的作用。生物技术药物已广泛用于治疗癌症、艾滋病、贫血、发育不良、糖尿病、心力衰竭、囊性纤维变化和一些罕见的遗传性疾病。如肿瘤是仅次于心脏病的第二号杀手，多数肿瘤不是遗传疾病，而是由于细胞内基因突变所致，尤其是控制细胞生长的基因如肿瘤抑制基因发生突变。基因治疗是将遗传物质导入肌体细胞，以控制基因的表现，并利用其特征控制肿瘤或其他疾病。正在开发的151种抗肿瘤生物制剂已用于乳腺癌、前列腺癌、结肠癌、卵巢癌、胰腺癌和肾癌的治疗。

目前生物技术药物的研究主要有：反义药物、凝血因子、集落刺激因子、歧化酶类、促红细胞生成素、基因治疗药物生长因子、干扰素、白细胞介素、单克隆抗体、重组可溶性受体、组织凝血酶原激活剂、疫苗等。

我国生产的生物药品主要是基因乙肝疫苗、干扰素、白细胞介素-2、增白细胞、重组链激酶、重组表皮生长因子等15种基因工程药物，已进入市场。重组凝乳酶等40多种基因工程新药正在进行研究。单克隆抗体的研制已由实验进入临床，B型血友病基因治疗初步获得临床疗效，组织溶纤原激活剂、白介素-3、重组人工胰岛素、尿激酶等十几种多肽药品在临床实验中。

生物制药是一种知识密集、技术含量高、多学科高度综合、互相渗透的新兴产业。它的应用扩大了疑难病症的研究领域，使威胁人类生命健康的重病得以有效控制，从而极大地改善人们的健康水平。

8.2.2 农业生物技术与生物农药

8.2.2.1 农业生物技术

生物技术的飞速发展，使它在农业生产的各个领域展现了强大的生命力。我国是一个农业大国，社会生产力不发达，80%的人口生活在农村，人多地少的矛盾十分突出，这个矛盾还将随着人口的增长和工业的发展而更加尖锐。而我国的社会劳动生产率只相当于发达国家的5%左右，其差距主要是科学技术和管理水平落后，如果没有科学技术上的突破，很难使农业生产有大幅度的增长。生物技术的发展使农业生产跨入一个新的历史时代。十几年来，我国的农业生物工程从无到有，从模仿外国到有所创新，从实验室到农田，加快了科技革命的进程，生物工程的研究、开发与应用大大地促进了我国农业的发展。

我国的两系法杂交水稻育种研究已深入到基因层的研究，跃居世界领先水平。在水稻无融合生殖育种新技术研究上取得了重大突破，成功地培育出无融合杂交水稻。经过数千亩大田的试验示范，表现出丰产、米质佳、抗性强、适应性广等优点，克服了杂交水稻需要年年制种和杂种只能用一次的缺点，为水稻育种开辟了新途径。

利用生物工程技术，我国进行了动物胚胎的工程研究，掌握了实用化的胚胎分割和移植技术，获得了一批胚胎移植良种牛，并已建立了良种奶牛的胚胎移植和繁殖中心。在动物细胞工程研究上，也已成功地选育出"四倍体复合银鲫鱼"和"人工复合三倍体鲤鱼"，经大面积饲养试验，显示了快速生长的特性。

基因工程的应用使我国在抗病抗虫方面的转基因植物的研究取得了实质性进展。目前已经获得了抗病毒的转基因烟草、番茄、马铃薯、小麦、玉米等植物，并成功地将苏云金芽孢杆菌杀虫基因导入棉花和水稻种，获得了抗虫棉和抗虫水稻。抗烟草花叶病毒、黄瓜花叶病毒的转基因烟草，在大田试验表现了较强的抗病性。

生物技术在农业中已有广泛的应用。近年，世界各国在搜集、保存和开发基因资源的同时，加强植物基因工程的建设，相继建立了植物基因研究中心，并加大动物基因工程的研究步伐，成功地应用于动物品种的遗传改良和克隆技术中。

8.2.2.2 生物农药

生物农药是利用微生物本身或代谢物防治虫、草等的制剂。包括农用抗生素、细菌农药、真菌农药和病毒农药，具有选择性高、易于降解、用量少、污染小、对人畜毒性小、保护环境、病虫害不易产生抗性等优点。因而发展生物农药，减少化学合成农药的使用，已成为全球农药产业发展的新趋势。

生物农药可分为微生物活体农药、微生物代谢产物农药、植物性农药和动物性农药四大类。

(1) 微生物活体农药包括微生物杀虫剂、抗生菌制剂和除草剂 微生物杀虫剂主要有细菌、真菌和病毒杀虫剂。细菌杀虫剂是以苏云金杆菌为主的几个变种，用于防治菜青虫、小菜蛾、稻苞虫、玉米螟、松毛虫、棉小造桥虫等十多种鳞翅目害虫，防治效果都在80%以上。真菌杀虫剂对防治玉米螟、松毛虫是有效的。

抗生菌制剂是利用微生物活体抑制植物病原菌，如"5406"抗生剂，对小麦锈病、马铃薯晚疫病、黄瓜霜霉病、棉花黄萎病有效。

霉菌除草剂，如鲁保一号（无毛炭疽霉菌），用于防治大豆菟丝子的危害，以提高大豆、花生的产量。

(2) 微生物代谢产物农药 微生物代谢产物农药主要分为农用抗生素、杀虫毒素、除草素和植物生长素四类。

农用抗生素应用面积很大，其中春雷霉素、灭瘟素、井冈霉素、多抗霉素、公主岭霉素、浏阳霉素、金核霉素、灭瘟素等应用效果显著。

植物生长素应用于杂交水稻、园艺作物上。

(3) 植物性农药 在某些植物中含有杀菌物质，如大蒜素、黄连素、蘑菇素等，利用植物本身可制取杀菌、杀虫剂。现在使用的杀虫剂有除虫菊酯、烟碱、鱼藤酮、苦楝等。

(4) 动物农药 包括昆虫激素和生物素农药，但这方面的研究还较少。

我国微生物资源丰富，发展生物农药的条件优越，目前已有苏云金杆菌、春雷霉素、灭瘟素、井冈霉素、多抗霉素、公主岭霉素等生物农药实现商品化。目前生物农药的销售额占整个农药行业的1/5左右。

8.2.3 精细化工中的生物技术

生物技术在精细化工中的应用及快速发展已成为世界各国化学工业发展的战略方向之一，在开发新资源、新材料与新能源方面有着广阔的前景。在我国由于生物化工和精细化工的起步较晚，发展速度比较缓慢，与发达国家还有相当的差距，特别是在工业化生产阶段拉开了距离，因此需要进一步认识生物技术在精细化工生产中的应用潜力，寻找开发重点，结合生物化工和精细化工的特点,在高新技术的基础上实现生产的规模化和产品的系列化。

目前生物技术已在精细化工的多个领域开发成功,如食品添加剂、香精和香料、水处理剂、表面活性剂、饲料添加剂、医药中间体等,可替代原有的化学合成精细产品,有益于人体的健康,保护了环境,具有广阔的应用前景。

8.2.3.1 生物有机酸的应用

采用发酵法生产的有机酸已在食品、医药、塑料、香料等行业得到应用。下面以柠檬酸、L-苹果酸、衣康酸和葡萄糖酸为例说明其用途。

柠檬酸用途很广,其中用于食品和饮料行业的为50%,医药行业为20%,化学工业为20%,化妆品为2%,其他8%。柠檬酸是我国最大的出口发酵产品。

L-苹果酸主要用于食品业、保健品、化妆品及饮料的酸味剂和防腐剂。由于调味效果优于柠檬酸,在国内外具有很大的市场潜力。

衣康酸又称为甲基丁二酸,是一种不饱和的二元有机酸。化学性质比较活泼,可与不同数目的其他单体如丙烯腈、丁二酸、苯乙烯等聚合。它是化学合成工业的重要原材料,是目前化工行业的紧缺物资。衣康酸是生产合成纤维、合成树脂、橡胶、塑料、润滑油等的添加剂原料之一,也可用于制作洗涤剂、除草剂、造纸工业用的胶剂,同时也用于特种玻璃钢、特种透镜、人造宝石等制造行业。

葡萄糖酸又成为五羟基己酸,是一种有机弱酸,它的毒性和腐蚀性极小,酸味爽口,是制药和食品工业的重要原料。葡萄糖水溶液可形成葡萄糖的δ-内酯和γ-内酯,δ-内酯可用来代替盐卤制造豆腐,做膨松剂制成发酵粉等。

8.2.3.2 酶制剂的应用

酶是细胞原生质合成的一种高活性的生物催化剂,由许多氨基酸组成,其催化性能具有高效和专一性。酶普遍存于动物、植物、微生物中,通过采取适当的理化方法,将酶从生物组织或细胞以及发酵液中提取出来,加工成具有一定纯度标准的生化制品,成为酶制剂。酶制剂主要有α-(β-)淀粉酶、葡萄糖淀粉酶、纤维素酶、碱性蛋白酶和中性蛋白酶等。在洗涤行业、食品加工、医疗保健、酿造业、饲料工业、纺织业及造纸、采油等行业均有广泛的用途。

纤维素酶几乎可以用于植物为原料的一切加工业。在饲料工业,纤维素酶作为饲料的添加剂,作用是破坏组织纤维,形成可利用的糖类,提高饲料利用率,促进禽畜生长和产蛋率。在果蔬加工中,提取果汁、菜汁时加入纤维素酶,可使液汁澄清透明,无沉淀,并使氨基酸、维生素、糖的矿物质等营养成分均有增加。

在啤酒工业中,可用β-淀粉酶实行全酶法生产啤酒,每年能节约大量的粮食。在医药工业,β-淀粉酶可用于制造麦芽糖,在医药和临床上发挥了重要作用。

碱性蛋白酶具有分解蛋白质的能力,是合成洗涤剂的重要添加剂,对去除血迹、奶渍、汁渍有特殊功能。若添加少量的脂肪酶和纤维素酶,制得复合酶制剂,可提高洗衣效果,使织物膨松。

8.2.3.3 天然食用色素的应用

生物技术应用于食品添加剂方面,可代替化学合成方法生产的香精香料、天然色素、保鲜剂、防腐剂等,食用色素与香料在食品工业中都是非常重要的食品添加剂。食用色素主要用于食用着色,旨在提高食品的商品价值,促进人们的食欲。天然食用色素包括植物色素、动物色素、微生物色素以及矿物色素等。常用的是辣椒红素、叶绿素、β-胡萝卜素等,大多是从植物或动物中提取而成的。

辣椒红色素是从辣椒果皮中用物理方法提取精制而成的纯天然辣椒红色素，主要成分有辣椒红素、辣椒玉红素、β-胡萝卜素等。它是一种安全可靠、无毒无副作用，又能增进人体健康的食用色素，广泛用于食品工业、医药工业和日用化学工业作为着色剂。辣椒红色素是取代合成色素的理想产品。

β-胡萝卜素是胡萝卜素中的一种最普通的异构体，广泛存在于动植物中，以胡萝卜、辣椒、南瓜等蔬菜中含量最多，水果、谷类、蛋黄、奶油中也存在。β-胡萝卜素与维生素 C、维生素 E 一样，是强抗氧维生素，可以保护机体组织免受氧自由基的毒害，如肿瘤、抗心血管、白内障、老年性痴呆症等。β-胡萝卜素也可用于治疗维生素 A 的缺乏症，对由于缺少维生素 A 引起的上皮细胞角质化、干眼症、夜盲症有疗效。

精细化工领域已涉及国民经济的各个部门，因此生物技术在精细化工中的应用远远不仅如此。为了提高人类生活质量，保护环境，延长生命，生物技术在精细化工中的开发、应用的前景是无法估量的。

8.2.4 生物石油化工

生物技术与石油化工结合形成生物石油化工。自 20 世纪 60 年代兴起"石油发酵热"开始，世界各发达国家积极利用生物技术，特别是酶工程和发酵工程技术，深度开发石油、天然气资源。生物技术具有反应条件温和、效率高、能耗低、生产成本低、产品质量稳定的优点，为解决当今世界面临的能源、粮食、环保三大危机开辟新的道路。

8.2.4.1 石油微生物炼制

在石油炼制中，生物技术可用于石油的脱蜡、脱硫和脱氮等精制过程。

(1) 石油脱蜡　利用解脂假丝酵母、拟圆酵母、粉孢霉菌、诺卡菌等进行发酵法脱蜡可除去石油及其馏分产物的蜡质，获得高质量、低凝固点的航空汽油、高级柴油、变压器油和多种机油。发酵脱蜡具有设备简单、脱蜡深度大、可得到菌体蛋白等优点，且生产成本低、能耗低、产品质量稳定。

(2) 石油脱硫　许多地区的原油中含硫量高，这些硫化物腐蚀设备，影响产品质量，而且石油产品燃烧时，还生成 SO_x 污染环境，因此石油脱硫十分重要。如用氧化硫杆菌、排硫杆菌把有机硫化物分解成以 H_2S、SO_4^{2-} 等存在的无机硫，以除去石油中的硫，使油的质量大大提高，并且不需要高温高压生产的反应条件。

(3) 石油脱氮　利用土壤中培养出的微生物，通过环羟基化和断裂机理，使吡啶降解成 NH_3、CO_2 和 H_2O。这些微生物能对含氮杂环化合物分子的氧化有专一性，并能把油中的含氮杂环化合物氧化。

8.2.4.2 以生物技术发展石油化工

① 利用生物技术，开发以石油为原料的化工产品，可以改变反应条件，变高温高压为常温常压，使生产安全，降低成本及能耗，简化工艺流程，减少污染，提高产品质量。

② 目前生产单细胞蛋白多以淀粉、糖、纤维素及工业废液为原料，生化石油技术的发展，将大力开发以石油为原料的单细胞蛋白生产技术。如用甲基氧嗜甲基杆菌为发酵剂，甲醇为原料的单细胞蛋白生产技术在英国、美国、德国、日本、北欧地区等都完成了中型试验。

③ 环氧乙烷和环氧丙烷是重要的化工原料，传统的生产方法存在着选择性不高，污染严重等缺点。现在美国 Cetus 公司研制成功了用酶作催化剂，有烯烃制备环氧化物的新工艺。该工艺与氯醇法一样要生成氯丙醇，但用的是氯离子而不是氯气，氯离子可循环使用，

而且不用石灰，避免了废渣的处理。

④ 长链二元酸是制造合成纤维、工程塑料、涂料、香料和医药的重要原料，过去由于有机合成比较困难，成本高，限制了在工业上的应用。酵母菌、细菌、丝状真菌都有不同程度氧化正构烷烃，生成二羧酸的能力，特别是假丝酵母属和毕氏酵母属是正构烷烃发酵生产二羧酸的高产微生物。

8.2.4.3 微生物采油

原油中蜡质、胶质、沥青质含量较高，因此黏度大，流动性差，开采难度大。原油开采大多采用注水法，采出液含水量达 80%～90%，油产量低，只能从油井中采出 30%～40% 的石油。微生物采油法是将微生物及其营养源注入地下油层，使微生物在油层中生长、繁殖、代谢，以提高原油采收率的一种方法。微生物对提高采油率的作用主要表现在：

① 细菌代谢产生大量二氧化碳和短链烷烃气体，可与石油混溶，使之膨胀从而降低黏度，同时气层压力增加而驱出石油；

② 微生物产生的表面活性剂和其他代谢产物如酮、醇等试剂可降低原油黏度，改善流动性；

③ 微生物本身具有分解石油烃的能力，可将高黏度大分子烃降解为小分子组分，从而降低黏度，改善流动性。

微生物采油法具有技术成本低、设备简单、效益显著、不伤害地层、不污染环境的优点，但不适用于高温和高盐油藏的开采。

8.3 生物化工品的生产工艺技术 >>>

8.3.1 原材料的选择与预处理

8.3.1.1 选择合适的原料

在进行某生物化工产品生产之前，首先要选择合适的原料。对于不同性质的原材料，选择时的着眼点不同。植物要注意季节性；在微生物的生长期，酶和核酸的含量比较高；动物的生理状态不同，含有的生化产品也不同，小牛有胸腺，而成年牛的胸腺就已退化了。因此要根据生物体的特征，选择最佳原材料。

8.3.1.2 原料的预处理

选择好原材料后，要对其进行预处理。植物种子先要去壳除脂，微生物要进行菌体和发酵液的分离等操作，动物脏器及组织要剔除结缔组织、脂肪组织等各种非活性部分，目的是便于分离纯化，防止存放中变质，有利于储存和运输。

8.3.1.3 原料的粉碎处理

(1) 机械破碎　如果用的原料少，可采用高速组织捣碎机、匀浆器、研体等，若原料多，生产规模大，常用电磨机、球磨机、万能粉碎机、绞肉机、击碎机等。

(2) 物理方法　通常使用的物理方法有反复冷冻融化法、冷热交替处理法、超声波处理和高压均质处理的方法。如高压均质处理，是当注入的气压或水压达到 21～35MPa 时，就会使 90% 以上的动、植物细胞被压碎。这种方法常用在微生物酶制剂的工业制备及基因工程生产中。

(3) 生化及化学方法　分为自溶法、溶菌酶处理法和表面活性剂处理的方法。例如自溶法是选取新鲜的生物原材料，在一定的 pH 值和适当温度下，利用组织细胞中自身的酶将细胞破坏，使细胞内含的可用物释放出来。自溶的温度、动物材料控制在 0～4℃，微生物材料应在室温条件下进行。自溶时，需加少量的防腐剂，以防止外界细菌的污染。

进行原料的粉碎处理时，要特别注意，不论使用哪种方法破坏细胞，都要在一定的稀盐溶液或缓冲液中进行，同时还要加入保护剂，防止生化物质变性、降解和破坏。

8.3.2 工业用微生物的培养

微生物是一种生物催化剂载体，它能促使生物物质转化的进行。微生物细胞与反应工程中的反应器又很类似，微生物摄取了原料中的养分，通过体内的特定酶系，经过复杂的生物化学反应——代谢作用，把原料转变为人们需要的产品，如各种酒类、抗生素、氨基酸、有机物、维生素等，所以微生物在发酵工业生产中起着催化剂和反应器双重作用。

8.3.2.1 常用的工业微生物

(1) 细菌

① 醋杆菌属的醋化醋杆菌、弱氧化醋杆菌等不生孢子的需氧菌。

② 乳杆菌属的德氏乳杆菌、链球菌属；片球菌属、串珠菌属等。

③ 芽孢杆菌属的枯草杆菌是本属最主要的菌种。

④ 梭菌属的丙酮丁醇梭菌，可生产丙酮和丁醇，是工业发酵的重要菌种。

⑤ 大肠杆菌和产气气杆菌为革兰阴性、无孢子的杆菌，在动物肠中形成细菌群。近年来，利用大肠杆菌作为基因克隆的受体是比较普遍的。

(2) 放线菌　链霉菌属包括金霉素、氯霉素、卡那霉素、红霉素等，这些链霉菌可以生产葡萄糖异构酶，是很好的葡萄糖异构酶产生菌。

(3) 霉菌　工业上最常用的霉菌以曲霉菌和青霉菌为主，根霉属和红曲霉属也较常用。如曲霉属中的黑曲霉可以产生酸性蛋白酶，它的变异株可以产生柠檬酸、葡萄糖酸、草酸等，变异株生产的糖化酶，被酿酒及酒精制造业广泛采用，是工业发酵的重要菌种。

(4) 酵母　酵母有酵母属、裂殖酵母属、假丝酵母属、毕赤酵母属和汉逊酵母属。如酵母属中最常用的酿酒酵母，用于酿造啤酒、酒类和酒精等。

8.3.2.2 微生物的培养方法

(1) 培养基的组成　培养基一般由碳源、氮源、无机盐和微量生长因子等组成。碳源一般是蔗糖、葡萄糖等。工业上常用淀粉水解液和糖蜜等。氮源有硫酸铵、尿素、豆饼水解液等。无机盐有磷酸二氢钾、磷酸氢二钾、七水硫酸镁等。微量生长因子有生物素、硫铵素等。

酵母和霉菌用培养基以曲汁或麦芽汁最常用。

工业生产用培养基配方对微生物发酵有很大关系。例如，在使用淀粉水解液为原料时，必须供给适量的尿素和亚适量生物素，否则发酵无法进行。又如，由甘蔗糖蜜生产酒精时，因糖蜜中缺氮，必须添加硫酸铵或尿素，发酵才能进行。

(2) 培养方法　培养方法按培养基的培养过程分为固体培养和液体培养。按操作方式分为分批培养、连续培养和半连续培养，按是否需要氧气可分为需氧培养和厌氧培养，需氧培养用设备又分为浅盘培养、厚层通风培养和液体通风深层培养。

(3) 培养条件　培养条件主要由糖浓度、温度、pH 值、氧气、氮源和微量因子决定。

① 培养基糖浓度一般为含葡萄糖 10%～15%。

② 温度一般为 30～33℃，高于 33℃ 应进行冷却。

③ 酵母菌最适宜的 pH 值为 4～6，细菌为 6～7.5。

④ 对于氧气，微生物有需氧菌、厌氧菌和兼性厌氧菌三种。如酵母菌的生长需要足够

的氧气,而当产生酒精时,则无需氧气。

⑤ 氮源,一般使用尿素流加法,使培养液维持恒定的 pH 值,同时又可供给氮源。

⑥ 微量因子是指维生素,它是生物体生长不可缺少的一种或数种极微量的有机物质,但微生物生长时,自身往往又缺少合成这种有机物的能力,因此必须由外界提供。

8.3.3 生物催化剂

生物催化剂是指由常规选育或经现代生物工程方法获得的菌和活细胞或从中提取的酶菌种是工业发酵生产产品和酶制剂的重要条件。从自然界得到的菌种要进行筛选、分离、遗传育种,有的还要经过菌种变异才能使用。优良菌种不仅能提高微生物发酵产品的产量,提高发酵原料的利用效率,而且还可以增加品种,缩短生产周期,改进发酵和提炼的工艺条件等。自然界是生产菌种的主要来源,但是直接分离得到的菌种往往不能立即用于生产,还需要经过一系列的遗传育种步骤。况且,优良菌种的性状有时会随外界环境的改变而变化,因此在使用过程中必须有科学的管理制度和保藏方法,防止菌种的污染和退化。获取优良菌种有三条途径:从自然界分离筛选,用物理化学方法处理、诱变,用基因重组或细胞融合技术。但是不管是诱变,还是用基因工程方法都必须有微生物做材料,而微生物来源于自然界,因此,分离筛选是一切工作的基础。

筛选得到的菌株,有的经过试验,可直接在生产上应用,有的由于筛选的菌株产生的生化能力较低,或虽然有相当的活性,但不适宜条件下的使用,就要进行"育"种,以获得突变菌株。目前应用于生化产品的生产菌都是经过诱变的改良菌种。

生物催化剂的作用相当于化学反应中的催化剂,是生化反应中不可缺少的。与化学催化剂相比,生物催化剂具有如下主要特点:

(1) 高效专一的催化作用 相比于很多无机催化剂,生物催化剂的催化活性更高,尤其是对特定反应的催化专一性强,通常一种酶只能催化一类物质的化学反应。

(2) 酶的多样性 酶的种类多,迄今已发现超过四千种酶。

(3) 温和的反应条件 与通常化学催化剂所需要的剧烈反应条件不同,生物催化反应一般是在较温和的温度、压力(如常温、常压)和 pH 条件下进行。

(4) 稳定性较差 生物催化剂易受高温、强酸、强碱等极端条件及杂菌的破坏而失活,相比于化学催化剂,生物催化剂的成本高且寿命较短。

8.3.4 生化反应器

生化反应器是整个生物反应过程的关键设备,为特定的细胞或酶提供适宜的增殖环境,也可在反应器中进行特定的生化反应。它的结构、操作方式和操作条件与产品的质量、转化率和能耗有着密切的关系。根据反应器的操作方式,可分为间歇操作、连续操作和半间歇操作。根据生物催化剂在反应器中的分布方式进行分类,可分为生物团块(包括细胞、絮凝物、菌丝体)反应器和生物膜反应器两大类。如果按照使用的生物催化剂的不同分类,可分为细胞生物反应器和酶催化反应器,如图 8-1 所示。

细胞生物反应器是用于增殖细胞,利用细胞内酶系将培养基转化为生物产品的设备,细胞生物反应器中进行的生化反应十分复杂,在反应时,细胞本身也得到了增殖。为了使细胞在反应时保持其催化活性,必须注意避免在反应过程中受到外界杂菌的污染。酶催化反应器中进行的生化反应相对比较简单,酶如同化学催化剂一样,在反应过程中本身无变化。酶的催化反应的特点是专一性强,催化效率高,反应条件为常温、常压、中性介质,酶调控机制复杂。工业化过程需视具体反应情况加以控制,以期获得最佳转化效果。

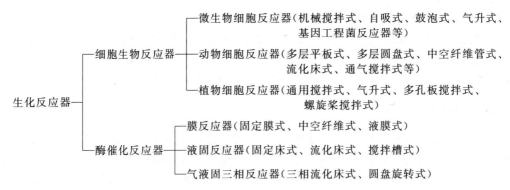

图 8-1 生化反应器的分类

几种细胞生物反应器示意见图 8-2，几种酶催化反应器示意见图 8-3。

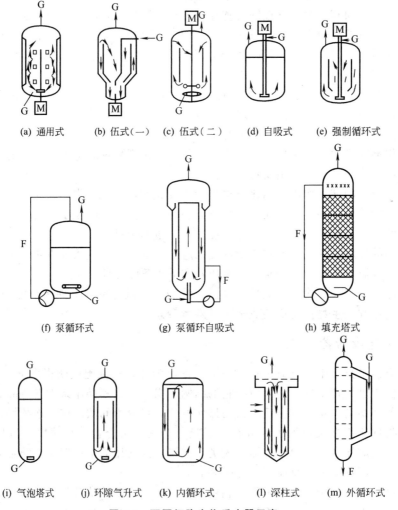

图 8-2 不同细胞生物反应器示意

8.3.5 生物化工产品的分离与提纯

从生物反应器中排出的反应产物是一种混合物，里面除含有目的产品外，还含有未转化

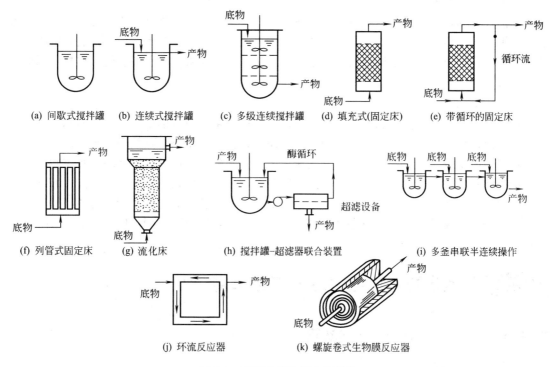

图 8-3 不同酶催化反应器示意

的基质、不能转化的物质、大量的水、微生物体及各种微量杂质。为了获得合格的生化产品，并且不浪费其他有用的物质，必须对需要的生化产品进行分离或提纯。这一过程称为"下游加工"，这样可以使其他物质循环使用或再进行综合利用，既降低了成本又保护了环境。因此下游加工过程与发酵过程或酶反应过程同样重要。

分离和提纯的单元操作方法有多种，选择哪一种方法，是由两个方面决定的。一是根据发酵液的特性，即黏度、产物浓度、杂质含量等。二是根据所需产品的形式，如结晶状产品、浓缩液、粗制溶液还是干燥粉末等。生化产品的分离和提纯主要有以下步骤。

8.3.5.1 固体物质的去除

分离生化反应液的细胞或其他固体物质，是提取生化产品的重要一步。分离过程是基于它们的粒度、密度、溶解度和扩散度等的不同实现的，分离的粒度范围为 $0.3\sim10\mu m$。为了提高分离效率要进行预处理，以促进细胞的絮凝。常用的去除固体的分离方法是过滤、离心分离、沉降及倾析等。

8.3.5.2 产品的初步分离

当从反应器出来的反应液除去了不需要的固体颗粒后，一般要进一步把溶液浓缩，以提高目的产品在溶液中的浓度。为了实现这一过程，可以使用蒸发、萃取、沉淀和膜分离等单元操作。如膜分离技术是一种新型的分离技术，近年来发展很快。它是用一种半透明的薄膜，使溶液中的某些组分通过，其他组分被阻止或截留，从而达到分离的目的。它包括反渗透法、超滤法、微滤法、电渗析法等。膜分离法不像萃取和沉淀法那样，需要加入溶剂或盐类等其他物质，也不同于蒸发操作，需要加入热量，膜分离法是在分子水平上将不同粒径、不同特性的物质实现选择性分离的技术，因此过程高效节能，产品的损失很少，产率和质量较高。

8.3.5.3 产品提纯

产品提纯的目的主要是去除溶液中的各种微量杂质，进一步提高产物的纯度。常用的方法有沉淀法、色谱法和吸附法。但是生物产品的提纯更多用的是色谱法。色谱法有吸附色谱法、离子交换色谱法、分子筛色谱法和亲和色谱法等，根据被分离物的特性，选择不同的色谱分离方法。

8.3.5.4 产品的干燥

最后一步必须使产品达到规定的质量指标，以适合销售市场的要求。主要的单元操作是先离心分离，然后进行干燥或冷冻干燥等。干燥操作往往是生物产品的最后工序，其目的是除去物料中的水分，便于产品的保藏和运输。由于很多的生物产品，如味精、柠檬酸、酶制剂、抗生素及单细胞蛋白等均是固体产品，因此干燥操作在生物产品的最终分离方面十分重要。一般用于生物产品的干燥设备，必须是干燥时间不太长、温度不太高的设备，以防过敏性物料的变性。喷雾干燥器、气流干燥器、沸腾干燥器以及冷冻干燥机都是可选用的干燥设备。

8.4 典型生物化工品的生产工艺举例

8.4.1 有机化工品——丙烯酰胺

8.4.1.1 性质

丙烯酰胺（AM）无色、无味，分子式 C_3H_5ON，固体产品是粉剂的结晶，含量大于 97%，熔点为 84.5℃。水剂产品含丙烯酰胺分别为 25%、30%、40%、50% 等。25% 或 40% 的水剂产品，直接用于聚合。

结构式为：

$$CH_2=CH-\overset{O}{\underset{}{C}}-NH_2$$

8.4.1.2 用途

丙烯酰胺是精细化工的重要系列品种之一，其主要用来生产聚丙烯酰胺。聚丙烯酰胺用途很广，在采油、煤炭、地质、冶金、纺织、化工、土建和农业等许多经济建设领域中都有广泛用途，尤其是在石油工业中聚丙烯酰胺的应用更为突出。目前，国内丙烯酰胺年产量的 65% 用于石油工业，其他行业占 35%。我国已成功开发了万吨级规模的微生物法生产丙烯酰胺技术，无论在规模上还是水平上均达到了国际领先的水平。

8.4.1.3 生产工艺过程

在工业生产中，丙烯酰胺是由丙烯腈水合来制备，传统的生产工艺历经硫酸水合法和铜催化水合法两个阶段。而微生物酶催化法是第三代最新技术，具有高选择高活性、高效率、丙烯腈反应完全、无副产物和无机盐及残留铜离子等杂质、工艺过程在常温常压下进行、三废少等优点。因而丙烯酰胺产品不需要精制，节省投资和能源，生产成本低，被认为是当代最经济的丙烯酰胺生产工艺。

微生物催化反应生产丙烯酰胺技术路线比较简单，从基本原料丙烯腈出发，经微生物菌体（酶）催化一步反应即成丙烯酰胺。微生物酶催化水合丙烯酰胺法具有反应条件温和、工艺流程简单、能耗低、产品纯度高、无副产品的优点，丙烯腈转化率为 99.99%，丙烯酰胺选择性为 99.98%。截至 2008 年，我国微生物法丙烯酰胺产量约占国内丙烯酰胺总量的

43%，目前我国微生物法丙烯酰胺总产量已居世界第一位。

反应方程式如下：

$$CH_2=CH-CN \xrightarrow[H_2O, 常温]{含酶菌体} CH_2=CH-\overset{O}{\overset{\|}{C}}-NH_2 \tag{8-1}$$

工艺流程如下：

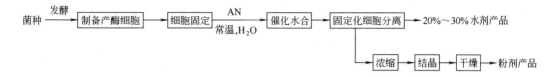

8.4.1.4 经济效益

目前，我国聚丙烯酰胺主要用于三次采油，由于世界各国生产的聚丙烯酰胺大量用于环保的水处理，随着我国环境意识的增强和对水处理的重视，我国聚丙烯酰胺在水处理的应用市场将会扩大，作为水处理剂聚丙烯酰胺的主要原料丙烯酰胺的市场还有较大的发展空间。该项目将对社会产生很大的影响，与化学方法比较节能在50%以上，有利于环保，节约资源，创外汇，并带动其他技术发展，同时也提高了我国生物技术在国际上的地位。

8.4.2 食品添加剂——柠檬酸

8.4.2.1 性质

柠檬酸（citric acid），别名枸橼酸，化学名称为2-羟基丙三羧酸，分子式$C_6H_8O_7$（无水物）。柠檬酸有无水物和一水合物两种，无臭，有强酸味，易溶于水、乙醇和乙醚。无水柠檬酸为白色晶体颗粒或粉末，相对密度1.67，熔点为153℃，在潮湿空气中吸潮，能形成一水合物。一水合物是无色半透明结晶，相对密度1.542，熔点为100~133℃。

柠檬酸具有强的天然酸味，酸味柔和爽快，并有良好的防腐性能，能抑制细菌增殖。结构式为：

$$\begin{array}{cc}
CH_2-COOH & CH_2-COOH \\
| & | \\
HO-C-COOH & HO-C-COOH \cdot H_2O \\
| & | \\
CH_2-COOH & CH_2-COOH \\
（无水物） & （一水合物）
\end{array}$$

8.4.2.2 用途

柠檬酸可作为酸度调节剂、酸化剂、螯合剂、抗氧化增效剂、分散剂、香料等。

① 柠檬酸的酸味圆润、滋美，入口即可达到最强味感，与其他酸如酒石酸、苹果酸等合用，可使产品风味丰满。

② 柠檬酸通过释放氢离子，可降低食品的pH值，还有抑制微生物的作用，可增强杀菌效果。

③ 柠檬酸因为含有3个羟基，具有很强的螯合金属离子的作用，可作增强含油食品的抗氧化作用，及防止果蔬变色等。

④ 柠檬酸与蔗糖合用，加热时可促使蔗糖转化，既可防止食品中的蔗糖晶析、发砂，又不易使食品吸潮。

柠檬酸用途很广，不仅用在食品行业，还被广泛应用于医药、化工、纺织、建筑材料、化妆品行业和其他工业部门。

8.4.2.3 生产工艺过程

柠檬酸的生产方法有三种，一是由水果提取；二是用化学方法合成，即用草酰乙酸与乙烯酮缩合制得；三是用发酵法制取。

发酵法生产柠檬酸是用黑曲霉菌作发酵剂，主要原料是碳水化合物，如从蔗糖或甜菜中提取的糖蜜、甘薯淀粉、玉米淀粉、马铃薯加工废渣和废液、木薯粉等。以甘薯粉为原料经深层发酵，用钙盐法提取的生产工艺流程如下：

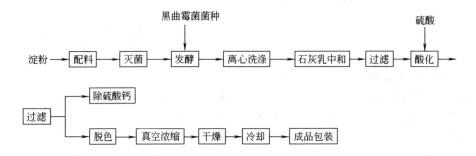

我国柠檬酸发酵的研究工作从 20 世纪 50 年代已开始，发展到现在，中国已经成为世界上最大的柠檬酸产品生产国和出口国，且大多数以薯干为原料，应用浅盘发酵法和深层法两种生产技术，其中以深层发酵为主，因为这种方法更有利于大规模生产。目前我国的菌种、发酵技术均处于国际领先地位，特别是直接深层发酵法是我国独特的生产工艺。但是我们在工程和设备及提取收率方面与国外还有一定的差距，此方面的技术还有待于完善。

8.4.3 生物农药——苏云金杆菌

8.4.3.1 性质

苏云金杆菌（BT），别名是 β-外毒素、敌宝、快来顺、康多惠、BT 杀虫剂，分子式是 $C_{22}H_{32}N_5O_{16}P$，分子量为 653。苏云金杆菌为黄褐色固体，能与大多数杀虫剂、杀菌剂混用。它可分泌多种毒素，其中伴孢晶体专一地在鳞翅目等昆虫幼虫的碱性肠道中分解为毒性蛋白，迅速有效地杀灭昆虫。由于用其制成的农药高效、无公害，对害虫不产生抗药性，且对人、哺乳动物、家禽、家畜、鸟、鱼类等安全、无毒，目前苏云金杆菌是联合国粮农组织和世界卫生组织推荐的农药杀虫剂，也是世界上生产和使用量最大的生物杀虫剂。

8.4.3.2 用途

苏云金杆菌是一种胃毒杀虫剂，它的杀虫面很广，能防治稻苞虫、稻纵卷叶螟、玉米螟、棉铃虫、松毛虫、菜青虫、小菜蛾、茶卷叶螟、烟青虫、茶毛虫等害虫，也可用于蔬菜、水稻、玉米、棉花、果树、茶树及林区等众多作物，还用在城市花木、家庭养殖等方面。

8.4.3.3 生产工艺过程

苏云金杆菌的制造目前大部分采用了液体深层发酵的生产工艺，即固态发酵。首先是纯菌种试管培养，然后菌种扩大培养，进而进行发酵反应器培养，得到的发酵液最后经过过滤、干燥等处理，即制得菌粉。固态发酵工艺过程最大限度地保留了苏云金杆菌在代谢过程中产生的可溶性因子，使整个杀虫成为一个多因子综合作用于害虫体内外的过程，这也是固态发酵产品杀虫效果显著好于液态产品的主要原因。

在生产过程中，无三废产生，原料为农副产品的下脚料，被综合利用。本生产工艺属高新技术项目，也是环境保护项目，与化学农药相比，具有明显优势。

8.4.4 抗肿瘤药——天冬酰胺酶

8.4.4.1 性质

天冬酰胺酶（asparaginase），别名 L-天冬酰胺酶，为白色结晶粉末，微有湿性，易溶于水，不溶于甲醇、乙醇、丙酮、氯仿、乙醛、苯等有机溶剂。对热稳定性好，在温度 50℃下，15min 后，活性降低 30%，60℃下，1h 内失活。冻干品在 2~5℃可稳定数月，但其溶液只能保存数日，20℃储存 7d，5℃储存 14d 均不减少酶的活力。最适宜在 pH 值为 8.5，温度在 37℃下储存。纯酶的分子量从 130000 到 140000 不等。

8.4.4.2 用途

天冬酰胺酶是酰胺基水解酶，为抗肿瘤酶制剂。肿瘤细胞不能合成生长必需的天冬酰胺而使其生长受到限制。正常细胞能合成天冬酰胺，故受影响较少。因此，天冬酰胺酶是一种对肿瘤细胞有选择性的抑制药物。对急性淋巴细胞白血病的缓解率在 50% 以上，对急性粒细胞性白血病和急性单核细胞白血病有一定疗效，缺点是单独使用不仅缓解期短，且易产生耐药性。该药对肌体免疫也有抑制作用，它还可用于治疗皮肌炎。在动物实验中，本品对实体瘤和白血病均有效，且与常见巯嘌呤、甲蝶呤、长春新碱、阿糖胞苷等无交叉耐药现象。

8.4.4.3 生产工艺过程

天冬酰胺酶是用微生物发酵法生产的酶制剂，其工艺过程如下：

大肠杆菌 →(肉汤培养基)菌种培养→ 肉汤菌种 →(玉米浆)种子培养→ 种子菌种 →(玉米浆)发酵反应器培养→ 发酵液 →(丙酮 压滤、风干)→ 干菌体

硼酸缓冲剂提取→ 提取液 →(HAc 沉淀)→ 干粗酶 →(甘氨酸 热处理)→ 酶溶液 →(聚乙二醇 精制)→ 无热原酶液 →(无菌分装 冻干)→ 天冬酰胺酶冻干制剂

在每一步的生产过程中特别要注意控制好温度、时间和溶液的酸碱值，以保证菌种培养和发酵等过程的适宜条件。

8.5 生物化工的发展趋势

现代生物技术是新兴高技术领域最重要的三大技术之一。生物化工的发展将会推动生物技术和化工生产技术的变革和进步，产生巨大的经济效益和社会效益。化学工业作为传统的基础工业，不可避免地面临着生物新技术的挑战。化工技术在生物技术中的应用为生物技术的发展注入了新的活力，生物技术离开了化学工程技术就很难形成大规模的技术产业，化学工程中的化工装备、工程放大技术为解决生物技术中下游技术，尤其是商业化起着重要作用。因此，生物技术在化学工业中的应用以及将现代化工技术引进生物技术领域已越来越受到世界各国的普遍关注，纷纷投入大量人力、物力和资金，加速发展生物化工技术。今后生物化工技术发展的趋势主要有以下几个方面。

8.5.1 高技术的生物医学与医药

在医学预防和治疗领域，基因治疗掀起了一场临床医学革命，取得了重大进展，为目前

尚不能治愈的大部分遗传病、恶性肿瘤、重要病毒性传染病，如肝炎、艾滋病等，找到了新的医疗途径。近年来，全世界又新增传染病毒如 SARS 病毒、H1N1 新型流感病毒、H7N9 禽流感病毒、MERS 病毒等，这些潜伏的病毒或"亚病毒"因子是 21 世纪威胁人类健康最危险的敌人，随着生物科技的进步，恶性肿瘤、艾滋病、SARS 等严重疾病的防治可望有所突破，2019 年末开始肆虐全球的新型冠状病毒的疫苗已正式投入使用。

在医药领域，基因工程药物和疫苗研究与开发成果累累，药物基因组技术的应用将进一步展开，使药物具有明确、特异的功效和较小的副作用。另外采用克隆技术开发以干细胞为基础的再生药物将有庞大的市场，可治疗软骨损伤、骨折愈合不良、心脏病、癌症和衰老引起的退化症等疾病。新生物治疗制剂的产业化前景十分光明，21 世纪面临整个医药工业的新突破。

8.5.2 农业生物技术

世界上供长期发展的农业资源在逐年减少，现在或将来，依靠科技进步才是农业发展的根本保证。其中农业生物技术占有重要地位。农业的病虫害、作物品质以及土壤肥力都与农业生物技术密切相关。用生化技术通过大规模过程集成，使农业、林业及其他可再生资源得以充分利用。该领域涉及了食品、饲料、农药、保健品、食品添加剂等。国际上转基因植物生物技术已商业化，如抗虫害、抗除草剂的基因工程棉花已投放市场，耐盐、耐旱并有高营养价值的转基因植物应用前景广阔。天然产物的全价综合利用已成为生化工程的热点问题，以玉米综合利用的加工业为突破口，生产无水酒精、木糖醇、甘油、乳酸、苹果酸和单细胞蛋白等衍生物，将在 21 世纪全面开展，作为生物技术新的浪潮，将给农业生产带来新的飞跃。

8.5.3 洁净新能源

地球上的化石燃料已日趋减少，且其燃烧生成的气体严重污染环境。随着经济的发展，今后世界需要更多的能源，二次能源的研制开发已成为能源开发的热点。氢能储量丰富，分布广泛，是未来最佳的二次能源。利用生物体特有的可再生性，通过光合作用进行能量转换，为简便有效地制取氢提供了崭新的途径。虽然这一技术在菌种选育、培养条件的优化、培养技术的完善和反应器开发等方面还需进一步研究，但这一方法使人类得到了无污染的洁净新能源，必然会为解决 21 世纪的能源问题发挥重要的作用。

8.5.4 可再生资源的生物加工技术与环境

由于人类自身的活动，给赖以生存的环境造成了破坏，污染了生态环境也威胁了人类的健康，这已成为人们的共识。生物技术在环境治理方面发挥着不可替代的作用，使一切废物资源化、无害化、减量化，成为保护生态环境、发展社会经济的一项重要措施。今后我国环境技术发展的重点是：利用酶制剂和固定化菌体处理废水；利用基因工程和细胞融合技术对微生物变异处理；利用工程微生物处理原煤脱硫的工业化工艺；无污染、可大量生产的生物能源的开拓性研究；高效、多抗转基因微生物农药的研制；生物来源的可降解的透明膜材料。

充分发挥生物技术特别是微生物技术的优势，有计划、有针对性地对不同类型废物进行综合性的利用治理，现已逐渐形成了"生物治理废物产业"，从而可以获得可观的经济效益和环境效益。在 21 世纪，此项"环保产业"必将成为世界潮流。

8.5.5 合成生物技术

合成生物学（synthetic biology）是生物科学在 21 世纪新出现的一个分支学科，是在系统生物学基础上，融会工程科学原理，采用自下而上的策略，重编改造天然的或设计合成新的生物体系，以揭示生命规律和构建新一代生物工程体系。合成生物学作为一个正式学术术语最早是在 1980 年由 B. Hobom 提出，主要用来表述基因重组技术。基因重组技术是工程学和生物学交叉融合的首次尝试，开辟了生物技术的新领域。随着分子系统生物学的快速发展，合成生物学于 2000 年由斯坦福大学 E. Kool 在美国化学年会上重新提出。自此，开启了 21 世纪对合成生物学的广泛研究。

21 世纪以来，合成生物学快速发展，取得了一系列颠覆性技术成果，如合成基因网络调控、染色体合成及其定制细胞、拓展密码子、合成新蛋白、合成青蒿素等，并在化工、能源、医药、材料、农业等领域有了广阔的应用前景。成功合成"人造生命"是合成生物学史上的里程碑，也为大规模发展合成生物学奠定了最基本的使能技术基础。2010 年，美国 Venter 团队制造出"Synthia"，这是人类历史上首例仅由人工化学合成染色体控制的自我复制的人工合成细胞。在合成生物学领域，人工酵母细胞可用来生产疫苗、药物和特定的化合物。其中，最成功的工业化案例就是利用人工酵母细胞生产青蒿素。酵母染色体人工版本（Sc. 2.0）最早在 2012 年由美国科学家主导合成；2014 年，第一条合成酵母染色体在酵母细胞呈现正常功能；2016 年，美国科学家开始研究合成极具争议的人染色体。2017 年美国科学家人工合成了疱疹病毒，这是迄今为止所合成的最大 DNA 病毒。在取得一系列重大进展的同时，利用合成生物学理念还发展了先进使能技术，推动了生物技术工业化的发展。例如，经过改造的蓝细菌能高效合成 2,3-丁二醇、乙醇、蔗糖等生物燃料和化学品。

目前，合成生物技术仍处于发展的初级阶段。作为一种快速发展的新兴两用技术，各国政府在大力支持合成生物学研究的同时，也高度重视合成生物学可能带来的社会伦理问题以及存在的潜在风险。在 21 世纪，合成生物技术必将为全球经济和社会可持续发展提供强大动力，为世界农业、能源、环境和公共健康等突出问题的解决提供方案，有望带来新一轮的科技浪潮，引领第三次生物科技革命。

总之，未来将会出现以医药生物技术、农药生物技术、工业生物技术、生物电子技术等组成的生物技术群及产业群，从而变革 20 世纪的技术与产业结构，充分利用化学工程优势，实现与生命科学、生物技术的学科交叉融合，解决传统生物技术的产业问题，加速高新生物化工技术的发展水平。生物化工技术的发展已成为一个国家科技实力的象征和经济战略的重点，同时也是当今世界高科技竞争的一个重要焦点，每个国家都在采取战略措施，力图使自己在 21 世纪处于强有力的竞争地位。

第9章 环境化工

9.1 概述 >>>

9.1.1 环境与健康

环境、资源和发展已被国际社会公认为影响当今世界可持续发展的三大主要问题。世界卫生组织指出，所谓健康，不仅是没有疾病和身心无障碍，而且指在体质方面、精神方面及社会环境方面也处于完全良好的状态。所谓环境就是人类赖以生存和发展的因素和条件。我国的《环境保护法》明确指出："环境是指影响人类社会生存和发展的各种天然的和经过人工改造的自然因素总体，包括大气、水、土地、矿藏、森林、草原、野生动物、野生植物、水生生物、名胜古迹、风景游览区、温泉、疗养区、自然保护区、生活居住区等。"人类的活动影响着环境，环境的好坏又影响着人类。

环境污染是指有害物质或因子进入环境，并在环境中扩散、迁移、转化，使环境系统的结构与功能发生变化，对人类以及其他生物的生存发展产生不利影响的现象。如化石燃料的大量燃烧，使大气中颗粒物和 CO_2、SO_2 浓度急剧增高；工业废水和生活废水的排放，使水质变坏等现象，均属于环境污染。同时环境污染也包含各种变化所衍生的环境效应，如温室效应、酸雨和臭氧层破坏等现象。环境污染包括与大气污染、水体污染、固体废物污染、噪声污染、振动污染以及酸性雨增多和臭氧层破坏等污染问题。同时，也包括由环境污染导致生态变化，极端气候增多，以及多发性自然灾害增多等。为了使人体保持健康的体魄和身心，良好的环境是人类生存必不可少的条件，是人类健康的主要因素。图 9-1 表示了环境污染源影响人体健康的路径。

9.1.2 环境与化学

当谈到经济的发展和人类的进步时，常常要想到化学合成为人类创造的新物质和发明的新技术，同时会谈到化工对国民经济发展和改善人民生活所做的重要贡献。当考虑到环境污染时，同样要看到化学为人类带来便利的同时，也给环境带来了巨大压力，甚至有人说化学是人类健康的杀手。环境污染作为一个重大的社会问题，其历史可以追溯到产业革命时期。当时由于生产方式的单一性和人们认识水平的局限性，只注重生产，不重视环境；只注重从环境中掠夺，而忽视了对环境的保护，结果造成了环境的严重污染。进入 20 世纪，特别是在石油工业的迅速崛起以后，各国竞相将石油工业作为本国的工业发展重点。石油工业的发展相继产生了一系列以石油为原料的化学工业，化学工业繁荣发展并带动其他相关产业的发

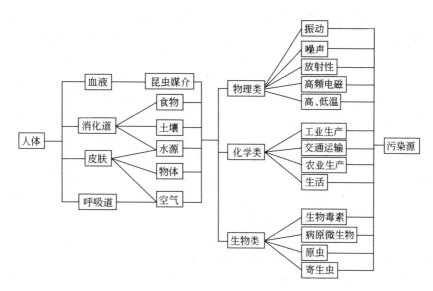

图 9-1　环境污染源影响人体健康的路径

展。随着工业的发展，由于工业体系分布过分集中、城市人口过分密集，环境污染已由局部逐渐扩大到区域，由单一的大气污染扩大到大气、水体、土壤、食品等各种环境领域和工业领域。随着工业化进程，人类的活动对环境造成的负担越来越大。比如，在 20 世纪环境污染曾出现过两次高潮，酿成了不少震惊世界的事件。这些事件造成的污染和危害是触目惊心的，特别是它的发生 80% 都与化学品有关，大多数事件都是由生产化学品的化工企业和管理化学品的管理部门所造成。事实上，20 世纪 10 大环境问题大多数的确与化学、化工有关。有数字表明环境污染的 70% 来源于工业界，而工业界中化学、化工的污染又占到 80%。

随着环境问题越来越严重，人们对环境问题带给人类的危害也越关注。特别是在 1972 年的斯德哥尔摩召开的人类环境会议和 1992 年巴西里约热内卢召开的人类环境与发展大会后，人们对环境问题，及对制约人类可持续发展的重大问题——环境、能源、资源、经济有了更进一步的认识，各国都相继制定了可持续发展的战略计划和解决环境污染的一些重要措施。尽管如此，环境污染的严重状况始终没有得到有效遏制。解决环境问题的有效途径和根本出路在哪里？这些问题一直没有得到很好的解决。事实上，化学工业在长期的发展过程中，不仅形成了完整的理论体系和技术体系，而且在满足人类衣、食、住、行的极大需求的同时，尽可能减少对环境的负担，在解决环境问题上形成了理论和技术的优势。总的来说，化学、化工在生产过程中对环境造成了很大的负担，是排放三废的主要源头。然而，化工行业和研究人员已经认识到化工对环境的负面影响，通过不断加强行业自洁功能建设，减少三废污染，同时，已初步形成用化工的方法和技术解决化工以外的环境问题的一套理论和方法，在解决环境问题中发挥着重要作用。

9.1.3　环境工程与环境化学工程

1972 年联合国在瑞典召开了第一次人类环境会议，标志着人类对环境问题开始重视。1978 年我国科学大会召开，把环境工程学正式纳入技术科学体系，列为我国 25 门技术学科之一。1983 年我国召开了第二次环境保护工作会议，设立了环境保护委员会。我国许多地方和部门都建立了环保机构，开展了科学研究工作。同时几十所高等院校设置了环境工程专业，培养这方面的专门人才。1987 年大气臭氧层保护的历史性文件《蒙特利尔议定书》产生,规定了保护臭氧层受控制物质的种类和淘汰时间表。1992年6月,154个国家在巴西里约热内卢召开的环境与发展大会上签署了《联合国气候变化框架公约》,我国是首批签署该公约的国家之一。1998年5月29日,我国又签署了联合国气候变化框架公约《京都议定书》,中国以积极的态度,采取措施,履行公约中的协议。

环境工程是一门新兴的综合性学科和技术。它是在人类与各种污染进行斗争和保护生存环境的过程中逐渐形成和发展起来的。自从20世纪50年代开始,世界人口猛增到30多亿,并随着生产的发展,特别是工业的发展人口渐渐密集到一定的地区和城镇,形成工业区,使生产和生活需要的原料、材料和燃料大大增加,排放的废物和污染物也随之增加,从而造成环境污染日益严重。60年代初,又因大量使用有毒农药,出现了严重的农药污染。从80年代以来,随着噪声污染、放射性污染和热污染的产生,环境污染和生态破坏越演越烈,同时也给人类带来了许多至今难以治愈的疾病。

环境化学工程是近年来刚刚诞生的以化工和环境交叉、渗透和相互融合的一门新兴学科,2002年我国设立了硕士和博士点。环境化学工程也是从环境问题入手,以化学和化学工程的方法和技术解决化工生产过程中所带来的环境问题,同时也解决化工以外的环境问题。与环境工程关注的重点有主次但都是保护环境,是环境、资源和经济能够可持续健康发展的重要助手。

9.1.4 环境工程和环境化学工程的研究内容

9.1.4.1 环境工程的任务

环境由于受到外界影响而改变原来的状态就是环境污染。从图9-1可知,由污染源而产生的污染,可以大致分为大气污染、水体污染、固体废物污染、噪声与振动污染、恶臭污染以及热污染和放射性污染等。为了人类的生存与健康,环境工程的主要任务如下。

① 保护自然资源和能源,消除浪费,控制和减轻污染。
② 研究环境污染的机理,寻求防治污染的有效途径,改善环境,保护人民身体健康。
③ 综合利用"三废",促进工农业生产的发展。

本章将重点阐述大气污染的防治、水体污染的防治、固体废物的处理、城市垃圾的回收与利用。

9.1.4.2 环境工程的内容

(1) 环境污染的防治 环境污染防治工程主要是解决从污染产生、发展,直至消除的全过程存在的有关问题和采取防治措施。例如,确定和查明污染产生的原因,研究防治污染的原理和方法,设计消除污染的工艺流程,开发无公害能源和新型设备等。按照不同的方向又可分为大气污染防治工程、水污染防治工程、固体废物处理工程、噪声与振动控制工程、土壤污染防治工程等。

(2) 环境系统工程 环境系统工程是运用数学、物理学和生物学的基本原理,对环境污染防治工艺、实验室模拟实验结果及污染系统实测数据进行系统分析,并应用现代方法,建立数学模型和污染控制模型,从而对污染防治系统及其有关参数进行分析和描绘,表达出它们间的相互关系,为合理控制污染物的排放,正确选择防治工艺流程,提供科学依据。

如果把整个环境看成是一个大系统,把大系统中的各种组成、因素作为若干个子系统,为了有效地控制污染,可以针对大系统与子系统的具体情况,逐一进行分析综合,并依据污染状况、危害性、环境质量的变化规律和环境工程手段,使用现代数学方法和计算机技术,

（3）环境质量评价　环境质量评价是要评价环境对人体健康、工农业发展及生态系统的影响情况，做出定量或半定量的描述和评定，以便为制定规划、采取措施和加强管理提供科学依据。如美国首先把环境评价纳入法律条文，随后，瑞典、澳大利亚、日本、法国等在国家环境保护法中列入了环境质量评价款项。我国在1979年公布的《中华人民共和国环境保护法》中也有环境评价的内容。在对官厅水库的环境质量评价工作中，就收到明显的效果。

（4）环境经济与环境监测　环境经济工程是从技术经济的观点出发，研究环境污染造成的社会影响，从环境的工程投资到环境效益全面核算，从而选择效果最好而费用最低的施工方案。

环境监测包括三方面内容：一是通过监测，为环境工程的研究和设计提供资料和数据；二是通过监测，检查环境工程项目的效果；三是通过监测，评价工程项目对周围环境造成的近期和远期影响。

环境化学工程主要解决化工生产过程中的化工污染问题，如设计、研究并开发绿色环境友好产品；解决化工生产中的环境工程技术问题；用化工的方法和技术解决环境问题；在清洁生产战略下，指导工业企业实施产品质量管理体系（ISO 9000认证），环境管理体系（ISO 14000认证）和职业、安全、健康、卫生管理体系（OSAS 18000认证）。它以化学、化工、生物技术和环境工程为基础，从环境问题入手，研究通过化学、生物反应及分离单元操作等，探索绿色化工产品生产的基本原理及实现循环工业化生产的工程技术，以及解决环境问题的有效方法和技术，包括新工艺、新设备、新技术等方面的研究、开发、放大、设计、质控与优化等。

9.2　大气污染的防治

9.2.1　大气的污染

9.2.1.1　正常空气

正常空气的成分，按体积分数计算是：氮（N_2）占78.08%，氧（O_2）占20.95%，氩（Ar）占0.93%，二氧化碳（CO_2）占0.03%，还有微量的惰性气体如氦（He）、氖（Ne）、氪（Kr）、氙（Xe）等。二氧化硫（SO_2）、臭氧（O_3）、一氧化氮（NO）、二氧化氮（NO_2）在正常空气中的含量分别为0.08×10^{-6}、0.025×10^{-6}、0.002×10^{-6}、0.004×10^{-6}。在地球上生活的人类离不开空气，1个人1d约需要1kg食物、2kg水和13kg的空气。1个人可以7d不进食，5d不饮水，但是断绝5min空气就会死亡。可见，空气对于人类的生存多么重要。

9.2.1.2　大气的污染与危害

（1）污染源　产生或向外界排放污染物的设备、装置和场所统称为污染源。大气的污染源主要有以下四种。

① 生活污染源。由于服务行业及居民做饭、取暖、沐浴等需要燃烧各种化石、天然气及生物质燃料时，向大气排放污染物形成了生活污染源；也包括人们生活所产生的废物堆放所产生的各种有害气体。

② 工农业污染源。工矿企业在各种生产活动中，排放污染物形成的污染源，形成工

业污染源。也包括农业生产活动所产生的各种废气，比如化肥的使用，农家肥的生产和使用。

③ 交通污染源。由交通运输活动排放的污染物形成的污染源。比如，汽车、轮船、飞机等。

④ 自然污染源。比如，火山爆发、油田及气田井喷，以及可燃冰的自挥发所产生的有害气体等。

生活污染源和工业污染源属固定污染源，交通污染源属移动污染源。

(2) 大气污染的危害　大气的主要污染物有固体颗粒状污染物和气体状污染物两类。每一类又包括多种污染物质。各种微粒对人体健康的危害随粒径大小而不同。在采掘、耐火材料、玻璃制造、铸造等工业部门出现的职业性"肺尘埃沉着病（旧称尘肺）"的原因，就是由于吸入了空气中的微尘粒，沉积于肺泡内，或被吸收到血液及淋巴液内，日积月累造成的。烟尘除了直接危害人体的健康外，还会使大气中的能见度降低，妨碍交通、运输的正常秩序。另外，城镇长期被烟雾笼罩，日照量减少，紫外线减弱，从而影响了儿童的正常发育及植物、农作物的生长。另外，有害气体的产生也可以产生温室效应，使地球温度升高，导致生态恶化，威胁人类家园。

气体状污染物分为无机化合物和有机化合物。有害气体对人和动植物的危害因气体的不同而异。如人长期接触低浓度的二氧化硫，会感到倦怠乏力、呼吸不适，出现鼻炎、咽喉炎、嗅觉障碍等病症。吸入高浓度二氧化硫，可引起支气管炎、肺炎和呼吸麻痹等疾病，严重时会导致窒息。另外，当浓度超过 $0.19\sim0.21mg/m^3$ 时，松树难以生存，粮食作物明显减产。形成的酸雨或雪降落到地面后，在土壤和水体中积蓄，使土壤日趋酸化、贫瘠，影响植物生长。又如多环芳烃，主要危害人的呼吸道和皮肤，会引起头晕、乏力、咳嗽、畏光、流泪等中毒症状，甚至导致癌症。

9.2.2　烟尘治理技术

对于工业生产排出的颗粒状污染物，一方面可用烟囱稀释排放，即在烟尘浓度比较低或排放量比较小的场合，通过烟囱把烟尘在一定的高度直接排入大气，使之向更大范围、更远地区扩散稀释。另一方面，用除尘的方法加以控制，减少排放。用除尘设备把颗粒物从烟尘中分离出来。除尘设备按工作原理分为重力除尘设备、惯性除尘设备、离心除尘设备、洗涤除尘设备、过滤式除尘设备和静电除尘设备等。

(1) 重力除尘设备　重力除尘一般用沉降室，它是利用颗粒物在重力的作用下，自然沉降，而从烟气中分离出来的设备。用于除去较大直径的颗粒，做预除尘使用。

(2) 惯性除尘设备　惯性除尘设备是使含尘烟气挡板撞击或者急剧改变气流方向，利用惯性力分离并捕集颗粒的除尘设备。在实际应用中，惯性除尘设备一般放在多级除尘系统的第一级，用来分离粒径大于 $10\mu m$ 的粉尘，不适宜清除黏结性粉尘和纤维性粉尘。

(3) 离心除尘设备　离心除尘设备也称旋风分离器，它是通过烟气的回转运动，使尘粒在离心力的作用下，与烟气分离的设备。它的特点是结构简单，造价低廉，适合于除去 $10\sim50\mu m$ 的尘粒，除尘效率在 70% 以上。旋风分离器根据结构的不同有标准式、轴流式、倾斜螺旋面入口式、扩散式等不同的形式。标准旋风除尘分离器如图 9-2 所示。

(4) 洗涤除尘设备　采用洗涤的方法，使烟气中的尘粒与水滴接触碰撞而被捕捉下来的设备称为洗涤除尘设备。这种设备有多种类型，喷淋式、旋风式、水浴式、泡沫式、填料式、文丘里管和喷射式除尘器等。这些除尘器的分离效果较好，基本都在 85% 以上。图 9-3 所示为喷射式除尘器的工作示意。

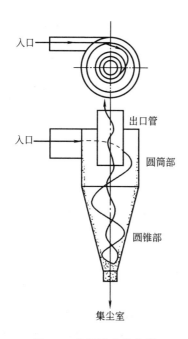

图 9-2　旋风除尘分离器

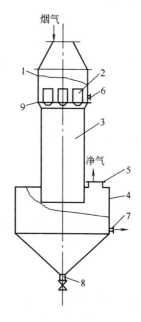

图 9-3　喷射式除尘器

1—气液分布段；2—喷嘴；3—吸收段；4—气液分离段；
5—排气管；6—进液管；7—排液管；8—排污管；9—塔板

(5) 过滤式除尘设备　过滤式除尘器有以纤维为过滤材料的布袋除尘器和以砂粒为过滤材料的颗粒层除尘器。它们的工作原理是当含尘烟气通过过滤材料时，尘粒被过滤下来。过滤材料捕集粗粒粉尘主要靠惯性碰撞作用，捕集细粒粉尘主要靠扩散和筛分作用。布袋除尘器对大于 $0.1\mu m$ 的微粒，分离效率可达 99%。颗粒层除尘器在过滤愈细的粉尘时，过滤速度应愈低，其分离效率也可达 99%。图 9-4 所示为颗粒层除尘过滤器的工作示意。

(6) 静电除尘设备　静电除尘是利用高电压的电场使烟气发生电离，气流中的粉尘荷电在电场作用下与气流分离。负极由不同断面形状的金属导线制成，叫放电电极，正极由不同几何形状的金属板制成，叫集尘电极。静电除尘器与其他除尘设备相比，耗能少，除尘效率高，适用于除去烟气中 $0.1\sim 50\mu m$ 的粉尘，而且可用于烟气温度高、压力大的场合。

9.2.3　有害气体的治理技术

对有害气体进行无害化的处理或回收利用的方法有吸收法、吸附法、燃烧法、催化转化法和冷凝法等。

(1) 吸收法　用溶液、溶剂或清水吸收工业废气中的有害气体，使其与废气分离的方法为吸收法。溶液、溶剂、清水称为吸收剂，吸收剂不同，吸收的有

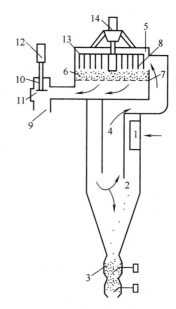

图 9-4　颗粒层除尘过滤器

1—烟气入口；2—旋风预分离器；3—灰斗；
4—芯管；5—过滤室；6—颗粒层；7—托网；8—净气室；9—排气道；10—反吹空气入口；11—换向阀；12—启动油缸；
13—梳耙；14—驱动电机

害气体的成分不同。

吸收法使用的设备有喷淋洗涤器、泡沫洗涤器和文氏管洗涤器。在上面介绍的湿式除尘设备，基本都可以用于净化有害气体。吸收法可以处理各种有害气体，适用范围很广，但工艺比较复杂。

(2) 吸附法 吸附法是用固体吸附剂吸附处理废气中的有害气体。使用吸附法，要恰当地选择吸附剂。吸附剂的条件是比表面积大，容易吸附和脱附，来源容易，价格便宜。例如，二氧化硫可以用活性炭来吸附，氟化氢可以用活性氧化铝来吸附。

常用的吸附设备有固定床、流化床和输送床。图 9-5 是以氧化铝为吸附剂，以流化床为吸附设备，净化回收氟化氢气体的示意。

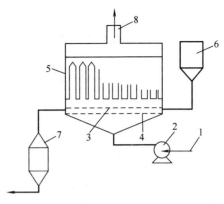

图 9-5 吸附法净化回收氟化氢气体示意
1—电解槽烟道；2—风机；3—流化床；
4—气流分布板；5—布袋过滤器；
6—原料氧化铝仓；7—反应氧
化铝仓；8—排气筒

许多种有害气体都可以用吸附法处理，并挥发有用物质，但吸附法更适合于净化浓度较低、气体量较小的有害废气。

(3) 燃烧法 用氧化燃烧或高温分解的原理，把有害气体转化为无害物质的过程，称为燃烧法或焚化法。燃烧法又分为直接燃烧和催化燃烧两种方法。燃烧法一般用于处理有机废气，如含有烃类、醇类、酯类及含有氮、硫的有机化合物等的有害气体。

燃烧法简便易行，效率较高，若有机废气的含量越高用此方法越有利。但采用这种方法时，必须严格控制燃烧温度和燃烧时间，否则有机物会炭化成颗粒，以粉尘形式随烟气外排，造成二次污染。

(4) 催化转化法 在催化剂的作用下，使有害气体转化为无害气体或易于回收的气体的方法，称为催化转化法。它分为催化氧化法和催化还原法。

催化氧化法是使有害气体在催化剂作用下，与空气中的氧发生化学反应，转化为无害气体的方法。例如，含碳氢化物的废气经催化氧化，使碳氢化合物变成二氧化碳和水。又比如，汽车尾气产生的碳氢化合物（包括 VOC，即易挥发有机物），氮氧化合物通过铂、钯、铑等和光氧催化剂转化为二氧化碳和氮气。

催化还原法是使有害气体在催化剂作用下，与还原气体发生化学反应，转化为无害气体的方法。例如，氮氧化物能在催化剂作用下，由氨还原为氮气和水。

催化转化法具有效率高、操作简单等优点。采用这种方法的关键是选择合适的催化剂，并延长催化剂的使用寿命。

(5) 冷凝法 根据降低有害气体的温度，能使某些成分冷凝成液体的原理，来分离废气中有害成分的方法，称为冷凝法。

冷凝法对有害气体的去除程度，与冷却温度和有害成分的饱和蒸气压有关。冷却温度越低，有害成分越接近饱和，其去除程度越高。当用于净化含单一有害成分的废气时，用一次冷凝法；当用于净化含多种有害成分的废气或提高废气的净化效率时，可用多次冷凝的方法。

冷凝法设备简单、操作方便，对去除高浓度的有害气体更有利。

9.2.4 PM$_{2.5}$控制技术

细颗粒物是一种重要的污染物。细颗粒物（PM$_{2.5}$）是指空气动力学直径小于或等于

2.5μm（1μm 等于百万分之一米）的悬浮颗粒物。$PM_{2.5}$ 来源既有燃煤、燃油机动车尾气、道路扬尘、建筑施工扬尘、工业粉尘、餐饮油烟、垃圾焚烧、秸秆焚烧直接排放的细颗粒物；也有各种工业体系，比如石化、冶金等排放的各种二氧化硫、氮氧化物和挥发性有机物，它们在空气中经过复杂的化学转化生成硫酸盐、硝酸盐和氨盐的二次细颗粒物。美国在1997 年颁布了细颗粒物的空气质量标准为年均值 $15\mu g/m^3$，日均值为 $65\mu g/m^3$。2011 年我国在《环境空气质量标准》征求意见稿中首次确定未来细颗粒物的浓度年均 $35\mu g/m^3$ 和日均 $75\mu g/m^3$。

9.2.4.1 氮氧化物的治理及利用

氮氧化物（主要为 NO 和 NO_2，统称为 NO_x）是大气主要污染物之一。它的来源一是含氮燃料燃烧过程废气产生，另一是生产硝酸过程中产生的废气及使用硝酸过程中产生的 NO_x。当 NO_2 在紫外线照射下，吸收 3500Å（1Å=0.1nm，下同）的光，分解生成活性很强的氧原子，该原子与空气中的氧结合成臭氧，再与烯烃作用生成过氧酰基亚硝酸盐和硝酸盐及醛类。主要反应式如下：

$$NO_2 \xrightarrow{\lambda > 3500\text{Å}} NO + [O] + \Delta H \tag{9-1}$$

$$[O] + O_2 \longrightarrow O_3 \tag{9-2}$$

$$3[O] + 2O_2 + 2NO_2 + 2CH_2=CH_2 \longrightarrow 2CH_3-\overset{\overset{O}{\|}}{C}-O-O-NO_2 + H_2O \tag{9-3}$$

治理 NO_x 主要有直接吸收法和催化还原法。

(1) 直接吸收法 利用水、酸、碱等溶液对含 NO_x 的废气进行吸收，使 NO_x 转变为硝酸、硝酸盐及亚硝酸盐等。主要原理如下：

$$2NO_2 + H_2O \longrightarrow HNO_3 + HNO_2 \tag{9-4}$$

$$3HNO_2 \longrightarrow HNO_3 + 2NO + H_2O \tag{9-5}$$

$$2NO_2 + 2OH^- \longrightarrow NO_3^- + NO_2^- + H_2O \tag{9-6}$$

$$NO + NO_2 + 2OH^- \longrightarrow 2NO_2^- + H_2O \tag{9-7}$$

(2) 催化还原法 利用 NH_3 作还原剂，在合适催化剂作用下，使 NO_2 和 NO 转化为 N_2，反应如下：

$$2NH_3 + NO + NO_2 \longrightarrow 2N_2 + 3H_2O \tag{9-8}$$

可选择的催化剂有钯、铂等贵金属，也可以选择铜、铁、钒、铬、锰等金属。还可以利用氢气、炼油厂尾气为原料在一定温度和催化剂作用下与 NO_x 反应，原理如下：

$$H_2 + NO_2 \longrightarrow H_2O + NO \tag{9-9}$$

$$2H_2 + 2NO \longrightarrow 2H_2O + N_2 \tag{9-10}$$

$$2H_2 + O_2 \longrightarrow 2H_2O \tag{9-11}$$

$$CO + NO_2 \longrightarrow CO_2 + NO \tag{9-12}$$

$$2CO + O_2 \longrightarrow 2CO_2 \tag{9-13}$$

$$CO + NO \longrightarrow CO_2 + \frac{1}{2}N_2 \tag{9-14}$$

9.2.4.2 二氧化硫的治理及利用

二氧化硫（SO_2）是一种无色，有强烈刺激性气味的大气污染物气体。它主要来源于煤、石油燃烧及含硫矿石冶炼和硫酸厂产生的尾气。二氧化硫遇水可以变成有腐蚀性的亚硫酸，二氧化硫也可以被阳光照射转化为二氧化硫，进而遇水变为硫酸，对人及生态造成危害。目前，脱硫的方法很多，一般分为湿法、半干法、干法三种。

(1) 湿法脱硫 该技术较为成熟，效率高，操作简单。该方法常见的脱硫剂有石灰石-石膏法、双碱法、有机胺循环法、海水脱硫法等。石灰石-石膏法应用较为广泛，其工艺过程见图 9-6。

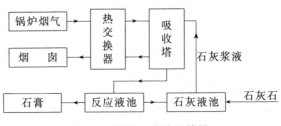

图 9-6 脱硫工艺流程简图

烟气先经热交换器处理后，进入吸收塔。在吸收塔里 SO_2 直接与石灰浆液接触并被吸收除去，进入反应液池，最后变为石膏。治理后的烟气通过除雾器及热交换器处理后经烟囱排出。

(2) 干法脱硫 将固体石灰石直接喷射到炉膛内高温区，在高温下石灰石煅烧成 CaO，CaO 吸收烟气中 SO_2 并与之反应生成 $CaSO_4$。

9.3 水污染的防治

9.3.1 水体污染与污染物

9.3.1.1 水资源

水资源是一种极宝贵的自然资源。在人民生活、城乡建设和工农业生产中，都离不开水。水资源比其他自然资源更宝贵、更重要。为了确保国民经济持续发展和人民生活水平的不断提高，在开发利用水资源工农业生产的同时，还必须有效地防治水的污染。

地球表面的海洋、河流、湖泊、沼泽、冰川以及地下水通称为水体。水体中不仅包括水，而且也包括悬浮物、溶解物质、水生生物和底泥。

水污染是指由于人类的生活或生产活动，改变了天然水的物理、化学或生物学的组成和性质，影响了人类的生活、生产或危害了人类的健康。水体受到污染后，不仅破坏了水体本身的自净能力，而且也破坏了水体本身的应用效能。

9.3.1.2 水体污染物

水体的严重污染主要是由于工业大发展和城市人口的高度集中所致。

(1) 化学污染物 化学污染物可分为有机污染物、无机物污染物和重金属污染物。

① 有机污染物。石油化工厂、焦化厂、炼油厂、染料厂以其他工厂排出的废水。这些有机污染物排入水体，即成为微生物营养源并分解消化，消耗水中的溶解氧。若溶解氧下降过多时，将给各种生物带来危害直至造成死亡。

② 无机污染物。废水中的许多酸、碱、盐、氮、磷、砷等都属于无机污染物。主要来自化工厂、农药厂、电镀厂、化纤厂和冶炼厂及催化剂工厂的排水。含无机物的废水排入水体后，会使水的酸碱度发生变化，使水生物受到毒害而无法生存。酸度大或碱度大的废水对生产和生活也会带来不利影响，使之失去使用价值。某些无机物进入水体也会使水中的溶解氧减少，产生类似有机物影响的有害作用。

③ 重金属污染物。铅、锌、汞、铬、镉等重金属和稀土用金属污染物。主要来自重金

属冶炼厂、重金属采选场、某些仪表厂和化工厂排出的废水。这些物质排入水体，一旦超标，将会毒害水生物，甚至造成水生物死亡。人类如饮用了含有过量重金属污染物的水，也会危及生命。

(2) 物理污染物 来自热电站、核电站、医院、冶金厂和化工厂排出的废水含有大量热、放射性物质等。水温增高不仅影响鱼类的正常生长，而且会加速污染物质的反应，导致污染更为严重。排水的水温不能超过自然水温的 2~4℃。含放射性物质的废水进入水体，会对人体造成很大危害。因为水体中的放射性同位素可以通过饮水、动物、农作物等多种途径进入人体。用含放射性物质的水灌溉农田，使粮食、水果、蔬菜中的放射性物质累积增多，特别是水生物体内的放射性物质甚至可比水中高出千倍以上。人们通过饮水，吃含有放射性物质的食品，从而危害人的身体健康。

(3) 生物污染物 废水中含有病毒、细菌和霉素等生物污染物。它们来自医院、制革厂、屠宰场、酿造厂和生物制品厂的排水。含有生物污染物的废水排入水体，不仅会使水体溶解氧减少，降低渔业生产量，而且直接影响人民的健康，引起伤寒、痢疾、肝炎、结核等传染病的流行。所以含生物污染物的水在未处理前，限制向水中排放。

9.3.1.3 表征水污染的指标

表征水污染的指标有溶解氧、生化需氧量、化学耗氧量、悬浮物、大肠杆菌、氢离子浓度和特殊有害物质等。

(1) 溶解氧（DO） 溶解氧是溶于水中的氧量，以每升水含氧的量（mg/L）表示。无污染的自然水中溶解氧呈饱和状态。在一个大气压下，温度为 0℃ 时，淡水中的溶解氧达到饱和时的含氧量是 10mg/L。在 20℃ 时，则为 6.5mg/L。当溶解氧低于 4mg/L，鱼类则难以生存。水被有机物污染后，由于好氧菌作用使其氧化，消耗了溶解氧，如得不到空气中氧的及时补充，水的溶解氧就减少，最终导致水体变质。所以把溶解氧作为水质污染程度的指标，溶解氧越少，表明污染程度越严重。

(2) 生化需氧量（BOD） 生化需氧量是指水中有机物在好氧菌作用下，分解成稳定状态时需要氧气的量，单位是 mg/L。生化需氧量不仅是表示水中有机物污染程度的一个指标，而且是确定水处理容积和运行管理的重要参数。其数值越大，表明污染越严重。

(3) 化学耗氧量（COD） 化学耗氧量是指用化学氧化剂氧化水中需氧污染物时所消耗的氧气量，单位是 mg/L。它是评价水质污染程度的重要综合指标之一。化学耗氧量数值越大，表明水质污染越严重。一般饮用水的化学耗氧量是几至十几毫克每升，而工厂排出量最多不得超过 100mg/L。

(4) 悬浮物（SS） 悬浮物是在水中悬浮状态的固体状物质，如不溶于水的淤泥、黏土、有机物、微生物等，其直径一般不超过 2mm，且悬浮水中，单位是 mg/L。悬浮物是造成水质浑浊的主要原因，是衡量水质污染程度的主要指标之一。悬浮物越多表示水质污染越严重。含有大量悬浮物的工业废水，不得直接排入地面水中，以防止污染物淤积河床。

(5) 大肠杆菌 大肠杆菌是寄生于人或动物肠道里的一种细菌。在一般情况下，这些细菌在动物体外并不繁殖，每克粪便中约有数十亿大肠杆菌，因此这种污染是由高等动物的大肠排出造成的。测定大肠杆菌量可反映出水质被粪便污染的程度，推断肠道病原菌存在的可能性，以判断水体的卫生状况。

(6) 水的 pH 值 水的 pH 值反映了水的酸碱度。蒸馏水在 20℃ 下，pH 值为 7，呈中性。水的 pH 值过高或过低，都表示水质受到污染，不仅不能饮用，而且也不适合渔业和灌溉。工业废水的最高容许排放浓度的 pH 值为 6~9。地面水质和生活饮用水水质的卫生要求是 pH 值为 6.5~8.5。

9.3.2 水体污染治理技术

处理和回收利用废水有物理法、化学法和生物化学法，图 9-7 表示各处理方法间的相互关系。

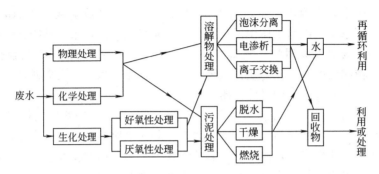

图 9-7　废水处理方法间的相互关系

9.3.2.1 物理处理法

采用物理方法分离或除去废水中不溶性悬浮物或固体的方法称为物理处理法。因为该方法仅仅是去除悬浮物或固体物质，所以设备简单，操作方便，并且容易达到良好的效果。物理处理法主要有筛滤法、重力法和离心法。

（1）筛滤法　这是用过滤方式处理废水的方法。当废水通过带有微孔的装置或某种介质组成的滤层时，悬浮颗粒被截留下来，废水得到一定程度的净化。

（2）重力法　利用废水中悬浮颗粒自身的重力，与水分离为重力法。密度大于水的颗粒靠重力在水中自然沉降，或密度低于水的悬浮物靠浮力在水中自然上升，从而与水分离。利用重力处理废水的设备有多种型式，如沉淀池、浓缩池、隔油池等。选矿厂废水中的矿石颗粒，洗煤场废水中的粉煤，石化厂废水中的浮化油，肉类加工厂和皮革厂中的有机悬浮物等都可以利用重力或浮力的方法分离。

（3）离心法　离心法是使废水在离心力作用下，把固体颗粒与废水分离的方法。利用离心机的旋转，形成离心力场，由于固体颗粒与水的密度不同，受到的离心力也不一样，在离心力作用下，固体颗粒被甩向外侧，废水继续留在内侧，然后各自从容器不同的出口排出，从而悬浮颗粒被分离出来。

9.3.2.2 化学处理法

化学处理法是向废水中投加化学试剂，使其与污染物发生化学反应，除去污染物的方法。常用的处理法有中和法、混凝沉淀法、氧化还原法、吸附法和离子交换法。

（1）中和法　酸性废水和碱性废水都可以用中和的方法进行处理。用中和法处理废水的设备比较简单，在处理中应借助于测定 pH 值的办法，使处理后的废水满足循环利用和排放要求。

（2）混凝沉淀法　这种方法是在废水中加入混凝剂、水悬浮物质或胶体颗粒，在静电、化学、物理的作用下聚集，加大颗粒的沉降速度，以达到分离的目的。常用的混凝剂有无机混凝剂，如硫酸铝、三氯化铁、硫酸镁、碳酸镁等，另一类是高分子混凝剂，如聚丙烯酰胺等，有时还需加入助凝剂。

（3）吸附法　吸附法是用多孔性固态物质吸附废水中的污染物的方法。多孔性固态物质称为吸附剂，被吸附的污染物称为吸附质。吸附法可分为物理吸附法和化学吸附法。吸附法处理废水多用于除去废水的色度和臭味，并回收废水中的有用物质。造纸、印染、炸药、剧毒废水都可以用吸附法处理。吸附剂可以再生，经再生后的吸附剂可以继续使用。吸附设备有固定床、流动床和沸腾床等。

（4）离子交换法　通过离子交换剂与废水污染物之间的离子交换而净化废水的方法称为离子交换法。离子交换剂常用的是有机合成的离子交换树脂。当它与废水中的某些离子接触时，即发生交换作用，并能移去废水中的污染物离子，使废水净化。离子交换化学反应速率很快，它是在瞬间完成的。其设备与吸附设备相仿，这种方法常用于处理含镍、铬、镉、铜等重金属废水。

9.3.2.3　生物化学处理法

生物化学处理法是利用微生物的新陈代谢作用处理废水的一种方法。微生物的新陈代谢作用能把复杂的有机物分解为简单物质，将有毒物质转化为无毒物质，使废水净化。根据氧气的有无，分为好氧生物处理法和厌氧生物处理法。

（1）好氧生物处理法　在供氧充分、温度适宜、营养物充足的条件下，好氧性微生物大量繁殖，并将水中的有机污染物氧化分解为二氧化碳、水、硫酸盐、硝酸盐等简单无机物。含有碳氢化合物、蛋白质、脂肪、合成洗涤剂等生活污水和有机物废水常用这种方法处理。用好氧生物处理法有利于环保，且具有投资少、运行费用低、操作简单等优点，因而被广泛应用。图9-8所示为好氧法处理废水流程。

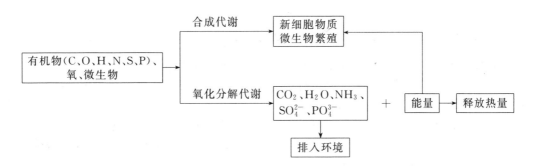

图9-8　好氧法处理废水流程

（2）厌氧生物处理法　在密闭无氧的条件下，有机物如粪便、污泥、厨房垃圾等通过厌氧性微生物及其代谢酶的作用被分解，除去臭味，使病原菌和寄生虫卵死灭，这是厌氧生物处理法。有机物经厌氧消化后生成的残渣可作农田肥料，产生的气体是有价值的能源。农村中的沼气池是厌氧生物法应用的典型事例。在工业上应用厌氧生物处理法处理肉类加工厂、制糖厂、罐头厂的废水，获得了良好的效果。

9.3.2.4　膜处理方法

膜处理法是利用膜的孔径及膜材料的特性选择性节流水中的颗粒物的一种很有前途水处理方法。比如利用超滤膜、反渗透膜、微滤膜进行染料脱盐、海水淡化及污水处理，同时，也有利于膜反应器，将可利用的微生物挂在膜反应器上，对污染物进行生物降解。

9.4　固体废物的处理

固体废物是指在生产和生活中废弃的固态物质。主要包括工业废物、矿业废物、农业废物和城市垃圾四类。

9.4.1 固体废物的来源

固体废物主要来源于人类的生产和生活活动。在人类从事的工业、农业的生产过程中，在进行交通、商业等活动中，一方面生产出有用的工农业产品，供人们衣、食、住、行使用；另一方面，同时产生了许多废物，如废渣、废料等。在人们的生活中还要排放各种各样的生活垃圾，如人畜粪便、果核菜根等。

(1) 工业废物 随着工业生产的发展，工业生产中排出的固体废物量日益增多。2012年我国工业生产中排出的废物超过32亿吨，其中主要是冶金生产中的炉渣和火力发电中的粉煤灰。工业废物的来源与排放量见表9-1。

表9-1 工业废物的来源与排放量

部门	名称	来源	排放量/(t/t产品)
冶金	高炉渣	炼铁时的矿石杂质、燃料灰	0.3～1.0
	钢渣	炼钢中的铁杂质、炉衬、造渣剂	0.11～0.3
	赤泥	铝氧生产中的废渣	0.6～2.0
	有色渣	重金属冶炼排出的废渣	0.2～20.0
能源	煤渣	煤炭燃烧过程排出的废渣	—
	粉煤灰	燃煤电厂回收的煤灰	—
	石化工业		—
化工	废石膏	磷酸盐生产排出的废渣	0.5
	硫铁矿渣	硫酸制造产生的废渣	0.5
	盐泥	烧碱生产排出的废渣	—

(2) 矿业废物 矿业废物是在采矿和选矿产生的尾矿废石和其他废物。开采矿石首先要剥离围岩、排出废石。露天开采，矿床越深，产生的废石越多，一般剥岩量大于矿石量。在选矿中排放的尾矿也是矿业的废物。

煤矸石是采煤和选煤时产生的废煤石，被视为量大而难以处理的废物。

矿业废物的危害最明显的是对土地的破坏。废石的堆积不仅侵占了大面积的农田、绿地，而且也污染了土壤和水源，破坏了环境和自然风景。

(3) 农业废物 农业废物包括农业生产过程中丢弃的废物和农产品加工过程排出的废物以及农村居民生活排出的废物。农业生产废物有农作物的秸秆、杂草、落叶及其他废物。农产品加工的废物主要是皮壳等。

我国农业种植约为18亿亩耕地，每年产生7亿吨秸秆，除还田、饲料及沼气利用外，每年还有大量秸秆被焚烧。

农业废物中含有大量有机物和植物营养物质，如果不妥善处理和利用，就会腐烂变质，孳生蚊蝇和其他害虫，不仅污染环境，还会传染疾病，影响居民健康。

(4) 城市垃圾 生活垃圾、商业垃圾及市政工程建设、维修等产生的废物构成城市垃圾。由于城市人口越来越多，城镇居民的生活水平不断提高，大量增加消费品，造成城市垃圾的排出量成倍增加。另外，城市商业为了改善经营，商品、食品和日用品的包装物剧增，商业垃圾也成为不能忽视的问题。目前城市垃圾的收集、运送和处理已变成亟待解决的问题。

9.4.2 固体废物的一般处置方法

固体废物的一般处置方法有堆存法、填埋法、焚化法和固化法。

(1) 堆存法 是把固体废物堆积在地上,存放起来。这是固体废物处置最原始、最简单的方法。虽然简单易行、安全可靠,但是常会造成对环境的二次污染。这种方法多用来处置难溶解、不腐烂变质、不扬尘的固体废物。

(2) 填埋法 是利用自然坑洼地、山谷填上固体废物,在顶部覆盖土层,便于充分利用土地,改造山河。在人工填埋时要注意对周围环境的影响,防止地下水质污染及保持生态平衡。

(3) 焚化法 是有控制地焚烧废物,以减少废物体积,便于填埋。在焚烧过程中,废物中的有机物转变为二氧化碳和水,许多种病原菌和有害物可以变为无害物质,大大减少这些固体废物的危害性。焚化垃圾的设备多用焚化炉。使用焚化法处理废物,应增设除尘设备,防止灰尘、烟气可能造成的二次污染。

(4) 固化法 是通过物理、化学的方法,把废物固定或包裹在固体基体的产物中的处理方法。无论利用水泥、石灰、硅酸盐等固定剂与废物混合制成固体型,还是利用聚乙烯、沥青、石蜡等包裹剂与废物混合包容废物,都能降低或消除废物中有害成分的渗透性,然后堆埋。固化法成本高,费工时,所以只适宜用来处理有毒性有害废物,如重金属沉淀污泥、放射性废物等。

9.4.3 固体废物的处理与利用

9.4.3.1 工业废物的处理与利用

(1) 高炉渣 高炉出来的渣,经水冷或水淬凝固后,在经过破碎、筛分,可制成渣砂和碎石作为混凝土的骨料或建筑材料。水淬渣是质地优良的水泥原料,用来生产矿渣硅酸盐水泥。

(2) 钢渣 因炼钢的炉型和方法不同,钢渣分为转炉渣、平炉渣和电炉渣。钢渣形成的温度在1500~1700℃之间,液态钢渣自然冷凝后呈块状,如果用水处理液态钢渣,冷凝后呈粒状。钢渣经破碎、筛分后,可以使用。

(3) 铬铁渣 把铬铁渣干燥、粉碎,与黏土按一定比例配料、焙烧,可制成建筑用砖。

(4) 有色金属渣 有色金属渣分为轻金属和重金属渣。轻金属渣主要是赤泥,是从铝土矿生产铝氧时排出的废渣,主要用于生产水泥。重金属渣主要是铜、铅、锌、镍等废渣,可用作水泥、混凝土的配料等。

(5) 粉煤灰 粉煤灰主要是燃煤电厂烟道中排出的细灰,含有磷、钾、铁等化学元素,帮助植物生长等多种用途。在电厂的粉煤灰中,含有铁、碳、铜、钼、钪、锗、钛等有价值的金属,应用不同方法可以回收。

(6) 废石膏 废石膏的主要成分是硫酸钙,可制作石膏板等用。

常见工业废物的用途见表9-2。

表9-2 常见工业废物用途

名称	主要用途
高炉渣	生产建筑材料,如矿渣水泥、矿渣棉和保温材料;还可水淬后生产硅钙粉,作为原料
钢渣	制造矿渣水泥和碎石,做筑路材料和防火材料;作为炼铁溶剂,在钢铁生产中循环使用,也用来生产微晶玻璃和矿渣磷肥
铬铁渣	制成普通建筑用砖,生产耐热胶凝材料,制造水泥、肥料和铸石等
有色金属渣	制作水泥、砖瓦、砌块、矿渣棉、铸石等
粉煤灰	做建筑材料、肥料、隔声砖、屋面材料,回收稀有金属钼、钪、锗、钛等
废石膏	做建筑材料的水泥和石膏板

9.4.3.2 矿业废物的处理与利用

为了防止矿石废物的废石风化和尾矿被水冲刷污染大气和水体,要对其进行稳定性的无害化处理。常用的稳定处理方法有物理法、化学法和植物法。

与工业废物一样,矿业废物有着巨大的潜力和前途。表 9-3 表明了矿业废物的主要用途。

表 9-3 矿业废物的主要用途

废物名称	主要用途	废物名称	主要用途
重金属尾矿	制作砖瓦和回填矿坑	无毒无害废石和尾石	铺路、填坑造地、建筑骨料
轻金属尾矿和废石	制作建筑材料和水泥	大部分废石和尾矿	作矿坑回填材料
多种金属共生矿的废石和尾矿	回收有价值的金属	煤矸石	燃料、建筑材料和化工原料
含 SO_2 大于 70% 的尾矿	作加气混凝土的配料		

9.4.3.3 农业废物的处理与利用

农业废物主要是农作物的秸秆和人畜粪便,是一种重要的可再生资源,也是一种宝贵的可再生生物能源及精细化工的原料。

(1) 制取沼气、氢气及生物乙醇　农作物秸秆、人畜粪便、杂草等有机物经预处理后产糖,在一定的温度、湿度和酸碱度的厌氧条件下,经沼气细菌的发酵作用产生的一种可燃气体,称为沼气。沼气的主要成分是甲烷占 60%～70%,二氧化碳占 30%～40%,还有少量的氢、氧、氮、一氧化碳和硫化氢等气体。同时,也可以转化为氢气、生物乙醇及各种短链酸等精细化工产品。

沼气是良好的燃料,在我国农村广泛应用。一个 5 口之家,喂两头猪,人畜粪便加上 3～4kg 的秸秆,用 6～8m^3 大小的沼气池发酵制取沼气,足够烧饭和照明使用。

(2) 堆肥　用人畜粪尿、作物秸秆和杂草、脏土等农业废物堆肥,在我国有悠久的历史和丰富的经验。堆肥的关键在于控制适当的温度、湿度、酸碱度、氧气和养分,创造一个有利于微生物生长的良好环境。在田地里施加堆肥,不仅能促进庄稼生长,而且能改良土壤。所以堆肥也是农业废物综合利用的一种好办法。

(3) 高值利用　秸秆经过稀酸、稀碱及蒸汽爆破等手段预处理后,再进行酶水解可以得到糖,有学者也叫建立糖平台。因此,从秸秆转化可以得到工业糖,也可以从糖开始制备生物乙醇。当然,所建立的糖平台经过转化可以得到甲酸、乙酸、乳酸、呋喃甲醛等一系列化工产品。事实上秸秆由"三素"——纤维素、半纤维素和木质素组成,也有学者探讨将秸秆中的纤维素和半纤维素与木质素分开,纤维素和半纤维素经过厌氧发酵转化为沼气,沼气经过净化得到生物燃气。木质素可以转化为生物柴油、液体农膜,以及可以作为环保型胶黏剂的原料。

9.4.4 城市垃圾的回收与利用

随着我国城市化步伐的加快和人民生活水平的提高,每天源源不断地产生大量的生活垃圾,已成为污染环境、困扰人类的社会问题。目前我国城市人均年产生活垃圾为 480kg,年增长率高达 7%～9%,但是无害化处理率却不足 20%,大量的生活垃圾被运到城郊裸露堆放处理。因此,如何按照可持续发展战略的要求,选用技术可靠、经济适用、环境达标的处理技术,从根本上实现我国城市垃圾减量化、资源化和无害化的治理,已成为我们面前的一项重要的社会发展任务。

9.4.4.1 城市生活垃圾的构成

城市生活垃圾主要是居民生活垃圾和城市修建工程垃圾。这些生活垃圾在数量上迅速增加的同时，其构成也不断发生变化。如城市居民过去生活中产生大量的煤渣，而现在却主要是包装袋、塑料、橡胶、瓶罐、皮革、化纤、菜叶、剩饭等。使之具有有机物增加，可燃物增加，可回收利用物质增加，可利用价值增加的特点。

9.4.4.2 城市生活垃圾污染的危害

① 垃圾露天堆放，造成大量氨、硫化物及其他腐蚀臭气释放，严重污染大气。

② 垃圾不但有大量的病原菌和病毒微生物，而且在堆放过程中还会招引大量的蚊、蝇、鼠、蟑等孳生，影响人们的身体健康。

③ 垃圾在堆放过程中，腐败变质，产生大量的酸性、碱性有机污染物和重金属有毒物质，其渗滤液会对城市周围地表水和地下水造成严重污染。

④ 城市垃圾的堆放侵占了大面积土地。

⑤ 城市垃圾中有机物比例增加，露天集中堆放面积加大，易造成厌氧条件下的甲烷的产生，因此很容易引起爆炸和火灾事故的发生。

9.4.4.3 城市生活垃圾的回收分类

城市生活垃圾回收包括：有机塑料类，橡胶类，废纸及包装物，废旧钢铁类，铜、铝等有色金属，家电中的贵重金属，玻璃的回收，还有其他可利用物资的回收等。

9.4.4.4 城市生活垃圾的利用

城市生活垃圾的利用主要有以下两个方面。

(1) 材料的利用 根据废物密度、电磁性、导电性、形状大小及物理、化学特性和成分的不同，可以分成几道工序分别选出，使收购的废旧物品作为资源重新利用。如利用电磁性把钢铁废品选出；利用导电性把各种金属选出；利用密度的大小不同，把沉淀与漂浮的废品分开等。这样既处理了废物，又开发利用了资源，引起人们重视。

(2) 能源的利用 由于城市生活垃圾具有有机物增多和可燃物增多的趋势，因而垃圾焚烧和发电便成为近年来城市固体废物资源化及无害化利用的热点。最先应用的国家是德国和法国。1965年，日本在大阪建立了垃圾焚烧发电厂，安装了两台装机容量为2700kW的发电机组。1968年，美国建立了第一座全垃圾发电厂，每天处理垃圾2200t。1985年，我国在深圳引进日本三菱公司焚烧成套设备与技术，建成了我国第一座大型的现代化垃圾焚烧发电一体化处理厂，为我国城市生活垃圾焚烧装置国产化打下了基础。自2015年连续三年，我国政府每年安排20多亿元，鼓励企业从事秸秆、城市周围农村粪便集中能源化处理，大大改善了环境。

9.5 清洁生产

9.5.1 清洁生产的提出背景

工业革命以来，特别是20世纪以来，随着科技的迅猛发展，人类征服自然和改进自然的能力大大增强，人类创造了前所未有的物质财富，人们的生活发生了空前的变化，极大地推进了人类文明的进程。但另一方面，人类在充分利用自然资源和自然环境创造物质财富的同时，却过度地消耗资源，造成严重的资源短缺和环境污染问题。20世纪60年代发生了一系列震惊世界的环境公害，威胁着人类的健康和经济的进一步发展，西方工业国家开始关注环境问题,并进行大规模的环境治理。这种"先污染、后治理"的"末端治理"模式虽然取得了一定的环境效果,但并没有从根本上解决经济高速发展对资源和环境造成的巨大压力,资源短缺、环境污染和生态破坏日益加剧。

1989年,联合国环境规划署为促进工业可持续发展,在总结工业污染防治正反两方面经验教训的基础上,首次提出清洁生产的概念,并制定了推行清洁生产的行动计划。1990年在第一次国际清洁生产高级研讨会上,正式提出清洁生产的定义。1992年,联合国环境与发展大会通过了《里约宣言》和《21世纪议程》,会议号召世界各国在促进经济发展的过程中,不仅要关注发展的数量和速度,而且要重视发展的质量和持久性。

9.5.2　清洁生产的定义及内容

清洁生产(cleaner production)是指"将综合预防的环境策略持续地应用于生产过程和产品之中,以便减少人类活动对环境的风险性。对生产过程而言,清洁生产包括节约原材料和能源,淘汰有毒原材料并在全部排放物和废物离开生产过程以前减少其数量和毒性;对产品而言,清洁生产旨在减少产品在生命周期(包括从原料提炼到产品用后的最终处置)中对人和环境的影响。清洁生产通过应用专业技术、改进工艺流程和改善管理来实现。"

现在,世界各国对此概念的含义并没有统一称为"清洁生产",与其并存的还有"污染预防"(pollution prevention)、"废物最小量"(waste minimization)和"控制源"(source control)等。

1994年,我国制定的《中国21世纪议程——中国21世纪人口、环境与发展白皮书》中对清洁生产的定义为"清洁生产是指既可满足人们需要又可合理使用自然资源和能源并保护环境的实用生产方法和措施,其实质是一种物料和能耗最少的人类生产活动的规划和管理,将废物减量化、资源化和无害化,或消灭于生产过程之中,同时对人体和环境无害的绿色产品的生产亦将随着可持续发展的深入而日益成为今后产品生产的主导方向。"因此,清洁生产是关于产品生产和使用全过程的一种新的、符合环保要求和持续发展的整体预防战略,以及具体的实施措施。

1998年,在第五次国际清洁生产研讨会上,清洁生产的定义得到进一步的完善。联合国环境规划署阐述了清洁生产的定义,即"清洁生产是将综合性预防的环境战略持续地应用于生产过程、产品和服务中,以提高效率,降低对人类和环境的危害"。对生产过程来说,清洁生产是指通过节约能源和资源,淘汰有害原料,减少废物的和有害物质的产生和排放;对产品来说,清洁生产是指降低产品全生命周期,即从原材料开采到寿命终结的处置的整个过程对人类和环境的影响;对服务来说,清洁生产是指将预防性的环境战略结合到服务、设计和提供服务的活动中。

2003年1月1日起正式实施的《中华人民共和国清洁生产促进法》对清洁生产进行了完整的定义"清洁生产是指不断采取改进设计、使用清洁的能源和原料、采用先进的工艺技术与设备、改善管理、综合利用等措施,从源头消减污染,提高资源利用效率,减少或者避免生产、服务和产品使用过程中污染物的产生和排放,以减轻或者消除对人类健康和环境的危害。"

9.5.3　清洁生产的发展概况

9.5.3.1　国外的发展状况

(1) 美国　20世纪80年代以来美国将环境保护的重点从传统的末端治理转移到加强预

防污染上来。1984 年通过了《危险和固体废物修正草案》，提出要尽可能减少和杜绝废物的产生。1986 年环保局在提交给国会的报告中再次强调尽量减少废物量是最佳的选择方案。1988 年环保局颁布了《废物减少评价手册》，该手册系统地描述了采用清洁工艺的可能性，并叙述了不同阶段的程序和步骤。美国国会于 1990 年通过了《污染预防法案》，要求企业通过削减过程中产生的污染物，来减轻末端治理的压力，减少资金投入并达到良好的控制效果。

(2) 日本　政府为贯彻可持续发展方针，针对本国资源短缺和国土狭小，不少资源依靠进口和垃圾填埋场地不足的矛盾，明确提出了由大量生产、大量消费和大量报废的现状转向从生产到消费、报废的全过程对资源进行有效利用的方针，以便建设抑制资源消费和减轻环境负荷的循环型社会。2000 年颁布了《建设循环型社会基本法》，并作为配套法规将 1991 年颁布实施的《资源再生利用促进法》修订为《资源有效利用促进法》后同时颁布。修改的内容主要是将过去单纯促进废物的再生利用（recycle）扩大为同时促进废物减少（reduce）和零部件的再利用（reuse）。该法规定从 2001 年 4 月起实施。

(3) 欧盟　欧共体委员会 1977 年 4 月就制定了关于《清洁工艺》的政策。1984 年、1987 年又制定了欧共体促进开发《清洁生产》的两个法规，明确对清洁生产工业示范工程提供财政支持，欧共体还建立了信息情报交流网络，其成员国可从该网络得到有关环保技术及市场信息情报。1996 年欧盟通过了综合污染预防与控制指令（IPPC 指令）。

(4) 法国　法国环境部设立了专门机构从事制定采用清洁工艺生产生态产品及回收利用和综合利用废物等政策的工作，每年给清洁生产示范工程补贴 10% 的投资，给科研的资助高达 50%。法国从 1980 年起还设立了无污染工厂的奥斯卡奖金，奖励在采用无废工艺方面做出成绩的企业。法国环境部还对 100 多项无废工艺的技术经济情况进行了调查研究，其中无废工艺设备运行费低于原工艺设备运行费的占 68%，对超过原工艺设备运行费的给予财政补贴和资助，以鼓励和支持无废工艺的发展和推行。

(5) 荷兰　在经济部和环境部的大力支持下，荷兰实行了"污染预防项目"（PRISMA），取得了令人瞩目的结果。1988 年秋，荷兰技术评价组织对荷兰公司进行了防止废物产生和循环的大规模清查研究，制定了防止废物产生和排放的政策及所采用的技术和方法（其关键内容是源削减、内部循环利用和行政管理等）。并在十个公司中进行了预防污染的实践，其实施结果已编制成《防止废物产生和排放》手册，于 1990 年 4 月出版。荷兰政府为促进少废无废（清洁生产）技术的发展和利用，可给工厂提供占新设备费用 15%～40% 的补贴。荷兰政府制定了 2000 年防治和回收废物的环境战略目标，明确规定了到 2000 年对特别需要引起重视的 29 种废液要达到治理标准的要求。

(6) 丹麦　丹麦政府于 1985 年颁布了《丹麦环境和发展计划》，通过清洁生产工艺和资源循环利用预防污染，解决环境问题。于 1991 年 6 月颁布了新的丹麦环境保护法（污染预防法），于 1992 年 1 月 1 日起正式执行。这一法案的目标就是努力预防和防治对大气、水、土壤和亚土壤的污染以及振动和噪声带来的危害；减少对原材料和其他资源的消耗和浪费；促进清洁生产的推行和物料循环利用，减少废物处理中出现的问题。

(7) 加拿大　近年来，加拿大开展了"3R"运动，"3R"即 reduce、reuse、recycle，即减少、再生、循环利用。

9.5.3.2　中国清洁生产的发展概况

中国清洁生产的发展概括为三个阶段：第一阶段（1983～1992 年）清洁生产形成阶段；第二阶段（1993～2002 年）清洁生产的推行阶段；第三阶段（2003 年至今）全面推行清洁

生产的阶段。

形成阶段（1983～1992年）　这一阶段的显著特点是，清洁生产从萌芽状态逐渐发展到理念的形成，并作为环境与发展的对策。

1983年国务院批转原国家经委《关于结合技术改造防治工业污染的几项规定》（国发［1983］20号），这个规定中的一些内容已经体现了清洁生产的思想。并制定了一系列鼓励的政策和措施，如减免税收、表彰奖励等。1985年国务院批转原国家经委《关于开展资源综合利用若干问题的暂行规定》（国发［1985］117号），这是指导中国资源综合利用的纲领性文件。为了调动企业开展资源综合利用的积极性，国家制定了一系列的鼓励政策。

自1989年联合国环境规划署提出推行清洁生产的行动计划后，清洁生产的理念和方法开始引入中国，有关部门和单位开始研究如何在中国推行清洁生产。1992年原国家环保局与联合国环境规划署召开了我国第一次清洁生产研讨会。1992年10月，联合国环境与发展大会后，党中央批准了《环境与发展十大对策》，提出"新建、改建、扩建项目时，技术起点要高，尽量采用能耗物耗小、污染物排放量少的清洁生产工艺"。清洁生产作为我国环境与发展的对策之一。

推行阶段（1993～2002年）　这一阶段的特点是清洁生产从战略到实践，取得重大进展。

一是确立清洁生产在工业污染防治中的地位。根据党中央批准的《环境与发展十大对策》，1993年原国家环保局和国家经贸委在上海联合召开了第二次全国工业污染防治工作会议。会议提出，工业污染防治要从单纯的末端治理向生产全过程转变，积极推行清洁生产。这标志着我国推行清洁生产的开始。

二是清洁生产作为实现可持续发展战略的重要措施。1994年中国政府制定了《中国21世纪议程》，将清洁生产作为实现可持续发展的优先领域。1996年国务院发布了《关于环境保护若干问题的决定》，提出"所有大、中、小型新建、扩建、改建和技术改造项目，要提高技术起点，采用能耗物耗小、污染物产生量少的清洁生产工艺，严禁采用国家明令禁止的设备和工艺。"

三是加快立法进程。自1995年以来，全国人大制定和修订的环境保护法律，包括《中华人民共和国大气污染防治法》《中华人民共和国水污染防治法》《中华人民共和国固体废物污染防治法》等都对推行清洁生产作出规定。1999年第九届全国人大常委会从加快推行清洁生产，实现持续发展战略的高度，将《清洁生产促进法》列入九届全国人大立法计划，并委托国家经贸委组织起草。经过两年多的工作，2002年6月29日九届全国人大常委会第28次会议审议通过了《清洁生产促进法》，这标志着我国推行清洁生产将纳入法制化管理的轨道，这也是清洁生产10年来最重要和具有深远历史意义的成果。

四是研究制定促进清洁生产的政策。1994年，针对新税制后资源综合利用企业税负增加、亏损严重的情况，为调动企业开展资源综合利用的积极性，国家经贸委在深入调查研究的基础上，提出了对部分资源综合利用产品和废旧物资回收经营企业给予减免税优惠政策的建议，经国务院批准，财政部、国家税务局先后下发了有关资源综合利用减免税的文件。1996年国务院批转了国家经贸委等部门《关于进一步开展资源综合利用的意见》（国发1996 136号）将资源综合利用作为我国经济和社会发展的一项长远战略方针，并制定了一系列鼓励企业开展资源综合利用的政策和措施。2000～2002年，国家经贸委会同国家税务总局先后公布了两批《当前国家鼓励发展的环保产业设备（产品）目录》和《当前国家鼓励发展的节水设备（产品）目录》，对生产和使用列入目录中的设备和产品，给予减免所得税、技术改造项目贴息补助、政府优先采购等优惠政策。为推进清洁生产技术进步，国家经贸委制定和发布了《清洁生产技术导向目录》(第一批)。

五是加大以清洁生产为主要内容的结构调整和技术进步的支持力度。"九五"以来共取缔、关闭质量低劣、浪费资源、污染严重及不符合安全生产条件的各类小煤矿5.8万处、小钢厂85户、土法炼油场点6000余座、炼油厂111户、水泥厂3894户、玻璃生产线238条，大大削减了这些重污染企业污染物排放量。"九五"以来，国家经贸委在"双高一优"技术改造计划和国债支持的技术改造专项计划中安排涉及节能降耗、资源综合利用、工业节水以及综合性的清洁生产项目共329项，总投资794亿元，工业企业污染防治能力进一步提高。"九五"以来，国家经贸委在国家技术创新及重大技术装备国产化研制计划中，重点支持了溅渣炉、蓄热式加热炉、大型干法熄焦、大型循环硫化床锅炉、洁净煤燃烧等重大节能技术，工业废水资源化技术以及化工碱渣回收利用、磷石膏制硫酸联产水泥、煤矸石硬塑和半硬塑挤出成型砖、煤矸石和煤泥混烧发电、纯烧高炉煤气发电等综合利用技术开发项目，总投资近10亿元，拨款1亿多元，为清洁生产技术开发及产业化提供了强有力的支持。

六是开展示范试点。国家经贸委组织在10个城市5个行业开展清洁生产示范试点。国家环保总局通过国际合作项目开展了企业清洁生产审核试点。冶金、化工、石化、轻工等重点行业和广东、江苏、辽宁、安徽等一些地区开展了企业清洁生产试点。太原市作为试点城市在全国率先出台了《太原市清洁生产条例》，并制定了清洁生产规划、清洁生产实施方案、清洁生产评价指标体系。到2001年底，全国试点企业已达700多家，为全面推行清洁生产积累了经验。

七是开展清洁生产宣传培训和审核。国家和地方有关部门及单位通过多种形式广泛开展清洁生产宣传和培训，特别是《清洁生产促进法》公布后，全国掀起了学习宣传清洁生产的热潮。利用互联网传播清洁生产已成为重要的手段，中国-加拿大清洁生产国际合作项目网站（中英文），自1998年5月建立以来，已经有100多个国家100万人次访问了该网站。初步统计，全国已有2万多人次接受了清洁生产培训，一大批企业开展了清洁生产审核，制定了低、中、高费方案，并逐步加以实施。据实施清洁生产审核试点的200多家企业统计，获得经济效益5亿多元，主要污染物平均削减2倍以上，取得了经济与环境"双赢"的效果。

八是广泛开展国际交流与合作。10年中世界银行、亚洲开发银行、联合国环境规划署等国际组织和加拿大、美国、荷兰、挪威、澳大利亚等国家政府与中国开展了多方面的合作，对清洁生产理念的传播、政策研究、示范、宣传、培训等起到了重要的促进作用，有力地支持了中国清洁生产的推行。

《清洁生产促进法》于2003年1月1日起施行，这标志着中国推行清洁生产从此进入依法全面推行清洁生产的新阶段，预示着中国推行清洁生产的步伐将大大加快。

然而，截至2009年，我国开展清洁生产审核的工业企业仅占全国工业企业总量的0.15%，清洁生产还存在着很大差距。特别是当前我国碳排放量已跃居全球第一位，我国政府提出：大力开展节能减排，目前已经初步完成了2020年GDP单位能耗下降40%~45%的目标。

9.5.4 发展清洁生产的意义

人类在创造世界，改造世界的过程中，就要向大自然进行掠夺。在利润的诱惑下，资源的过度开发、消耗，环境被污染和生态平衡破坏已经触及世界每一个角落，人们开始反思并重新审视已走过的路，认识到新的生产方式和消费方式，清洁生产是必然的选择。

(1) 清洁生产是实现可持续发展的重要举措 清洁生产可以大幅度减少资源消耗和废物再生，还可使已经破坏的生态环境得到缓解和修复，排除资源匮乏和环境污染的困扰，使工业走可持续发展的道路。

(2) 清洁生产开创了环境治理的新纪元　清洁生产改变了过去传统的先污染、后治理的末端治理的污染控制模式，强调在生产过程中提高资源、能源的利用率，减少污染物的产生，最大限度地降低对环境的污染。将整体预防的环境战略持续地应用于生产过程、产品和服务中，增加生态效率和减少人类和环境的风险。

总之，清洁生产是实现可持续发展战略的重要举措，是将污染整体预防战略持续地应用于整个生产过程、产品和服务的生产模式，是加强环境保护的重要内容。为了有效地利用资源和能源，缓解国内外经济增长与资源紧缺的矛盾，推动绿色生态环境的建设，同时取得良好的经济效益和环境效益，清洁生产的推行势在必行。

9.5.5　清洁生产的基本理论基础

(1) 废物与资源转化理论（物质平衡理论）　在生产过程中，物质是遵守平衡定理的，生产过程中产生的废物越多，则原料（资源）消耗也就越大，即废物是由原料（资源）转化而来的，清洁生产使废物最小化，也等于原料（资源）得到了最大利用。此外，生产中的废物具有多功能特性，即某种生产中产生的废物可能是另一种生产过程中的原料（资源）。资源与废物是一个相对概念。

(2) 最优化理论　清洁生产实际上是如何满足特定生产条件下使其物料消耗最少，而使产品产出率最高的问题。这一问题的理论基础是数学上的最优化理论。在很多情况下可表示为目标函数，求它在约束条件下的最优解。

(3) 科技进步理论　马克思预言"机器的改良，使那些在原有形式上本来不能利用的物质，获得一种在新的生产中可能利用的形式；科学的进步发现了那些废物的有用性。"当今世界的社会化、集约化的大生产和科技进步，为清洁生产提供了必要的条件。因此，有利于社会化大生产和科技进步的工业政策，特别是有利于经济增长方式由粗放型向集约型转变的技术经济政策等，均可为推行清洁生产提供有利的条件。

9.5.6　清洁生产原则

(1) 持续性　清洁生产不是一时的权宜之计，而是要求对产品和工艺持续不断地改进，以达到节约资源、保护环境的目的，是人类可持续发展的重要战略措施之一。

(2) 预防性　清洁生产强调在产品生命周期内，从原料获取，到生产、销售和最终消费，实现全过程污染预防，其方式主要是通过原材料替代、工艺重新设计、效率改进等方法对污染产生的源头进行削减，而不是在污染产生之后再进行治理。

(3) 整合性　清洁生产不应看作是强加给企业的一种约束，而应看作企业整体战略的一个部分，其思想应贯彻到企业的各个职能部门。鉴于消费者的环保意识不断增强，清洁产品市场日益扩大，有关环保的政策和法律愈来愈严格，清洁生产已经成为提高企业竞争优势，开拓潜在市场的重要手段。

9.5.7　清洁生产的主要内容

(1) 清洁的能源　包括常规能源（化石能源）的清洁利用、可再生资源（生物质能、水能）的利用、新能源（风能、太阳能、核能）的利用和节能技术。

(2) 清洁的生产过程　尽量少用、不用有毒有害的原料；生产无毒无害的中间产品；减少生产过程中的各种危险因素；使用少废、无废的工艺和高效的设备；提高物料的再循环；实行工艺过程循环利用，自动化控制，完善管理。

(3) 清洁的产品　节约原料和能源,少用昂贵和稀缺的原料;利用二次再生资源作原料;产品在使用过程中以及使用后不会危害人体健康和生态环境;易于回收、复用和再生;合理包装;合理的使用功能和使用寿命;易处置,易降解。

9.5.8　清洁生产的评价方法

(1) 清洁生产的评价目标

① 通过资源的综合利用,短缺资源的代用,二次资源的利用及节能、降耗、节水,合理利用自然资源,减缓资源的耗竭。

② 减少废物和污染物的生成和排放,促进工业产品的生产,消费过程与环境相容,降低整个工业活动对人类和环境风险。清洁生产目标的实现将体现工业生产的经济效益、社会效益的统一,保证国民经济的持续发展。

(2) 清洁生产的观念和途径　清洁生产是关于产品的生产过程的一种新的、创造性的思维方式。清洁生产意味着对生产过程和产品持续运用整体预防的环境战略,以期减降人类和环境的风险。

清洁生产的观念主要强调三个重点:清洁能源、清洁生产过程和清洁产品。

清洁生产的途径可以归纳为:改进管理和操作,改进工艺技术,改进产品设计,改进产品包装,选择更清洁的原料,组织内部物料循环。例如,改进操作条件,优化工艺操作参数,在原有的工艺基础上,适当改进工艺条件,如浓度、温度、压力、时间、pH 值、搅拌条件、必要的预处理等,可延长工艺使用寿命,提高物料转化率,减少废物的产生,实现更清洁的生产。

(3) 清洁生产的评价指标

① 有毒有害产品的淘汰率。

② 有毒有害原料的淘汰率。

③ 落后工艺、技术、设备淘汰率。

④ 更新改造的工艺设备占应更新的工艺设备的比率。

⑤ 原材料、能耗单产消耗比上年减少率。

⑥ 物料回收利用率,损失量比上年减少多少。

⑦ 产品物料流失,损失量比上年减少多少。

⑧ 产品收得率比上年增加多少。

⑨ 锅炉的热效率比上年提高多少。

⑩ 经济效益提高了多少,污染物减少了多少。

(4) 清洁生产审计程序　企业清洁生产审计是对企业现在和计划进行的工业生产预防污染的分析和评估,是企业实行清洁生产的重要前提,也是企业实施清洁生产的关键和核心。通过清洁生产审计,做到核对有关单元操作、原料、产品、用水、能源和废物的质料;确定废物的来源、数量以及类型;确定废物削减的目标,制定经济有效的削减废物产生的对策;提高企业对由削减废物获得效益的认识和知识;判定企业效率低的瓶颈部位和管理不善的地方;提高企业经济效益和产品质量。

清洁生产审计的总体思路可以表述为:

① 废物在哪里产生？——→污染源(废物)清单;

② 为什么会产生废物？——→废物产生的原因分析;

③ 如何减少或消除废物？——→方案产生和实施。

我国国家环保局在参照联合国和其他国家提出的清单生产审计程序的基础上,提出了适合我国国情的企业清洁生产审计工作程序,将整个过程分解为具有可操作性的7个步骤或阶段,分为筹划和组织、预评估、评估、方案产生和筛选、可行性分析、方案实施、持续清洁生产。

9.5.9 生命周期评估

9.5.9.1 生命周期的定义

所谓产品生命周期是指产品"从摇篮到坟墓"的整个生命周期各阶段的总和,包括产品从自然界中获得最初资源、能源,经过开采、冶炼、加工、再加工等生产过程形成最终产品,又经过产品储存、批发、使用等生产过程直到产品报废或处置,从而构成了一个物质转化的生命周期。

生命周期评估表述为:对一种产品及其包装、生产工艺、原材料、能源或其他某种人类活动行为的全过程,包括原材料的采集、加工、生产、包装、运输、消费和回收以及最终处理等,进行资源和环境影响的分析与评价。

9.5.9.2 生命周期评估的主要特点

(1) 生命周期评估的是产品系统 产品系统是指与生产、使用和用后处理相关的过程,包括原材料采掘、原材料生产、产品制造、产品使用和使用后处理。从产品系统角度看,以往的环境管理焦点常常局限与"原材料生产""产品制造"和"废物处理"三个环节,而忽视了"原材料采掘"和"产品使用"阶段。一些综合性的环境影响评价结果表明,重大的环境压力往往与产品的使用阶段有密切关系。仅仅控制某种生产过程中的排放,已很难减少产品所带来的实际环境影响,从末端治理与过程控制转向与以产品为核心,评价整个"产品系统"总的环境影响的全过程管理是必然要求。

(2) 生命周期评估是对产品包括服务整个生命全过程的评价 生命周期评估对整个产品系统从原料的采集、加工、生产、包装、运输、消费、回收到最终处理生命周期有关的环境负荷进行分析的过程,从每一个环节来找到环境影响的来源和解决办法,从综合性地考虑资源的使用和排放物的回收、控制和利用。

(3) 生命周期评估是一种系统性的、定量化的评估方法 生命周期评估以系统的思维方式去研究产品或行为在整个生命周期中每一个环节中的所有资源消耗、废物产生情况及其对环境的影响,定量评价这些能量和物质的使用以及所释放废物对环境的影响、辨识和评价改善环境影响的机会。

(4) 生命周期评估是一种充分重视环境影响的评估方法 生命周期评估要求列出系统的生命周期清单分析,得到具体的物质消耗和污染排放的量,但是生命周期评估强调分析产品或行为在生命周期各个阶段对环境的影响,包括能源的利用、土地的占用及排放污染物等,最后以总能量的形式反映产品或行为的环境影响程度。

(5) 生命周期评估是一种开放性的评估体系 生命周期评估体现的是一种先进的管理思想,只要有助于实现这种思想,尽管生命周期评估已经从最初的自由发展到现在以国际标准来规范评估的过程,任何先进的方法和技术都能为我所用。生命周期评估涉及化学、物理、数学、毒理学、统计学、工艺技术等,适应清洁生产、可持续发展的需要,因此,这样的一个开放的系统其方法也是持续改进、不断进步,同时,针对不同产品系统,可以应用不同的技术和方法。

9.5.9.3 生命周期评估的意义

生命周期评估克服了传统环境评估片面性、局部化的弊病,有助于企业在产品开发、技术改造中选择更加有利于环境的最佳"绿色工艺"。应用生命周期评估有助于企业实施生态效益计划,促进企业的可持续增长。生命周期评估能够帮助企业有步骤、有计划地实施清洁生产。生命周期评估可以比较不同地区同一环境行为的影响,为制定环境政策提供理论支持。生命周期评估可以为授予"绿色"标签——产品的环境标志提供量化依据。生命周期评估可以对市场进行指导"绿色营销"和"绿色消费"。

9.5.9.4 生命周期评估的局限性

生命周期评估的局限性主要表现在范围、方法和数据三个方面。

(1) 生命周期评估在范围上的局限性 生命周期评估具有它本身的特性,它是针对产品系统的环境评估。因此,它只对评估对象在生态环境、人体健康、资源和能源的消耗等方面反映该对象对整个生命周期内的环境冲击或环境影响,不可能涉及经济、社会、文化等方面的因素,也考虑不到企业生产质量、经济成本、劳动力成本、利润、企业形象等,因此,不论是政府还是企业都不可能仅仅依靠上面周期评估的结论来解决所有的问题。另外生命周期在范围上的局限性还表现在评估范围上,生命周期评估中所做的选择假定,如系统边界的确定,可能具有主观性,针对全球性或区域性问题的生命周期评估研究结果可能不适合当地应用,即全球或区域性条件不能充分体现当地条件,同时在某一时间所作的生命周期评估结论在时间上的局限性,还有可能存在地域上的局限性。

(2) 生命周期评估分析方法上的局限性 量化模型的局限性,用来进行清单分析或评估环境影响的模型要受到所做假定的限制。另外,对于某些影响或应用,可能无法建立适当的模型。通常生命周期评估希望尽量建立在客观的基础上,避免主观的影响,但是实际上在很多环节上是不能客观量化的,也就是说需要引入一些主观的参数去人为地量化其环境影响。另外在不同环境影响指标依赖的权重因子上也存在着不确定的因素。这些权重因子往往由生命周期评估实施者来自由选择和定义,必然引入一些主观的因素。另外,在检测精度上也有局限性。

(3) 生命周期评估分析数据的局限性 首先,数据的来源就有局限性,由于无法取得或不具备有关数据,限制了生命周期研究的准确性。其次在数据的分配及数据库的标准化适用性上都有局限性。

9.5.10 污染预防经济学

污染预防经济学是研究污染预防的投入(成本)与产出(效益)的对比关系的科学。

9.5.10.1 污染预防

从基本概念上讲,污染预防意味着问题发生之前就预防或减少污染源的产生。可以包括如下实践。

① 减少任何危害性物质、污染物进入环境,减少任何在回收、处理或处置之前排入环境的废物的量。

② 减少排放对公共健康和环境有危害的污染物。

③ 提高原料、能源、水和其他资源的利用效率。

④ 保护自然资源。

⑤ 污染预防也包括改进设备和技术、生产工艺和生产过程、产品更新,为清洁生产替换原料,以及维护、保养、培训或库存控制的管理服务的改进。

9.5.10.2 污染预防的经济可行性分析

经济分析所处理的问题包括:把稀缺、有限的资源分配到各类污染预防改善措施中去;

比较不同的投资项目，以确定哪些投资项目能使公司获得最大利益。

效益通常定义为任何有助于完成污染预防项目目标的事物；成本则是指任何阻碍完成项目目标的因素。对效益和成本通常是从它们是否使公司取得（或损害）最大效益的角度来评估。经济成本-效益包括：净现值、内部收益率和收益-成本率。

在衡量污染预防项目所能产生的节约时，重要的是既关注直接节约也关注间接节约。此外，还有许多无投资（或无形）的预防效益。在许多情况下，由污染预防所产生的间接节约及无投资效益无法用金融术语来加以定量化，但它们却是任何污染预防项目中一个相当重要的方面，因而应当在决策过程中予以重视。

污染预防备选方案的经济可行性分析审查每一个污染预防方案所可能造成的成本及节约的增量。通常污染预防措施要求对部分操作人员有一定的投资，也许是资金支出，也许是运营成本的投资。因此经济可行性分析的主要目的在于把额外成本同污染预防的成本或效益相比较。

(1) 直接成本　对于大部分投资来说，直接成本因素是在估计项目成本时唯一需要考虑的。对于污染预防项目来说，即使计算中的很多部分都显示出费用的节约，直接成本因素也可能只是一个净成本。所以如果只限于直接成本分析，可能会得出污染预防并不合理的商业投资错误结论。

在实施经济分析时，各种成本支出都必须加以考虑。如同任何项目一样，直接成本可以分为基建投资及运营成本两部分。

① 基建投资。如购买生产设备、辅助设备、材料、场地整理、设计、采购、安装、公用设施安装、培训成本、启动成本、许可证费用、催化剂费用和化学品的最初费用、流动资金及融资费用等。

② 运营成本。通常是与原料、水及能源、维护、供给、人工、废物处理、运输、管理控制、储存、处置有关的支出及其他费用。而生产率的提高、副产品或废物的出售及重复利用等所获得的收入可以部分地补偿运行支出。

(2) 间接成本　污染预防项目不同于我们较为熟悉的投资，因为间接成本将显示出大幅的费用节约。间接成本含义上不明确，既可以把它们分配给日常管理开支而不问它们的来源（生产工艺或产品），也可以把它们从整个财务分析中忽略掉。因此，在经济分析中把间接成本包括进去时，首先一步就是估算这些间接成本并分配给它们的来源。间接成本可能包括：①行政管理费；②为遵守法规而需的费用，如执照申请、记录保存、报告、检测及载货清单等；③保险费；④工人赔偿费；⑤现场废物管理及控制设备运营费。

(3) 责任成本　估算及分配将来的责任成本有许多不确定性，尤其对于许多非人力能控制的活动就更难以估算其责任成本，例如废物搬运工所造成的意外泄漏等。而对于未能符合目前还不存在的法规标准而可能遭受的处罚也是难予以估算的。同样，对于因消费者对产品的使用不当、事后被界定为危险物的处置，或危险废物处置后的事故性排放等造成的人体伤害及财产损失的索赔也是难以估计的。在做成本评估时，如何把未来的责任成本分配给产品或生产工艺也显示出实际执行上的困难。

许多小公司已找到解决项目分析中的责任成本问题的方法。例如在做收益计算及叙述时，小组可以：把经计算的责任风险减少的估算包括进去，也可以学习有类似生产工艺的类似公司如何避免索赔的案例。

而另一些公司则选择放松其项目的财政执行以说明责任的减少。例如将要求的偿还期限由 3 年延长到 4 年，或者把内部收益率由 15% 降低至 10% 等。

(4) 效益　一个污染预防项目可以由于水、能源和材料的节约，以及废物减量、回收和重复利用等获益，也可由于产品质量的提高、公司形象的提高及员工健康的改善等方面获益。在环境投资决策中对这些收益大部分没有检查。虽然这些收益往往难以衡量，但是只要可行就应尽可能地将其纳入到评估中。在列出所有较容易定量化和分配的成本之后，至少应当向管理者强调这些效益的重要性。

无形效益可能包括如下几项。

① 由于产品质量的提高、公司形象的改善及消费者对产品的信任而使得公司产品销售增加；

② 供应商和消费者之间的关系的改善；

③ 健康保健所需成本的减少；

④ 由于劳资双方关系的改善而促进生产率提高；

⑤ 与执法机关关系的改善。

在此需要强调的是，由于污染预防不像其他类型的项目那样通常在 3～5 年内即可获益，其责任保险及无形收益要经很长时间才可显现出来，因此在做经济评估时必须考虑到长期效益。做污染预防的决策时，必须选择长期财务指标作为基准来说明：①项目中的所有现金流量；②货币值。符合以上两个基准的常用财务指标有以下三种：投资的净现值（NPV）、内部收益率（IRR）及收益性指标（PI）。

最常用的衡量经济可行性的方式为现金流量贴现或净现值。这种方法将计划现金流量折扣为其现值来计算，这样就考虑了货币时值。如果公司所要求的利润率中净现值大于零，则这个项目是盈利的。对于项目期限内每一年（t）项目的净现值可依下列公式计算：

$$\text{净现值} = \frac{\text{成本节约} - \text{成本(第 } t \text{ 年)}}{(1+\text{MARR})^t} \tag{9-15}$$

式中，(成本节约－成本) 为预估的总节省（第 t 年的预期收入加上拟议方案将来可省的成本扣除拟议方案的总预估成本）；MARR（minimum acceptable rate of return）为可接受的最低收益率，可定义为公司资本的平均成本。

第 10 章 化工安全工程基础

进入 20 世纪后,化学工业迅速发展,环境污染和重大工业事故的发生相继增多。1930年 12 月在比利时马斯河谷地区由于铁工厂、金属工厂、玻璃厂和锌冶炼厂排出的污染物被封闭在逆温层下,浓度急剧增加,使人感到胸痛、呼吸困难,一周之内造成 60 人死亡,许多家畜也相继死去,称为"马斯河谷事件"。1952 年 11 月英国伦敦发生了"伦敦烟雾事件",使伦敦从 11 月 1 日至 12 月 12 日期间比历史同期多死亡了 3500~4000 人。1961年 9 月 14 日日本富山市一家化工厂因管道破裂,氯气外泄,使 9000 余人受害,532 人中毒,大片农田被毁。1974 年英国弗利克斯伯勒地区化工厂己内酰胺原料环己烷泄漏发生了蒸气云爆炸以及 1984 年印度博帕尔发生的异氰酸甲酯泄漏所造成的中毒事故,都是震惊世界的灾难。我国化学工业事故也是频繁发生,从 1950 年到 1999 年的 50 年中,发生各类伤亡事故 23425 起,死伤 25714 人,其中因火灾和爆炸事故死伤 4043 人。2015 年天津开发区瑞海公司危险品库集装箱硝化棉由于润湿剂散失,出现局部干燥,在高温(天气)等因素下加速分解放热,积热自燃,引起了相邻集装箱的硝化棉和其他危险品的燃烧,并导致运抵区硝酸铵等危险化学品的燃烧与爆炸,导致 165 人遇难和 8 人失踪的重大事故。

化工工艺过程复杂多样,高温、高压、深冷等不安全因素很多。化工事故案例史表明,对加工的化学物质性质和有关的物理化学原理及化工工艺不甚了解或杂质积累估计不足,设备缺陷,忽视过程和操作的安全规程,违章操作,是酿成化工事故的主要原因。据有关统计,在 2002 年各类工业爆炸事故中,化工爆炸占 32.4%,所占比例最大;事故造成的损失也最大,约为其他工业部门的 5 倍,尽管到 2017 年和 2018 年化工爆炸的事故数量已经下降很大,但安全警钟长鸣还十分必要。因此,在化工类专业开设化工安全课程,进行安全技术基础课程训练,提高安全生产意识很有必要。

10.1 危险化学品和化学工业危险性

10.1.1 危险化学品

根据我国标准《常用危险化学品的分类及标志》,危险化学品分为爆炸品、压缩气体和液化气体、易燃液体、易燃固体和自燃物品及遇湿易燃物品、氧化剂和有机过氧化物、有害物品和有毒感染性物品、放射性物品、腐蚀品 8 大类。

① 爆炸品 指在受热、撞击等外界作用下,能发生剧烈化学反应,瞬时产生大量气体和热量,使周围压力急剧上升而发生爆炸的物品;还包括无整体爆炸危险,但具有燃烧、抛

射及较小爆炸危险的物品；以及仅产生热、光、声响、烟雾等一种或几种作用的烟火物品。

② 压缩气体和液化气体 指压缩、液化或加压溶解的气体，分为易燃气体、不燃气体、有毒气体3类。

③ 易燃液体 指易燃的液体、液体混合物或含有固体物质的液体，但不包括由于其危险特性已列入其他类别的液体。

④ 易燃固体和自燃物品及遇湿易燃物品。

⑤ 氧化剂和有机过氧化物。

⑥ 有害物品和有毒感染性物品。

⑦ 放射性物品。

⑧ 腐蚀品，指能灼伤人体组织、对金属等物品亦能造成损坏的固体或液体，即与皮肤接触在4h内出现可见坏死现象，或温度在55℃时，对20号钢的表面年均匀腐蚀速率超过6.25mm的固体或液体。

10.1.2 化学物质危险性

化学物质危险性分为物理危险、生物危险和环境危险3个类别。

10.1.2.1 物理危险

(1) 爆炸性危险 是指物质或制剂在明火影响下或是对振动或摩擦比二硝基苯更敏感会产生爆炸。该定义取自危险物品运输的国际标准，用二硝基苯作为标准参考基础。

(2) 氧化性危险 是指物质或制剂与其他物质，特别是易燃物质接触产生强放热反应。氧化性物质依据其作用可分为中性的，如臭氧、氧化铅、硝基甲苯等；碱性的，如高锰酸钾；酸性的，如氯酸、硝酸、硫酸等3种类别。

(3) 易燃性危险 可以细分为极度易燃性，如乙醚、甲酸乙酯、乙醛、氢气、甲烷、乙烷、乙烯、丙烯、一氧化碳、环氧乙烷、液化石油气；高度易燃性，如氢化合物、烷基铝、磷以及多种溶剂；易燃性，如大多数溶剂和许多石油馏分。

10.1.2.2 生物危险

(1) 毒性危险 当有些物质进入机体并积累到一定量后，就会与机体组织和体液发生生物的或化学作用，扰乱或破坏机体的正常生理功能，进而引起暂时性或永久性的病变，甚至危及生命，这种物质就叫毒性物质。毒性反应的风险取决于物质与生物系统接受部位反应生成的化学键类型。

(2) 腐蚀性和刺激性危险 腐蚀性是能够严重损伤活性细胞组织，还能损伤金属、木材等物质。刺激性是指物质和制剂与皮肤或黏膜直接、长期或重复接触会引起炎症。

(3) 致癌性和致变性危险 致癌性是指一些物质或制剂通过呼吸、饮食或皮肤注射以及辐射等方式进入人体会诱发癌症或增加癌变危险。致变性是指一些物质或制剂可以诱发生物活性。

10.1.2.3 环境危险

与化工有关的环境危险是指物质或制剂在水和空气中的浓度超过正常量，进而危害人或动物的健康以及植物的生长，主要包括水质污染和空气污染。

10.1.3 化学物质爆炸性

爆炸范围也称为爆炸极限或燃烧极限，用可燃蒸气或气体在空气中的体积分数表示，是可燃蒸气或气体与空气的混合物遇引爆源引爆即能发生爆炸或燃烧的浓度范围。用爆炸下限和爆炸上限来表示。可燃气体爆炸范围一般是在常温、常压下测定的。

液体表面都有一定量的蒸气存在,由于蒸气压的大小取决于液体所处的温度及物质的挥发度,因此蒸气的浓度也由液体的温度所决定。可燃液体表面的蒸气与空气形成的混合气体与火源接近时会发生瞬间燃烧,出现瞬间火苗或闪光,这种现象称为闪燃。闪燃的最低温度称为闪点。可燃液体的温度高于其闪点时,随时都有被火点燃的危险。闪点这个概念主要适用于可燃液体、某些可燃固体,如樟脑和萘等,也能蒸发或升华为蒸气,因此也有闪点。一些可燃液体的闪点和自燃点列于表 10-1,一些油品的闪点和自燃点则列于表 10-2。

表 10-1　可燃液体的闪点和自燃点

物质名称	闪点/℃	自燃点/℃	物质名称	闪点/℃	自燃点/℃	物质名称	闪点/℃	自燃点/℃
丁烷	−60	365	苯	11.1	555	四氢呋喃	−13.0	230
戊烷	<−40.0	285	甲苯	4.4	535	醋酸	38	—
己烷	−21.7	233	邻二甲苯	72.0	463	醋酐	49.0	315
庚烷	−4.0	215	间二甲苯	25.0	525	丁二酸酐	88	—
辛烷	36		对二甲苯	25.0	525	甲酸甲酯	<−20	450
壬烷	31	205	乙苯	15	430	环氧乙烷	—	428
癸烷	46.0	205	萘	80	540	环氧丙烷	−37.2	430
乙烯	—	425	甲醇	11.0	455	乙胺	−18	
丁烯	−80		乙醇	14	422	丙胺	<−20	—
乙炔	—	305	丙醇	15	405	二甲胺	−6.2	
1,3-丁二烯	—	415	丁醇	29	340	二乙胺	−26	
异戊间二烯	−53.8	220	戊醇	32.7	300	二丙胺	7.2	
环戊烷	<−20	380	乙醚	−45.0	170	氢	—	560
环己烷	−20.0	260	丙酮	−10	—	硫化氢	—	260
氯乙烷	—	510	丁酮	−14		二硫化碳	−30	102
氯丙烷	<−20	520	甲乙酮	−14		六氢吡啶	16	
二氯丙烷	15	555	乙醛	−17		水杨醛	90	
溴乙烷	<−20.0	511	丙醛	15	—	水杨酸甲酯	101	
氯丁烷	12.0	210	丁醛	−16		水杨酸乙酯	107	
氯乙烯	—	413	呋喃	—	390	丙烯腈	−5	

表 10-2　一些油品的闪点和自燃点

油品名称	闪点/℃	自燃点/℃	油品名称	闪点/℃	自燃点/℃
汽油	<28	510～530	重柴油	>120	300～330
煤油	28～45	380～425	蜡油	>120	300～380
轻柴油	45～120	350～380	渣油	>120	230～240

可燃物质在空气充足的条件下,达到一定温度与火源接触即可着火,移去火源后仍能持续燃烧达 5min 以上,这种现象称为点燃。点燃的最低温度称为着火点。可燃液体的着火点高于其闪点约 5～20℃,但闪点在 100℃ 以下时,二者往往相同。在没有闪点数据的情况下,也可以用着火点表征物质的火险。

在无外界火源的条件下,物质自行引发的燃烧称为自燃。自燃的最低温度称为自燃点。表 10-3 列出了常见可燃物质的燃烧热和爆炸极限。

表 10-3 常见可燃物质的燃烧热与爆炸极限

物质名称	燃烧热 Q/(kJ/mol)	爆炸极限 ($L_下 \sim L_上$)/%	物质名称	燃烧热 Q/(kJ/mol)	爆炸极限 ($L_下 \sim L_上$)/%
甲烷	799.1	5.0~15.0	异丁醇	2447.6	1.7~
乙烷	1405.8	3.2~12.4	丙烯醇	1715.4	2.4~
丙烷	2025.1	2.4~9.5	戊醇	3054.3	1.2~
丁烷	2652.7	1.9~8.4	异戊醇	2974.8	1.2~
异丁烷	2635.9	1.8~8.4	乙醛	1075.3	4.0~57.0
戊烷	3238.4	1.4~7.8	巴豆醛	2133.8	2.1~15.5
异戊烷	3263.5	1.3~	糠醛	2251.0	2.1~
己烷	3828.4	1.3~6.9	三聚乙醛	3297.0	1.3~
庚烷	4451.8	1.0~6.0	甲乙醚	1928.8	2.0~10.1
辛烷	5050.1	1.0~	二乙醚	2502.0	1.8~36.5
壬烷	5661.0	0.8~	二乙烯醚	2380.7	1.7~27.0
癸烷	6250.9	0.7~	丙酮	1652.7	2.5~12.8
乙烯	1297.0	2.7~28.6	丁酮	2259.4	1.8~9.5
丙烯	1924.6	2.0~11.1	2-戊酮	2853.5	1.5~8.1
丁烯	2556.4	1.7~7.4	2-己酮	3476.9	1.2~8.0
戊烯	3138.0	1.6~	氰酸	644.3	5.6~40.0
乙炔	1259.4	2.5~80.0	醋酸	786.6	4.0~
苯	3138.0	1.4~6.8	甲酸甲酯	887.0	5.1~22.7
甲苯	3732.1	1.3~7.8	甲酸乙酯	1502.1	2.7~16.4
二甲苯	4343.0	1.0~6.0	氢	238.5	4.0~74.2
环丙烷	1945.6	2.4~10.4	一氧化碳	280.3	12.5~74.2
环己烷	3661.0	1.3~8.3	氨	318.0	15.0~27.0
甲基环己烷	4255.1	1.2~	吡啶	2728.0	1.8~12.4
松节油	5794.8	0.8~	硝酸乙酯	1238.5	3.8~
醋酸甲酯	1460.2	3.2~15.6	亚硝酸乙酯	1280.3	3.0~50.0
醋酸乙酯	2066.9	2.2~11.4	环氧乙烷	1175.7	3.0~80.0
醋酸丙酯	2648.5	2.1~	二硫化碳	1029.3	1.2~50.0
异醋酸丙酯	2669.4	2.0~	硫化氢	510.4	4.3~45.5
醋酸丁酯	3213.3	1.7~	氧硫化碳	543.9	11.9~28.5
醋酸戊酯	4054.3	1.1~	氯甲烷	640.2	8.2~18.7
甲醇	623.4	6.7~36.5	氯乙烷	1234.3	4.0~14.8
乙醇	1234.3	3.3~18.9	二氯乙烯	937.2	9.7~12.8
丙醇	1832.6	2.6~	溴甲烷	723.8	13.5~14.5
异丙醇	1807.5	2.7~	溴乙烷	1334.7	6.7~11.2
丁醇	2447.6	1.7~			

10.1.4 化学工业危险因素

美国保险协会（AIA）曾对化学工业的 317 起火灾、爆炸事故进行调查，分析了主要和次要原因，把化学工业危险因素归纳为 9 大类。

(1) 工厂选址问题

① 易遭受地震、洪水、暴风雨等自然灾害以及所引起的次生灾害，如海啸、泥石流；

② 水源不充足；

③ 缺少公共消防设施的支援；

④ 有高湿度、温度变化显著等气候问题；

⑤ 受邻近危险性较大的工业装置影响；

⑥ 邻近公路、铁路、机场、大海、河流等运输设施；
⑦ 在紧急状态下难以把人和车辆疏散至安全地。

(2) 工厂布局问题
① 工艺设备和储存设备过于密集；
② 有显著危险性和无危险性的工艺装置间的安全距离不够；
③ 昂贵设备过于集中；
④ 对不能替换的装置无有效防护；
⑤ 锅炉、加热器等火源与可燃物工艺装置之间距离太小；
⑥ 有地形障碍。

(3) 结构问题
① 支撑物、门、墙等不是防火结构；
② 电气设备无防险措施；
③ 防爆通风换气能力不足；
④ 控制和管理的指示装置无防护措施；
⑤ 装置基础薄弱。

(4) 对加工物质的危险性认识不足
① 在装置中原料混合，在催化剂作用下自然分解；
② 对处理的气体、粉尘等在其工艺条件下的爆炸范围不明确；
③ 没有充分掌握物料特性，因误操作、控制不良而引起工艺过程失控。

(5) 化工工艺问题
① 没有足够的有关化学反应的动力学数据；
② 对有危险的副反应认识不足；
③ 没有根据热力学研究确定爆炸能量；
④ 对工艺异常情况检测不够。

(6) 物料输送问题
① 各种单元操作时不能对物料流动进行良好控制；
② 产品的标识不充分；
③ 送风装置内的粉尘爆炸；
④ 废气、废水和废渣的处理；
⑤ 装置内的装卸设施。

(7) 误操作问题
① 忽略关于运转和维修的操作规程；
② 没有充分发挥管理人员的操作培训和监督作用；
③ 开车、停车出现失误；
④ 缺乏紧急停车的操作训练；
⑤ 没有建立操作人员和安全人员之间的有效协作体制。

(8) 设备缺陷问题
① 因选材不当而引起装置腐蚀、损坏；
② 设备不完善，如缺少可靠的控制仪表等；
③ 材料的疲劳；
④ 对金属材料没有进行充分的无损探伤检查或没有经过专家验收；
⑤ 结构上有缺陷，如不能停车而无法定期检查或进行预防维修；

⑥ 设备在超过设计极限的工艺条件下运行;
⑦ 对运转中存在的问题或不完善的防灾措施没有及时改进;
⑧ 没有连续记录温度、压力、开停车情况及中间罐和受压罐内的压力变动。

(9) 事故计划不充分
① 没有得到管理部门的大力支持;
② 责任分工不明确;
③ 装置运行异常或故障仅属于单个部门,没有形成协调作用;
④ 没有预防事故的计划,或即使有也不缜密;
⑤ 遇有紧急情况未采取得力有效措施;
⑥ 没有实行由管理部门和生产部门共同进行的定期安全检查;
⑦ 没有对生产负责人和技术人员进行安全生产及预防灾害的持续教育和培训。

10.2 化工安全操作的技术措施

10.2.1 爆炸性物质的储存和销毁

爆炸性物质按照管理要求可分为:起爆器材和起爆剂;硝基芳香类炸药;硝酸酯类炸药;硝化甘油类混合炸药;硝酸铵类混合炸药;氯酸类混合炸药和高氯酸盐类混合炸药;液氧炸药;黑色火药8种。

爆炸性物质敏感度和温度有关。温度越高,起爆时所需要能量越小,爆炸敏感度则相应提高。在爆炸性物质储运过程中,必须远离火源,防止日光曝晒,避免温度升高。另外,爆炸性物质有遇酸分解、光照分解和与某些金属接触产生不稳定盐类等特性,比如,TNT炸药受日光照射会引起爆炸,硝铵炸药容易吸潮而变质,硝化甘油混合炸药储存温度过高时会自动分解,甚至发生爆炸。

10.2.1.1 爆炸性物质储存

爆炸性物资仓库不得同时存放性质相抵触的爆炸性物质。爆炸物箱堆垛不宜过高过密,堆垛高度一般不超过1.8m,墙距不小于0.5m,垛与垛的间距不少于1m。爆炸性物资仓库地板应该是木材或其他不产生电火花的材料制造的。如果仓库是钢制结构或铁板覆盖,仓库则应该建于地上,保证所有金属构件接地。仓库内照明应该是自然光线或防爆灯,如果采用电灯,必须是防蒸汽的,导线应该置于导线管内,开关应该设在仓库外。对于爆炸性物资仓库的温度、湿度控制是一个不容忽视的安全因素。在库房内应该设置温度计和湿度计,并设专人定时观测、记录,采用通风、保暖、吸湿等措施,夏季库温一般不超过30℃,相对湿度经常保持在75%以下。

爆炸性物资仓库禁止设在城镇、市区和居民聚居的地区,与周围建筑物、交通要道、输电输气管线应该保持一定的安全距离。爆炸性物资仓库与电站、江河堤坝、矿井、隧道等重要建筑物的距离不得小于60m。爆炸性物资仓库与起爆器材或起爆剂仓库之间的距离,在仓库无围墙时不得小于30m,在有围墙时不得小于15m。

10.2.1.2 爆炸性物质的销毁

爆炸性物质有些是本身完好但包装受到损坏,有些则由于自然老化或管理不当而变质,因此,需要定期销毁。处置变质的爆炸性物质,常比处理良好状况的爆炸性物质更具危险性。除起爆器材和起爆剂以外的绝大多数爆炸性物质,推荐采用焚烧销毁。焚烧时一定要考虑人身和财产安全。焚烧地点与建筑物、交通要道以及任何可能会有人员暴露的地方，必须保持足够的安全距离。各类爆炸物销毁时，都应该禁绝携带烟火，防止爆炸物提前引燃。严禁起爆剂混入待焚烧的爆炸物中。一次只能焚毁一种爆炸物，高爆炸性物质不得成箱或成垛焚毁。硝化甘油，特别是胶质硝化甘油，点火前过热会增加爆炸敏感度。每次普通硝化甘油的焚毁量不应该超过45kg，胶质硝化甘油则不应该超过4.5kg。

对于起爆器材，如雷管、电雷管和延迟电雷管等，由于老化或储存不当变质不适于应用时，应该予以销毁。这些器材即使浸泡过水，也应该销毁。管壳如果是潮湿的，自然干后会出现锈迹，这样的雷管处理起来更具危险性。起爆器材最常用的处理方法是爆炸销毁。对于有引信的普通雷管，仍在原储装箱内，去掉箱盖引爆即可。这些雷管也可以放在一个小箱或小袋中，在地面（最好是干沙土地）上挖掘一个深度不小于0.3m的坑，把废雷管容器置于坑底，在其上放置一个黄色炸药（硝化甘油）包和一个完好的雷管，并用纸张仔细盖好，再用干沙或细土覆盖，而后在安全处引火起爆。每次销毁的雷管数量不得超过100只。每次爆炸后都要仔细检查，在爆炸范围内是否还有未爆炸的雷管。对于电雷管或延迟电雷管的销毁，必须首先在距雷管顶部2.5cm处剪断导线，而后按普通雷管的销毁程序进行。

有些爆炸性物质溶于水后失去爆炸性能，销毁这些爆炸性物质的方法是把它们置于水中，使其永远失去爆炸性能。还有一些爆炸性物质，能与某些化学物质反应而分解，失去原有的爆炸性能。如起爆剂硝基重氮二酚（DDNP）有遇碱分解的特性，常用10%～15%的碱溶液冲洗和处理。硝化甘油可以用酒精或碱液进行破坏处理。

10.2.2 火灾爆炸危险与防火防爆措施

10.2.2.1 物料的火灾爆炸危险

(1) 气体 爆炸极限和自燃点是评价气体火灾爆炸危险性的主要指标。气体的爆炸极限越宽，爆炸下限越低，火灾爆炸的危险性越大。气体的自燃点越低，越容易起火，火灾爆炸的危险性也越大。此外，气体温度升高，爆炸下限降低；气体压力增加，爆炸极限变宽。所以气体的温度、压力等状态参数对火灾爆炸危险性也有一定影响。

气体的扩散性能对火灾爆炸危险性也有重要影响。可燃气体或蒸气在空气中的扩散速率越快，火焰蔓延也越快，火灾爆炸的危险性就越大。密度小于空气密度的可燃气体在空气中随风漂移，扩散速率比较快，火灾爆炸危险性比较大。密度大于空气密度的可燃气体泄漏后，往往沉积于地表、死角或低洼处，不易扩散，火灾爆炸危险性比密度较小的气体小。

(2) 液体 闪点和爆炸极限是液体火灾爆炸危险性的主要指标。闪点越低，液体越容易起火燃烧，燃烧爆炸危险性越大。液体的爆炸极限与气体的类似，可以用液体蒸气在空气中爆炸的浓度范围表示。液体蒸气在空气中的浓度与液体的蒸气压有关，而蒸气压的大小是由液体的温度决定的。所以，液体爆炸极限也可以用温度极限来表示。液体爆炸的温度极限越宽，温度下限越低，火灾爆炸的危险性越大。

液体的沸点对火灾爆炸危险性也有重要的影响。液体的挥发度越大，越容易起火燃烧。而液体的沸点是液体挥发度的重要表征。液体的沸点越低，挥发度越大，火灾爆炸的危险性就越大。

液体的化学结构和分子量对火灾爆炸危险性也有一定的影响。在有机化合物中，醚、醛、酮、酯、醇、羧酸等火灾危险性依次降低。不饱和有机化合物比饱和有机化合物的火灾危险性大。有机化合物的异构体比直链的闪点低，火灾危险性大。氯、羟基、氨基等芳烃苯环上的氢取代衍生物，火灾危险性比芳烃本身低，取代基越多，火灾危险性越低。但硝基衍生物恰恰相反，取代基越多，爆炸危险性越大。同系有机化合物，如烃或烃的含氧化合物，分子量越大，沸点越高，闪点也越高，火灾危险性越小。但是分子量大的液体，一般发热量高，蓄热条件好，自燃点低，受热容易自燃。

(3) 固体 固体的火灾爆炸危险性主要取决于固体的熔点、着火点、自燃点、比表面积及热分解性能等。固体燃烧一般要在气化状态下进行。熔点低的固体物质容易蒸发或气化，着火点低的固体则容易起火。许多低熔点的金属有闪燃现象，其闪点大都在100℃以下。固体的自燃点越低，越容易着火。固体物质中分子间隔小，密度大，受热时蓄热条件好，所以它们的自燃点一般都低于可燃液体和可燃气体。粉状固体的自燃点比块状固体低一些，其受热自燃的危险性要大一些。

固体物质的氧化燃烧是从固体表面开始的，所以固体的比表面积越大，和空气中氧的接触机会越多，燃烧的危险性越大。许多固体化合物含有容易游离的氧原子或不稳定的单体，受热后极易分解释放出大量的气体和热量，从而引发燃烧和爆炸，如硝基化合物、硝酸酯、高氯酸盐、过氧化物等。物质的热分解温度越低，其火灾爆炸危险性就越大。

表10-4给出了2001～2006年化工企业火灾爆炸介质统计情况。

表10-4 化工企业火灾爆炸介质统计情况

介质类型	事故数	死亡人数	主要介质
烃类化合物	19	78	石油(5)、汽油(3)、液化石油气(2)、煤气(5)、柴油(2)、天然气(1)、沥青(1)
苯类化合物	11	51	苯(3)、甲苯(2)、二甲苯(1)、叔丁基苯(1)、硝基苯(1)、2,4-二硝基苯(1)、间硝基苯甲醚(1)、间硝基氯化苯(1)
醇类化合物	8	44	乙醇(7)、甲醇(1)
卤化物	5	24	液氯(1)、四溴双酚(1)、氢氟酸(1)、二氯异氰尿酸钠(1)、六氯环戊二烯(1)
胺类化合物	3	10	甲胺(1)、二甲基甲酰胺(1)、甲氧基胺(1)
烯烃类化合物	2	7	乙烯、聚乙烯(1)、四氟乙烯单体(1)
过氧化物	2	6	过氧化甲乙酮(1)、过氧乙酸(1)
酮类	1	3	丙酮(1)
无机类物质	12	45	水蒸气(6)、氧气(4)、氨(1)、锌粉(1)
总计	63	268	

注：括号中的数据代表该类介质发生事故的起数。

10.2.2.2 化学反应的火灾爆炸危险

(1) 氧化反应 几乎所有含有碳和氢的有机物质都是可燃的，特别是沸点较低的液体被认为有严重的火险。如汽油类、石蜡油类、醚类、醇类、酮类等有机化合物，都是具有火险的液体。在通常工业条件下，易于起火的物质被认为具有严重的火险，如粉状金属、硼化氢、磷化氢等自燃性物质，闪点等于或低于28℃的液体，以及易燃气体。这些物质在加工或储存时，必须与空气隔绝，或是在较低的温度条件下储存。

(2) 水敏性反应 许多物质与水、水蒸气或水溶液发生放热反应，释放出易燃或爆炸性气体。这些物质如锂、钠、钾、钙、铷、铯以及这些金属的合金或汞齐、氢化物、氮化物、硫化物、碳化物、硼化物、硅化物、碲化物、硒化物、砷化物、磷化物、酸酐、浓酸或浓碱。这些物质应用时必须避免与水接触。

(3) 酸敏性反应 许多物质与酸和酸蒸气发生放热反应，释放出氢气和其他易燃或爆炸性气体。除酸酐和浓酸以外的水敏性物质，还有一些活泼金属和结构合金，以及砷、硒、碲和氰化物等，应该避免与酸接触。

10.2.2.3 工艺装置的火灾爆炸危险

化工工艺装置的火灾爆炸危险一般是因对物系特性和过程危险性认识不足。例如，对危险物料的物性，对生产规模，对物料受到的环境和操作条件的影响，对装置的技术状况和操作方法的变化等认识不足。特别是新建或扩建的装置，当操作方法改变时，如果仍按过去的经验制定安全措施，往往会因人为的微小失误而铸成大错。化工装置的火灾和爆炸事故主要原因归纳为5项。

(1) 装置不适当
① 高压装置中高温、低温部分材料不匹配；
② 接头结构和材料不匹配；
③ 有易使可燃物着火的电力装置；
④ 防静电措施不充分；
⑤ 装置开始运转时产生未预料的影响。

(2) 操作失误
① 阀门的误开或误关；
② 燃烧装置点火不当；
③ 违规使用明火。

(3) 装置故障
① 储罐、容器、配管的破损；
② 泵和机械的故障；
③ 测量和控制仪表的故障。

(4) 不停车检修
① 切断配管连接部位时发生无法控制的泄漏；
② 破损配管没有修复，在压力下降的条件下恢复运转；
③ 在加压条件下，某一物体掉到装置的脆弱部位而发生破裂；
④ 当装置中有压力，而误将配管从装置上断开。

(5) 异常化学反应
① 反应物质不当；
② 不正常的聚合、分解反应等；
③ 安全装置不合理。

在工艺装置危险性评价中，物料评价占有很重要的比重。对于有关物料，如果仅仅根据一般的文献调查和小型试验决定操作条件，或只是用热平衡确定反应的规模和效果，往往会忽略副反应和副产物。上述现象是对装置危险性没有进行全面评价的结果。火灾和爆炸事故的蔓延和扩大，问题往往出在平时操作中并无危险，然而一旦遭遇紧急情况时却无应急措施的物料上。所以目前装置危险性评价的重点应放在由于事故而爆发火灾并转而使事故扩大的危险性上。

10.2.3 防火防爆措施

把人员伤亡和财产损失降至最低限度，是防火防爆的最终目的。预防发生、限制扩大、灭火熄爆是防火防爆的基本原则。对于易燃易爆物质的安全处理，以及对于引发火灾和爆炸的点火源的安全控制是防火防爆的基本内容。

10.2.3.1 易燃易爆物质的安全处理

- 对于易燃易爆气体混合物,应该避免在爆炸范围之内加工。可采取下列措施:
① 限制易燃气体组分的浓度在爆炸下限以下或爆炸上限以上;
② 用惰性气体做保护;
③ 把氧浓度降至爆炸极限值以外。

- 对于易燃易爆液体,加工时应该避免使其蒸气的浓度达到爆炸下限。可采取下列措施:
① 在液面之上施加惰性气体覆盖;
② 降低加工温度,保持较低的蒸气压,使其无法达到爆炸浓度。

- 对于易燃易爆固体,加工时应该避免暴热使其蒸气达到爆炸浓度,应该避免形成爆炸性粉尘。可采取下列措施:
① 粉碎、研磨、筛分时,施加惰性气体覆盖;
② 加工设备配置充分的降温设施,迅速移除摩擦热、撞击热等;
③ 加工场所配置良好的通风设施,使易燃粉尘迅速排除,不至于达到爆炸浓度。

10.2.3.2 点火源的安全控制

点火源是燃烧和爆炸的三要素之一,实际过程中点火源又很多,这里仅对引发火灾爆炸事故较多的几种火源作进一步的说明。

(1) 明火 明火是指生产过程中的加热用火、维修用火及其他火源。加热易燃液体时,应尽量避免采用明火,而采用蒸汽、过热水或其他热载体加热。如果必须采用明火,设备应该严格密闭,燃烧室与设备应该隔离设置。凡是用明火加热的装置,必须与有火灾爆炸危险的装置相隔一定的距离,防止装置泄漏引起火灾。在有火灾爆炸危险的场所,不得使用普通电灯照明,必须采用防爆电器。在有易燃易爆物质的工艺加工区,应该尽量避免切割和焊接作业,最好将需要动火的设备和管段拆卸至安全地点维修。进行切割和焊接作业时,应严格执行动火安全规定。在积存有易燃液体或易燃气体的管沟、下水道、渗坑内及其附近,在危险消除之前不得进行明火作业。

(2) 摩擦与撞击 在化工行业中,摩擦与撞击是许多火灾和爆炸的重要原因。如机器上的轴承等转动部分摩擦发热起火;金属零件、螺钉等落入粉碎机、提升机、反应器等设备内,由于铁器和机件撞击起火;铁器工具与混凝土地面撞击产生火花等。机器轴承要及时加油,保持润滑,并经常清除附着的可燃污垢。可能摩擦或撞击的两部分应采用不同的金属制造,摩擦或撞击时便不会产生火花。铅、铜和铝都不发生火花,而铍青铜的硬度不逊于钢。为避免撞击起火,应该使用铍青铜的或镀铜钢的工具,设备或管道容易遭受撞击的部位应该用不产生火花的材料覆盖起来。搬运盛装易燃液体或气体的金属容器时,不要抛掷、拖拉、振动,防止互相撞击,以免产生火花。防火区严禁穿带钉子的鞋,地面应铺设不发生火花的软质材料。

(3) 高温热表面 加热装置、高温物料输送管路和机泵等,其表面温度都比较高,应防止可燃物落于其上而着火。可燃物的排放口应远离高温热表面。如果高温设备和管路与可燃物装置比较接近,高温热表面应该有隔热措施。加热温度高于物料自燃点的工艺过程,应严防物料外泄或空气进入系统。

(4) 电气火花 电气设备所引起的火灾爆炸事故,多由电弧、电火花、电热或漏电造成。在火灾爆炸危险场所,根据实际情况,在不至于引起运行上特殊困难的条件下,应该首先考虑把电气设备安装在危险场所以外或另室隔离。在火灾爆炸危险场所，应尽量少用携带式电气设备。根据电气设备产生火花、电弧的情况以及电气设备表面的发热温度，对电气设备本身采取各种防爆措施，以供在火灾爆炸危险场所使用。在火灾爆炸危险场所选用电气设备时，应该根据危险场所的类别、等级和电火花形成的条件，并结合物料的危险性，选择相应的电气设备。一般是根据爆炸混合物的等级选用电气设备的。防爆电器设备所适用的级别和组别应不低于场所内爆炸性混合物的级别和组别。当场所内存在两种或两种以上的爆炸性混合物时，应按危险程度较高的级别和组别选用电气设备。

10.2.4 防止职业毒害的技术措施

10.2.4.1 替代有毒或高毒物料和试剂

在化工生产中，原料和辅助材料应该尽量采用无毒或低毒物质。用无毒物料代替有毒物料，用低毒物料代替高毒或剧毒物料，是消除毒性物料危害的有效措施。近些年来，化工行业在这方面取得了很大进展，也是绿色化工发展趋势。

在合成氨工业中，原料气的脱硫、脱碳过去一直采用砷碱法。而砷碱液中的主要成分为毒性较大的三氧化二砷。现在改为本菲尔特法脱碳和蒽醌二磺酸钠法脱硫，都取得良好效果，并彻底消除了砷的危害。

在涂料工业和防腐工程中，用锌白或氧化钛代替铅白；用云母氧化铁防锈底漆代替含大量铅的红丹底漆，从而消除了铅的职业危害。用酒精、甲苯或石油副产品抽余油代替苯溶剂；用环己基环己醇酮代替刺激性较大的环己酮等，这些溶剂或稀料的毒性要比所代替的小得多。又如以无汞仪表代替有汞仪表；以硅整流代替汞整流等。作为载热流体，用透平油代替有毒的联苯-联苯醚；用无毒或低毒的催化剂代替有毒或高毒的催化剂等。应该指出的是，这些代替多是以低毒物代替高毒物，并不是无毒操作，仍要采取适当的防毒措施。

10.2.4.2 采用无害化或危害性小的工艺

选择无害化工艺或者安全的危害性小的工艺代替危害性较大的工艺，是当代化工的发展趋势。减少毒害的工艺可以是原料结构的改变。如硝基苯还原制苯胺的生产过程，过去国内多采用铁粉作还原剂，过程间歇操作，能耗大，而且在铁泥废渣和废水中含有对人体危害极大的硝基苯和苯胺。现在大多采用硝基苯流态化催化氢化制苯胺新工艺。又如在环氧乙烷生产中，以乙烯与空气直接氧化制环氧乙烷代替了用乙烯、氯气和水生成氯乙醇进而与石灰乳反应生成环氧乙烷的方法，从而消除了有毒有害原料氯和中间产物氯化氢的危害。催化剂的毒性作用有时也迫使工艺过程改变，使工艺毒性更小。如在聚氯乙烯生产中，以乙烯的氧氯化法生产氯乙烯单体，代替了乙炔和氯化氢以氯化汞为催化剂生产氯乙烯的方法；在乙醛生产中，以乙烯直接氧化制乙醛，代替了以硫酸汞为催化剂乙炔水合制乙醛的方法，两者都消除了含汞催化剂的应用，避免了汞的危害。

10.2.4.3 密闭化、机械化、连续化以及循环利用技术

在化工生产中，敞开式加料、搅拌、反应、测温、取样、出料、存放等均会造成有毒物质的散发、外逸，污染环境。为了控制有毒物质，使其不在生产过程中散发出来造成危害，关键在于生产设备本身的密闭化，以及生产过程各个环节的密闭化。生产设备的密闭化，往往与减压操作和通风排毒措施互相结合使用，以提高设备密闭的效果，消除或减轻有毒物质的危害。设备的密闭化尚需辅以管路化、机械化的投料和出料，才能使设备完全密闭。对于气体、液体，多采用高位槽、管路、泵、风机等作为投料、输送设施。固体物料的投料、出料要做到密闭，存在许多困难。对于一些可熔化的固体物料，可采用液体加料法；对固体粉

末，可采用软管真空投料法；也可把机械投料、出料装置密闭起来。当设备内装有机械搅拌或液下泵等转动装置时，为防止毒物散逸，必须保证转动装置的轴密封。

用机械化代替笨重的手工劳动，不仅可以减轻工人的劳动强度，而且可以减少工人与毒物的接触，从而减少了毒物对人体的危害。如以泵、压缩机、皮带、链斗等机械输送代替人工搬运；以破碎机、球磨机等机械设备代替人工破碎、球磨；以各种机械搅拌代替人工搅拌；以机械化包装代替手工包装等。

对于间歇操作，生产间断进行，需要经常配料、加料，频繁地进行调节、分离、出料、干燥、粉碎和包装，几乎所有单元操作都要靠人工进行。反应设备时而敞开时而密闭，很难做到系统密闭。尤其是对于危险性较大和使用大量有毒物料的工艺过程，操作人员会频繁接触毒性物料，对人体的危害相当严重。采用连续化操作可以消除上述弊端。如，采用板框式压滤机进行物料过滤就是间歇操作。每压滤一次物料就需拆一次滤板、滤框，并清理安放滤布等，操作人员直接接触大量物料，并消耗大量的体力。若采用连续操作的真空吸滤机，操作人员只需观察吸滤机运转情况，调整真空度即可。所以，过程的连续化简化了操作程序，为防止有害物料泄漏、减少厂房空气中有害物料的浓度创造了条件。

10.2.4.4 隔离操作和过程自动控制

由于现场条件限制或对于特定设备，不能使毒物浓度有效降低至国家卫生标准时，可以采用隔离操作措施。隔离操作是将操作人员与生产设备隔离开来，使操作人员免受设备散逸出来的毒物的危害。目前，常采用将全部或个别毒害严重的生产单元（或设备）放置在隔离室内，采用排风的方法，使毒性物质排出室内，也可采用输送新鲜空气的方法，交换掉毒物，使操作人员免受危害。

工艺过程的自动控制不仅使工人从繁重的劳动中得到解放，而且减少了工人与毒物的直接接触。如农药厂将全乳剂乐果、敌敌畏、马拉硫磷、稻瘟净等采用集中管理、自动控制。对整瓶、贴标、灌装、旋塞、拧盖等手工操作，用整瓶机、贴标机、灌装机、旋塞机、拧盖机、纸套机、装箱机、打包机代替，并实现了上述的八机一线。用升降机、铲车、集装设备等将农药成品和包装器材输送、承运，实现了机械化、自动化。

10.3 火灾爆炸危险指数评价方法

化工本身火灾爆炸固有的特征使得人们致力于研究火灾爆炸危险性预防与分析。近年来，国内外发展起来一些危险性分析和识别的方法，概括如下：

① 检查表（Check List）；
② 危险预先分析（Preliminary Hazards Analysis）；
③ 可操作性研究（Operability Study）；
④ 故障类型、影响及致命度分析（Failure Mode，Effects and Criticality Analysis，缩写为FMECA）；
⑤ 道化学公司（Dow's Chemical Company）危险指数评价法；
⑥ 事故树分析（Fault Tree Analysis，缩写为FTA）；
⑦ 事件树分析（Event Tree Analysis，缩写为ETA）。

自1964年道化学公司火灾爆炸危险指数问世以来，经过了数次补充、修改和以物质系数为基础，加上一般和特殊工艺的危险附加系数，可以计算出装置的火灾爆炸指数，成为化工及石油化工危险性评价的重要方法。本章重点介绍道化学公司火灾爆炸危险指数评价方法。

10.3.1 物质系数

道化学公司提出的物质系数（M_f）是由全美消防协会（NFPA）的易燃性等级及物质稳定性状况确定的。表10-5给出了部分单质或化合物的物质系数，表10-6给出了气、液和固不同种类物质的物质系数。

表10-5 常见物质的 M_f 值

物质	M_f 值	物质	M_f 值	物质	M_f 值
乙醇	24	溴	1	硫	4
醋酸	14	溴苯	10	氢	21
醋酐	14	丁烷	21	钾	24
乙腈	16	1,2-丁二烯	24	钠	24
乙炔	29	甲胺	21	甲苯	16
过氧化乙酰	40	环丁烷	21	乙苯	16
丙烯醛	19	环己烷	16	甘油	4
甲烷	21	二硝基苯	40	三甲基铝	29
甲醇	16	柴油	10	过氧化钠	14
氨	4	石脑油	16	三氯苯	4
硝酸铵	29	油酸	4	高氯酸钾	14
苯胺	10	乙烯	24	氟	40
苯甲醛	10	丙烯	21	二氧化硫	1
苯	16	汽油	16	萘	10

如果用 N_f 表示易燃性等级，N_r 表示物质稳定性指数，S_t 表示易燃性粉尘或烟雾爆炸指数。当 $N_r=0$，代表燃烧条件下仍保持稳定；$N_r=1$，代表加温加压条件下稳定性较差；$N_r=2$，代表非加温条件下不稳定；$N_r=3$，代表非封闭状态下能发生爆炸；$N_r=4$，代表敞开环境能发生爆炸。

表10-6 不同种类物质的 M_f 值

易燃性气体、液体（包括挥发性固体）		$N_r=0$	$N_r=1$	$N_r=2$	$N_r=3$	$N_r=4$
暴露在816℃热空气中5min不燃烧	$N_f=0$	1	14	24	29	40
FP>93.3℃	$N_f=1$	4	14	24	29	40
37.8℃<FP≤93.3℃	$N_f=2$	10	14	24	29	40
22.8℃≤FP<37.8℃，或 FP<22.8℃且BP>37.8℃	$N_f=3$	16	16	24	29	40
FP<22.8℃且BP>37.8℃	$N_f=4$	21	21	24	29	40
可燃性粉尘或烟雾						
S_t—1（K_{St}≤20.0MPa·m/s）		16	16	24	29	40
S_t—2（K_{St}=20.1～30.0MPa·m/s）		21	21	24	29	40
S_t—3（K_{St}>30.0MPa·m/s）		24	24	24	29	40

注：FP为闭杯闪点；BP为常压沸点；K_{St}值是带强点火源的16L或更大密闭容器测定的。

10.3.2 单元工艺危险系数

单元的工艺条件可分为一般工艺危险和特殊工艺危险，根据不同工艺条件可求出相应的危险系数。表 10-7 和表 10-8 分别表示一般工艺和特殊工艺的危险系数。

表 10-7　一般工艺危险系数 F_1

工艺过程	工艺条件	基本系数 1.00 附加系数	工艺过程	工艺条件	基本系数 1.00 附加系数
放热反应	轻微	0.3	物料储运	液化石油气	0.5
	中等	0.5		N_f 为 3 或 4 的可燃气液体	0.85
	临界	1.0		N_f 为 3 的可燃固体	0.4
	剧烈	1.25		闪点 38～60℃ 的液体	0.25
吸热反应	任何吸热反应	0.2	封闭结构	处理超过闪点的可燃液体	0.3
	固、液、气供热			同上述条件但量超过 4.5t	0.45
	a. 煅烧	0.4		处理超过闪点的可燃液体	0.6
	b. 电解	0.4		同上述条件但量超过 4.5t	0.9
	c. 热裂与热解	0.2	通路	操作区域大于 925m²	0.35
	电加热或载热体加热	0.2		操作区域小于 925m²	0.2
	明火直接加热	0.4	排放和泄漏	一般情况	0.5

把评价单元的工艺过程与表 10-8 对照，即可得到相应项的一般工艺危险附加系数。把这些附加系数相加，再加上基本系数 1，即可得到评价单元的一般工艺危险系数 F_1。

表 10-8　特殊工艺危险系数 F_2

工艺过程	工艺条件	基本系数 1.00 附加系数	工艺过程	工艺条件	基本系数 1.00 附加系数
毒性物质	$N_h=0$ 无毒且可燃 $N_h=1$ 有轻微毒害 $N_h=2$ 急性危害需医疗监护 $N_h=3$ 可致急性中毒和慢性影响 $N_h=4$ 可造成死亡或严重伤害	$0.2N_h$	明火设备		1.00
			腐蚀	年腐蚀速度小于 0.5mm	0.1
				年腐蚀速度在 0.5～1mm 间	0.2
				年腐蚀速度大于 0.5mm	0.5
				有断裂危险的应力腐蚀	0.75
				有防腐衬里装置	0.2
爆炸极限内或附近操作	N_f 为 3 或 4 的可燃液体储罐	0.5	轴封和接头处泄漏	有轻微泄漏	0.1
	闪点以上储存液体且不封闭	0.5		有周期性泄漏	0.3
	仪表失灵时,工艺设备或储罐才处于爆炸极限内或附近	0.3		操作温度、压力周期性变化	0.3
	未采取惰性气体吹扫,使操作总是处于爆炸极限内或附近	0.8		介质为渗透剂或浆状研磨剂	0.4
				有玻璃视镜、膨胀节装置	1.50
低温操作		0.2～0.3	传动设备		0.5

注：N_h 为全美消防协会的毒性等级符号。

与一般工艺危险系数计算类似，将评价单元的工艺过程与表 10-8 对照，即可得到相应项的特殊工艺危险附加系数。把这些附加系数相加，再加上基本系数 1，即可得到评价单元的特殊工艺危险系数 F_2。

一般工艺危险系数 F_1 与特殊工艺危险系数 F_2 相乘，便可得到评价单元工艺危险系数 F_3，即式(10-1)：

$$F_3 = F_1 F_2 \tag{10-1}$$

10.3.3 安全设施补偿系数

设计时除了按照有关规范标准的安全要求设计外，还应考虑一些专用的安全设施或冗长设计以增进工艺的安全性。有了这些，工艺危险性可以得到补偿而降低。由此引入了补偿系数的概念。补偿系数与附加系数不同，后者反映危险性的增加，而前者是为了抵消危险性。不同安全设施的补偿系数如表 10-9 所示。

表 10-9 不同安全设施的补偿系数

类别	安全设施	补偿系数	类别	安全设施	补偿系数
工艺控制 (C_1)	应急电源	0.98	防火措施 (C_3)	泄漏气体检测装置	0.94~0.98
	冷却系统	0.97~0.99		钢质结构	0.95~0.98
	抑爆装置	0.84~0.98		消防水供应	0.94~0.97
	紧急停车装置	0.96~0.99		特殊系统	0.91
	计算机控制	0.93~0.99		自动喷洒系统	0.74~0.97
	惰性气体保护系统	0.94~0.96		防火水幕	0.97~0.98
	操作指南或操作规程	0.91~0.99			
	活性化学物质检查	0.91~0.98			
隔离措施 (C_2)	远距离控制阀	0.96~0.98		泡沫灭火装置	0.92~0.97
	备用泄料装置	0.96~0.98		手提式灭火器/水枪	0.93~0.98
	排放系统	0.91~0.97		电缆保护	0.94~0.98
	连锁装置	0.98			

10.3.3.1 工艺控制补偿系数（C_1）

(1) 应急电源 本补偿系数适用于基本设施（仪表电源、控制仪表、搅拌和泵等）具有应急电源且能从正常状态自动切换到应急状态。只有当应急电源与评价单元中事故的控制有关时才考虑这个系数。例如，在某一反应过程中维持正常搅拌是避免反应失控的重要手段，若为搅拌器配备应急电源就有明显的保护功能，因此，应予以补偿。

(2) 冷却系统 如果冷却系统能保证在出现故障时维持正常的冷却 10min 以上，补偿系数为 0.99；如果有备用冷却系统，冷却能力为正常需要量的 1.5 倍且至少维持 10min 时，补偿系数为 0.97。

(3) 抑爆装置 粉体设备或蒸气处理设备上装有抑爆装置或设备本身有抑爆作用时，补偿系数为 0.84；针对可能的异常条件，采用防爆膜或泄爆口防止设备发生意外时，补偿系数为 0.98。只有在突然超压（如爆轰）时能防止设备或建筑物遭受破坏的释放装置才能给予补偿系数。对于那些在所有压力容器上配备的安全阀、储罐的紧急排放口之类常规超压释放装置，则不考虑补偿系数。

(4) 紧急停车装置 情况出现异常时能紧急停车并转换到备用系统，补偿系数为 0.98；重要的转动设备如压缩机、透平和鼓风机等装有振动测定仪时，若振动仪只能报警，补偿系数为 0.99；若振动仪能使设备自动停车，补偿系数为 0.96。

(5) 计算机控制 设置了在线计算机以帮助操作者，但它不直接控制关键设备或经常不用计算机操作时，补偿系数为 0.99；具有失效保护功能的计算机直接控制工艺操作时，补偿系数为 0.97；采用下列措施之一时，补偿系数为 0.93：

① 关键现场数据输入的冗余技术；
② 关键输入的异常中止功能；
③ 备用的控制系统。

(6) 惰性气体保护系统 盛装易爆气体的设备有连续的惰性气体保护时，补偿系数为

0.96；如果惰性气体系统有足够的容量并自动吹扫整个单元时，补偿系数为 0.94。但是，惰性吹扫系统必须人工启动或控制时，不取补偿系数。

(7) 操作指南或操作规程 完整的操作指南或操作规程是保证正常作业的重要因素。操作规程或操作指南包括的内容及给定的分值：

① 开车 (0.5)；
② 正常停车 (0.5)；
③ 正常操作条件 (0.5)；
④ 低负荷操作条件 (0.5)；
⑤ 备用装置启用条件（单元全循环或全回流）(0.5)；
⑥ 超负荷操作条件 (1.0)；
⑦ 短时间停车后再开车规程 (1.0)；
⑧ 检修后的重新开车 (1.0)；
⑨ 检修程序（批准手续、清除污物、隔离、系统清扫）(1.5)；
⑩ 紧急停车 (1.5)；
⑪ 设备管线的更换和增加 (2.0)；
⑫ 发生故障时的应急方案 (3.0)。

将已经具备的操作规程各项的分值相加作为式(10-2)中的 X，并计算补偿系数：

$$C_1 = 1.0 - \frac{X}{150} \tag{10-2}$$

如果上面列出的操作规程均已具备，则补偿系数为式(10-3)：

$$C_1 = 1.0 - \frac{13.5}{150} = 0.91 \tag{10-3}$$

(8) 活性化学物质检查 用活性化学物质大纲检查现行工艺和新工艺（包括工艺条件的改变、化学物质的储存和处理等），是一项重要的安全措施。如果按大纲进行检查是整个操作的一部分，补偿系数为 0.91；如果只是在需要时才进行检查，补偿系数为 0.98。

10.3.3.2 隔离措施补偿系数 (C_2)

(1) 远距离控制阀 如果单元备有遥控的切断阀，以便在紧急情况下迅速将储罐、容器及主要输送管线隔离时，补偿系数为 0.98；如果阀门至少每年更换一次，则补偿系数为 0.96。

(2) 备用泄料装置 如果备用储槽能安全地（有适当的冷却和通风）直接接受单元内的物料时，补偿系数为 0.98；如果备用储槽安置在单元外，则补偿系数为 0.96；对于应急通风系统，如果应急通风管能将气体、蒸气排放至火炬系统或密闭的接受槽，补偿系数为 0.96；与火炬系统或受槽连接的正常排气系统的补偿系数为 0.98。

(3) 排放系统 为了从生产和储存单元中移走大量的泄漏物，地面斜度至少要保持 2%（硬质地面 1%），以便使泄漏物流至尺寸合适的排放沟。排放沟应能容纳最大储罐内所有的物料再加上第二大储罐 10% 的物料以及消防水 1h 的喷洒量。满足上述条件时，补偿系数为 0.91。只要排放设施完善，能把储罐和设备下以及附近的泄漏物排放净，就可采用补偿系数 0.91。如果排放装置能汇集大量泄漏物料，但只能处理少量物料（约为最大储罐容量的一半）时，补偿系数为 0.97；许多排放装置能处理中等数量的物料时，则补偿系数为 0.95。储罐四周有堤坝以容纳泄漏物时不予补偿。倘若能将泄漏物引至一蓄液池，蓄液池的距离至少要大于 15m，蓄液池的蓄液能力要能容纳区域内最大储罐的所有物料再加上第二大储罐盛装物料的10%以及消防水，此时补偿系数取0.95。倘若地面斜度不理想或蓄液池距离小于15m时不予补偿。

(4) 连锁装置 装有连锁系统以避免出现错误的物料流向及由此而引起不需要的反应时，补偿系数为0.98。

10.3.3.3 防火措施补偿系数（C_3）

(1) 泄漏气体检测装置 安装了可燃气体检测器，但只能报警和确定危险范围时，补偿系数为0.98；若既能报警又能在达到爆炸下限之前使保护系统动作，此时补偿系数为0.94。

(2) 钢质结构 防火涂层应达到的耐火时间取决于可燃物的数量及排放装置的设计情况。如果采用防火涂层，则所有的承重钢结构都要涂覆，且涂覆高度至少为5m，这时取补偿系数为0.98；涂覆高度大于5m而小于10m时，补偿系数为0.97；如果有必要，涂覆高度大于10m时，补偿系数为0.95。防火涂层必须及时维护，否则不能取补偿系数。钢筋混凝土结构采用和防火涂层一样的补偿系数。从防火角度出发，应优先考虑钢筋混凝土结构。

(3) 消防水供应 消防水压力为690kPa（表压）或更高时，补偿系数为0.94；压力低于690kPa（表压）时补偿系数为0.97。工厂消防水的供应要保证按计算的最大需水量连续供应4h。对危险性不大的装置，供水时间少于4h可能是合适的。满足上述条件的话，补偿系数为0.97。在保证消防水的供应上，除非有独立于正常电源之外的其他电源且能提供最大水量（按计算结果），否则不取补偿系数。柴油机驱动的消防水泵即为一例。

(4) 特殊系统 特殊系统包括二氧化碳、卤代烷灭火及烟火探测器、防爆墙或防爆小屋等。由于对环境存在潜在的危害，不推荐安装新的卤代烷灭火设施。对现有的卤代烷灭火设施，如认为它适合于某些特定的场所或有助于保障生命安全，可以取补偿系数。重要的是要确保为评价单元选择的安全措施适合于该单元的具体情况。特殊系统的补偿系数为0.91。地上储罐如果设计成夹层壁结构，当内壁发生泄漏时外壁能承受所有的负荷，此时采用0.91的补偿系数。可是，双层壁结构常常不是最为有效的，减小风险的最好办法是设法加固内壁。以往，地下埋设储罐和夹层储罐都给予补偿系数，从防火的观点看，地下储罐更安全是毫无疑问的。可是，更为重要的一点是：地下储罐可能泄漏，而且对泄漏的检测和控制都有困难，出于这种保护环境的考虑，不推荐设置新的地下储罐。

(5) 自动喷洒系统 洒水灭火系统的补偿系数为0.97。对洒水灭火系统给予最小的补偿，是由于它由许多部件组成，其中任一部件的故障都可能完全或部分地影响整个系统的功能。喷洒水灭火系统经常与其他损失预防措施结合起来应用于较危险的场合，这就意味着单独的喷洒水灭火系统的效果欠佳。室内生产区和仓库使用的湿管和干管喷洒灭火系统的补偿系数按表10-10选取。

表10-10 湿管和干管喷洒灭火系统的补偿系数

危险程度	设计参数/[L/(min·m²)]	补偿系数	
		湿管	干管
低危险	6~8	0.87	0.87
中等危险	8.1~13.9	0.81	0.84
非常危险	>13.9	0.74	0.81

湿管、干管自动喷水灭火系统（闭式喷头）的可靠性高达99.9%以上，易发生故障的调节阀很少采用。

实际的补偿系数应用表10-10的补偿系数乘以面积修正系数。面积修正系数按防火墙内的面积计：面积大于 930m² 为 1.06；面积大于 1860m² ，为 1.09；面积大于 2800m² ，为 1.12。可以看出，可能着火的面积增大时（如仓库），面积修正系数增大，这使补偿系数增加，从而增大了最大可能财产损失。这是因为面积增大时会有更多的机会暴露在燃烧环境中。

(6) 防火水幕 在点火源和可能泄漏的气体之间设置自动喷水幕，可以有效地减少点燃可燃气体的危险。为保证良好的效果，水幕到泄漏源之间的距离至少要 23m，以便有充裕的时间检测并自动启动水幕。最大高度为 5m 的单排喷嘴，补偿系数为 0.98；在第一层喷嘴之上 2m 内设置第二层喷嘴的双排喷嘴，其补偿系数为 0.97。

(7) 泡沫灭火装置 如果设置了远距离手动控制的将泡沫注入标准喷洒系统的装置，补偿系数为 0.94，这个系数是对喷洒灭火系统补偿系数的补充；全自动泡沫喷洒系统的补偿系数为 0.92。为保护浮顶罐的密封圈设置的手动泡沫灭火系统的补偿系数为 0.97；当采用火焰探测器控制泡沫系统时，补偿系数为 0.94。锥形顶罐配备有地下泡沫系统和泡沫室时，补偿系数为 0.95；可燃液体储罐外壁配有泡沫灭火系统时，如为手动其补偿系数为 0.97，如为自动控制则补偿系数为 0.94。

(8) 手提式灭火器/水枪 如果配备了与火灾危险相适应的手提式或移动式灭火器，补偿系数为 0.98。如果单元内有大量泄漏可燃物的可能，而手提式灭火器又不可能有效地控制，这时不取补偿系数。如果安装了水枪，补偿系数为 0.97；如果能在安全地点远距离控制它则补偿系数为 0.95；带有泡沫喷射能力的水枪，其补偿系数为 0.93。

(9) 电缆保护 仪表和电缆支架均为火灾时非常容易遭受损坏的部位。如采用带有喷水装置，其下有 14~16 号钢板金属罩加以保护时，补偿系数为 0.98；如金属罩上涂以耐火涂料以取代喷水装置时，其补偿系数也是 0.98。如电缆管理在地下的电缆沟内（不管沟内是否干燥），补偿系数为 0.94。

把评价单元的安全设施与表 10-9 对照，即可得到相应设施的补偿系数。把这些补偿系数相乘，即为评价单元的补偿系数 $C=C_1C_2C_3$。

10.3.4 单元危险与损失评价

前面已经介绍了物质系数 M_f 的确定和单元工艺危险系数 F_3 及安全设施补偿系数 C 的计算方法。至此，单元评价的架构已基本形成。为便于循序计算，首先给出单元评价程序框图，如图 10-1 所示。

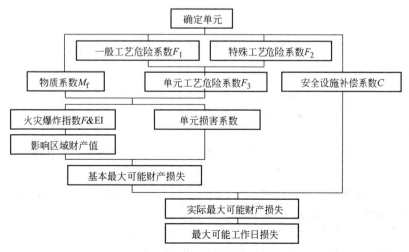

图 10-1 单元评价程序框图

由图 10-1 可见，火灾爆炸指数、单元损害系数及其以下各项尚待计算出。下面逐一说明其计算方法。

10.3.4.1 火灾爆炸指数和影响区域的确定

单元工艺危险系数 F_3 与物质系数 M_f 相乘便可得到单元火灾爆炸指数 $F\&EI$，即：

$$F\&EI = F_3 M_f \tag{10-4}$$

表 10-11 是 $F\&EI$ 值与危险等级之间的关系，它使人们对火灾、爆炸的严重程度有一个相对的认识。

表 10-11 $F\&EI$ 及危险等级

$F\&EI$	危险等级	$F\&EI$	危险等级
1～60	最轻	128～158	很大
61～96	较轻	>159	非常大
97～127	中等		

10.3.4.2 单元损害系数的确定

单元损害系数由单元工艺危险系数 F_3 和物质系数 M_f 确定，它表示出了工艺单元中危险物质的能量释放造成的火灾爆炸事故的全部效应。图 10-2 所示为单元损害系数-物质系数。对于 F_3 值超过 8.0 时，F_3 按最大系数 8.0 计算。

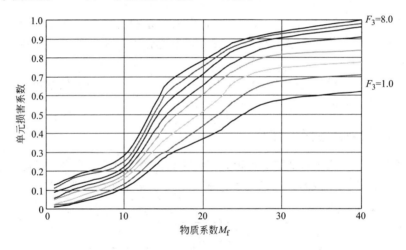

图 10-2 单元损害系数-物质系数

10.3.4.3 各种损失计算

(1) 基本最大可能财产损失（基本 MPPD） 确定了火灾爆炸影响区域，即可应用该区域的设备（包括建筑物）价值及单元损害系数，计算出基本最大可能财产损失（基本 MPPD）。计算公式为：

$$\text{基本 MPPD} = 0.82 \times 单元损害系数 \times 影响区域财产值 \times 价格上涨因素 \tag{10-5}$$

其中，0.82 是指道路、地下管线、基础等扣除后的价值。

(2) 实际最大可能财产损失（实际 MPPD） 基本 MPPD 与安全设施补偿系数相乘，即可计算出实际 MPPD，即式(10-6)：

$$\text{实际 MPPD} = \text{基本 MPPD} \times 安全设施补偿系数 \tag{10-6}$$

(3) 最大可能工作日损失（MPDO）和停产损失 最大可能工作日损失 MPDO 可应用

实际 MPPD 由图 10-3 查出。由最大可能工作日损失可以估算出停产损失（BI）。BI 为式（10-7）：

$$BI = VPM \times \frac{MPDO}{30} \times 0.70 \qquad (10\text{-}7)$$

其中，VPM 为月产值；0.70 代表固定成本和利润。

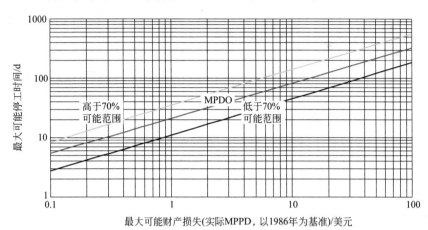

图 10-3　最大可能工作日损失（MPDO）计算图
按照化学工程装置价格指数，到 1993 年，基准乘以 $359.9/318.4 = 1.130$

10.3.4.4　安全生产数字化远程监测监控系统

采用多种计算机技术，融合信息采集、无线通信、嵌入式自动控制、现场总线、信息管理、数字通信、音视频传输等技术，实现对化工设备重大危险源、重点区域的各种安全生产进行在线网络监测监控。

(1) 系统硬件设备功能　重大危险源企业现场数据的实时获取，现场设备超临界值灯光、声音本地报警，以及报警信号远程传输。一般情况下，系统监测范围广，监测点数量达数千个，可动态增减。系统巡检周期小于 10s。对设备通信协议统一管理，确定每个传输通道对应的实际物理位置及相关参数，对传输通道进行分类编组，数据实时存档、发送。

(2) 系统软件功能　可实现安全生产信息申报和实时数据视频图像的监测预警。根据实时的报警信号远程传输到政府级安全生产监管信息管理软件，以历史趋势曲线和数据报表等形式显示，启动事故分析，以事故地点为中心展示爆炸模拟和泄露模拟。系统软件还包括安全生产事故企业的信息管理与应急救援决策和发生的安全生产事故图像回放，以及 GIS 电子地图显示安全生产企业最佳救援路径等功能。

第 11 章 绿色化学与化工

绿色化学与化工是当今国际化学与化工科学研究的前沿,它吸收了当代化学、物理、生物、材料、信息等科学的最新理论和技术,是具有明确的社会需求和科学目标的新兴交叉学科。绿色化学与化工是实现经济和社会可持续发展战略的重要组成部分,因此,绿色化学与化工也受到各国政府、企业和学术界的广泛关注与支持。

11.1 传统化工面临的挑战

11.1.1 化工资源与能源的危机

如本书前些章所述,石油、煤和天然气既可用做能源,也是化工的起始原料。尤其在20世纪50~60年代,重大石油化工技术的不断成功使石油化工产品与规模空前发展。由价廉的石油得到各种石油化工产品,包括合成纤维、合成橡胶、合成塑料,以及洗涤剂、涂料、胶黏剂等精细化工产品,渗透到人类生活的各个方面。如化学所提供的肥料促进了农业的发展,化学化工还创造了许多功能材料,用以制造各种服装材料、高速交通工具、高效计算机和通信设备以及生活用具。化学创造了药物和诊断方法,使人类在20世纪战胜和消灭某些疾病,如此等等。可以说,没有化学品,现代生活便难以想象。20世纪是人类社会高速发展的100年,也是石油化工高速奋进的100年。

但20世纪70年代两次石油危机的影响使人们逐渐认识到化工资源的匮乏和能源的危机。例如,1990年1月世界能源组织的统计数字(见表11-1),向人们警示了石油、煤和天然气这些化石常规能源的有限性。

表 11-1 世界非再生常规能源的基本情况

项目	石油	天然气	煤
累计产量/亿吨	860	410	840
年产量(P)/亿吨	29.4	20.2	21.8
已探明储量(R_1)/亿吨	1440	1150	5720
剩余最终资源量(R_2)/亿吨	2110	2280	13440
(R_1/P)/年	49	57	262
(R_2/P)/年	72	113	617

注:$R_2 = R_1 +$ 尚未发现的储量。

上述数据表明,即使按1990年的产量速度进行开采,已探明的石油也会在49年后用光,按剩余最终资源量估计是石油也至多能用72年。天然气和煤用光的速度虽然慢于石油,但这些不可再生资源的有限性,预示了化工资源与能源危机的到来。

11.1.2 传统化工对生态环境的污染

自从工业革命以来,环境问题一直是困扰全球各国的问题之一。化学工业的急剧发展为环境带来巨大的压力。环保问题越来越受到人们的关注。治理日益恶化的生态环境,实行可持续发展战略,这已成为全球各个国家和地区的共识。

11.1.2.1 化工三废对生态环境的影响

在传统生产、使用化学产品的过程中常产生大量的三废,即废水、废气和废渣。例如,据统计,目前全世界每年产生 3 亿~4 亿吨危险废物;而中国化学工业排放的废水、废气和固体废物分别占全国工业排放总量的 22.5%、7.82% 和 5.93%。这些废物污染了环境,给人类带来了灾难,引起了社会各界的关注。如废气对大气的污染,CO_2 的超量排放使地球变暖,含硫气体的超量排放形成对农作物有害的酸雨,氯烃对臭氧层的破坏,大气受锅炉燃煤、汽车排放物的污染,塑料制品的白色污染等。还有一些造纸厂、农药厂等排放到江海湖泊的废水造成严重污染,使水生动植物受到灭顶之灾,也使农田、生活用水受到损害,这些都是人们有目共睹的事实。

11.1.2.2 有害化学品对人类与生态环境的影响

世界化学化工产品已达到 7 万种之多。化学品极大地丰富了人类的物质生活,提高了生活质量,并在控制疾病、延长寿命,增加农作物品种和产量,在食物的储存和防腐等方面起到了重要作用。但从 20 世纪 50 年代起,化学品产量的剧增和化工产品种类的增多,其对人类健康的危害性和对环境、生态的破坏也逐渐暴露出来。例如,化肥造成土壤的贫瘠化,有害农药使土壤中有害化学品通过生物链对人类生存质量的影响等,特别是几件重大事故的发生,更引起政府和社会的警觉。

例如,1961 年,在欧洲引起了一起对药物 Thalido mide 的恐慌事件:妇女在孕期为了减轻恶心和呕吐而服用这一药物,却发现所生的小孩带有严重的缺陷,在严重的情况下,产生缺胳膊少腿或严重畸形,估计由此生下的小孩全世界有 10000 人,其中德国就有 5000 人。这一悲剧导致在新药上市时,政府部门要对新药进行严格的致畸形药理试验,社会开始关注合成化学品作为药物时对人类产生的影响。

又如,杀虫剂 DDT 于 1941 年上市时被认为是对人类安全的有效农药,但其对生态环境的危害直到 1962 年才被人们察觉:女海洋生物学家 Rachel Carson 在她的名著《寂静的春天 (Silent Spring)》中详细地叙述了 DDT 和其他杀虫剂对各种鸟类所产蛋的影响,说明使用 DDT 等杀虫剂后,通过食物链会使秃头鹰的数量急剧减少,同时也危及其他鸟类,使原来百鸟歌唱、叶绿花红的春天变得"一片寂静"。此外,这些化学制剂还会通过皮肤、消化道进入人体,使人中毒;也会在地球大气循环的作用下,被带到世界各地,甚至在北极的海豹和南极的企鹅体中也能发现 DDT。这本书也被誉为警世之作,使得美国环保署于 1972 年立法禁止使用这些有害杀虫剂。这一事例也说明认识一种化学物质对生态的危害性要有一个漫长的过程。

从 20 世纪 70 年代开始,有关环境的认识已逐步变为政府的认识与行为。例如联合国对社会进步的提法,考虑经济增长所付出的代价,在 90 年代初,提出了"可持续发展"。

11.1.3 科技发展的基本思考——可持续发展

在人类发展史中,贯穿着一条推动人类进步的主线,即对物质世界的认识不断深化,改造、创造和利用物质的能力不断提高。依靠这两方面,20 世纪成为人类社会高速发展的 100

年。不过，反思之余人们不得不想到同时发生的一个问题，人类有时过于自信自己的创造力一定能够无限地战胜自然，而忽视了自然的和自己创造的物质对人类的反作用。

回顾人类认识和利用物质的历史，可以看出认识提高的三个阶段，如图11-1所示。在初级阶段，人类活动只为满足生存的基本需要；而后就进一步要求满足日益增长的生存质量的需要，即进入中级阶段；当前人类已开始进入到高级阶段，要在保证生存安全的前提下提高生存质量。既要保证现今地球上的人，也要保证未来子孙后代，因此提出了可持续发展的战略思想。人们逐渐认识到可持续发展要依赖科技进步，但并非一切科技都支持可持续发展。只有满足人类生存、生存质量和生存安全三个方面的要求，科技进步才能够成为人类不断进步的推动力。

| 目前：人类生存安全 |
| 中级：人类生存质量 |
| 初级：人类生存 |

图 11-1 人类认识和利用物质的三个阶段

化学的创造力的确给人们营造了一个全新的物质环境。这些成果一度使一些人乐而忘忧，用所谓"人定胜天"的理念毫无顾虑地改变着和影响着自然。

事实上，任何物质和能量以至于生物，对人类来说都有两面性。天然化合物也有其两面性，甚至其中有的毒性非常强。不论化学创造的新物质和自然界原有的物质，都要合理使用。化学能够帮助人们了解化学物质的性质和变化规律，了解它们两面性的本质，化学也能帮助人们认识自然界发生的各种化学过程，从而正确地使用它们和控制它们。例如，通过化学的研究，人们发现破坏臭氧层的是氟利昂之类的化学物质。但是，破坏臭氧层的化学物质并非只有氟利昂，而且影响臭氧层的也并非都是化学品。反而是靠化学才解决了臭氧层的形成和破坏的机理，才找到了保护臭氧层的途径。Molina、Rowland 和 Crutzen 就是因为他们在研究大气层化学，特别是臭氧层的形成和破坏方面所取得的成果而获得了1997年诺贝尔化学奖。化学不仅对于解决化学品滥用问题上起到关键作用，而且在处理物理的和生物的危险因素方面也能够发挥主要作用。例如，对受到放射性、紫外线等辐照的人的处理与治疗就是利用螯合清除金属，或者用自由基清除剂、抑制剂以及细胞保护剂等化学物质去阻止对人体的损伤。环境问题涉及许多方面，一般的废气、废液、废渣有其共同性，可用共同的或类似的方法处理，而化工所产生的污染物千变万化，难以用一种或几种方法来处理，只能由化工工作者自己设法解决。在解决化工污染的方法中有环保工作者所通用的方法，更有化工工作者所常用的方法或针对不同污染物的专用方法，而这些专用方法还得依靠化工工作者来开发。

在可持续发展的战略方针指导下，为从根本上解决问题，近十年中提出了清洁生产的概念，定义为"清洁生产是一种新的创造性思想，该思想将整体预防的环境战略持续应用于生产过程、产品和服务中，以增加生态效益和减少人类及环境的风险。"与过去相比：①清洁生产是从源头（设计）抓起的，力求污染物不生成；②清洁生产强调从原料到使用的全过程，改变了过去只控制出口污染物浓度的办法；③不仅对生产，对服务也要考虑环境影响；④有望提高企业的生产效率和经济效益，更受企业欢迎；⑤着眼于全球环境的彻底保护。对于人们的生活，提倡绿色生活和绿色消费，环保选购多次利用；分类回收，循环再生；保护自然，万物共存。这些原则，适用于生活，也适用于生产，当然也适用于化工。清洁生产的理念应用于化工被称为绿色化工，其详细内容将在后面介绍。

在进入 21 世纪前，世界已经认识到人类面临的五大基本问题是人口、粮食、能源、资源和环境。在化学化工领域，认识到化工资源的短缺危机与传统化工的三废对污染环境的挑战促使各国政府倡导"绿色化学与化工"。应该说，人类从过于自信人类自己的创造力，忽视自然对人类的反作用到重视环保、倡导社会与经济协调发展的道路，正是社会与文明的进步。

11.2 绿色化学的兴起与发展 >>>

11.2.1 环境保护治理的三个发展阶段

化工给人们带来新生活的同时，也带来了一系列有关环境的新问题。纵观世界环境治理的发展，一般来说经历了三个发展阶段。

最早可以追溯到 20 世纪中期。由于人们对一些化学物质的毒性及致癌性等还不了解，而且对废水、废气、废渣的排放也没有立法来限制，所以人们普遍认为只要把三废稀释排放就可以无害，这一阶段的环保对策可以称为"稀释废物来防治环境污染"。

到了第二阶段，随着人们对化学品对环境危害的了解的深入，制定了环境法规，开始限制废物的排放量，特别是废物排放的浓度，这阶段的环保对策就进入了"管制与控制"的时代。由于环保法规日益严格，于是对一些废水、废气和废渣不得不进行后处理才能进行排放，这样就开发了一系列三废的后处理技术。

环保治理的第三个阶段始于 20 世纪 90 年代。1990 年，美国通过了《污染防治条例 (the Pollution Prevention Act，PPA)》，PPA 是美国全国环境保护的政策，宣称环境保护的首选对策是在源头防止废物的生成，这样也就可避免对化学废物的进一步处理和控制。

11.2.2 绿色化学的 12 条基本原则的提出

1991 年后，"绿色化学"由美国化学会（ACS）提出并成为美国环保署（EPA）的中心口号。而后美国的 P. T. Anastas 和 J. C. Waner 提出的绿色化学的 12 条原则，得到了全世界的积极响应，具体如下：

① 防止废物的生成比在其生成后再处理更好。
② 设计的合成方法应使生产过程中所采用的原料最大量地进入产品之中。
③ 设计合成方法时，只要可能，不论原料、中间产物和最终产品，均应对人体健康和环境无毒、无害（包括极小毒性和无毒）。
④ 化工产品设计时，必须使其具有高效的功能，同时也要减少其毒性。
⑤ 应尽可能避免使用溶剂、分离试剂等助剂，如不可避免，也要选用无毒无害的助剂。
⑥ 合成方法必须考虑过程中能耗对成本与环境的影响，应设法降低能耗，最好采用在常温常压下的合成方法。
⑦ 在技术可行和经济合理的前提下，原料要采用可再生资源代替消耗性资源。
⑧ 在可能的条件下，尽量不用不必要的衍生物（derivatization），如限制性基团、保护/去保护作用、临时调变物理、化学工艺。
⑨ 合成方法中采用高选择性的催化剂比使用化学计量（stoichiometric）助剂更优越。
⑩ 化工产品要设计成在其使用功能终结后，它不会永存于环境中，要能分解成可降解的无害产物。
⑪ 进一步发展分析方法，对危险物质在生成前实行在线监测和控制。

⑫ 选择化学生产过程的物质，使化学意外事故（包括渗透、爆炸、火灾等）的危险性降低到最低程度。

上述 12 条原则为国际化学界所公认，反映了绿色化学的研究工作内容和发展方向，也可作为实验化学家开发和评估一条合成路线、一个生产过程、一个化合物是否符合绿色化学的指导方针和标准。

11.2.3 绿色化学化工的推动与发展

绿色化学与化工作为当今国际化学科学研究的前沿，也受到各国政府、企业和学术界的关注与支持。

1995 年 3 月 16 日，美国总统克林顿宣布设立"总统绿色化学挑战奖"(the Presidential Green Chemistry Challenge Awards)，并于 1996 年 7 月在华盛顿国家科学院颁发了第一届奖项。这是世界上首次由一个国家的政府出台的对绿色化学实行的奖励政策，其目的是通过将美国环保署与化学工业部门作为环境保护的合作伙伴的新模式来促进污染的防止和建立工业生态的平衡，更确切地说，设立该奖是为了重视和支持那些具有基础性和创新性，并对工业界有实用价值的化学工艺的新方法，以通过减少资源的消耗来实现对污染的防止。美国设立的"总统绿色化学挑战奖"，首次授予 Monsanto 公司（变更合成路线奖）、Dow 化学公司（改变溶剂/反应条件奖）、Rohm & Haas 公司（设计更安全化学品奖）、Donlar 公司（小企业奖）和 Taxas A & M 大学的 M. Holtzapple 教授（学术奖），以表彰他们在绿色化学领域中的杰出成就。表 11-2 列出了 1996～1999 年美国"总统绿色化学挑战奖"的获奖情况，从中可以看到绿色化学与技术的主要内容和发展方向。该奖的颁发一直延续至今。其间，2001 年美国"总统绿色化学挑战学术奖"获得者为李朝军教授，而 2010 年美国"总统绿色化学挑战学术奖"获得者为廖俊智教授，他们分别大学本科毕业于中国大陆和台湾，分别在绿色合成和利用生物技术开发二氧化碳合成长链醇方面取得突破而获得殊荣。

表 11-2 历届美国"总统绿色化学挑战奖"获奖及提名项目

名称 年份	学术奖	小企业奖	变更合成路线奖	改变溶剂/反应条件奖	设计更安全化学品奖
1996	将废生物质转化为动物饲料、化学品和燃料	替代聚丙烯酸的可降解性热聚天冬氨酸的生产和使用	由二乙醇胺催化脱氢取代氢氰酸路线合成氨基二乙酸钠	100% CO_2 用作聚苯乙烯发泡剂的开发和使用	一种对环境安全的船舶生产物防垢剂
1997	可使 CO_2 用作溶剂的表面活性剂的设计和应用	一种革命性的脱出光阻性有机物的清洁技术	环境友好的布洛芬生产新工艺方法	不产生显影、定影废液的干法感光成像系统	一种全新的低毒性、能快速降解的杀菌剂
1998	①"原子经济性"概念的发展 ②微生物作为环境友好催化剂的应用	新千年技术；环境友好的灭火和冷却剂的开发和初步应用	在芳环的亲核取代反应中消除氯的使用的新工艺	用于成产替代含卤素溶剂的乳酸酯的高效膜	安全高效、选择性杀虫剂家族的发明和应用
1999	在绿色化学中用作氧化剂及漂白剂的双氧水的活化	将廉价废生物质转化为乙酰丙酸及其衍生物	制药工业中一种生物催化剂的应用	在水基分散体系中生产聚合物以避免使用有机溶剂	一种新型天然杀虫剂产品

另外由美国环保署 P. T. Anastas 等编写的《绿色化学》丛书陆续出版，1996 年出版的

第一辑副标题为"为环境设计化学",1998 年出版的第二辑副标题为"无害化学合成和工艺的前沿"。此外,Anastas 等在 1998 年出版的《绿色化学——理论与实践(Theory and Practice)》一书中详细阐述了绿色化学的定义、原则、评估方法及发展趋势,使之成为绿色化学的经典之作。

在 20 世纪 90 年代,一个由日本政府规划,旨在防止全球气候变暖、在 21 世纪重建绿色地球的"新阳光计划"开始实施,其主要内容为能源和环境技术的研究开发,该计划提出了"简单化学"(simple chemistry)的概念,即采用最大程度节约能源、资源和减少排放的简化生产工艺过程来实现未来的化学工业,为了地球环境而变革现有技术。该计划还指出绿色化学就是化学与可持续发展相结合,其方向是化学的发展适应于改善人们健康和保护环境的要求。

1997 年底,德国联邦政府正式通过了一个名为"为环境而研究"的计划,主要包括三个主题:区域性和全球性环境工程、实施可持续发展的经济及进行环境教育,计划的年度预算达 6 亿美元,其中将实施可持续发展经济的部分内容交给了化学工业。此外,德国联邦教育科学研究和技术部还与化学工业在研究、技术开发、教育和创新等方面建立了正常的对话,可持续发展的化学被确定为这一对话的固定主题之一。

一种由英国皇家化学会主办的国际性杂志《绿色化学》于 1999 年 1 月创刊,其内容涉及清洁化工生产技术各方面的研究成果、综述和其他信息,并站在现代化学研究的前沿,涵盖了通过化学品的应用或加工来减轻对环境影响的所有研究活动,该期刊如今已成为该领域的高水平杂志。

国内有关绿色化学的学术活动也很活跃。中国制定了"科教兴国"和"可持续发展"战略,并在 1993 年世界环境与发展大会之后,编制了《中国 21 世纪议程》的政府白皮书,郑重声明了走经济与社会协调发展道路的决心。面对国际上兴起的绿色化学与清洁生产技术浪潮,有关部门和机构也开展了相应的行动。1995 年,中国科学院化学部组织了《绿色化学与技术——推进化工生产可持续发展的途径》院士咨询活动,对国内外绿色化学的现状与发展趋势进行了大量调研,并结合国内情况,提出了发展绿色化学与技术及消灭和减少环境污染源的七条建议,并建议国家科技部组织调研,将绿色化学与技术研究工作列入"九五"基础研究规划。1997 年 5 月,以"可持续发展问题对科学的挑战——绿色化学"为主题的香山科学会议第 72 次学术讨论会在北京举行,中心议题为:可持续发展对物质科学的挑战;化学工业中的绿色革命;绿色科技中的一些重大科学问题和中国绿色化学发展战略。1998 年在合肥举办了第一届国际绿色化学高级研讨会并邀请美国的 P. T. Anastas 和 J. C. Waner 等人参会和做主题报告。此后又陆续定期召开研讨会至今。1999 年 12 月,由国家自然科学基金委组织在北京举行了第 16 次九华科学论坛,从科学发展和国家需求的战略高度对"绿色化学的基本科学问题"等举行了充分的研讨,并提出了如何在"十五"期间优先安排和部署我国在该领域的研究工作的意见。1997 年由国家自然科学基金委和中国石油化工总公司联合资助的"九五"重大基础研究项目《环境友好石油化工催化化学与化学反应工程》正式启动,项目涉及我国石油化工的一些重要过程,按导向基础性研究、技术可行性的初步探索和技术可行与经济合理性的重点探索三个层次,开展采用无毒无害原料、催化剂和"原子经济"反应等新技术的探索研究,为解决现有生产工艺存在的环境问题奠定了基础。此外,一些院校也纷纷成立了绿色化学研究机构,如天津大学成立了绿色合成与转化教育部重点实验室。

开展绿色化学与化工是造福子孙后代,对人类健康和生存环境有益的事业。

11.3 绿色化学与化工的研究内容

11.3.1 绿色化学与化工的定义

绿色化学又称"环境无害化学"或"环境友好化学"。**绿色化学**是指化学反应和过程以"原子经济性"为基本原则，即在获取新物质的化学反应中充分利用参与反应的每个原料原子，实现零排放。不仅充分利用资源，而且不产生污染；并采用无毒、无害的溶剂、助剂和催化剂，生产有利于环境保护、社区安全和人身健康的环境友好产品。上述绿色化学的定义实际上是美国的 P. T. Anastas 和 J. C. Waner 提出的绿色化学的 12 条原则的高度概括。

对绿色化学所研究的中心内容也可以进一步用图 11-2 概述，即
① 原料的绿色化：采用无毒无害的原料；尤其提倡使用可再生资源；
② 化学反应的绿色化：使化学反应具有极高的选择性，极少的副产物，甚至达到"原子经济性"的程度——100%的选择性及废物零排放；
③ 催化剂的绿色化：使用无毒无害的催化剂进行反应；
④ 溶剂/助剂的绿色化：使用无毒无害的溶剂/助剂；
⑤ 产品的绿色化：产品为环境友好产品。

绿色化工又称清洁生产或环境友好技术，它是在绿色化学基础上开发的从源头上阻止环境污染的化工技术。传统化工对三废的处理一般为末端处理，绿色化工与传统化工最主要的区别是从源头阻止环境污染，即设计和开发在各个环节上都洁净和无污染的反应途径和工艺。

绿色化工是随着绿色化学的发展而兴起的，主要是将绿色化学所研究的基本原理应用于工程实践中去，即将实验室合成的绿色化学物质或绿色化学反应放大到工业规模，在保护环境的同时也要获得经济效益。

为进一步理解绿色化学与化工内涵，下面结合图 11-2 概述的五个方面的研究内容结合近年来研究实例进行分述。

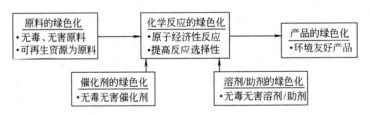

图 11-2 绿色化学示意

11.3.2 绿色化学与化工的核心——原子经济性反应

原子经济性概念表述如下：

$$\text{原子经济性或原子利用率} = \frac{\text{被利用原子的质量}}{\text{反应中所使用全部反应物分子的质量}} \times 100\% \quad (11\text{-}1)$$

原子经济性反应是绿色化学与化工研究内容的核心。原子经济性是从原子水平来看化学反应，目标是在设计化学合成时使原料中的原子更多或全部地变成最终所希望产品中的数量，实现化工过程废物的"零排放"。如果原子经济性差，则意味反应将排放出大量废物，而理想的反应方式是反应物的原子全部转化为期望的产物，即原子经济性（或原子利用率）

为 100%。为深刻理解原子经济性概念，下面列举四个例子加以说明。

【例 11-1】 环氧乙烷的合成

传统环氧乙烷的生产方法是通过氯醇法二步制备的，原料为乙烯、次氯酸（由氯气与水反应得到）和石灰，方程式如下：

$$CH_2=CH_2 + HOCl \longrightarrow HOCH_2-CH_2Cl \tag{11-2}$$

$$HOCH_2-CH_2Cl + \frac{1}{2}Ca(OH)_2 \longrightarrow CH_2\underset{O}{-}CH_2 + \frac{1}{2}CaCl_2 + H_2O \tag{11-3}$$

上述传统生产方法的原子利用率仅为 38.45%，不仅需要消耗大量的石灰和氯气，而且生成应用价值很低的氯化钙，造成设备腐蚀和环境污染严重。自发现银催化剂后，环氧乙烷的生产方法改为乙烯直接氧化成环氧乙烷的一步法，原子利用率也提高到 100%，因而是"原子经济"路线。其反应方程式为：

$$CH_2=CH_2 + \frac{1}{2}O_2 \longrightarrow CH_2\underset{O}{-}CH_2 \tag{11-4}$$

【例 11-2】 环氧丙烷的生产

传统环氧丙烷的生产方法与环氧乙烷相似，也是通过氯醇法二步制备。

$$CH_3-CH=CH_2 + HOCl \longrightarrow CH_3-\underset{OH}{C}H-\underset{Cl}{C}H_2 \tag{11-5}$$

$$2CH_3-\underset{OH}{C}H-\underset{Cl}{C}H_2 + Ca(OH)_2 \longrightarrow 2CH_3-CH\underset{O}{-}CH_2 + CaCl_2 + 2H_2O \tag{11-6}$$

上述制备路线显然原子利用率很低（仅为 31%），而对环氧丙烷，使用银催化剂和氧气进行丙烯直接氧化的转化率很低，没有工业化价值。后来 Ugine 公司和 Enichchem 公司采用了的新型钛硅（TS-1）分子筛作催化剂，采用氧化性更强的过氧化氢为氧化剂，使丙烯氧化新工艺取得成效，其反应过程为：

$$H_2O_2 + CH_3-CH=CH_2 \longrightarrow CH_3-CH\underset{O}{-}CH_2 + H_2O \tag{11-7}$$

此工艺虽然原子利用率不是 100%（原子利用率为 76.32%），但仅联产水，且新工艺反应条件温和，温度约为 40~50℃，压力低于 0.1MPa，氧源安全易得（采用 30% H_2O_2 水溶液），反应几乎以化学计量的关系进行，以 H_2O_2 计算的转化率为 93%，环氧丙烷的选择性达到 97% 以上，因此是值得深入开发的低能耗、无污染的绿色化工过程，具有很好的工业化前景。该法的不足之处是 H_2O_2 成本高，在经济上可能缺乏竞争力。国内也开发了这一绿色工艺，并被列入国家"九五""十五"重大项目，取得一定进展。

【例 11-3】 一氧化碳气相催化偶联制草酸酯

CO 气相催化偶联合成草酸二乙酯工艺是在钯系催化剂作用下，CO 与亚硝酸乙酯反应。其过程如下：

$$2CO + 2C_2H_5ONO \longrightarrow (COOC_2H_5)_2 + 2NO \tag{11-8}$$

$$2C_2H_5OH + 2NO + \frac{1}{2}O_2 \longrightarrow 2C_2H_5ONO + H_2O \tag{11-9}$$

由上两式可知，在 CO 偶联反应中生成的 NO 在醇的存在下氧化再生成亚硝酸乙酯，返回偶联过程循环使用，整个工艺形成一个高效、节能、无污染的环境友好工艺过程。整个工艺过程的技术关键问题是如何使偶联-再生形成无污染的自封闭循环系统。因此，该工艺也是原子经济反应。

【例 11-4】 二氧化碳加氢制甲酸

二氧化碳转化为甲酸的路线具有经济价值和环保意义，一方面将二氧化碳转化为用途广泛的甲酸及其衍生物，同时甲酸还是重要的液态储氢原料，在一定条件下又可分解释放出氢气，实现能量循环。二氧化碳加氢制甲酸的反应方程式为：

$$CO_2 + H_2 \longrightarrow HCOOH \tag{11-10}$$

该反应理论上来讲是原子转化率为 100% 的绿色工艺，但从热力学的角度研究发现，在二氧化碳加氢制备甲酸的反应体系中不可避免地存在着一些副反应，如转化为气态 CH_4 和液态 H_2O 等。为了抑制副反应的发生，同时保证不在该工艺中引入其他反应物，催化剂的研究就显得尤为重要。目前主要的研究包括均相催化、非均相催化及光化学还原、电化学还原等，主要目标是实现二氧化碳的直接加氢转化生成甲酸，真正实现该反应的原子经济性。

天津大学自行设计并建立了一套 CO 气相催化合成草酸酯的模拟运转装置，采用工业 CO 原料气进行了连续 1000h 的模拟运转，达到了偶联与再生两步反应循环过程反应速率相匹配的稳定操作，重点解决了这一非线性复杂反应系统中，工程放大中 CO 偶联-再生两步反应的催化循环调优以及催化剂工程放大的关键技术问题，实现了自封闭循环无污染的绿色化学工艺。它的开发成功，对于改变现有草酸酯、草酸、乙二醇和某些医药、染料中间体的传统工艺技术路线，具有重要的作用和意义。

11.3.3 使用无毒无害原料及可再生资源

一个化学反应类型或合成途径的特性在很大程度上是由初始原料的选择决定的。一旦选定初始原料，许多后续方案多已确定。因此，初始原料的选择是绿色化学所应考虑的重要因素；寻找替代的、环境无害的原料尤其是可再生资源的利用是绿色化学的主要研究方向之一。下面分别举例说明。

【例 11-5】 取代氢氰酸路线合成苯乙酸新工艺

苯乙酸是合成青霉素和其他医药、农药的重要中间体。目前工业上主要用苯乙腈水解来制备，而苯乙腈则是由苄氯和氢氰酸反应合成的。但是氢氰酸是一种剧毒原料，在使用中一旦不慎，就将造成难以估量的人身伤亡和环境灾难。从 20 世纪 80 年代以来科学家们就一直在努力探索取代它的途径，其中一种取代方法就是通过改变初始原料来避免使用剧毒的氰化物。通过利用苄氯羰化合成苯乙酸不仅可以替代有毒的原料，而且也使过程变得较经济和安全，目前已经取得了成功。其反应方程式为：

$$C_6H_5CH_2Cl + CO \xrightarrow[H_2O]{OH^-} C_6H_5CH_2COOH \tag{11-11}$$

【例 11-6】 取代光气（碳酰氯）路线合成异氰酸酯

异氰酸酯是一种重要的有机合成中间体，是聚氨酯合成的主要原料。目前工业上生产异氰酸酯的工艺仍为光气过程。光气法生产异氰酸酯需要以超过化学计量比的剧毒光气为原料，同时伴随产生大量的强腐蚀性 HCl。例如，光气法生产二异氰酸酯的反应如下：

$$H_2N-R-NH_2 + 2COCl_2 \longrightarrow O=C=N-R-N=C=O + 4HCl$$

取代光气路线合成异氰酸酯的一种方法就是用碳酸二甲酯（DMC）为羰源先合成 N-取代氨基甲酸酯，N-取代氨基甲酸酯进而热裂解得到异氰酸酯。其反应方程式如下：

$$H_2N-R-NH_2 + 2\ R'O-\underset{\underset{O}{\|}}{C}-OR' \longrightarrow R'O-\underset{\underset{H}{|}}{\overset{\overset{O}{\|}}{C}}-N-R-N-\underset{\underset{H}{|}}{\overset{\overset{O}{\|}}{C}}-OR' + 2R'OH \tag{11-12}$$

$$R'O\underset{H}{\overset{O}{\underset{\|}{C}}}N\text{—}R\text{—}N\underset{H}{\overset{O}{\underset{\|}{C}}}OR' \rightleftharpoons OCN\text{—}R\text{—}NCO + 2R'OH \tag{11-13}$$

碳酸二甲酯是一种重要的有机化工中间体,是通过 ISO 9000 认证的精细化学品,其毒性值与无水乙醇相近。该过程不使用剧毒原料、对环境基本不造成污染,反应条件温和,可在常压下进行,反应副产物是甲醇,属绿色合成路线。

【例 11-7】 废弃生物质转化动物饲料、工业化学品及燃料的技术

Texas A&M 大学的 M. Holtzapple 教授及其研究组开发了一系列技术将废弃的生物质转化成动物饲料、工业化学品及燃料。所使用的废弃生物质包括城市固体废物、水污泥、粪肥及农作物残渣,将其转化成有用的物质,不仅减少了环境污染,而且也节约了废物处理费用,具有重大的意义。M. Holtzapple 教授也因其研究成果而获得 1996 年度美国"总统绿色化学挑战奖"的学术奖。

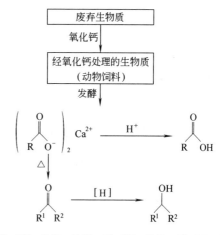

图 11-3 废弃生物质转化动物饲料、工业化学品及燃料的技术

图 11-3 给出了该技术的示意图。为了使废弃生物质易于消化,该技术利用氧化钙对其进行处理。经氧化钙处理的农作物残渣,如稻草、蔗渣等,可以用作反刍动物的饲料。另外,氧化钙处理的生物质可以被转化成各种化学品。方法是将其加入一个大的厌氧发酵器,生物质在其中被转化成挥发性脂肪酸盐,如乙酸钙、丙酸盐及丁酸盐等。这些盐被浓缩并可通过三种途径被进一步转化成化学品或燃料。第一种途径为将这些挥发性脂肪酸盐酸化,从而产生乙酸、丙酸与丁酸。第二种途径为将其加热转化成酮类,如丙酮、丁酮和二乙基甲酮。第三种途径为酮类被氢化而转化成相应的醇,如异丙醇、异丁醇、异戊醇。这一系列技术对人类健康与环境保护具有巨大的益处。氧化钙处理的动物饲料可以取代谷物,而目前谷物产量的约 88% 被用作动物饲料。

【例 11-8】 以生物质为原料制生物质能源

光合作用创造的绿色植物是取之不尽的生物资源。它们主要由碳氢化合物组成,也是一种可供人们利用的能源。绿色植物生长的过程是二氧化碳和水通过光合作用合成单糖,并把太阳能储存在其中;然后又把单糖聚合成淀粉、纤维和其他大分子生物质。其中占绝大多数的纤维构成细胞壁的主体,它们的主要成分是纤维素(50%~55%)、半纤维素(15%~25%)和木质素(20%~30%)等。纤维素是由葡萄糖基组成的线型大分子;半纤维素是一群复合聚糖的总称,不同植物的复合聚糖的组分也不同;木质素是自然界最复杂的天然聚合物之一,它的结构中重复单元之间缺乏规则性和有序性。木质素是可再生的植物纤维资源和组分中蕴藏太阳能最高的部分,也是地球上最丰富的可再生资源(估计全世界每年可产生 600×10^4 亿吨)。以纤维素纤维的形式作为"骨骼",其周围是由半纤维素和具有三元网状结构的木质素巨大分子黏结成的天然增强结构体,是一种不熔、不溶的天然复合材料。

作为长期进化的结果,木质素在植物体内的存在就是为了保护植物体不受生物和化学环境的降解,因此木质素和纤维素、半纤维素的分离是十分困难的工作。至今仍没有办法(包括化学和生物酶法)把木质素分离出来,其根本原因是人们对植物细胞壁中木质素和纤维素

等各种化学组分的排列顺序和连接方式了解甚少；对自然界中广泛存在的酶降解等生物过程的机理仍不完全清楚。因此要加强基础研究，研究植物细胞壁的结构、化学组分及结构与组分的关系，为开发生物质能源提供重要的新信息，以推动生物质利用，最终将为人类打开一个丰富而且可再生的粮食、能源和有机化合物的宝库。

从资源和能源的利用来看，自20世纪中叶以来的时代无疑是石油的时代，石油时代之后将是什么时代？目前对这一问题的回答还是众说纷纭，其一曰天然气时代，其二曰重新回到石油之前的煤的时代，其三曰太阳能时代，其四曰海洋资源时代等。今天生物技术突飞猛进的发展，使人们终于认识到代替石油的将会是那些曾不太被人注意的农作物残秆（如麦秸和稻草）、木材加工废料以及城市有机废物等生物质！就目前的技术水平来说，可再生的生物质资源利用在成本上目前还难以与石油资源形成全面竞争，但随着石油价格的攀升，地球环境对石油等矿物燃料所产生污染物的容忍性日趋极限，特别是生物技术的突破，会使可再生生物质资源替代石油等矿物资源将成为不可阻挡的历史潮流。

11.3.4 采用无毒无害催化剂

催化剂是一类能改变化学反应速率而其自身在反应前后不被消耗掉的物质。80%以上的反应只有在催化剂的作用下才能获得具有经济价值的反应速率和选择性。但由于催化剂，特别是像无机酸、碱、金属卤化物、金属羰基化合物等不仅本身具有毒性和腐蚀性，甚至有致癌作用，因此，在原子经济性和可持续发展的基础上研究合成化学和催化剂的基础问题，即绿色合成和绿色催化问题具有重要意义。下面以分子筛和固体酸催化剂的利用加以说明。

【例11-9】 分子筛代替三氯化铝催化剂合成乙苯和异丙苯

乙苯和异丙苯的生产过程相似，都是在催化剂的作用下由苯分别与乙烯和丙烯反应制得的：

$$苯＋乙烯 \longrightarrow 乙苯 \tag{11-14}$$

$$苯＋丙烯 \longrightarrow 异丙苯 \tag{11-15}$$

图11-4(a)所示是采用$AlCl_3$催化剂制异丙苯的工艺流程示意，由于催化剂$AlCl_3$本身具有较大的腐蚀性，而且还加入腐蚀性严重的盐酸作助催化剂和利用大量的氢氧化钠中和废酸，因而过程产生了大量的废水、废酸、废渣、废气，对环境污染十分严重。

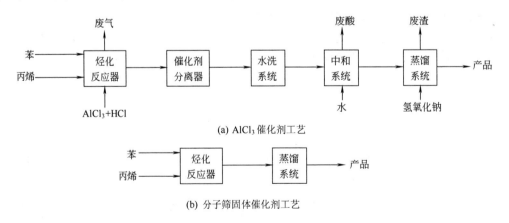

图11-4 异丙苯生产工艺过程比较

在分子筛为催化剂的合成工艺中［见图11-4(b)］，由于分子筛为固体酸催化剂，固定在反应器中，所以就不存在和产物的分离问题，使过程大大简化。同时分子筛催化剂无毒、无腐蚀性,而且可以完全再生,整个过程彻底避免了盐酸和氢氧化钠等腐蚀性物质的使用,基本上消除了三废的排放。

表 11-3 为中国石化集团公司燕山石化公司采用新型分子筛催化剂改造 $AlCl_3$ 法异丙苯装置,改造前后"三废"排放对比。从表中可知,采用分子筛固体催化剂以后,彻底消灭了废酸的产生和废液的排放,废气和废渣也很少。废渣主要是废催化剂,由于无毒无腐蚀性,很容易处理。

表 11-3 分子筛改造 $AlCl_3$ 装置"三废"排放对比

比较项目	改造前的 $AlCl_3$ 工艺	改造后的分子筛工艺	比较项目	改造前的 $AlCl_3$ 工艺	改造后的分子筛工艺
异丙苯产量/(kt/a)	67	85	废气/(kg/h)	211	4
污水量/(t/h)	9.6	0	废渣/(kg/h)	126[中和 $Al(OH)_3$ 滤饼]	4.6(废催化剂)
稀盐酸/(kg/h)	90	0			

【例 11-10】 固体酸代替氢氟酸合成线性烷基苯

线性烷基苯(LAB)是生产表面活性剂的重要原料。以 LAB 的磺酸钠盐(LAS)为主要成分的表面活性剂,广泛应用于制造家庭洗衣粉、洗发香波以及工业洗涤剂等。

工业上所指的线性烷基苯是指由 $C_{10}\sim C_{14}$ 支链烯烃与苯烷基化所得到的各种烷基苯的混合物。以 1-十二烯为例,烷基化反应过程如下:

$$苯 + 1\text{-十二烯} \longrightarrow 十二烷基苯 \tag{11-16}$$

目前线性烷基苯的生产主要采用 HF 为催化剂,工艺过程如图 11-5(a) 所示。但 HF 具有强烈的腐蚀性和毒性,严重腐蚀设备,对操作人员的健康构成潜在的威胁;且庞大的中和系统产生大量的废水和 CaF_2 废渣污染环境。

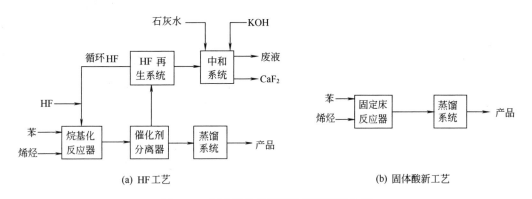

图 11-5 两种线性烷基苯生产过程的比较

为了克服 HF 烷基化工艺的缺点,美国环球油品(UOP)公司成功开发了固体酸 LAB 生产新工艺,工艺过程如图 11-5(b)所示。与 HF 工艺比较可知,新工艺的过程大大简化了,并且新工艺采用的固体酸催化剂无毒、无腐蚀和无污染。

11.3.5 采用无毒无害溶剂/助剂

挥发性有机溶剂与我们的生产和生活密切相关,许多化学反应需要溶剂或助剂的参与才容易进行反应。一些产品(如涂料)也需要溶解在挥发性有机溶液中才得以使用。然而,挥发性有机溶剂却是一类有害的环境污染物。当它们进入空气中后,在太阳光的照射下,容易在地面附近形成光化学烟雾。光化学烟雾能引起和加剧肺气肿、支气管肺炎等多种呼吸系统疾病,增加癌症的发病率;它还能导致谷物减产、橡胶硬化和织物褪色,每年由此造成的损失就高达几十亿美元。挥发性有机溶剂还会进一步污染海洋食品和饮用水，毒害水生动物。二氟二氯甲烷和二氟一氯甲烷能破坏地球大气中的臭氧层，使太阳光中的紫外线辐射增多，增加皮肤癌和白内障的犯病率。据联合国环境规划署发表的一份报告称，如果臭氧层从整体上减少10%，地球上的非黑瘤皮肤癌的发病率就会上升26%；如果臭氧层的臭氧分子减少1%，世界白内障患者就会增加150万人。此外，紫外辐射增多还会伤害眼睛和免疫系统。

可见，挥发性有机溶剂在带给我们丰富多彩的物质享受和生活便利的同时，也为我们带来了环境的污染和健康的危害。因此，开发挥发性有机溶剂的替代溶剂，减少环境污染，也是绿色化学的一个重要内容。下面介绍两种环境友好、可替代挥发性有机溶剂的绿色溶剂。

【例 11-11】 *超临界二氧化碳作为绿色溶剂的利用*

二氧化碳是一种具有温室效应的气体，用其作溶剂是否会对地球大气带来新的危害，答案是否定的，这是因为所使用的二氧化碳来源于合成氨厂和天然气井副产物的回收，对它加以利用不会增加二氧化碳的排放。而且，当超临界或液态二氧化碳用作溶剂时，它很容易通过蒸发成为气体而被回收，重新作为溶剂循环使用。相反，由于二氧化碳的蒸发热比大多数溶剂，如水和一般的有机溶剂都小，因此，采用蒸发的方法回收二氧化碳比回收其他溶剂更节能。

在机械、电子、医药和干洗等行业中普遍采用挥发性有机溶剂来进行清洗，带来了大气污染等环境问题和人身危害等安全问题。但是，有很多工业材料又不能在超临界和液体二氧化碳中溶解。若能使用一种合适的表面活性剂，就有可能使这些材料溶解于超临界或者液体二氧化碳中。正是基于这一设想，美国北卡罗来纳大学的 J. M. DeSimone 等人，设计合成了一种含氟化合物表面活性剂，使大多数原来不溶于超临界或液态二氧化碳中的化合物如石蜡、重油、油脂、蛋白质和聚合物等工业材料能够在液态或超临界二氧化碳中溶解，从而可以使用二氧化碳来替代现在工业上使用的大多数有机溶剂，减轻对环境的污染和操作工人的人身危害。

J. M. DeSimone 等人成立的 Micell 技术公司已经将这项新技术用于服装干洗，用超临界二氧化碳代替原来的全氯乙烯（一种地表水污染物和可能的致癌物）作清洗剂。并且，该公司正在开发一种利用二氧化碳和表面活性剂的金属清洗系统，以取代传统的卤代烃金属清洗系统。

这项新技术获得了1997年美国"总统绿色化学挑战奖"的学术奖。若将这项新技术加以推广应用，必能从更大程度上减少工业有机溶剂的排放量，减轻空气和水源的污染，造福于人类社会。

超临界二氧化碳的工业应用和潜在的工业应用还很多，这里不多列举。现在，在多年的基础和应用研究的推动下，液态和超临界二氧化碳的应用已开始进入工业规模。随着技术的不断创新和进步，使用超临界二氧化碳技术必将大量地减少危害环境和身体健康的挥发性有机溶剂的排放，减轻在全球经济发展中由于使用传统溶剂带来的空气和水污染的负担，缔造更加美好的生活环境。

【例 11-12】 *离子液体作为绿色溶剂的应用*

离子液体是绿色化学的重要研究内容之一，从20世纪90年代发展至今短短时间里，便受到了世界各国尤其是欧美国家的极大关注。北约曾于2000年召开了开发离子液体的专门会议，欧盟委员会也制订了一个有英国、德国、荷兰等国参加的离子液体发展计划。种种迹象表明，离子液体作为新的技术将深刻地影响工业和人民生活各个领域。

离子液体（ionic liquid）就是完全由离子组成的液体，是低温（<100℃）下呈液态的

盐，也称低温熔融盐，它一般由有机阳离子和无机阴离子组成。当前已发现的离子液体有上百种之多，在工业有机化学的清洁合成方面显示出潜在的应用前景。例如，传统的Friedel-Crafts烷基化反应在80℃下反应8h，得到产率为80%的异构体混合物，采用离子液体，同样的反应在0℃下反应30s得到产率为98%的单一异构体。除了所表现出的高活性、高选择性外，与其他溶剂相比，离子液体还具有如下优点。①离子液体具有非挥发特性，几乎没有蒸气压，因此它们可用在高真空体系中，同时可减少因挥发而产生的环境污染问题。②具有较宽的稳定温度范围。通常在300℃范围内为液体，有利于动力学控制；在高于200℃时具有良好的热稳定性和化学稳定性。③具有良好的溶解性能。它们对无机和有机材料表现出良好的溶解能力。④通过对阴、阳离子的合理设计可调节其对无机物、水、有机物及聚合物的溶解性，并且其酸度可调至超酸。⑤易于与其他物质分离，可以循环利用。⑥稳定、不易燃、可传热、可流动。

离子液体的应用主要在于萃取等分离操作过程，燃料电池、太阳能电池、锂电池等的制备，以及作为化学反应尤其是催化反应的介质等方面，其应用前景极为广阔。在将离子液体用于萃取挥发性有机物的过程中，由于离子液体无蒸气压，耐热性好，在完成萃取之后进行加热，即可把萃取的有机物分离出去，实现离子液体的循环使用。

将离子液体用作化学反应系统的溶剂也有诸多好处。它可以为反应提供良好的分子环境；有可能改变反应机理，使催化剂的活性及稳定性更好；离子液体种类多，可以自行设计，因而选择的空间大。

此外，将离子液体用作电池的电解质无需熔盐一样的高温，且不像水溶液会蒸发干燥，因而可用于新型高性能电池、太阳能电池、燃料电池、双电层电容等的制造方面。在高分子中引入离子液体得到高离子导电聚合物，可以应用于聚合物离子电池，过程中需要与相应的技术结合使用。

离子液体还可以用于清洁汽油生产方面的研究。目前，国内多数炼油企业生产的汽油烯烃超标，硫含量也远高于目前的国际标准。而使用离子液体催化体系直接进行汽油的烷基化和异构可以将汽油中烯烃含量从50%左右降低到25%左右。

离子液体与现有的超临界流体、电化学、微电子等结合，使这些技术的发展空间扩大且功能更趋完善，已从发展"绿色化学"领域快速扩展到功能材料，如电光与光电材料、润滑材料、太阳能储存及太阳能电池关键材料等。

11.3.6 环境无害的绿色化学产品

"绿色"这一为人们普遍感受，被认为象征着自然、生命、健康、舒适和活力，使人回归自然的颜色，在面对环境污染时，被选择为无污染、无公害和环境保护的代名词，那么，怎样的化学产品才算是绿色化学产品呢？

概括而言，绿色化学产品应该具有两个特征：①产品本身必须不会引起环境污染或健康问题，包括不会对野生物、有益昆虫或植物造成损害；②当产品被使用后，应该能再循环或易于在环境中降解为无害物质。

以上的两个特征对绿色化学产品本身以及使用后的最终产物的性质都提出了要求。首先，产品本身对人类健康和环境应该无毒害，这是对一个绿色化学产品最起码的要求。其次，当一个产品的原始功能完成后，它不应该原封不动地留在环境中，而是以降解产物的形式，或是作为产品的原料循环，或是作为无毒的物质留在环境中，这就要求产品本身必须具有降解性能。在传统的功能化学产品的设计中，只重视了功能的设计，而忽略了对环境及人类危害的考虑，然而在绿色化学品的设计中，要求产品功能与环境影响并重。

【例 11-13】 可降解塑料的研制

塑料作为一种材料，其用途已渗透到国民经济各部门以及人民生活的各个领域，例如，塑料袋广泛地使用曾被认为是人们生活改善的标志之一，但其性能过分稳定，水、氧、细菌、紫外线都不能使之分解成为一大难题。随着塑料产量的不断增长和用途的不断扩大，废物也与日俱增，由于它们大量留在公共场所和海洋中，或残留在耕地的土层中，难以降解或腐烂，严重污染人类的生存环境，成为世界性的公害。"白色污染"成为一个难堪的新名词。因此，解决这个问题已成为环境保护的当务之急。

采用传统的焚烧、掩埋等处理技术均存在一定的缺陷，而回收利用又存在一定的局限，因而开发环境可接受的降解性塑料是解决塑料废物处理问题，特别是难以回收利用的一次性用品污染问题的重要途径。20 世纪 70 年代以来，许多国家就在研制可降解塑料。例如，美国、日本、德国等发达国家都先后制定了限用或禁用非降解塑料的法规，不少国家还制定了降解塑料的研制开发计划和措施。我国光降解塑料的研究开发起始于 20 世纪 70 年代中期，90 年代随着环保呼声日益高涨，降解塑料的研究犹如雨后春笋蓬勃发展，并多次掀起开发生产降解塑料热潮。

降解塑料的优点是在失去塑料的利用价值而变成垃圾之后，不但不会破坏生态环境，而且会提高大地的生物活性，降解性塑料废弃在环境中，在各种环境因素作用下经过一定的时间能自动降解为对环境无污染的小分子物质，甚至进而可参与生物代谢循环而被同化吸收。主要的降解方法有以下几种。

(1) 光降解塑料　光降解塑料是指该塑料材料在日光照射下发生裂化分解反应，使材料在日光照射一段时间后失去机械强度，达到分解的目的。即聚合物在光照下受到光氧作用吸收光能（主要为紫外光能）而发生光引发断链反应和自由基氧化断链反应（光化学反应）而降解成对环境安全的低分子量化合物。

(2) 生物降解塑料　生物降解塑料是指受到自然界中的微生物如细菌、真菌、藻类等侵蚀后可降解的塑料。理想的生物降解塑料在微生物作用下，能完全分解为 CO_2 和 H_2O。研究发现，生物降解的实质是酶对塑料氧化、水解反应的作用，从而导致主链的断裂，相应地降低了分子量，也失去了原有的力学性能，更易于被微生物所摄取。其降解机理大致可分为三种：生物物理作用，由于生物细胞增长而使聚合物组分水解、电离或质子化而发生机械性损坏，分裂成低聚物碎片；生物化学作用，微生物对聚合物作用而产生新物质（CH_4、CO_2 和 H_2O）；酶直接作用，被微生物侵蚀部分导致塑料分裂或氧化崩裂。

(3) 光-生物双降解塑料　光-生物双降解塑料是一类结合光和生物的降解作用，达到较完全降解目的的塑料，它兼具光、生物双重降解功能。这种加工方法不仅克服了无光或光照不足的不易降解和降解不彻底的缺陷，还克服了生物降解塑料加工复杂，成本太高不易推广的弊端，因而是近年来应用领域中发展较快的一门技术。

【例 11-14】 新型化学杀虫剂

在世界范围内，每年被昆虫破坏的农作物的价值超过上百亿美元。为了控制这种破坏，大量的杀虫剂被研制了出来。但是大多数杀虫剂在提高粮食、蔬菜等食品产量的同时，也通过食物链直接危害着人类及其他生物，甚至影响着整个生态系统。因此选择无公害、无（低）抗药性、高药效、低成本的杀虫剂，已成为全社会关心的问题。

Confirm™ 是美国 Rohm & Haas 公司开发的一种新型杀虫剂，它在化学、生物和机械方面都有创新。它有效地并选择性地控制农业中重要的履带式害虫，而对于撒药人、消费者和生态系统没有显著的危险。Confirm™ 是通过一个全新的作用模式来控制目标昆虫的。该产品通过强烈地模仿昆虫体内一种蜕化素，从而扰乱了目标昆虫的蜕皮过程，致使害虫在暴露后短暂停食而死亡。而这种蜕化素在其他许多非节肢动物，如哺乳动物、植物等中是不存在的，所以Confirm™与其他杀虫剂相比，具有更高的安全性。该产品已获得了1998年美国"总统绿色化学挑战奖"的设计更安全化学品奖。

【例 11-15】 环境友好型涂料

涂料行业是一个非常古老的行业。传统溶剂性涂料大多使用有机溶剂，因此挥发性有机化合物（VOC）的含量很高。根据世界卫生组织的定义，VOC是指在常温下，沸点在50～260℃的各种有机化合物（如烷类、芳烃类、酯类、醛类等）。这些物质一方面造成室内空气的污染，另一方面在大气中受光照的作用而发生光化学反应，影响人类的健康，有些甚至会产生致癌作用或基因突变。随着环境保护和人类健康在全球范围内越来越受到重视，开发绿色环保型涂料已成为共识。

环境友好型涂料也被称为"绿色涂料"，主要指低公害和低毒性的涂料。一般具备以下几个特点：①低VOC含量；②低毒性；③生产过程中无污染或少污染。

目前，环境友好型涂料主要有以下几种：

（1）水性涂料　水性涂料是指用水作溶剂或者作分散介质的涂料，包括水溶性涂料和水分散性涂料（即乳胶漆）两种。主要的水性涂料是水性建筑材料。

（2）粉末涂料　粉末涂料是一种以固态粉末状态存在，并以粉末状态进行涂装，然后加热熔融流平或固化成膜的涂料，是20世纪60年代开始发展起来的一项涂料新品种、新技术。目前，主要用于汽车涂装。

（3）无溶剂涂料　无溶剂涂料又称活性溶剂涂料，是以低分子量树脂作为成膜材料，加入颜填料、活性稀释剂和助剂，分散、研磨成漆料，然后加上固化剂而成的双组分涂料。目前主要应用于石油化工贮罐、建筑涂层、水处理设施、运动场地、海洋及海岸设施等。

11.4　低碳循环经济下的绿色化学与化工

11.4.1　低碳循环经济

随着全球人口和经济规模的不断增长，能源使用带来的环境问题及其诱因不断地为人们所认识。不只是烟雾、光化学烟雾和酸雨等的危害，大气中二氧化碳浓度的升高也带来全球气候变化。联合国政府间气候变化专门委员会（IPCC）发布报告指出，人类对气候系统的影响是明确无疑和不断增长的，自1950年以来的数十年中观察到的气候变化是过去数千年里都未曾出现过的。评估发现，大气和海洋已变暖，冰雪在减少，海平面在上升，大气中二氧化碳的浓度达到了过去80万年以来的最高水平，如果不加以遏制，气候变化对人类和生态系统造成严重、顽固和不可逆转的后果的可能性将增加。

为了遏制环境污染和气候变暖，拯救人类共同的地球家园，1992年联合国通过了《联合国气候变化框架公约》（简称《公约》），该《公约》是世界第一个为全面控制二氧化碳等温室气体排放、应对全球气候变暖对人类社会和经济带来不利影响而签订的国际公约。而后于1997年和2007年在联合国推动下又先后通过了《京都议定书》和《巴厘岛路线图》，并于2009年在哥本哈根气候变化会议上签订了《哥本哈根协议》。尽管发达国家和发展中国家由于所处发展阶段的不同及国家自身利益的考虑，使得国际谈判和行动进程充满曲折艰难，但世界各国政府间还是对温室气体排放的影响和减排的意愿达成了一致，即按照"共同但有区别"的原则，履行国际义务和承担国家责任。协议就发达国家实行强制减排和发展中国家采取自主减缓行动作出了安排，并就全球长期目标、资金和技术支持、透明度等焦点问题达成广泛共识。上述四个协议的签署是全球应对温室气候变化的重要里程碑,协议将以低能耗、低污染、低排放为基础的经济模式——"低碳经济"(low-carbon economy)呈现在世界人民面前。

低碳经济的概念最早由英国2003年的能源白皮书《我们能源的未来:创建低碳经济》中提出。所谓低碳经济,是指在可持续发展理念指导下,通过技术创新、制度创新、产业转型、新能源开发等多种手段,尽可能地减少煤炭、石油等高碳能源消耗,减少温室气体排放,构筑低能耗、低污染为基础的经济发展体系,包括低碳能源系统、低碳技术和低碳产业体系,达到经济社会发展与生态环境保护双赢的一种经济发展形态。

低碳经济的起点是统计碳源和碳足迹。减排量可以用"减排二氧化碳量"(即CO_2)或"碳排放减少量"(以碳计,即C),计算,液碳和固碳是生物体(动植物的组成物质)和化石燃料(天然气,石油和煤等)的主要组成部分,1t碳在氧气中燃烧后能产生大约3.67t二氧化碳。它们之间可以转换,即减排1t碳(液碳或固碳)就相当于减排3.67t二氧化碳。

所谓低碳循环经济,也称资源闭环利用型经济,即要求在保持生产扩大和经济增长的同时,通过建立"资源→生产→产品→消费→废弃物再资源化"的全生命周期清洁闭环流动模式,达到既提高人民生活质量,又避免由于无节制开发所导致的自然生态的破坏。因为,循环是自然界的一个重要规律。物质在自然界是循环利用的,它们既是原料又是产品,其角色不断变化使物质世界生生不息,多少亿年没有出现资源匮乏问题。但人类的工业社会违反了这个规律,形成一个单向的发展模式。这样的单向发展模式是不能持久的,因此提出发展低碳循环经济是人类面对资源危机及环境污染等问题的反思及认识的提高。

11.4.2 绿色化学与化工在发展低碳循环经济中的作用

二氧化碳在我国有三个重要的来源,最主要的碳源是火电排放,约占二氧化碳排放总量的41%;增长最快的则是汽车尾气排放,约占比为25%,由于我国汽车销量已开始超越美国,汽车尾气排放问题越来越严重;建筑排放约占比为27%,随着房屋数量的增加而稳定的增加。在各产业中,能源、汽车、钢铁、交通、化工、建材等均属于高碳产业。

化工在发展低碳循环经济中起到正面和负面双重作用。负面作用表现为,化工虽然不是碳排放比例最高的行业,但无疑亦属于高能耗和高污染行业,从原料开采到废弃物处理,在整个化工产品的生命周期中,化学工业要排放相当数量的温室气体;但也应当看到,化学工业可以通过调整产品结构、改变原料和工艺路线、采用先进节能技术等方式降低温室气体的排放,尤其在近年提倡和推进绿色化学与化工发展进程中,已为社会提供了大量的绿色产品和绿色技术,同时为其他行业温室气体的减排做出了积极贡献。化学工业是国民经济的主要支柱之一,而绿色化学与化工在发展低碳循环经济中正发挥极为重要的作用。

减少碳排放的途径主要包括三个方面,一是尽量使用可再生能源(如太阳能、风能、生物质能等),从而可减少二氧化碳的生成;二是对二氧化碳进行捕集和封存(如地下封存等);三是将二氧化碳转化为能源产品和化学品(如用作溶剂、作为碳资源合成各种化学品等)。二氧化碳资源化利用是减少碳排放和实现碳循环的理想途径,也是当前绿色化学与化工研究领域中具有挑战性课题。对比绿色化学与化工的研究内容就可以清楚地看出,绿色化学与化工的目标要求就是要采用无毒无害的原料,尤其提倡使用可再生资源;而在化学反应中要使化学反应具有高的选择性,甚至达到废物零排放;为此要使用无毒无害的催化剂和无毒无害的溶剂/助剂进行反应,并要实现产品为环境友好产品。这些先进理念正在推动世界上许多化学与化工研究者们进行二氧化碳资源化利用方面的基础研究和应用研究工作,力图利用绿色化学原理和清洁化工技术将二氧化碳转化为高附加值的能源产品和化学品,并在近年来取得突出进展。由此进一步表明,绿色化学与化工在推动低碳循环经济中正在展现其巨大的科学和应用价值。

11.4.3 低碳循环经济理念中的"5R"概念

在研究开发绿色化学与化工过程中,低碳循环经济理念——"5R"概念经常被反复提倡与实践。

所谓"5R"是五个以 R 为字头的英文词的简称:即减量(Reduction)、重复使用(Reuse)、回收(Recycling)、再生(Regeneration)和拒用(Rejection),其含义分述如下:

(1) 减量(Reduction) 是从节省资源减少污染角度提出的。在保护产量的情况下如何减少用量,有效途径之一是提高转化率、减少损失率。减少"三废"排放量。主要是减少废气、废水及废弃物(副产物)排放量,必须达到排放标准以下。

(2) 重复使用(Reuse) 是降低成本和减废的需要,如化学工业过程中的催化剂、载体等,从一开始就应考虑有重复使用的设计。

(3) 回收(Recycling) 主要包括:回收未反应的原料、副产物、助溶剂、催化剂、稳定剂等非反应试剂,进行再循环利用。

(4) 再生(Regeneration) 是变废为宝,节省资源、能源,减少污染的有效途径。它要求化工产品生产在工艺设计中应考虑到有关原材料的再生利用。

(5) 拒用(Rejection) 是指对一些无法替代,又无法回收、再生和重复使用的毒副作用、污染作用明显的原料,拒绝在化学过程中使用,杜绝污染的发生。

从上述可以看出,"5R"概念是在绿色化学与化工研究与实践中对低碳循环经济理念的具体表述与体现,与绿色化学与化工的工作目标与研究内容相一致。

11.4.4 生态工业园的建立与发展

生态工业园(eco-industrial parks)是依据循环经济理念、工业生态学原理和清洁生产要求而设计建立的一种新型工业园区。它通过物流或能流传递等方式把不同工厂或企业连接起来,形成共享资源和互换副产品的产业共生组合,建立"生产者-消费者-分解者"的物质循环方式,使一家工厂的废物或副产品成为另一家工厂的原料或能源,寻求物质闭环循环、能量多级利用和废物产生最小化。

生态工业园的目标是:在最小化参与企业的环境影响的同时提高其经济效益。这类方法包括通过对园区内的基础设施和园区企业(新加入企业和原有经过改造的企业)的绿色设计、清洁生产、污染预防、能源有效使用及企业内部合作。比较成功的生态工业园的例子是丹麦卡伦堡(Kalundborg)共生体系,卡伦堡成为区域不同产业之间链接起来的模版。

卡伦堡模式即建设生态工业园,它把不同的工厂联结起来,形成共享资源和互换副产品的产业共生组合,使得一家工厂的废气、废热、废水、废渣等成为另一家工厂的原料和能源,实现低碳循环经济运行模式。

图 11-6 所示为丹麦卡伦堡工业共生体系流程。这个工业园区的主体企业是电厂、炼油厂、制药厂和石膏板生产厂,以这四个企业为核心,通过贸易方式利用对方生产过程中产生的废弃物或副产品,作为自己生产中的原料,不仅减少了废物产生量和处理费用,还产生了很好的经济效益,使经济发展和环境保护处于良性循环之中。其中的燃煤电厂位于这个工业生态系统的中心,对热能进行了多级使用,对副产品和废物进行了综合利用。

电厂向炼油厂和制药厂提供发电过程中产生的蒸汽,使炼油厂和制药厂获得了生产所需的热能;通过地下管道向卡伦堡全镇居民供热,由此关闭了镇上 3500 座燃烧油渣的炉子,减少了大量

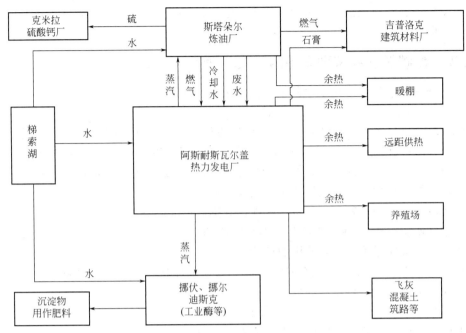

图 11-6 丹麦卡伦堡工业共生体系流程

的烟尘排放;将除尘脱硫的副产品工业石膏,全部供应附近的一家石膏板生产厂作原料。

同时,还将粉煤灰出售,以供修路和生产水泥之用。炼油厂和制药厂也进行了综合利用。炼油厂产生的火焰气通过管道供石膏厂用于石膏板生产的干燥,减少了火焰气的排空。酸气脱硫生产的稀硫酸供给附近的一家硫酸厂;炼油厂的脱硫气则供给电厂燃烧。卡伦堡生态工业园还进行了水资源的循环使用。炼油厂的废水经过生物净化处理,通过管道每年输送给电厂 70 万立方米的冷却水。整个工业园区由于进行了水的循环使用,每年减少 25% 的需水量。

近年来,为改变中国经济的粗放式增长模式,调整经济结构,向低碳经济转型以建立可持续发展的经济体系,我国正在积极发展生态工业园,它是继我国经济技术开发区、高新技术开发区之后的第三代产业园区。它与前两代的最大区别是:以生态工业理论为指导,着力于园区内生态链和生态网的建设,最大限度地提高资源利用率,从工业源头上将污染物排放量减至最低,实现区域清洁生产。

例如,我国环渤海区域构建的"中新天津生态城"是中国、新加坡两国政府战略性合作项目,其设计思想就是要运用生态经济、生态社会、生态环境、生态文化的新理念,建设"生态、环保、节能、自然、宜居、和谐的人居环境"。生态城的构想是打造一个社会和谐、重视环保和讲求资源节约的城市;生态城市的建设显示了中、新两国政府应对全球气候变化、加强环境保护、节约资源和能源的决心,为资源节约型、环境友好型社会的建设提供积极的探索和典型示范。

在实现低碳循环经济理念,发展生态工业园区过程中,化学与化工工作者对绿色化学与化工的研究与实践必不可少,尤其传统的化学工业是耗能大户,是对生态环境造成污染和破坏的主要工业领域。而在生态工业园区的建立与发展中,可以充分展示绿色化学与化工的研究理念和研究成果。

11.4.5 低碳循环经济下的绿色化学与化工展望

发展低碳经济,对中国是压力也是挑战。中国在加快推进现代化过程中,正处在能源需求快速增长阶段；我国"富煤、少气、缺油"的资源条件，决定了目前中国能源结构以煤为主，使低碳能源资源的选择受限；而工业生产技术水平相对落后，又加重了中国经济的高碳特征。令人自豪的是中国在2010年超过日本成为世界第二大经济体，2013年超过美国成为世界第一大货物贸易国，但同时也应看到，中国的碳排放与其人口、经济规模、制造业产值、能源使用量在世界总量中的比重是不相称的。2005~2011年，全球新增二氧化碳排放量中，中国所占的比重达60%以上。预测在2021~2025年之间中国二氧化碳排放总量将达峰值，峰值区间为13~16$GtCO_2$。

由于当前中国的高速增长是一种主要靠资源投入和能源消耗推动的高碳经济，高碳经济所造成的环境污染问题已成为中国社会21世纪面临的最严重的挑战之一。例如，近年来笼罩全国1/5国土的雾霾，形成了大规模的环境灾难，使得中国民众最关注的社会问题越来越转向健康危害、食品安全和污染防治。为了让我们的天更蓝、水更绿、生活更美好，在国家"十二五"规划中，中国在关键经济领域投入4680亿美元用于发展绿色及低碳经济。2012年中国首次将建设生态文明提升到国家发展的顶层战略。2013年中国政府发布《大气污染防治行动计划》。从2015年1月1日起，新的环保法开始实施，明确"保护环境是国家的基本国策"，并首次提出"使经济社会发展与环境保护相协调"的新要求，这代表着新常态下的发展思路和路径。虽然近年来中国在积极实施节能减排、开发利用可再生能源、发展低碳经济方面取得了瞩目的成就，但也应清醒地认识到，中国的绿色低碳经济的发展正处于市场形成和发育的初期，还需进一步通过改革，让法规、政策落在实处，变为政府和全民的行动。

化工是国民经济的重要支柱产业，发展低碳循环经济，解决人类社会所面临的能源、环境、资源等危机和挑战不可能离开化学与化工，这使得绿色化学与化工迅速成为化学、化工领域研究的前沿和热点。绿色化学不同于环境化学，环境化学是一门研究污染物的分布、存在形式、运行、迁移及其对环境的影响的科学。绿色化学不是化学的一个分支，而是对传统化学的创新和发展，是更高层次的化学。绿色化工就是要以绿色化学原理为基础，开发从源头上消除对环境污染的化工技术，力求经济效益和环境效益协调发展。绿色化学与化工内容广泛，指导思想非常明确，发展绿色化学与化工不仅需要先进理念，而且需要当代化学、物理、生物、材料、信息等科学的最新理论和高新技术。

进入21世纪，二氧化碳排放等引发的温室气体效应对全球气候和环境变化所造成的影响日益加剧，世界各国纷纷提出化学工业减少温室气体排放和可持续发展的远景目标，其中"碳达峰"和"碳中和"时间表尤为引人注目。2020年9月，中国在联合国大会上向世界宣布了2030年前实现"碳达峰"、2060年前实现"碳中和"的目标。

所谓"碳达峰"是指在某一个时点二氧化碳的排放不再增长达到峰值，之后逐步回落。而"碳中和"是指在一定时间内直接或间接产生的温室气体排放总量，通过植树造林、节能减排等形式抵消自身产生的二氧化碳排放，实现二氧化碳的"零排放"。简单地说，就是让二氧化碳排放量"收支相抵"。《化学工业2050年愿景——欧洲化学工业应对世纪挑战之道》一书中提到，为达到"碳中和"目标，化学工业将不断寻求新原料、选择可再生资源、改进生产工艺、升级生产设备，并提出二氧化碳可能是化学工业的终极原料，将在未来的化工原料组合中发挥重要作用。实现"碳达峰""碳中和"也为中国绿色科技加速发展带来了机遇与挑战，目前我国已在二氧化碳捕集、利用与封存（CCUS）、膜法碳捕集技术和等离激元人工光合技术等绿色低碳前沿技术方面做了大量工作并取得显著进展。总之，实现"碳达峰""碳中和"是利好千秋万代的事情，需要积极推动和开展绿色低碳技术研究，推广和应用减污降碳技术，充分展现绿色化学与化工的魅力。

第 12 章 高新技术与现代化工

20 世纪以来，特别是近数十年，世界科学技术发展越来越快，国际上兴起了一场以高新技术为中心的新技术革命。所谓高技术（high-tech）是指处于当代科学、技术和工程前沿，对社会经济乃至政治的发展有重要决定和先导作用的那些领域。目前，公认的高技术包括信息和微电子技术、生物技术、新材料技术、新能源技术、自动化技术、空间技术和海洋开发技术等领域，它们在经济上是生产力，在政治上是影响力，在军事上是威慑力，在社会上是推动力。无论是一个国家还是一个企业亦或一个高等院校或科研单位，忽视它都将导致致命的落后和失败。

从表面上看，化工技术没有被列入高技术的范畴，但是化工技术和高技术有着千丝万缕的联系，两者交相辉映。可以这么说，化工技术是各大高技术的基础，离开化工技术，高技术无法发展。同时我们应该看到，各大高技术的发展也为化工技术的发展提供了新的方向和课题，使传统的化工技术焕发出了无限的生机。

在前面的章节中，已有一些化工技术用于这些高技术领域中的例证。本节结合现代化工的发展对其中一些领域与化工的密切关系进行介绍。

12.1 信息、微电子技术与化工

21 世纪世界全面进入信息时代，各国对信息资源的争夺更加激烈。很多国家，特别是发达国家，当前都在制定信息高速公路的发展计划。我国是发展中的大国，有雄厚的物质基础和人力资源，因此必须大力发展信息产业。

20 世纪以来，信息技术是依靠电子学和微电子学技术发展的，包括信息的获取、传输、存储、显示和处理等环节。而这几个主要环节的发展在很大程度上依靠材料和元器件的发展。信息和微电子技术的物质基础来自化工提供的信息材料，因此可以说，化工是信息技术的物质基础。为了满足大规模和超大规模集成电路制备的需要，化学工业要为电子工业提供尖端产品和材料。主要的应用包括如下几个方面。

12.1.1 信息存储材料

诸如磁性和磁光性存储材料、有机光信息存储材料、高密度光信息、存储材料等。具体的实物形式为磁带、磁盘、光盘等。

在制备磁性和磁光性存储材料时采用了很多化工技术，如晶体生长、晶体取向附生、扩散、蚀刻以及广泛应用的化学沉积方法（电镀、化学镀等）。

以光盘（CD）为代表的有机光信息存储材料的应用是近 30 年来科技给人类社会带来深

刻影响的一项重大事件，它的制备更是和化学密切相关。不论是声频光盘或视频光盘，其原理都是通过某种方法影响材料的结构发生变化来记录信息，然后借助于放松设备输出信号，用的是感光有机材料。

再有，近年来对近红外敏感染料的研究进展甚快，主要有次甲基染料、酞菁染料、特殊的稠环芳烃及金属络合物等。高密度光信息存储材料对化工技术更是要求高，近年来有人进行了可擦光盘的有机光化学材料的研究。

12.1.2　信息显示技术

从传统的阴极射线管到今天的平板显示技术（包括液晶显示技术、场致放射显示技术、等离子体显示技术、发光二极管显示技术），显示技术的进步一直与化工技术相关。液晶是有别于液态和晶态的一个独立的中间物质形态，一方面具有像液体一样的流动性和延展性，另一方面它又有像晶体一样的各向异性。液晶技术属于超分子化学领域，一直是近代科学家研究和应用的热点。液晶显示具有功耗低、工作电压低、体积小易于携带且易于彩色化的优点，是显示技术以后应用的重要方向。还有，目前有机电致发光显示材料的研究也十分火热，这种材料一旦研制成功，就可以生产出可以弯曲甚至折叠的显示设备来。

12.1.3　微电子材料和器件

微电子学的发展已对世界工业革命产生了巨大影响。以计算机为基础的信息产业已经把世界变得越来越小，地球上任何一个地方发生的事情，倾刻在世界各地传播。Internet 网络把世界各地每一个办公室联系起来。这都依靠一块微小的芯片。几十万个晶体管或其他部件都可以光刻在 2~3mm 见方的硅片上，光刻的细度可小至 $0.1\mu m$，即 100nm。这要依靠光刻胶材料（光敏聚合物的有机薄膜）和光刻技术。其技术涉及有机化学、光化学、高分子化学和工程学。近年来正在研究和开发的 DNA 生物芯片是一种三维空间的分子电路元件，其包容密度可比目前的硅芯片高 100 万倍，其运行速度将会更快。这将又会引起计算机和信息产业的巨大变革。特别是为了进一步提高集成度，近年来科学家们提出了在有机分子的分子尺寸范围实现对电子运动的控制，从而使分子聚合体构成有特殊功能的器件。开发分子器件的目标是利用有机或无机导电聚合物、电荷转移复合物、有机金属和其他分子材料研制信息和微电子的新型元件。它的研究内容主要包括：分子导线、分子开关、分子整流器、分子储存器以及分子计算机等。

12.1.4　电子化学品

在制备信息和微电子材料的具体工艺过程中化工产品也是形影不离。在信息电子工业中。例如，为了生产高质量、无污斑的产品，要求采用 ppb（10^{-9}）级的超纯试剂、超纯水、超纯气体等，这些都需要高技术的化学品来保障。又如，目前广泛采用离子交换技术（DI）和反渗透技术（RO）来纯化和回收电子工业用水，可以同时满足电子工业的经济效益和环保效益。

电子墨水是一种新型的电子化学品。在电子墨水液体中悬浮着数以百万计的微胶囊，每个胶囊内部是带有电荷的染料和颜料混合物。在电场作用下，带不同电荷的有色颗粒发生定向移动进行有序排列而成像。电子墨水显示器与液晶显示器相比具有低功耗、柔性、视觉舒适等优点，其技术融合了化学、物理和电子学的相关内容。

另外，信息和微电子技术对现代化工的发展也起了必不可少的作用。计算机无论是在化工科研还是生产中都得到了广泛的应用。例如，计算机辅助科研（CAR）用于分子设计、反应模拟和放大，节省了大量的科研时间和经费；计算机辅助设计（CAD）用于化工过程设计和工程设计，提高了设计的效率和质量；计算机辅助制造（CAM）用于化工生产过程控制、优化，大大提高了企业的管理水平和经济效益；以及优秀的化工软件如 ACD/ChemSketch、Origin、Aspenplus、Aspen Dynamics、HYSYS、CHEMCAD、VMGSim、ProSim、DYNSIM、ECSS，同时可对化工过程进行控制和模拟的虚拟仪器等，它们均在化工领域起着重大作用。

12.2 自动化技术与化工 >>>

自动化技术是一门综合的技术，涉及新兴的微电子学、计算机技术、控制论以及智能学等领域。新技术革命的主要目标之一，就是要把自动化技术广泛的、深入地普及到工厂、办公室和家庭，以实现工厂自动化、办公自动化和家庭自动化。化工工业的发展必将得益于自动化技术的发展。

信息技术从 20 世纪 80 年代进入石化工业，在科研设计、过程运行、生产调度、计划优化、供应链优化、经营决策等方面的应用已取得重要进展，预计这种影响还将继续深化发展下去。

例如，先进的过程控制（APC）和计算机网络技术在石油化工企业投入运行，可以实时地传送整个化工厂的数据及图像；仿真模拟技术的突破，能够更准确地描述工艺过程，实现全厂优化，而且优化将延伸到整个企业，优化范围从原油选择到产品交货等。20 世纪 90 年代开发的企业资源管理系统（ERMS）、企业资源优化管理系统（ERP）把各部门自动化的点状变为全面集成的解决方案；它将财务、人事工资等各个环节连接起来，帮助企业收集和分析营销、生产等各类信息，理顺企业资源与客户需求之间的关系，提高客户满意度。经济环境的全球化将供应链系统空间由企业内部扩展到全国乃至全球，通过全球企业网络建立信息高速公路，建立全新的企业"虚拟公司"，选择产业中的上、中、下游的企业进行大联合，共担风险，共同获利。过程模拟发展到第三代模型，从动力学角度准确推断产物的组成和物理性质；分子模拟技术和分子动力学模拟方法可以直接提供某些聚合物、有机溶剂的物化性质和使用性能。因此，信息技术将与石化技术结合更紧密，并进一步提升石化产业。

化工技术和自动化技术的联系主要集中在仪表用材和计算机用材等的应用上，"12.1 信息、微电子技术与化工"节中已经有相关介绍，在此不再赘述。

12.3 新材料技术与化工 >>>

材料是划分人类文明历史时代的碑石。它在人类社会活动的舞台上扮演着基石的角色。特别是随着现代科学技术的发展，新材料更加凸显其在各行各业中的重要性。由于一种新材料的出现和使用可能导致许多产业面貌焕然一新。人们最直接的感受是计算机的更新换代。众所周知，最早出台的老一代计算机是用电子管装配的，一个 $50m^2$ 的房间只能放一台计算机；而 20 世纪 80 年代半导体产业的兴起，很快使计算机小型化，基本上是一年一个型号，这是计算机芯片不断更新，光刻技术不断升级，使计算机越来越小，计算速度越来越快的结果。因此各种新功能材料的研制和应用已成为推动高新技术发展的动力之一。

新材料按材料的属性划分，有金属材料、无机非金属材料（如陶瓷、砷化镓半导体等）、高分子材料、先进复合材料四大类。按材料的使用性能分，有结构材料和功能材料。化工技术在材料领域特别是新材料的制备中有广泛的应用。

12.3.1　高分子材料

在第 4 章中，已较详细地对高分子材料进行介绍。其中高分子功能材料的研究近些年来十分火热，可谓是五彩缤纷。开展的研究包括医用功能材料（医疗材料、药物缓释材料）、电子聚合物（导电、发光、非线性光学材料）、磁性高分子、高分子液晶、电磁流变液体系、智能高分子凝胶、功能分离膜、吸附和分离功能树脂、高分子催化剂以及相变储能材料等方面。高分子工程材料的研究包括高性能工程塑料（含高性能树脂、聚合烯烃工程塑料）、复合材料、可环境降解材料（聚乳酸及其共聚物、聚羟基丁酸酯、全淀粉塑料、纤维素材料）、纳米材料、有机-无机分子杂化材料、天然高分子改性材料（绿色黏胶纤维）、农用高分子材料（喷灌用材料、土壤保水材料）以及橡胶、纤维、胶黏剂、涂料、建筑用高分子材料（地基加固材料、水泥减水剂材料）等。这些高新材料的合成或改性都离不开化工技术的运用。社会的发展要求功能高分子材料具有纳米化和智能化的特点。专家们预测，未来的纳米科技将会引起材料科学的重大革命。另外，由于对功能材料智能化的要求，高分子生物学的研究也会成为未来的研究热点。

过去钢铁是主要的结构材料，造房子、汽车、架桥等均离不了钢铁，主要原因是其他材料的强度和综合性能不如钢铁。但是 20 世纪后半叶高强度高分子材料的工业化生产使其逐步替代金属而成为结构材料。聚对苯二甲酰对苯二胺的比强度已略高于钢铁，其强度-质量比为钢铁的 6 倍。21 世纪将会有一批聚合物结构材料替代钢铁用于各种场合，用聚合物替代钢铁作为结构材料已为期不远。我国工程塑料也在"十一五"期间取得多项突破。由吉林大学完成的聚醚醚酮树脂项目设计合成了 4 种新结构的特定单体和 3 大系列高性能耐高温热塑性树脂，打破了国外对我国长期的技术封锁，荣获 2009 年国家技术发明二等奖。

近年来，随着人们环境保护意识的不断提高，生物可降解材料成为研究热点。聚乳酸（PLA）是一种可降解材料，它无毒、无刺激性、强度高、易加工成型，具有优良的生物兼容性，可生物降解吸收，在生物体内经过酶解最终可分解成水和二氧化碳。在聚乳酸类材料中加入纤维、无机粒子、有机粒子、纳米粒子等填料，对其性能如耐热性、冲击性、刚性等有不同程度的改善。随着现代医学的发展和科学研究的深入，生物可降解材料在药物释放载体和组织工程等领域将有广阔的应用前景。

随着生命科学研究的不断深入和开拓，人体的奥秘逐渐被人们所了解，模拟和合成与人体生物相容性强的高分子医用材料将会快速发展。替代骨骼和牙齿并能被人身所接受的新材料会在临床使用；替代皮肤的聚氨酯材料可用于植皮，替代血管的高弹性、抗凝血新材料可植入人体……总之人体器官有如机器的零配件那样，可以用合成材料替换。这是新功能材料中的前沿领域。

12.3.2　金属材料与无机非金属材料

目前光纤通信材料主要用高透明度的二氧化硅材料，可用化学蒸汽沉积法（CVD）制成纯二氧化硅。近年来还有新的光纤材料，如 ZrF_4、LaF_4 和 BaF_2 三元混合体的氟玻璃，其性能优于二氧化硅，光损失更小，上万千米光信号传输不需要任何中继站。当然 21 世纪将会推出种类更多、性能更优的光纤通信材料。

超导材料具有零电阻和抗磁性的特性，可用于制作交流超导发电机、磁流体发电机和超导输电线路等。美国科学家在研制超导材料方面取得了明显的进展，并开始进入实用阶段。例如美国底特律的福瑞斯比电站在地下铺设的 360 多米的超导电缆，电缆导线是由含铋、锶、钙、铜的氧化物超导瓷制造，这是世界上首次使用的超导输电线路。我国在高温超导产业化技术上也获得了重大突破，目前已有高温超导线材生产线投产。

2019 年的诺贝尔化学奖授予了在锂离子电池研发领域作出突出贡献的约翰·古迪纳夫（John B Goodenough）、斯坦利·惠廷厄姆（M. Stanley Whittingham）和吉野彰（Akira Yoshino）。锂离子电池是近年来新能源材料领域的研究热点，作为一种新型的化学能源，锂离子电池因其具有循环寿命长、能量密度高、无记忆效应、环境友好等特点，广泛应用于快速充电电子产品和电动汽车等领域。性能良好的锂离子电池需要有性能优异的电极材料，例如，尖晶石结构的钛酸锂（$Li_4Ti_5O_{12}$）负极材料具有较高的脱嵌锂电位平台、优异的循环稳定性以及突出的安全性能，被认为是一种非常有潜力的锂离子电池负极材料，在锂离子动力电池中具有巨大的发展潜力；稀土元素具有电荷高、离子半径大和自极化能力强等优点，将稀土材料应用到锂离子电池正极材料中，是提高锂离子电池放电性能的途径之一。

12.3.3 纳米材料

纳米级结构材料简称纳米材料，在三维结构单元中至少有一维的尺寸介于 1～100nm 范围之间。由于纳米材料的特殊结构使其具有许多不同于相应大尺寸材料的特殊性质，可以广泛地用于化工、环境、信息、生物、能源、航空航天、医药等诸多领域。进入 21 世纪以来，纳米材料及技术吸引了来自学术界以及应用领域的广泛关注，被公认为发展最迅速，最为重要的高技术产业之一。

碳纳米材料作为纳米科学的一个分支，吸引了科学界的广泛关注。最为典型的碳纳米材料包括富勒烯、碳纳米管、碳纳米角和石墨烯等。特别是石墨烯，作为近年来新发现的二维碳质材料，打破了二维材料无法自然存在的说法，开启新一轮的纳米材料研究热潮。石墨烯是一种由碳原子以 sp^2 杂化连接形成的单原子层二维晶体，碳原子规整地排列于蜂窝状点阵结构单元之中。石墨烯这种独特的单原子层结构，决定了它拥有许多优异的物理性能如出色的导电性能、力学性能、铁磁性、独特的光学性能等，使得石墨烯在电子、航空航天、能源、材料等重要领域有着广泛的应用前景，可用作超级电容器、储氢材料、石墨烯传感器等。

纳米催化材料是纳米技术与催化技术相结合的产物。基于纳米催化剂比表面积大、表面原子及活性中心数目多、催化效率高以及特异的选择催化性能，纳米催化剂在催化领域有着巨大的发展前景。金属纳米催化剂、金属氧化物纳米催化剂、负载型纳米催化剂、核壳结构纳米催化剂、介孔催化剂以及一些具有特定功能的如磁性纳米催化剂、纳米光催化剂等的研究是近些年催化领域的研究热点。例如纳米金、纳米铂、分子筛、介孔氧化铝、纳米氧化铁、纳米二氧化钛等，其合成方法的研究主要集中在对其形貌、结构及性能的可控合成，其应用研究则涉及催化剂本身、催化剂载体及催化剂回收等。迄今，纳米催化剂已经成功应用于石油化工、化学合成、生物、环保、能源、航空航天等领域。在纳米催化剂的开发过程中，最需要解决的问题是如何降低其制备成本和进一步提高催化性能。

新型建筑材料对建筑节能领域具有重要意义，是实现建筑节能减排、低碳、绿色、环保、循环发展的关键材料。气凝胶材料是通过溶胶-凝胶法和特殊的干燥技术制备而得的一种新型材料，是一种低密度、低热导率、低折射率、高孔隙率的具有纳米结构的多孔材料。其绝热、防火、耐高温性能十分突出，在建筑材料领域拥有广阔的应用前景。例如，SiO_2 气凝胶是一种防火隔热性能非常优异的轻质纳米多孔非晶固体材料，被称为超级保温材料。然而，纯气凝胶的低密度和高孔隙率导致其缺乏强度和韧性，质轻易碎，在很多领域难以单独应用。因此，气凝胶复合材料的研发是该领域的研究热点。

12.3.4 先进复合材料

材料的复合化是发展新材料的一种重要手段。复合材料通过选择合适的基体和增强体以及合适的组成配比和排列分布，充分发挥组成材料的性能优势，从而可获得金属、聚合物、陶瓷等单一材料难以达到的综合性能。目前，复合材料发展较快的有陶瓷基复合材料、聚合物基复合材料、碳基复合材料等。其中尤以玻璃纤维增强塑料为代表的树脂基复合材料技术最成熟，应用最广，是复合材料的主体。陶瓷基复合材料是改进陶瓷可靠性的重要途径，能够使陶瓷材料优异的高温性能得以应用。碳/碳复合材料作为一种新型超高温复合材料，因其耐高温、摩擦性好，在军事技术上有很大的实用价值，目前已广泛用于固体火箭发动机喷管、航天飞机结构部件、飞机及赛车的刹车装置、热元件和机械紧固件、热交换器、航空发动机的热端部件、高功率电子装置的散热装置和撑杆等方面。

3D打印技术作为引领第四次工业革命的重要标志之一，正凭借其智能化优势快速抢占各个领域。3D打印材料是限制其发展和应用的主要瓶颈。目前，常用的3D打印非金属耗材多为纯热塑性丝材，例如丙烯腈-丁二烯-苯乙烯共聚物（ABS）、聚乳酸（PLA）等，其制件存在机械强度和硬度低、层间性能差等缺陷。改善方法之一是利用力学性能优异的纤维作为增强材料，复合热塑性或热固性树脂基体，形成纤维增强树脂基复合材料，然后通过3D打印成型实体构件。例如，来源广泛且能天然降解的木质纤维可作为PLA的良好增强剂，与PLA复合制备可天然降解且性能良好的复合材料用作3D打印材料；利用纳米二氧化硅对ABS进行共混改性，纳米二氧化硅对聚合物基体起到了增韧补强的作用，改善了材料的低温冲击和热性能。性能优异的复合材料在3D打印领域具有潜在的应用前景。

化学工业生产了大量的化工新材料，为新材料的发展提供技术支持。新材料的研究促进了化工技术的发展和产业结构的变化，扩大了化工学科研究的范围。高性能结构材料的开发、应用，使一些化工机械、设备的大型化、高效化、高参数化、多功能化有了物质基础，可以满足化工生产高技术的要求，使一些化工工艺的实现成为可能。纳米材料在化学工业可广泛应用，是应用于多种化学传感器的最有前途的材料。综观当今世界化工新材料产业发展现状，美国、欧洲、日本等少数工业发达国家仍然是化工新材料的主要产销国，并垄断着先进的生产技术，与此同时，亚太地区发展迅速，正在成为化工新材料的投资热点。"十一五"期间，我国化工新材料产业发展迅速，已初步形成一个新兴的化工产业门类。而在"十二五"期间，工程塑料、可降解类产品、有机硅、有机氟、高分子材料和特种碳纤维以及聚氨酯等将得到更进一步发展。我国高度重视新材料产业发展，科技部牵头编制和发布了《"十三五"材料领域科技创新专项规划》，从四个层面部署了材料领域发展目标：发挥材料的基础性和支撑性特征，大力推进量大面广的传统（基础）材料技术提升；发挥材料的先导性特征，重点发展战略性电子材料、先进结构材料、新型功能与智能材料以推动我国材料领域科技创新和产业化发展；发展前瞻性材料技术，突破纳米材料技术、材料基因工程技术；加强材料基地与人才队伍建设等。相信规划的实施必将推动我国材料领域科技创新和产业化的蓬勃发展。

12.4 新能源技术与化工

新能源技术发展的趋势，首先是能源多样化，然后是节能途径多样化。

目前的常规能源结构主要是煤，还有石油、天然气、核能等，常规能源和核能发电在技术上已经成熟,大型化的发展趋势使其经济成本降低。关于可控热核反应的研究仍是新能源的一个重要开发方向。这个方面需要物理学和材料学的新进展和突破。有关洁净燃烧和核能放射性废物的处理,从环境保护的角度还有不少研究工作可做。

然而 21 世纪能源化学的发展方向应注重新能源的开发,能源将要从有限的矿物资源向无限的再生能源和新能源过渡,特别是清洁而又取之不尽的能源,将有大量的化学研究课题等待着人们去努力开发。正在开发的新能源有核能、太阳能、生物能、风能、地热能和海洋能等。其次是由原来依靠高度密集的燃料技术生产能源,改变为取材广泛、集中与分散相结合的能源生产,如利用焚烧垃圾作为燃料,利用椰子壳之类的生物质废物作燃料用于发电,以及绿色植物体和微生物发电等。研究和开发清洁而又用之不竭的能源将是 21 世纪发展的首要任务。此外,必须将新的能源生产技术和新的储能技术、节能的输送方式结合起来。

在 21 世纪,新的能源化学研究前沿包括生物质能、氢能、燃料电池、太阳能电池、海水盐差发电等,它们涉及电化学、催化、光学、电子学等多学科的熔融与交叉。

12.4.1 生物质能

生物质能是太阳能以化学能形式储存在生物中的一种能量形式。生物质能材料包括农作物秸秆、林业剩余物、油料植物、能源作物、生活垃圾和其他有机废弃物。在我国,生物质能利用的重点是发展生物质热解造气、生物质液体燃料、生物质发电。

12.4.1.1 生物质热解造气

生物质热解是指生物质在完全没有氧或缺氧条件下热裂解,最终生成生物油、焦炭和可燃气体的过程。生物质主要指纤维素、半纤维素和木质素三类化学物质,其热解反应过程复杂,包括一系列复杂的一级、二级化学反应。一些研究者提出了与二次裂解有关的生物质热解途径,其中最有影响的是 Bradbury 等所提出的如下反应途径:

生物质热解气化技术可将大量的秸秆、树枝等农林废弃物转换成清洁的燃气,实现低品位原料的高档利用。相比于常规的化石燃料,生物油因其所含的硫、氮等有害成分极其微小,被视为 21 世纪的绿色燃料。

12.4.1.2 生物质液体燃料

生物质液体燃料的典型代表是生物燃料乙醇和生物柴油。

(1) 生物燃料乙醇 主要以玉米、小麦、薯类、糖蜜或植物秸秆等为原料,经发酵、蒸馏、脱水制得无水乙醇,再通过不同形式的变性处理得到的变性燃料乙醇。其多以谷物为原料,但由于原料成本高、利用率低、能耗大,造成乙醇产品成本较高,且因为与人类争粮食而不符合人类与生态的可持续发展。目前,各国均把采用更为廉价的纤维素原料制造酒精作为研究和发展的方向。木质纤维素来源于农业废弃物(如麦草、玉米秸秆、玉米芯、大豆渣、甘蔗渣等)、工业废弃物(如制浆和造纸厂的纤维渣、锯末等)、林业废弃物和城市废弃物(如废纸、包装纸)等,是地球上最丰富的可再生资源,但目前还难以实现由木质纤维素发酵制燃料乙醇的大规模生产,世界各国正在积极致力于相关的预处理工艺、水解工艺、发酵工艺的关键技术攻关。

此外,从普通蒸馏工段出来的乙醇和水形成恒沸物,难以用普通蒸馏的方法分离开来,其质量浓度最高只能达到 95%。脱水技术也是燃料乙醇生产的关键技术之一。目前,制备燃料乙醇的方法主要有化学反应脱水法、恒沸精馏、萃取精馏、吸附、膜分离、真空蒸馏法、离子交换树脂法等。

燃料乙醇作为可再生能源,可直接作为液体燃料或者同汽油混合使用,一定程度上缓解了汽油在油缸内燃烧外界供氧不足的问题,有效提高了汽油的辛烷值,具有能量利用效率高、尾气排放污染少等优点。世界上已有很多国家将乙醇作为汽油的调和组分,其中巴西和美国乙醇用量最大,巴西燃料乙醇总产量约占全球消耗总量的 1/3,是世界上唯一不使用纯汽油作为汽车燃料的国家。欧盟委员会提出,到 2020 年,运输燃料的 20% 将用燃料乙醇等生物燃料替代。我国自 2000 年开始先后在河南、吉林、黑龙江、安徽、广西壮族自治区等建成燃料乙醇生产装置,主要以玉米为原料。2008 年,我国首个木薯乙醇装置在广西北海成功投入运行,年生产能力为 20 万吨,该项技术来源于天津大学石油化工技术开发中心,通过了广西科技厅组织的技术鉴定,标志着我国已形成了具有自主知识产权的木薯燃料乙醇成套技术。目前,我国正在大力发展以非粮食原料如薯类、甜高粱、农作物秸秆纤维素等生产燃料乙醇,例如河南天冠集团建成投产了我国首条秸秆乙醇中试生产线。2006 年,我国燃料乙醇的生产已达到 130 万吨。2018 年国内现有燃料乙醇产能为 322 万吨。

(2) 生物柴油 作为化石能源的替代燃料,成为近年来国际上发展最快、应用最广的环保可再生能源。生物柴油是以木本油料作物、草本油料作物、海藻类水生植物油脂、动物油脂或工业、餐饮业废弃油脂为原料,油脂中的主要成分脂肪酸甘油三酯与甲醇、乙醇等低碳醇在酸、碱或生物酶等催化剂作用下,进行酯交换反应,得到长链脂肪酸单烷基酯。它具有优良的环保特性、良好的燃料性能、低温启动性能、安全性和可再生性,是清洁环保的可再生能源。其主要反应方程式如下:

$$\begin{matrix} R^1-\overset{O}{\underset{\|}{C}}-O-CH_2 \\ R^2-\overset{O}{\underset{\|}{C}}-O-CH \\ R^3-\overset{O}{\underset{\|}{C}}-O-CH_2 \end{matrix} + 3CH_3OH \xrightleftharpoons{催化剂} \begin{matrix} H_2C-OH \\ HC-OH \\ H_2C-OH \end{matrix} + \begin{Bmatrix} R^1-\overset{O}{\underset{\|}{C}}-O-CH_3 \\ R^2-\overset{O}{\underset{\|}{C}}-O-CH_3 \\ R^3-\overset{O}{\underset{\|}{C}}-O-CH_3 \end{Bmatrix} \qquad (12\text{-}1)$$

酯交换法生产生物柴油通常包括:酸催化、碱催化、酶催化和超临界法等。目前产业化应用最多的催化剂是均相碱催化剂,如 KOH、NaOH、KOMe 和 NaOMe 等,因为这类催化剂的最大优点是活性高,要求的醇油比低,反应温度缓和,反应时间短,最终收率高(90% 以上)。但是,高活性的均相碱催化剂对原料的质量要求比较苛刻[反应限定油中水分的含量(质量分数)不超过 0.06%,酸值 AV<1],反应后需要对产物进行中和、水洗处理,从而排放大量的废液而产生环境污染。**酶促酯交换**反应通常能够在比较温和的条件下进行,所需醇油比低,反应不受游离脂肪酸的影响。但酶催化反应时间较长,酶的价格昂贵,催化对象较单一,寿命较短等不利因素都制约着酶催化剂的广泛使用和工业化规模。因此,研究者们希望能找寻一种造价低、适应性强、稳定性好、易分离,且具有较高活性的固体碱

催化剂，替代目前常用的均相碱催化反应。固体碱催化剂在很多方面具有均相催化剂和酶催化剂所不具备的优点：后期分离简单，过程清洁，不产生三废；可使反应工艺过程连续化，提高设备的生产能力。但由于固体碱催化剂的引入使得反应体系呈三相，增加了传质难度，而提高固体碱催化剂的催化活性和使用寿命也需要深入研究。

目前，生物柴油难以大规模应用面临的最大瓶颈问题是原料问题。原料成本占生物柴油生产成本的60%~80%，生物柴油工业化生产的关键在于廉价原料油的取得。其中以木本、草本油料作物、动物油脂或工业、餐饮业废油为原料存在着诸如受场地和季节限制、来源分散、收获（集）困难、生产周期长、产量低、产品质量不稳定等缺点，原料成本较高。而微藻油脂具有脂含量高，发酵周期短，不受场地、季节、气候变化等影响，以海水为天然培养基可进行大量繁殖并连续生产的优点，能够有效解决生物柴油产业的原料瓶颈。

进入21世纪，由于石油价格的大幅上扬刺激了微藻生物柴油技术的研究，近年来培养富油工程微藻并用于生产生物柴油成为全球研究热点。2007年，国际能源公司宣布开发以微藻为原料生产生物燃料的新技术；Shell公司宣布与美国从事生物燃料业务的HR Biopetroleum公司组建Cellena合资公司，投资70亿美元开展微藻生物柴油技术的研究。美国第二大石油公司Chevron于2007年底宣布与美国能源部可再生能源实验室协作研究微藻生物柴油技术。美国PetroSun Drilling公司不断完善其开放池系统，宣布3年内将达到500万吨/年的生产规模。荷兰AlgaeLink公司2007年10月宣布开发成功新型微藻光生物反应器系统，开始向全球销售其反应器，并提供相关技术支持。其他如Solazyme、Valcent、Vertigro、CEHMM等多家公司都在积极开展相关技术研发。美国国家可更新实验室（NREL）通过现代生物技术建成工程微藻，在实验室条件下可使微藻中脂质含量增加到60%以上，户外生产可增加到40%以上。中国新奥集团是国际能源先锋组织（Energy Frontiers International，简称EFI）的首家中国会员，其"二氧化碳-微藻-生物柴油"关键技术研究入选国家863计划高技术研究项目，并且获得国家重大专项资金支持，研发的微藻光合作用固定二氧化碳获得高产油脂微藻藻种，进而以富油微藻为原料制备清洁生物柴油的技术处于世界领先地位，据统计，2019年中国生物柴油产量为120万吨，占全球生物柴油产量的2.9%。

12.4.1.3 生物质发电

生物质发电主要有直接燃烧后用蒸汽进行发电和气化发电两种形式。近年来，利用农林废弃物进行气化发电的技术发展很快，该技术符合目前世界各国强调的环保要求，是今后能源发展的一种新趋势。农林废弃物和煤一样同属于固体燃料，但与煤相比，其H/C相对较高，所以挥发分高；固定碳少，含氧量高，热值比一般煤要低；另外，其灰分含量低，氮、硫等元素少，而固定碳的活性比煤高得多。因此，生物质气化利用比煤气化利用的效果好。农林废弃物气化发电技术就是利用这一特点，把生物质气化为可燃气，再通过内燃机或燃气轮机进行发电。

12.4.2 氢能

氢能是未来最理想的能源。氢作为水的组成，用之不竭；而且氢燃烧后唯一的产物是水，无环境污染问题。氢作为能源放出的能量还远大于煤、石油、天然气等能源，1g氢燃烧能释放142kJ的热量，是汽油发热量的3倍。2007年世界上氢的年产量为5300万吨，但绝大部分是从石油、煤炭和天然气中制取；水电解制氢因消耗电能太大，经济上不合算，只占很小份额。研究新的经济上合理的制氢方法是一项化学与化工工作者面临的具有战略性的研究课题。

理想的氢能源如图 12-1 所示。由于太阳能和 H_2O 用之不竭，而且价格低廉，因此是最理想的氢能源循环体系。但寻找能在光照下促使水的分解速度加快的合适的光分解催化剂是关键。

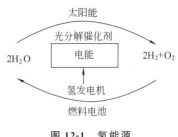

图 12-1 氢能源

光分解水制氢的研究已有一段历史。一些好的催化剂，如钙和联吡啶形成的配合物，二氧化钛和某些含钙的化合物，以及酶催化水解制氢，均有化学与化工研究者进行探索。有人认为这是一个可能获得诺贝尔化学奖的研究课题，一旦有所突破，将能使人类摆脱在能源问题上面临的困境。

另外，目前氢的储存方法有：高压储存氢气、低温液化储氢以及材料储氢等。储氢材料多为金属间化合物，在一定压力和温度下可以吸收大量的氢气形成金属氢化物。当压力降低或温度升高时，金属氢化物便分解，放出所吸收的氢气，氢化物自身则还原为储氢金属。此外，现在国外又研制出了一种新的相变储能材料，它能在特定的温度下发生物相变化，并且伴随着相变过程吸收或放出大量的热量。其次，有机介质储能电容器的研究进展也十分迅速。

12.4.3 燃料电池

燃料电池是一种通过电极上的"氧化还原反应"使化学能直接转换成电能的一种方法。它有结构简单，使用和维护方便的优点，能量的利用率一般达到 $50\%\sim70\%$，理想利用率可达 90%。作为燃料电池的燃料有氢、甲醇、液氨、肼、烃和天然气等。

燃料电池与干电池和蓄电池不同，在于其化学燃料不是装在电池内部，而是储存在电池外部。可以按电池的需要，源源不断地提供化学燃料，就像在燃气锅炉中添加煤和油一样。燃料所具有的化学能连续而直接地变成电能。

燃料电池在结构上与蓄电池相似，也是由正极、负极和电解质组成。正极和负极大都是用铁和镍等惰性微孔材料制成。这些电极既不参与化学反应，又有利于气体燃料及空气或氧气的通过。从电池正极把空气或氧输送进去，而从负极将氢气或碳氢化物、甲醇、甲烷、一氧化碳等气体输送进去。这时，在电池内部气体燃料和氧发生电化学反应，于是燃料的化学能就直接转变成了电能。目前已有一些处于研制阶段的新型高效燃料电池，由片状陶瓷制成，工作温度高达 $800\sim1000℃$，足以将所有的轻质烃燃料分解成氢气和一氧化碳。进入 21 世纪后，燃料电池将在汽车、军舰、通信电源等方面得到实际应用。

12.4.4 太阳能电池

太阳能电池是一种能把光能转变成电能的能量转换器。这种电池是利用"光生伏打效应"原理制成，即当物体受到光照射时，物体内就会产生电动势或电流的现象。

太阳能电池主要靠半导体的作用。当阳光照射在半导体的 p-n 结时，就会在 p-n 结的两端出现电压，如果将 p-n 结两端用导线连接起来，就会产生电流。当阳光照射时，太阳能电池产生的电流不仅能满足当时的供电需求，而且还能将部分电能储存于蓄电池中，可用作汽车、飞机、航天器、电视、航标灯等的电源。太阳能电池的关键是半导体材料，如何研制和选择适用于太阳能电池的半导体，是化学家们研究的领域。目前各种半导体材料中以单晶硅太阳能电池的性能较好，光电转换效率高，性能稳定可靠，使用寿命长。这是利用太阳能的一个重要方向。

12.4.5 海水盐差发电

利用海水盐差能发电也是一种获得能源的途径。盐差能是以化学能形态出现的一种海洋能。众所周知，地球上水有两类：淡水和咸水，其中咸水占97.2%，而2.15%的淡水储存在南极和北极的冰川或高山冰川中，这其中只有2.65%的淡水可供人类直接利用。海洋中的咸水盐含量很高，每立方千米的海水里溶有3500万吨食盐，含盐浓度高的海水以较大的渗透压力向淡水扩散，这种渗透压力差所产生的能量称为海水盐差能。

海水盐差能发电的原理很简单，只要用一层多孔质隔膜置于海水和淡水之间，两边插入电极，由于渗透压力差而产生电动势。较理想的放电场是在江河入海口处，大量淡水不停地流向大海，在交界处形成盐浓度差。这项技术的关键在于多孔隔膜如何能将淡水和海水隔开而又要形成渗透压。这种海水盐差发电技术和装置将是21世纪发展能源的一个研究方面。

化工在发展能源转换新技术和储存新技术方面也起着重大的作用。传统的发电方法中，能量一般要经过化学能—热能—机械能—电能的多种转换，通常只有35%~40%的能量被转换成电能。为了提高能量转换率，人们一直在寻找化学能或热能直接变化成电能的发电方法，如目前被普遍重视的直接发电的新方法有磁流体发电等。磁流体发电又叫等离子体发电，它是将高温、高速气流通过强磁场而直接产生电流的一种直接发电的方法。研究使气体加热成为高温等离子体的燃料一般为煤、石油、天然气等。随着原子核反应堆技术的发展，有可能利用反应堆产生的热能来实现原子核能磁流体发电。

12.5 国防及空间技术与化工

从第一颗人造地球卫星上天至今，世界上许多国家先后发射了各种运载火箭、载人飞船。空间技术已在经济上、军事上带来了明显的效益，也为科学技术的发展提供了大量的资料，它涉及各科技领域，上至天文，下至地质；小至细胞，大至河外星云。几十年来的航天活动已证明，航天事业推动了科学技术的发展，促进了国民经济的繁荣。太空被比作第八大洲，人类需要进一步扩大空间的探测和开发范围。

材料和燃料推进剂是航天航空技术进步的两个重要因素。几乎每次航天航空技术的重大革命都离不开材料和燃料技术的进步。而这两个领域正是化工技术的用武之地。

12.5.1 航天航空功能材料

航天航空材料按使用对象不同可分为飞机材料、航空发动机材料、火箭和导弹材料及航天器材料等，按材料的化学成分不同可分为金属与合金材料、有机非金属材料、无机非金属材料和复合材料。功能材料的应用不仅为航天航空产品提供了轻质化的结构材料，更满足了诸如防热、隔热、透波、隐身、抗冲击等不同的功能需求。

航天航空机身用材是飞行器用材的关键部分。专家们预计，21世纪航天航空机身材料发展的方向为铝合金、高强钢、高强钛合金和聚合物复合材料等。代表航天航空技术开发水平的一个重要标志是聚合物复合材料使用数量的多少。聚合物复合材料在比强度和比刚度方面具有非常明显的优越性，兼备良好的结构性能和特殊性能，在航空领域获得了广泛的应用。目前，被广泛研究和使用的机身聚合物复合材料有以碳纤维增强塑料为基的聚合物复合材料、有机塑料和以预浸胶工艺制造的玻璃纤维增强塑料和碳纤维增强塑料结构件。其次，用于军事上的隐身技术很多情况下就是应用的某些材料具有吸波性的原理来实现的。

此外，战略导弹弹头、航空发动机、固体火箭发动机喷管、飞机刹车装置等对材料性能有特殊的高要求。多功能结构复合材料是航天航空材料今后发展的主要方向。

与发达国家相比，我国航空材料的现状与新一代航空产品对材料的需求之间尚存在较大的差距，例如前沿材料和航天产品关键材料研究滞后，新材料储备小，新材料研制、生产和应用研究的基础条件较差等。适应新一代航天航空产品需求的结构复合材料、结构/功能一体化材料是未来中国航空功能材料发展的主要方向。

12.5.2 航天航空上所用的推进剂

航天航空上所用的推进剂分为液体和固体两种。先进的液体火箭发动机是人类技术进步的一项重要成果。以液氢液氧作推进剂的美国航天飞机主发动机 SSME 和以液氧煤油作推进剂的俄罗斯能源号火箭的 RD-170 发动机是现代先进液体火箭发动机的代表。航天航空推进剂的开发和合成广泛地采用化工技术，如常规液体火箭推进剂有硝基氧化剂［四氧化二氮（N_2O_4）和红烟硝酸（HNO-27S）］以及肼类燃料［偏二甲肼（UDMH）、甲基肼（MMH）和无水肼（HZ）］等，均在航天领域得到了广泛的应用。

目前，推进剂的研究主要致力于高能化、高燃速、少烟和无烟化等方面，即开发低成本、高性能、高可靠性和洁净的推进剂品种，如采用高铝粉和高固体含量的丁羟推进剂、丁炔推进剂等。20 世纪 90 年代以来，各种含能材料，尤其是高能量密度材料（HEDM）的研究开发工作十分活跃。新型燃料二硝酰胺基铵（ammonium dinitramide，ADN）在最具希望广泛用于航天和军事领域的新型高能燃料名单上位居前茅。该化合物的化学式是 $NH_4N(NO_2)_2$，作为新型氮的氧化物引起化学家们很大兴趣。固体推进剂是专家们预测的 21 世纪初推进剂的发展方向，它包括高能推进剂、低特征信号推进剂、特种推进剂等热点分支方向。在 20 世纪末的 20～30 年中，固体推进剂发展很快，主要要归功于现代聚合物化学的兴起和发展。此外，其他类型的推进剂也进展迅速。以色列科学家在核燃料推进剂的研发方面取得了成功，美国科学家拟将煤制成液体燃料，它将会使新一代超声速飞机能够以 8～9 倍的声速飞行。

材料和燃料推进剂是航天航空技术进步的两个重要因素。几乎每次航天航空技术的重大革命都离不开材料和燃料技术的进步。而这两个领域正是化工技术的用武之地。

空间技术带动化工技术的发展是一个全新的领域。宇宙空间给我们提供了两个很特殊的条件，一是超高真空环境；二是空间的低重力环境，这使得某些实验出现了惊人的结果。例如，冶金学家一直期望把两种性质完全不同的铝和钨熔炼在一起，炼出既像铝一样轻又像钨一样硬的铝钨合金。但是在地球上，铝的密度只有 $2.7g/cm^3$，熔点为 660.4℃，沸点为 2467℃；而钨的密度为 $19.3g/cm^3$，熔点高达 3410℃，一起冶炼时钨还没有熔化铝就已经汽化了。现在，冶金学家把这两种金属拿到宇宙空间去冶炼，成功地炼出了多孔隙的海绵铝钨合金。空间技术应用于生物化工也已出现了一些成果。例如，在地球上分离生产一个疗程的尿激酶需要花费 1000 美元，而在太空中，由于生产周期短、产品纯度高，所以成本低，只需 75 美元。据估计，在空间加工的生物产品占到生物技术市售产品的 4% 左右。目前，美、俄、法、德等国家在空间生物分离、蛋白质结晶、微胶囊制备、反应器设计等方面投入了较多的研究。

12.6 海洋开发技术与化工 >>>

12.6.1 海洋生物资源的开发利用

海洋蕴藏着极为丰富的海洋生物资源，有着取之不尽的药源，是一个很大的医药宝库。

随着经济的发展和科学技术的进步，医药产品的研究和开发也正由陆地向海洋发展。因为海洋生物活性物质化学结构的多样性远远超过陆地生物，迄今为止，从海葵、海绵、腔肠动物和微生物体内分离和鉴定新型化合物 300 多种，在抗菌、镇痛、抗瘤等疾病的治疗上表现出了很好的活性。此外，近年来我国也有一大批海洋药物和海洋保健食品投放市场，例如，抗癌活性物质有从软珊瑚、柳珊瑚及海藻中发现并获得的前列腺素及其衍生物；从刺参体壁分离得到的刺参苷和酸性黏多糖等。近年来，有许多新的、先进的技术应用于海洋生物活性物质的分离、纯化及产品制备过程中，如超临界流体萃取、双液相萃取、灌注色谱、分子蒸馏、膜分离等现代分离技术，提高化合物活性的分子修饰、组合化学技术、加速药物研制的计算机辅助药物设计技术等。上述技术有的已经在国内海洋生物活性物质研究与开发中得到了应用，如超临界 CO_2 萃取技术已用于海洋生物中酯类和高度不饱和脂肪酸的分离提取，分子蒸馏技术已经在海洋鱼油制品的生产中得到了应用；以分子修饰提高天然产物的生理活性的例子则更多。譬如，用于滋补大脑的深海鱼油 DHA 和 EPA 等物质的提取都用到了新兴的化工技术，如分子蒸馏技术、超临界萃取技术等。

12.6.2 海水淡化

化工技术在海水淡化中已经被广泛地采用。地球上总的储水量约 14 亿立方千米，但是 97.2% 是海水，陆地水仅占 2.8%。在陆地水中，大部分又是冰川和永久积雪，实际可利用的淡水资源只占陆地水的 0.64%。由于降水不均和工业快速发展，一些地区严重的感到水资源的不足。据统计，世界上有 12 亿人口处于干旱缺水地区。从长远来看，海水淡化是解决水的供需矛盾的根本途径。

按照作用原理的不同，海水淡化方法包括相变化法、膜分离法和化学平衡法 3 类，具体方法有太阳能蒸发、蒸馏法、冷冻法、膜分离法、水合物法、溶剂萃取法、离子交换法等。其中蒸馏法、膜技术分离法已经投入工业规模生产。

(1) 蒸馏法 蒸馏法是以化工过程中的蒸馏单元操作为基础发展而来的一种分离方法，历史较长，在淡化技术中占主导地位。在运转的蒸馏装置类型有单级闪蒸式、多级闪蒸式、多效竖管涂膜式、多效横管薄膜式、蒸汽压缩式、浸管式等。现在，蒸馏法海水淡化装置正向大型化发展。意大利已经建成了单机日产 36000t 淡水的淡化装置。我国的香港特区也已建成了一个日产 18 万吨淡水的海水淡化工厂。

(2) 膜技术分离法 膜技术分离法包括电渗析法和反渗透法。电渗析法主要应用在苦碱水淡化上；反渗透方法与其他方法相比有很多优点：①分离过程不需加热，没有相变化，能耗少；②常温操作，腐蚀及结垢轻；③设备简单，体积小，占地少，操作方便，单位体积产水量多，效率高，适合于大、小规模生产；④适应性强，应用范围广。所以，反渗透法是一种最有前途的海水淡化技术。

12.6.3 海洋油气资源的勘探与开发利用

随着陆地油气资源开采的日趋成熟及储量的日渐枯竭，海洋油气资源的勘探与开发成为当今能源发展的重点和热点。据美国地质勘探局（USGS）2000 年的资源评价结果，世界海洋待发现油气资源占全球的 49.8%，其中待发现原油为 3063 亿桶（417.79×10^8 t），天然气为 4248 亿桶（579.43×10^8 t）油当量，凝析油（NGL）为 95.5 亿桶（13.03×10^8 t）。可见，待发现海洋油气资源中以天然气为主，占海洋待发现油气资源的 51.36%。我国的海洋油气资源主要分布于渤海、南海和东海，目前的开发多集中在水深百米以内的近海，而海洋油气资源的 70% 藏于深海。因此，深海区油气的勘探与开发是中国乃至全球能源发展的新战略之一。深海油气资源地形复杂，勘探与开发难度大，需要跨学科、多领域的复杂技术，化工技术是其中不可或缺的重要技术之一。

12.6.4 海洋化学资源的提取和应用

每立方英里（1 英里＝1609.344m）海水中，含溶解固体（包括食盐、镁、溴等）16500t，海水堪称是"取之不尽的流动矿基"，所以有科学家提出了海水综合利用工程的概念。人类主要利用的海水化学资源包括海盐资源、海水溴资源、海水碘资源、海水钾资源、海水铼资源、海水铀资源、海水锂资源、重水资源等。目前，海水提取包括溴、镁、钾、铀、锂、碘、金、银等方面都已有研究和应用。又如，溴工业及相应的溴系产品都属于盐化工。自 20 世纪 80 年代开始，我国的制溴工业迅猛发展，加速了向溴的下游产品发展，向技术密集的方向发展，从而加速了盐化工向精细化学品的发展。由于海洋环境是极为严酷的重腐蚀环境，致使各种金属材料的腐蚀数倍于大陆环境，海洋防腐相应产生。海洋防腐化工具有悠久的历史，只是近几十年发展特别迅速。防腐材料，特别是海洋重腐蚀防腐材料，由于使用方便，效果理想，使得人们将把重点放在了海洋重腐蚀防腐材料上，这对海洋运输业、海洋养殖业、海上矿石开采业、石油化学工业都是至关重要的。

海洋是一个无与伦比的广阔天地，人们畅想未来能在那里"种田"、"放牧"、耕耘、收获。为人类生产营养丰富、品种繁多、数量浩大的食物；海洋将是一个硕大无比的聚宝盆，可以向人类提供石油、天然气、金属、非金属等矿产资源、海水化学资源、海洋能源和淡水能源；海上气候温和湿润，人们希望今后能在海上建造城市，使人们的生活变得更加舒适；可以建造海上工厂，为人类生产必需的产品。总之，在陆地上资源越来越紧张的时候，海洋将会成为人类第二个重要的生产和生活基地。因此 20 世纪 50 年代以来，已有越来越多的国家为海洋开发工程投入大量的人力和物力。

12.7 21 世纪化工展望 >>>

20 世纪化工为世界工业化进程提供了强大动力，21 世纪的世界经济正进入由工业经济向知识经济转变的新时代。进入 21 世纪，世界化工在继续满足人类社会和世界经济发展的需要外，还将呈现出以下一些新的发展趋势。

12.7.1 资源利用多元化

据预测，至少 21 世纪前 50 年，世界能源需求仍然主要依靠矿物燃料，特别是石油。为了获得更多的石油资源，石油勘探开发将进一步向深度、广度和高度进军，进一步由陆相向海相，由浅海走向深海。对世界已探明的地区（中东、非洲、南美和亚太地区），重点将进一步提高开发效率。随着高新技术的不断采用，探明的石油资源将会在相当一段时期保持增势，人类利用石油的寿命也会延长，产量也将提高。

由于目前全球石油探明储量的近 2/3 集中在中东地区，天然气的探明量各有 1/3 分布在俄罗斯和中东地区，这使得石油资源分布的不均衡性在 21 世纪更加突出，这种资源产地分布与资源消费地分布的不平衡造成的资源供需方的矛盾继续成为 21 世纪原油价格波动的主要动因之一。另外，世界原油产量的 80% 以上来自 1973 年前发现的油田，今后，大油田的发现将越来越少，而且勘探地质条件越来越差，需要付出的代价将越来越高。所以在 21 世纪相当长的时期内，降低油气成本和保证石油安全仍是主要议题。

随着石油资源总量的逐渐减少和勘探开发成本的逐步提高，以及社会对环保型清洁能源的青睐，可以预计21世纪资源的多元化是必然趋势，且在石油资源的延续期内，替代能源在能源消费中所占的比重将会增加。

首先，天然气工业的发展将会突飞猛进。随着各国对天然气市场开放程度的加大，天然气合成油技术的日趋成熟及天然气运输、利用问题的全面解决，21世纪天然气的发展将会出现一次新的飞跃。目前，国外大石油公司都陆续加强了天然气及其相关业务的拓展。如雪铁龙和萨索尔公司一直在合作进行天然气转化为液体技术研究，正为进一步加快工业化而努力。

另外，煤化工技术也会有长足发展，尤其在利用现代技术使煤转化为液体燃料和气体，并在替代石油资源方面取得新进展。

其次，世界已经充分认识到石油和天然气是不可再生的能源，为保证经济的持续发展，各国和各大石油公司积极开发可再生能源，例如燃料电池、太阳能、氢能、地热能和水能等。对可再生的生物质、天然物、海洋生物等的开发利用也正随着生物技术发展取得了突破性进展。2021年4月5日国际可再生能源署在阿联酋阿布扎比发布《2021年可再生能源统计》年报显示，2020年可再生能源（主要是风能和太阳能）的份额占全球新增发电量的82%，其中一半以上来自中国的新增装机容量（共136GW)，中国已成为世界上最大的可再生能源市场。

12.7.2 产品结构精细化

发展化学工业的一个亮点是发展精细化工。精细化工的产品具有批量小、品种多、功能优良、附加值高等特点，精细化工在改善人民生活，改变社会面貌，提供巨大利润等方面都有巨大作用。现在工业发达国家的化学工业产品结构已明显地从通用、大宗化工产品向精细化工产品发展，化工和产品将应用到以前很少涉足的领域。例如，炼油厂将不只单纯进行石油炼制，还要发展石油化工，并大力发展深度加工，向高附加值产品领域延伸。石化产品将向高技术含量，高附加价值转化，如向电子化学品、农用化学品、保健药用品、医疗诊断用品、航空航天用品、建筑新材料等高新技术领域拓展。由此推动通用合成材料的高性能比、专用化、功能化和差别化，使传统的通用合成材料的性能得到巨大的提升。

再如，荷兰DSM公司正在逐步退出烯烃领域，转而大力发展精细、专用化学品和高性能聚合物产品。而一些留下来继续从事石化业务的化工公司（北欧化工、诺瓦公司等）将通过进一步兼并、联合、重组，发展规模优势，以增强竞争能力。还有一些化工公司根据市场环境变化也将调整自己的核心业务，如伊士曼化学公司改变了经营生产结构，决定从占总销售额6%的照相药品、农药、医药等精细化工行业中退出，今后其发展重点将放在涂料、印刷油墨、特种树脂等3项核心业务上，带来更高附加值。

我国生产精细化学品企业增加很快，到20世纪末，企业数已超过万家，产品达2万余种，精细化率已从20世纪80年代初的23%提高到32%以上。进入21世纪，传统精细化学品的某些门类产量已跃居世界先进行列，例如染料、颜料产量世界第一，其中染料出口量约占世界染料贸易量的25%，涂料、农药产量居世界第二。与此同时，一些新领域精细化学品例如纳米材料、储氢合金等已初具规模。但我国精细化工的发展与发达国家相比仍有较大差距，存在着技术水平低，高精产品少等缺点。精细化工在改善人民生活、改变社会面貌、提供巨大利润等方面都发挥着巨大作用，只要能加大投入，克服环境污染困难，21世纪的精细化工必将飞速发展，并在化学工业整体发展中起重大作用。

12.7.3 技术结构现代化

在 20 世纪，石油化工的崛起和发展使化工生产的大型化、连续化、自动化成为化学工业的显著特点。而随着化学工业产品结构从通用、大宗化工产品向精细化工产品的发展，小型化、间歇化和柔性化的化工技术又显示出优越性。因此，21 世纪的现代化工需要连续化、大型化生产与间歇、装置小型化生产并存，而不是只强调任何一种，这也是由于现代化工向精细化和功能化的发展的结果。

例如，石化炼制和基本有机化学品仍将向全球化、大型化、集中化、炼化一体化发展，以保证原料的合理使用与成本的降低。而批量小、品种多、功能优良、附加值高的功能精细化学品则使用小型、多功能的间歇设备进行高效、灵活的高质量产品的生产。

为瞄准化工前沿，抢占制高点，技术结构现代化包括化工新技术、新产品、新工艺和新材料。例如使用新合成方法、新的催化技术、高新分离技术、新型环保与能源技术、新型化工设备等，使化工向绿色化学、清洁化工生产转换，用高新技术对传统化工进行技术改造。由传统化工向精细化工战略转移，加快结构调整，使产品和产业结构升级，产品精细化、功能化。并在提高传统精细化工基础上，积极发展新领域精细化工，如在催化剂、生物医学、纳米材料、功能高分子、精细陶瓷、薄膜材料、复合材料、电子信息化学品、光纤材料等方面都要进一步形成产业化、商品系列化。

12.7.4 经营管理全球化

世界化工的全球化是经济全球化发展的必然趋势，它所体现的"生产跨国化、贸易自由化、区域经济集团化"的特征在 21 世纪将会得到全面发展。

从地区分布来看，亚洲在美欧亚三足鼎立之势中的权重正在增加。目前亚洲国家的石油消费量约占全球其能量总消费量的 50%，天然气已超过世界贸易量的 20%。在 21 世纪，世界石油化工工业半数以上的新投资用于亚洲，亚洲将是石化产量增加最快的地区，很可能取代北美成为世界石油消费市场的中心。据《BP 世界能源统计年鉴 2019》，2018 年，全球一次能源消费增速为 2.9%，系 2010 年以来最高增速；中国（+4.3%）和印度（+7.9%）的增速领先全球且对全球一次能源消费增长的贡献率分别为 30%、15%，中国的新增一次能源消费连续 18 年全球领先。

正因为如此，亚洲特别是中国投资发展战略将成为欧美大公司 21 世纪全球战略的主要内容之一。

从国家类型来看，发展中国家的石化工业将进一步崛起，成为世界石化工业的生力军。20 世纪末合并和重组产生的埃克森美孚、壳牌、BP、达尔菲纳埃尔夫、雪佛龙德士古 5 个超大型石油公司，以巨大的跨国油气资源储量、较高的油气产量、强大的炼油能力和全球性的油品市场、先进的技术、多样化的产品、雄厚的资金、一流的管理人才、丰富的营销经验、较高的商业信誉和遍布全球的经营网点等方面的优势继续在世界石化市场中处于主导地位，而发展中国家的石化公司将在进一步发展壮大、提高竞争力的同时，积极向国际化经营发展，凭借其资源、人力和区位等的局部优势和国家的支持进一步崛起，成为国际石化工业的重要力量，一部分将跻身世界大石化公司的前列。

计算机及信息化技术的发展将使世界化工发生革命性的变化。全球优化资源配置、智能化生产、网络化组织、电子商务化营销等将带来全新高效的化工公司。石化工业新的和现有的参与者，在 21 世纪将会根据资源和市场优化配置的需要，进一步调整布局，走向全球化、大型化、集中化、炼化一体化之路。跨国石化公司的国家身份和总部位置将趋于淡化。未来的石化公司数量将减少，生产更加集中，规模更大，核心业务将更强，成本进一步降低，注重优势核心业务技术创新和全球化及上下游一体化经营。高新技术的应用及计算机在化工中的应用的深化促进化工生产自动化和高效率。

12.7.5 发展方向绿色化

进入21世纪，随着世界人口的增长和国际社会对环境污染和资源等问题的关注，促进可持续发展已成为推进化工产品更新换代的主要动力，注重环境保护将成为全球化工的共同行动，并由被动的治理性策略转为积极的预防性策略，越来越向更高的层次和水平发展。大打环保牌，从环保取得经济效益，从环保夺得竞争优势，将成为21世纪全球化工的特点之一。

对现代企业的可持续性的评价要从经济性、环境性和社会性三方面提出最低要求。企业环境经营高度化的目标是"绿色化"企业。一个"绿色化"的企业将是在利润、成长、竞争力及满足所有利益相关方要求的各项目标中找到平衡点的企业。有专家还对法、德、意、英四国的4000人进行的民意调查显示，86%的人喜欢从具有社会意识的化工公司购买产品。"绿色"将是赢得客户的一个重要品牌。因此，化工公司都将着力营造"绿色化工"企业。

未来化工工艺技术将更加低耗高效，产品附加值将更高，以生物技术为标志的生命科学将是其未来发展方向。不使用有毒有害的原材料，废水、废气、废渣生成量少，最终实现"零排放"的新一代有利于环保的工艺技术将有显著突破。在21世纪实现工业应用的环保工艺技术将主要是不用光气、硫酸、磷酸、氢氰酸、盐酸、三氯化铝等有毒有害原材料生产石化产品的技术。

不少大石化公司已开始付诸行动。原料绿色化，化学反应绿色化，催化剂、溶剂绿色化，产品绿色化，已成为他们行动的目标。如壳牌公司已将可持续发展的思想融入其基本的经营理念中，把自己在21世纪的角色定位于为经济、环境和社会共同协调发展的世界提供能源的、负责任的、高效的、为公众所认可的供应商。巴斯夫公司将节能减排纳入企业战略，并积极开展旨在减少二氧化碳排放的研发项目，其目标是到2030年，每生产1t产品，二氧化碳排放量将减少三分之一。

21世纪是经济全球化的时代，也是科技全球化的时代。以信息技术、生物技术、纳米技术为首的21世纪三大主导技术，将成为全球经济发展的重要推动力。21世纪现代化工的发展必须以高科技为依托，新能源技术、新材料技术等为代表的高新技术，正在为世界化工产业在新时代的升级换代提供巨大的动力和支持，也为世界化工行业在21世纪的发展提供更广阔的空间。

第 13 章
新时代化工人才需求与培养

13.1 中国化工高等教育

中国高等院校的第一个化工系于 1927 年 4 月建立，李寿恒先生开中国化工教育的先河。李先生认为为了适应社会发展需要，应该学习化工生产的共性规律，以使学生能从事化工生产设计和开发研究。由此化工这一概念第一次引进中国并在浙江大学确立了这一新兴学科的地位。第一个化工系的创建，开创了中国化工高等教育的新纪元。到 1949 年，全国约有 30 个化工系，每个系通常每届毕业生只有 10~20 人，规模最大的有 50~60 人。1952 年，中华人民共和国政府进行大规模的院系调整，第一批合并组成了天津大学化工系、大连工学院化工系、成都工学院化工系、华南工学院化工系、华东化工学院、北京石油学院等。

化工学科和化工专业教育都是随化学工业的发展而发展和更新的。中国在新中国成立前主要仿照欧美教育模式，而在 20 世纪 50 年代则又学习苏联的教育模式，培养模式单一、缺乏个性化，专业设置划分过细，人才的适应性与应变能力相对较差。因此，迫切需要拓宽专业面，并能根据社会和经济发展需求、学生的兴趣和特长，培养不同类型的人才。

1978 年改革开放以来，随着中国化学工业的快速发展及中国高等教育的进程，中国化工高等教育也有了快速发展。特别是近些年，化工高等教育实现了跨越式发展，专业点数和学生人数增加迅速。1998 年教育部进行了专业目录调整，将原化学工程、化学工艺、精细化工、高分子化工、电化学工程、工业催化等化工类专业合并组成化学工程与工艺专业。专业目录的调整拓宽了专业口径，并规范了办学标准。各专业办学条件也得到了不断提高，持续提升了化工类毕业生的培养质量。截至 2020 年，开设化工类本科专业点数达到 505 个，在校生约 12.5 万人。

为了全面推进工程教育教学改革，稳步提高工程教育质量，逐步构建中国工程教育质量监控体系，同时为了探索建立中国的注册工程师制度，促进工程教育与工业界的联系，2006 年初教育部会同有关部门正式启动了工程教育专业认证试点工作，化学工程与工艺是试点专业之一，开展专业认证试点的高校是天津大学和清华大学。为了进一步促进中国工程教育改革，并尽快得到国际工程教育界的认可，天津大学化学工程专业于 2008 年申请并通过了英国化学工程师学会（IChemE）的最高级别 Master Level 的国际认证，为中国加入《华盛顿协议》组织提供了有力的支撑。中国于 2016 年 6 月成为《华盛顿协议》第 18 个正式成员。标志着中国工程教育发展实现历史性跨越。中国工程教育实现了国际接轨。截至 2020 年，中国已有 80 个化工类专业通过了工程教育专业认证，也表明中国化工高等教育取得了很大的进展。

13.2 新时代中国化工高等教育面临的变革

当前世界社会、政治、经济和文化的变革更加急剧，掀起了以高新技术及其产业迅猛发展为标志的科技革命，人类进入了一个依赖于新知识、新技术的生产、传播和应用的新经济时代。社会和经济的发展对中国化工高等教育也产生了重大影响，这涉及了教育观念、教育体制、办学模式，也冲击着教育资源的筹措、配置、使用以及教育的质量标准和运行规范。面对新时代技术和经济的挑战，人们的教育思想和观念正在发生深刻变化，理应与时俱进，积极采取相应的应对措施。

13.2.1 化学工业发展需要知识面宽、综合素质高的创新型人才

化工类专业的高等教育始终为化工相关产业的发展服务，因此从人才的培养目标、培养模式还是教学内容的设置上都应紧紧围绕化学工业的发展需求。现代化工的精细化、高科技化、绿色化，需要学生构建更科学的、可持续发展的专业知识结构体系，并拓宽专业视野，树立终身学习的理念，不断提升综合素质和创新能力。

例如，化工向医药、生物、能源、信息、农业等众多领域的渗透，已显示出强劲的势头。以行业为依托，借助于化工生产技术，许多新物质、新材料、新能源被相继合成。例如，化合物的品种已从20世纪50年代的200万种猛增到2000年的2000万种，各种新材料更是层出不穷，不仅品种出新，而且向着高功能化、精细化、复合化和智能化的方向发展。C_1化工、核化工、能源化工、海洋化工、环保化工技术的发展，已使人类寻求新能源，再创新资源的努力不再成为梦想。生物化学工程为生命科学走出实验室架设了桥梁。

化学工业已从传统的原料工业大跨步地转变成一个以新材料、精细化学品、专用化学品、生物技术、催化技术、新能源、新资源开发为主体的知识技术密集型工业，面对这样一个涉及面很广的工业背景，化工高等教育面临调整课程体系、拓宽基础知识、加强专业知识、培养学生的终身学习能力的挑战，需要从根本上提高学生的综合素质和创新能力。

由于自然资源的日益匮乏，环保问题的异常严峻，化工生产如何通过源头控制、系统优化和综合利用来有效地利用资源、节约能源、保护环境，求得真正意义上的清洁生产，已成为一个世界性的课题。因此，生产的高科技化、综合化和智能化将成为必然趋势。未来的化工企业要在竞争中取胜，仅靠单项技术的更新是远远不够的，全系统的综合配套，整体优化已成为企业获益的法宝。显然，未来的化工技术和管理人才，需要有系统化的集成创新能力，具有多专业融合的知识和思维习惯，具有一定人工智能的知识和思维，此外还要有很高的人文素养、成本意识、环保意识以及团结协作精神。

13.2.2 改变理念，通专融合，五育并举

科技的高速发展充满机遇，更是充满竞争。党的二十大报告提出要全面建设社会主义现代化国家、全面推进中华民族伟大复兴。当前全球新一轮科技革命和产业变革正在深入进行，而人才的竞争是一切竞争的核心，已成为世界有识之士的广泛共识。高校毕业生能否符合新形势下的新要求，能否在当前乃至未来的人才激烈竞争中立于不败之地，是各高校化工专业以及学生当前面临的重大挑战。毕业生能够适应时代变化，成长为勇于创新的人才是国家发展的命脉，也是中国能否立于世界先进民族之林的可靠保障。

化工高等教育改革的基本思路是围绕着人才培养和毕业要求的目标，贯彻"立德树人"根本任务，实施"三全育人（全员育人、全程育人、全方位育人）、五育并举"的综合人才培养战略

思想，致力于学生知识、能力、素养、价值等多维度的培养，加强创新精神和工程实践能力训练，培养德智体美劳全面发展的适应新时代化工相关行业发展的社会主义建设者和接班人。

现在的化工高等教育必须积极转变教育思想，更新教育观念，迎接更大的挑战。主要做好以下几个方面的转变。

(1) 通专融合　把培养狭隘的专才转变为培养具有一定学科背景的通才，加强基础，拓宽专业。

(2) 五育并举　把单纯以知识积累作目标的教育转变为融价值塑造、传授知识、提高素质、培养创新能力于一体的育才观，注重"德智体美劳"的同步培养。

(3) 理论和实践并举　转变重理论、轻实践的思想为坚持理论与实践相结合、强化实践的教学思想。

(4) 以学生发展为中心　树立"以学生发展为中心"的教育理念，在教师与学生的关系上，师生都是主体。教师的主体作用体现在思维启迪和成才引导，学生的主体作用体现在学习的主动性、积极性、创造性，学会学习、学会生存、学会关心。

(5) 因材施教，个性化培养　在培养规格上，转变单一、雷同、千篇一律为多样化、个性化，为学生的个性发展和才能发挥提供广阔的时间和空间。在培养模式上，应转变"统一"为灵活性、多样化；应转变教师、书本、课堂"三中心"为教与学双向互动互促，书本与网络等多种信息源并重，课内与课外多种实践活动相结合。

(6) 终身学习　树立学生的终身学习思想，重视学生独立获取知识和技能的能力培养，为学生的终身发展奠定良好基础。

13.2.3　更新教学内容、改革育人方式，与时俱进，与世界接轨

专业人才培养中专业"教什么"，"怎么教"，学生"学什么"，"怎么学"是永恒的主题，其具体内容和形式也必须随着时代变化而改革。新时代的科技、经济发展特征，要求化工类专业必须更新教学内容、改革育人方式。

根据化工学科、化工技术具有较强外延性、渗透性和交叉性的特点，化工高等教育要遵循教学规律，精选经典内容，充实新成就，体现科技发展交叉与综合。需要将传统课程做整体优化组合，重视各门课之间的横向联系和纵向顺序，使基础理论与专业知识，理论课程与实践课程分配得更合理，衔接得更科学。对课程内容时时更新，把经典理论知识与现代科学研究有机结合起来；注意学科间交叉内容。将信息技术等融于专业教育中，使化工专业学生更适应现阶段乃至未来信息高度发达的行业和社会需要。

改变"填鸭式"的课堂教学方法，密切教学与科学研究、生产实践的联系，实行和推广启发式、讨论式、研究式的教学方法。积极研究、开发和推广使用在线教育、虚拟教育等，力求其在理论教学、实践教学、实习和工程设计教学等多种教学环节中发挥重要作用。创新人才的培养尤其需要加强对学生科学思维方法和创新精神的培养，强调综合性和整体性的教育，增强毕业生对今后工作的适应能力；把单纯传授知识、传授技能的思想转为"育才"的观念，强调培养分析问题、解决问题的能力和创新精神的培养；应用现代教育手段和技术，充分调动和发挥学习的主动性和积极性，引导学生自学，使学生学会学习，具有自我开拓、获取知识和技能的能力。

社会政治、经济、文化的不断发展，使高等教育面临着新任务、新挑战，化工高等教育改革已经成为一项长期性、经常性的中心工作。需要不断开拓新思路、探索新途径、寻求新方法。专业教育中聘请外国专家教授讲学、讲座，学习国外优秀教育教学理论和管理方法，逐步建立与世界一流大学的国际间合作关系，培养具有国际交往和跨国工作能力的毕业生。

中国专业教育过程也需要积极参与国际竞争,向国际社会发出中国声音,将中国经验和中国标准传递给国际化工人才培养中,提升中国化工高等教育的国际地位。

13.3 面对中国化工高等教育改革实践,提升综合能力

如前所述,科技的迅猛发展及其交叉化和综合化的趋势,新时代的化工相关产业革命和技术变革,以及中国社会主义现代化建设事业的飞速发展,均对中国化工人才培养产生着深刻的影响并不断提出了新的高质量发展要求。早在1996年,为适应21世纪对化工发展的需要,在国家教育部支持下,由天津大学牵头,华东理工大学、浙江大学、北京化工大学为主持单位,大连理工大学、四川大学、华南理工大学参加,立项了"化工类专业人才培养方案及教学内容体系改革的研究与实践"。自此开启了中国化工高等教育改革实践的进程。改革始终以培养有理想信念、素质高、能力强、有家国情怀和国际视野的化工创新人才培养为目标,不断更新教育理念,建立"以学生发展为中心"的教育思想,树立"持续改进"的理念,根据技术发展更新人才的知识体系;根据学生的兴趣创新教育的方式和手段;根据学校及专业的内外资源,打造校内校外融合的教育模式;根据国家发展和国际前沿建立人才培养标准,增强中国专业教育及毕业生的国际竞争力。

作为化工专业的学生,面对行业的发展、激烈的国内外竞争,应注意在大学期间树立理想信念,多种方式学习、建立自己的知识体系,使自己成长为对社会、对产业、对国家有用的人才。

13.3.1 建立完善的知识体系,注重学科交叉和学科前沿的学习

大学学习中的培养方案是一个专业人才培养的基本依据,体现培养人才的毕业要求和总的培养目标。依据时代发展,化工专业的培养方案正在进行以下几个方面的改革。

(1) 梳理知识结构,提高课程学习的综合化程度 注重大学中数、理、化、英语等基础课与高中课程的衔接;打破课程间的壁垒,统筹基础课、学科基础课、专业核心课、专业课与实践环节的学习内容,整合或重新设计综合性课程,提高课程目标的高阶性、课程内容的创新性和课程的挑战度。

(2) 既要关注课程学习的深度,更关注课程学习的广度 化工学科本身就体现了化学、物理、工程技术、加工技术、生物、医学多学科的交叉互融。而且,化工学科与多个产业领域紧密相关,因此,在专业学习中要注重各相关学科之间的交叉,学习跨学科课程。学习中面向解决复杂工程问题,参与跨学科项目平台,进行跨学科合作学习,增加非主修领域知识的广度和深度,学会从多角度思考问题。

(3) 关注最新的学科前沿和前沿学科 新经济背景下,知识爆炸、学科进一步交叉融合,一些新的领域,如生物技术、能源技术、新材料技术、信息技术、基因工程等在迅速地发展壮大,逐渐扩充研究范围和知识领域,甚至"催生"了新专业,带来了新的前沿学科。

此外,随着科学技术的发展,化学工业本身也产生了新的技术和研究方向,如加工技术、信息化学工程、组合催化技术、微化工技术、纳米技术等。这些新技术,会进一步促进相关学科知识的更新和发展,因此在专业课程学习中一定要注意及时关注内容更新,学习最新的化工学科前沿和学科新成果。如增加可持续发展、过程强化、节能减排等相关知识的学习。

(4) 可关注更多的专业方向,考虑个性化发展 为了适应学科交叉日益增强和交叉学科

不断产生的新形势，化工学科必将和更多的学科进行交叉互融，学生要学习多学科知识，学习不同学科思维，为此需关注更多的新的专业方向，扩大视野，增强跨学科的融合能力。根据自己的兴趣和职业规划，选择专业方向和课程，为自身个性化发展提供更加广阔的空间。

13.3.2 结合多种方式，培养家国情怀和全球视野

全球视野是学生毕业后参与国际竞争必不可少的素质，而家国情怀保证了毕业生能扎根中国大地，为中国改革开放和社会主义现代化建设服务。要成为化工创新人才，两种素质都必不可少，在专业学习过程中应注意。

(1) 思政课程和专业课程学习中增强自身社会责任、综合素养　通过学习思政课程，不断树立远大理想和信念；在学习每一门专业课程中，关注中国学者等在科技发展、社会进步中的贡献，树立自身的民族自豪感，增强社会责任感，并不断增强自身的综合素质。

(2) 树立科学发展观、批判性思维能力、语言和文字的沟通交流能力　专业课程学习中，不仅要关注课程知识点的学习，还要关注知识点的逻辑关系、学科不同知识体系之间的推演发展关系；学会用批判的观点思考、分析问题；在学习中注重文字、口头交流和锻炼。从而不断树立科学发展观，提高自身批判性等思辨能力、综合表达能力等。

(3) 牢固树立绿色、安全、可持续发展理念　当前化工行业发展中受到多方面因素的影响，其中绿色、安全和可持续发展尤其关键。在学习中，时刻关注 S.H.E (Safety、Health、Environment) 教育体系，在专业实验室中，关注实验室的安全建设和自身安全防护、安全操作，形成一整套的包括理论、设备操作、实践操作相关的安全体系，将环境保护、可持续发展及社会责任感始终"刻在"自己的学习、工作全过程中。

(4) 通过多类型、多渠道、多模式的国际交流，提升国际视野　很多学校通过多种方式为学生提供了国际交流机会，如开展全英文教学、开展国际合作项目、引进国际化师资和学生、参加国际学术交流和学科竞赛、开办暑期学校；建立国际联合学院/研究院，中外师生共同科研、学习，密切合作和交流。总之，关注多种方式，勇于把自己放在"世界"的舞台上，与国际同行"同台竞技"，充分展示自我，拓宽国际视野，提高国际交流能力。

13.3.3 适应新的培养模式，参与协同育人平台，培养实践和创新创业能力

实践创新能力的提升是当前新工科建设的最终目标，也是工程教育人才的永恒主题。采取多种方式进行提升：

① 以提高学生的实践创新能力为导向，许多学校改革了实验教学内容和管理模式，应注意更多参与综合型、设计型实验，深度参与实验的设计、实验的改进、实验研讨；

② 积极利用学校、专业提供的资源和学生自主创新实践平台，开展跨学科的科研实践活动，提升多学科交流和合作能力；

③ 关注并积极参与学校和专业搭建的创业孵化基地、科技创业实习基地、创客空间等创新创业平台，提升创新精神、创业意识和创新创业能力；

④ 高校正在努力突破社会参与人才培养的体制机制障碍，进行科教结合、产学融合、校企合作。利用好学校建立的多层次、多领域的校企联盟，加入产学研合作平台，拓展就业、发展机遇；

⑤ 目前高校充分采用校企共建、多校合作、政府高校共建等多种方式建立了实习实践基地，应充分利用假期实习、毕业环节实习等机会，参与校企共同培养平台，多向企业工程

师学习，提高自身实践能力。

13.3.4　使用现代化信息手段，虚实结合学习，提高学习效率

高校利用现代信息技术和"互联网＋"环境，正在着力推进教育教学方法的改革，要利用好优质学习资源，提升学习和创新能力。

① 不同高校教师开发了优质的 MOOC（Massive Open Online Course）、SPOC（Small Private Online Ourse）课程，突破了高校、专业的束缚，可以方便得到更多的优质资源，要充分利用好全国乃至全球范围内专业资源，拓宽视野，并同时提高自主学习能力；

② 学习中多提出问题，以提升自身解决问题的能力为导向，深入探究式学习，在解决问题过程中提升学习兴趣、创新勇气和研究与探索精神；

③ 利用学校和企业联合开发的学科优质资源，更多了解当今企业需求和技术发展状况，结合理论学习，提升理论联系实际的能力；

④ 利用全国开放和共享的优质实验教学资源，使用虚实结合的手段，同时学习虚拟实验教学和工程实践教学项目，提高实践学习的效率和实效。

13.4　化工专业学生的未来与发展

13.4.1　攻读双学位、辅修专业，成长为化工专业复合型人才

现代科学技术既高度分化又高度综合，但综合是主流。当今的高新技术及新兴学科都是综合性学科，如生命科学、环境科学、能源科学、材料科学等都是综合性科学。化学工程与上述相邻学科相融合逐渐形成了若干新的分支与生长点，诸如：生物化学工程、分子化学工程、环境化学工程、能源化学工程、生物制药工程、功能材料化学工程、海洋化学工程、应用化学工程、计算化学工程、软化学工程等。上述新兴产业与学科的发展，也推动了特殊领域化学工程的进步。

当今，推动化学工程发展的动力来自两个方面：一是高新技术和新兴产业，如生物技术、新材料和环境保护；二是化工分支学科本身的科技积累和交叉结合，它包括流体力学和传递工程，动力学、催化和反应器工程，过程工程，表面、界面和微结构及颗粒学。由于随着科学技术的迅猛发展，各学科间相互渗透相互融会，绝对的分界不再存在，这就要求科研技术工作人员具备多种领域广博知识，建立完整的知识结构。随着化工向高科技的发展，化工专业的人才也不应仅仅停留于所学的化工专业的知识，而应向复合型、全面型人才发展。

双学位是学生在攻读主修专业（即第一专业，是学生入校时所学专业）学士学位的同时，又修读不同学科门类的另一专业学士学位；而辅修专业是学生在修读主修专业的同时，（在同一学科门类或不同学科门类中）修读其他专业。

双学位、辅修专业是高校在本科阶段向学生提供的一种拓宽知识的途径，学生在能较好地完成自己本专业课程的基础上，可根据自己的爱好，选择喜欢的其他专业，从而多学一门技能。世界上的一流大学，如斯坦福大学、加州大学伯克利分校等，为了培养知识复合型人才以增强他们的适应能力，都允许（或要求）学生在主修专业（major）之外，在第二个领域学习，学生在获得主修专业学位的同时，获得辅修（minor）专业或双学位专业（double major）证书。通过以下几例双学位和辅修专业介绍，希望能够为大家提供一些有益的指导和建议。

(1) 专业外语　21世纪经济全球化方兴未艾，国际交流和贸易日益频繁，尤其是世贸组织的加入，使中国日趋成为经济建设和贸易活动的主战场。外语专业的学习正是为了培养既精通外语又掌握化工技术的、社会急需的、复合型的高级人才。在目前社会，那种单纯的语言型外语专业或外语能力平平的单一专业的毕业生，其竞争力明显不足，而"专业＋外语"复合型人才的优势日渐突出。由此，实现理工科专业与外语专业之间的复合、交融与渗透也日益显示出其重要性和必要性。此外，熟练掌握第二语言对有意出国深造的化工学子也是大有裨益。

(2) 管理、经济专业　为适应经济发展与国际接轨对高级管理人才的需求，培养既懂专业技术知识，又掌握现代管理理论与经济学知识的高层次、复合型并具有创新精神和创新能力的高级专门人才。该专业的学习可帮助学生利用管理和经济学的思想来分析和解决问题，得心应手地解决工程技术经济领域的难题。

(3) 电子与自动化、智能化等专业　电子与自动化、智能化技术已深入到人们社会和生活的方方面面，也给化工这一传统学科带来了深刻的变革，且逐步成为化工开发、化工生产中不可缺少的工具。

此专业帮助培养工程学科领域里，具有计算机智能控制技术、网络技术、信息处理技术等自动化专业知识，具有宽广的工程技术基础和较强的实践能力，能从事工业系统中自动化研究、设计、开发、运行与维护的高层次、高素质、创造性的科技人才。

(4) 理科专业　理科专业的学习是不可忽视的，打好扎实的理论功底对于将来的科研工作大有益处。现在常见的理科双学位和辅修专业有数学、化学和物理等方向。拿数学来说，它是科学的语言，为现代科学研究、经济建设和信息管理提供最基本的理论工具，在工业生产、积极决策与信息处理、交通运输系统的规划与设计、军工技术研究甚至艺术等领域都有着广泛的应用。物理和化学等理科专业的学习对化工专业的学生来说更是打好以后科研基础、走向工作岗位的铺路石。

根据现实的需要，目前中国许多高校都开展了双学位、辅修专业教育。同时还开设各种各样的选修课、通选课和公共选修课，多数大学鼓励学生跨系跨专业选修其他课程。这些其实只是培养全面人才的途径之一，除此之外，大学教育还提供了种种条件和机会。无论如何，一专多能的人才是当今时代的要求，以后甚至会要求就业者成为双专多能或者数专多能的人才。面对不可逆转的时代潮流，化工学子必须加快脚步，紧跟时代的步伐。

13.4.2　通过研究生教育，成长为研究型创新人才

研究生和本科学生的主要区别在于"研究"和"学"上，本科学生主要是学习前人创造的知识和技术，而研究生除了继续深入学习前人的知识和技术外，更重要的是如何用前人的知识和技术去发展和创新，培养自己的创造能力。研究生从事的研究工作不但要了解事物的宏观现象，而且还要了解事物的内在微观运动，从微观的角度去研究宏观现象的运动规律，去了解事物运动状态的转换、运动的传递；不但掌握事物的外貌、形态，而且要掌握其微观结构和内在规律性。因此，研究生具有双重属性，既是学生，又是教学科研人员；既是导师的学生，又是导师的助手。研究生通过大学学习之后，可以具备从事研究和生产实践的必备知识，更能适应各技术领域的工作环境。

现在对于研究生教育，学校也有学术上的严格要求，研究生必须参加导师的科研项目，有学校规定在学期间必须发表论文，毕业论文必须有创新性，对教师和学生的质量要求高了，学术气氛浓了，营造了一个良好育人环境，必然会提高育人质量。硕士生在完成毕业课题并能够通过答辩顺利毕业后，为了继续学习，可选择继续深造攻读最高学位——博士学位。

博士生经过硕士生阶段的学习，知识更加丰富和扎实，独立工作能力也得到加强。年龄一般在 25～35 岁之间，生理和心理日趋成熟，记忆力强、理解力强，科学思维能力正在形成，易于接受新事物，年富力强，精力比较集中，没有太多的干扰，有条件成为教学和科研的骨干力量。由于博士学位获得者有较扎实的理论基础和从事科研的能力，能很快就成为教学、科研的骨干。

化工学科的研究生教育正是教育与科研的紧密结合，科研工作需要高水平的教授和副教授去组织、去实践，研究生特别是博士生正是这样的助手。这就是国内外一流大学都把研究生教育放在非常重要位置的原因。科研需要研究生，研究生教育的发展，促进科研工作的发展。反过来，科研经费的增长又给研究生提供了课题研究的必备条件，保证了研究生教育质量的提高，两者相辅相成。

有很多化工学子也选择了出国读研究生这种方式继续深造。纵观当代发达国家，有一个突出特点是研究生教育日益国际化，其主要体现在教师国际化、生源国际化、教学内容国际化、实习场所国际化、教育理念的国际化和研究生学位的国际认可等方面。当前留学的热门国家有美国、英国、德国和澳大利亚等国家，亚洲的日本、韩国和新加坡等也成为留学的热门国家。学生通过几年国外的学习，不但可以将语言过关，学到专业知识，获得国际认可的学位证书。而且国外的学习和生活经历对于学生眼界的开放和今后的工作的发展都可起到不可估量的作用。

13.4.3　化工类专业毕业生就业领域宽广

邓小平同志曾说"教育要面向现代化，面向世界，面向未来"，这是国家对大学生德、智、体、美、劳全面发展的要求，对大学生们在社会责任、知识、能力和素质的全面要求。

化工与人们的生产、生活息息相关，在中国工业生产中占有举足轻重的作用，如 2018 年，石油化工相关产业的业务占中国 GDP 的 12.4%；利润总额占全国利润总额的 14.3%，位列工业行业之首。化工类专业的毕业生可在化工、炼油、能源、冶金、轻工、制药等化工类企业从事化工研究、设计、生产技术管理等工作，也可在有关研究单位从事化工基础理论研究或工艺过程的技术开发工作，还可作为高等和中等专业学校化工原理和本学科课程的师资。应该指出，大型化工企业中，本身就包括了生产单位、设计单位和研究单位。表 13-1 列出了部分毕业生在化工领域的就业空间以供本科毕业生参考。

表 13-1　部分化工毕业生的就业空间参考

就业领域	发展空间
教职	高中、高职、大学、培训机构
基础研究	大学以及各科研院所
设计规划	研究院与设计院
环境保护、工业制造、化学、电子、食品、制药等	大型化工企业、合资或外资企业
医药保健	相关制药企业、药物研究机构
专利与法律	专利事务机构
管理贸易	管理或商业、贸易等部门
产品销售	化工生产和销售相关行业

社会在进步，知识在更新，只有不断学习，勇于进取的人才能够不被时代的浪潮淹没。不管将来走向何种工作岗位，都应该不断地进行继续教育和自主学习，才能使已学的知识和本领在新的发展中发挥作用。

结束语——希望

通过学习《现代化工导论》，学生可概括了解化工类专业大学四年里应学什么？怎样学？树立未来奋斗目标与方向。希望同学们能按国家对本科生的德、智、体、美全面发展的要求，从大学一年级就注重知识、能力和素质的全面提高，增强社会责任感，热爱化工专业。我们提倡对知识的追求、真理的追求、创新的追求；注重科学中人文精神的培养，掌握科学的思维方法，以严肃的态度对待科学，积极投入造福人类的科学活动。

大学生都希望将来能为人类文明、社会进步做出自己的贡献，学习正是连接愿望和现实的桥梁，只有经过艰苦努力的学习，掌握了丰富的专业知识和技能，才有可能实现自己的抱负。从知识体系的结构和形成过程看，能否成材，与掌握的知识结构和文化水平紧密相关。为此，我们可以得到这样的启示：立志成材的大学生在选择自己的目标时，应当实事求是，量力而行，切忌好高骛远，脱离实际。在学习过程中，应当循序渐进，由浅入深，由低到高，切忌违反规律，急于求成。

万丈高楼平地起，青年学子们要珍惜大学的宝贵学习机会，打好坚实的科学基础，立足现在，面向未来。"长江后浪推前浪""雏凤清于老凤声"，中国化工事业需要青年学子去发展、去振兴。化工学子应该充分认识历史赋予的崇高使命，树立远大理想，以严格的标准要求自己，把个人的未来同祖国的未来紧密结合，担当起时代赋予的光荣职责，立足于做好本职工作，热爱自己所从事的事业，从现在做起，干一行，爱一行，专一行，创造第一流成绩。我们完全有理由相信，当代青年是大有希望、大有作为的一代，是完全可以信赖的一代。

参 考 文 献

[1] 苏健民. 化工和石油化工概论. 北京：中国石化出版社，1995.
[2] 魏文德. 有机化工原料大全. 2 版. 北京：化学工业出版社，1998.
[3] 闵恩泽，吴巍，等. 绿色化学与化工. 北京：化学工业出版社，2000.
[4] 中国科学院化学学部，国家自然科学基金委化学科学部组织编写. 展望 21 世纪的化学. 北京：化学工业出版社，2000.
[5] 吴指南. 基本有机化工工艺学. 修订版. 北京：化学工业出版社，1990.
[6] 林华. 石油化工技术与经济. 北京：化学工业出版社，1990.
[7] 吴宗鑫，陈文颖. 以煤为主多元化的清洁能源战略. 北京：清华大学出版社，2001.
[8] 仲崇立. 绿色化学导论. 北京：化学工业出版社，2000.
[9] 米镇涛. 化学工艺学. 2 版. 北京：化学工业出版社，2006.
[10] 蔡世干，王尔菲，李锐. 石油化工工艺学. 北京：中国石化出版社，1993.
[11] 谭弘. 基本有机化工工艺学. 北京：化学工业出版社，1998.
[12] 王志魁. 化工原理. 5 版. 北京：化学工业出版社，2018.
[13] 陈甘棠. 化学反应工程. 3 版. 北京：化学工业出版社，2007.
[14] 赵玉珠. 测量仪表与自动化. 东营：石油大学出版社，1997.
[15] 柴诚敬，张国亮. 化工原理（上册）. 3 版. 北京：化学工业出版社，2020.
[16] 李克友，张菊华，向福如. 高分子合成原理与工艺学. 北京：科学出版社，1999.
[17] 邬国英，杨基和. 石油化工概论. 北京：中国石化出版社，2000.
[18] 钱旭红，徐玉芳，徐晓勇. 精细化工概论. 北京：化学工业出版社，2000.
[19] 陈开勋. 新领域精细化工. 北京：中国石化出版社，1993.
[20] 曾繁涤，杨亚江. 精细化工产品及工艺学. 北京：化学工业出版社，1997.
[21] 任凌波，章思规，任晓蕾. 生物化工产品生产工艺技术及应用. 北京：化学工业出版社，2001.
[22] 童海宝. 生物化工. 北京：化学工业出版社，2001.
[23] 张殿印，陈康. 环境工程入门. 北京：冶金工业出版社，1999.
[24] 梁朝林，谢颖，黎广贞. 绿色化工与绿色环保. 北京：中国石化出版社，2002.
[25] 朱宪. 绿色化学工艺. 北京：化学工业出版社，2001.
[26] 王延吉，赵新强. 绿色催化过程与工艺. 2 版. 北京：化学工业出版社，2018.
[27] Komiya K, et al. Green Chemistry: Theory and Practice. London: Oxford Science Publication, 1998.
[28] 张昭，彭少方，刘栋昌. 无机精细化工工艺学. 3 版. 北京：化学工业出版社，2019.
[29] Mattisson B, et al. Membrane Separation in Biotechnology. New York: Marcel Dekker, 1986.
[30] 哈奇 L F，等. 工业石油化学. 姜俊明，朱和，等译. 烃加工出版社，1987.
[31] 孙履厚. 精细化工新材料与技术. 北京：中国石化出版社，1998.
[32] 曾繁涤. 精细化工产品与工艺学. 北京：化学工业出版社，1999.
[33] 徐新华，吴忠标，陈红. 环境保护与可持续发展. 北京：化学工业出版社，2003.
[34] 尚金城，包存宽. 战略环境评价导论. 北京：科学出版社，2003.
[35] 邓南圣，王小兵. 生命周期评价. 北京：化学工业出版社，2003.
[36] 汪应洛，刘旭. 清洁生产. 北京：机械工业出版社，1998.
[37] ［美］沈锋. 工业污染预防. 武雪芳，李泰然，等译. 北京：中国环境科学出版社，2001.
[38] 熊文强，郭孝菊，洪卫. 绿色环保与清洁生产概论. 北京：化学工业出版社，2002.

[39] 刘静铃. 绿色生活与未来. 北京：化学工业出版社，2001.
[40] 钱易，唐孝炎. 环境保护与可持续发展，北京：高等教育出版社，2000.
[41] 孙家跃，杜海燕. 无机材料制造与应用. 北京：化学工业出版社，2001.
[42] 王世华，等. 无机化学教程. 北京：科学出版社，2001.
[43] 古国榜，谷云骊. 无机化学. 北京：化学工业出版社，2002.
[44] BP Statistical Review of World Energy. bp. com/statisticalreview，2019-6.
[45] 贺永德. 天然气应用技术手册. 北京：化学工业出版社，2010.
[46] 何选明. 煤化学. 2版. 北京：冶金工业出版社，2010.
[47] 魏顺安. 天然气化工工艺学. 北京：化学工业出版社，2009.
[48] 胡杰，朱博超，王建明. 天然气化工技术及利用. 北京：化学工业出版社，2006.
[49] 袁权. 能源化学进展. 北京：化学工业出版社，2005.
[50] 徐文渊，蒋长安. 天然气利用手册. 北京：中国石化出版社，2003.
[51] 许文，张毅民. 化工安全工程概论. 2版. 北京：化学工业出版社，2011.
[52] 欧阳平凯. 化工产品手册（生物化工产品）. 北京：化学工业出版社，2008.
[53] 张百良. 生物能源技术与工程化. 北京：科学出版社，2009.
[54] 刘静，邓月光，贾得巍. 超常规能源技术. 北京：科学出版社，2010.
[55] 贾丽娟. 高新技术产业创新与发展战略研究. 北京：中国经济出版社，2010.
[56] 朱高峰. 创新与工程教育. 高等工程教育研究，2007（1）：1-5.
[57] 余寿文. 关于高等工程教育几个基本概念的注记. 高等工程教育研究，2007（1）：6-9，31.
[58] 查建中. 面向经济全球化的工程教育改革战略. 高等工程教育研究，2008（1）：21-28.
[59] IChemE. Accreditation of Chemical Engineering Degrees，2012.
[60] 龚克. 解放思想锐意改革创造新时期高等工程教育的中国模式. 高等工程教育研究，2009（6）.
[61] 黄治玲. 燃料乙醇的生产与利用. 中小企业科技，2003，12：25.
[62] 张惠展. 途径工程：第三代基因工程. 北京：中国轻工业出版社，1997.
[63] 中华人民共和国国务院新闻办公室. 中国的能源状况与政策. 北京，2007.
[64] 马紫峰，过程工程导论. 北京：化学工业出版社，2009.
[65] 薛进军，赵忠秀. 中国低碳经济发展报告（2014）. 北京：社会科学文献出版社，2014.
[66] 何良年，等. 二氧化碳化学，北京：科学出版社，2013.
[67] 史献平. 化学工业在发展低碳经济中的作用. 化学工程，2010（28）：1-4.
[68] 朱宏伟，徐志平，谢丹. 石墨烯. 北京：清华大学出版社，2011.
[69] 陈军，陶占良. 能源化学. 北京：化学工业出版社，2014.
[70] 胡信国，等. 动力电池技术与应用. 北京：化学工业出版社. 2009.
[71] 肖钢，白玉湖，基于环境保护角度的页岩气开发黄金准则. 天然气工业，2013（32）：98-101.
[72] 瞿国华. 世界乙烯工业发展新动向. 石油化工经济，2015，31（1）：1-5.
[73] 中国工程教育认证网. http://ceeaa.heec.edu.cn/.
[74] 戴金星. 中国陆上四大天然气产区. 天然气与化工，2019（2）：1-5.
[75] 刘化章. 传统合成氨工业转型升级的几点思考. 化工进展，2015，34（10）：3509-3520.
[76] 覃伟中，谢道雄，赵劲松. 石油化工智能制造. 北京：化学工业出版社，2019.
[77] 张公明. 流程行业的"智能化工厂"思考. 化工设计，2019，29（2）：41-44.
[78] 智能制造发展规划（2016—2020年）. 工信部联规〔2016〕349号.